FELSMECHANIK UND INGENIEURGEOLOGIE
ROCK MECHANICS AND ENGINEERING GEOLOGY
SUPPLEMENTUM IV

Aktuelle Probleme der Geomechanik und deren theoretische Anwendung

Acute Problems of Geomechanics and Their Theoretical Applications

XVII. Kolloquium (Ludwig-Föppl-Kolloquium)
der Österreichischen Gesellschaft für Geomechanik

17th Symposium (Ludwig-Föppl-Symposium)
of the Austrian Geomechanical Society

Salzburg, 26. und 27. Oktober 1967

Herausgegeben von / Edited by
L. Müller, Salzburg

Unter Mitwirkung von / In Cooperation with
C. Fairhurst, Minneapolis

Mit 204 Abbildungen
With 204 Figures

1968

Springer-Verlag Wien GmbH

ISBN 978-3-211-80848-1 ISBN 978-3-7091-2110-8 (eBook)
DOI 10.1007/978-3-7091-2110-8

Library of Congress Catalog Card Number 68-58685

Ursprünglich erschienen bei Springer-Verlag Wien 1968.

Titel Nr. 9239

Vorwort

Der diesjährigen Tagung des Salzburger Geomechanik-Kreises haben wir den Namen

Ludwig-Föppl-Kolloquium

gegeben; wir wollten damit diesen Pionier der Geomechanik und Mitbegründer unserer Kolloquien aus Anlaß seines 80. Geburtstages, den er am 27. Februar 1967 beging, in besonderer Weise ehren.

Zu einer Zeit, da noch keineswegs abzusehen war, ob dem Gedanken einer in Gemeinschaft erarbeiteten Synthese zwischen Geologie, Geophysik, Ingenieur- und Bergbauwissenschaften Erfolg oder Mißerfolg beschieden sein würde, hat sich Ludwig Föppl mit dem Gewicht seines Namens und mit der ihm eigenen Aktivität zu unseren Geomechanik-Bestrebungen bekannt, und es ist unser Stolz, daß dieser Forscher bei seiner Jubiläumsvorlesung an der Technischen Hochschule in München die Geomechanik selbst ein Hauptarbeitsgebiet seiner reifen Jahre genannt hat. Allein die unserem Kreise gewidmeten Beiträge sind für die Entwicklung unserer jungen Wissenschaft grundlegend gewesen und haben richtungweisende Impulse gegeben, aus denen vieles weitere erwachsen konnte. Viele Teilnehmer dieses Kolloquiums erinnern sich noch gerne der Vorträge über spannungsoptische Versuche an geschichtetem Material (1955), den Übergang von der Haftreibung zur Gleitreibung (1955), elastische Spannungszustände in Körpern mit ebenen Schnitten (Klüften) (1957), die Formänderungsarbeit als Kriterium für die Standsicherheit von Stollen (1957) und über Störungen des Spannungszustandes in der Umgebung eines Druckstollens durch Spalten (1957); über den Bodendruck unter einem belasteten Fundamentbalken (1958); die Sprengwirkung des Porenwassers beim Druckversuch (1958) und die Untersuchung der Standfestigkeit von Stollen nach der Methode der kleinen Schwingungen (1958); zusammen mit Sonntag über Spannungen im Gebirge mit plattenförmigem Aufbau (1957), über angeheftete Stützmauern mit vorgespanntem Stützanker (1957) und Biegebeanspruchungen in Tunnelröhren auf Grund spannungsoptischer Untersuchungen (1957). Seine Freude am Experimentieren mit spannungsoptischen Modellen vermittelte uns viele Einblicke in das mechanische Geschehen der Diskontinua, wie sie durch mathematische Ableitungen in vielen Fällen selbst bis heute noch nicht erhalten werden konnten.

Die Begeisterung, mit der Ludwig Föppl seine Ableitungen und Gedanken vorzutragen wußte, war ansteckend und nachhaltig. Sein stürmisches Temperament bestimmte ebenso wie sein sonniger Humor die fruchtbaren Diskussionen, welche, messerscharf und doch voller Vergnügen an der Sache geführt, allen Teilnehmern ein Erlebnis waren. Wir erinnern uns auch, daß Föppl es gewesen ist, der, entgegen den ursprünglichen Absichten, Salzburg zum ständigen Ort der Begegnungen unseres Kreises zu machen wünschte.

Die Referate dieses Kolloquiums waren zum wesentlichen Teil von den Vortragenden spontan vorgeschlagen worden, ohne daß die Thematik von den Veranstaltern nennenswert beeinflußt wurde. Wenn sich der Inhalt vieler Vorträge dennoch hauptsächlich um zwei Themen gruppiert, um die Statik dünnwandiger Tunnelauskleidungen und die Verhältnisse in Druckstollen, so zeigt dies, wie aktuell diese Themen sind. Dementsprechend lebhaft waren die Wechselreden in dem 350köpfigen Auditorium, in welchem die Veranstalter unter namhaften Fachleuten aus Wissenschaft und Praxis den Präsidenten der *Internationalen Gesellschaft für Felsmechanik,* Manuel Rocha, und den aus fünf Erdteilen zu einem Council Meeting zusammengekommenen Vorstand der Gesellschaft begrüßen konnten.

Ganz der Tradition entsprechend wurden auch diesmal wieder die um Spezialthemen gruppierten Referate von Beiträgen allgemeintheoretischen Inhaltes eingerahmt. Von diesen darf ohne Übertreibung gesagt werden, daß sie die theoretischen Grundlagen des Felsbaues wieder um ein gutes Stück vorwärts gebracht haben, ganz im Sinne Ludwig Föppls, der darin sehr optimistisch war, daß es eines Tages möglich sein werde, auch die schwierige Materie der vielgestaltigen und diskontinuierlichen Festgesteine in exakter Weise zu beherrschen.

Leopold Müller - Salzburg

Inhaltsverzeichnis

Inhaltsverzeichnis

Felsmechanik u. Ingenieurgeol., Suppl. IV, 1—8 (1968)

Plastizitätslehre und das wirkliche Verhalten von Gebirgsmassen

Von

V. Mencl, Brno

Mit 9 Textabbildungen

(Eingegangen am 14. Dezember 1967)

Zusammenfassung — Summary — Résumé

Plastizitätslehre und das wirkliche Verhalten von Gebirgsmassen. Es werden fünf Gruppen von Faktoren untersucht, die von großer Bedeutung für das Verhalten von Gebirgsmassen sind, aber in den Analysen der klassischen Plastizitätslehre vernachlässigt werden. Zwei von ihnen folgen aus der Wirkung des sich elastisch verhaltenden Teiles der Gebirgsmasse (Gruppe 1 und 4), zwei aus den sekundären Effekten in den plastischen Zonen (Gruppe 2 und 3) und eine Gruppe ergibt sich aus der Beschädigung der Struktur (im allgemeinen Sinne) im Stadium der Verfestigung.

Theory of Plasticity and the True Behaviour of Rock Mass. Five groups of phenomena of considerable importance for the behaviour of rock masses in engineering-geological problems, but neglected by the classical theory of plasticity, are presented. Two of them (groups 1 and 4) follow from the influence of the elastic section of the mass, the other two (groups 2 and 3) from the second-order effects in the plastic region and the last one (group 5) is connected with the damage of the structure in the stage of strain-hardening. Several cases demonstrating the occurrence of the phenomena in the field are submitted.

La théorie de la plasticité et le comportement reél des roches. Cinq groupes de facteurs importants pour le comportement des roches et négligés par la théorie classique de la plasticité sont présentés. Deux de ces groupes (1 et 4) résultent de l'influence de la partie élastique du massif, les groupes 2 et 3 des phénomènes secondaires dans la zone plastique et le dernier groupe (5) de la destruction de la structure pendant l'écrouissage.

Die statische Betrachtung behandelt immer nur ein vereinfachtes Modell des Prototyps. Für den erfahrenen Ingenieur ist es daher das Wichtigste, zu wissen, welche Faktoren man bei dieser Vereinfachung vernachlässigen darf. Die Absicht dieses Referates ist es, zu zeigen, daß bei den Aufgaben der Felsmechanik einige Faktoren von Bedeutung sind, welche die klassische Plastizitätslehre nicht berücksichtigt.

Diese Faktoren kann man in fünf Gruppen teilen. Sie ergeben sich zum Teil aus der Wirkung des sich elastisch verhaltenden Teiles der beanspruchten Masse (Gruppe 1 und 4), zum Teil aus den sekundären Effekten im plastischen Teil (Gruppe 2 und 3) und schließlich aus der Änderung der Struktur bei der Beanspruchung im Gebiet der Verfestigung (Gruppe 5).

1. Die Steifigkeit des elastischen Teiles des Gebirgskörpers

In den Analysen der Plastizitätslehre ist die Beweglichkeit einer beanspruchten Masse durch das Auftreten von Scherflächen oder Scherzonen ermöglicht. Abb. 1 zeigt ein Beispiel der Analyse einer Felsrutschung entlang einer gekrümmten Schich-

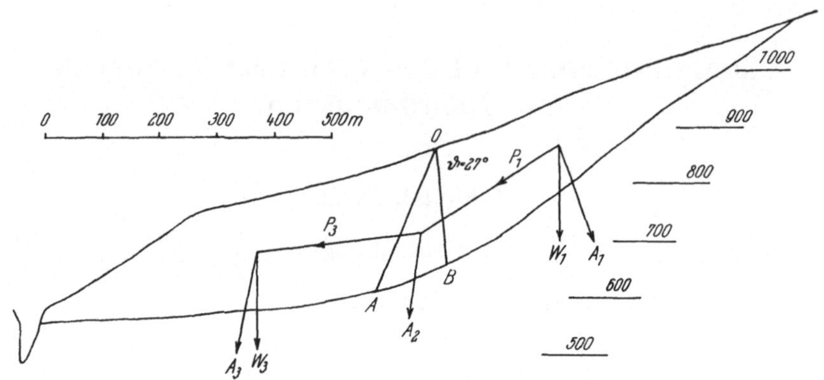

Abb. 1. Mechanismus der Felsrutschung entlang einer vorherbedingten Scherfläche nach der Plastizitätslehre

The mechanism of a rock slide along a predetermined surface according to the theory of plasticity

Mécanisme d'un glissement de terrain le long d'une surface prédéterminée, d'après la théorie de la plasticité

tenfläche, wo die Beweglichkeit durch die Bildung von zwei sekundären Scherflächen ($\overline{OA}$) und ($\overline{OB}$) erreicht wurde.

In der Natur findet man auch eine andere Entwicklung (Abb. 2), aus welcher ein kleinerer Sicherheitsfaktor folgt. Eine kleine Bewegung wird dadurch ermöglicht,

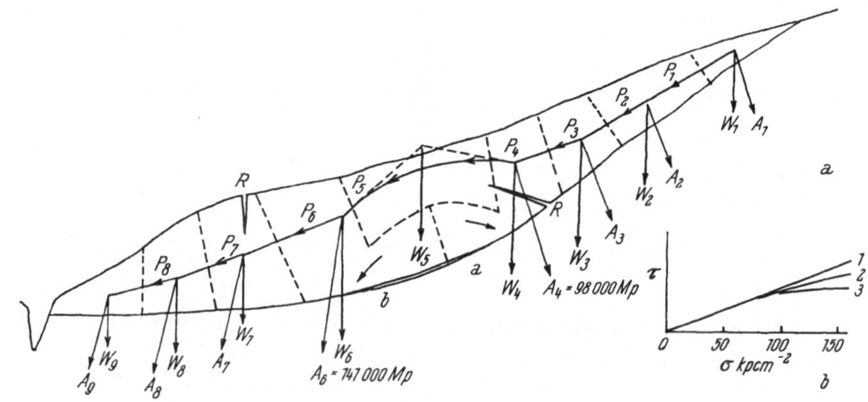

Abb. 2. Der wirkliche Mechanismus der Felsrutschung wie in Abb. 1

The true mechanism of a rock slide Fig. 1

Le véritable mécanisme du glissement de la Fig. 1

daß sich die bewegende Masse oberhalb der Krümmung der Scherfläche wölbt, so daß zwischen *a* und *b* eine Spalte entlang der Scherfläche entsteht.

Ein Beispiel für eine solche Spalte, die in der Natur aufgedeckt wurde, zeigt Abb. 3. Sie wurde in der Brust des Entwässerungsstollens in der Rutschung bei

Hranice (Mähren) im festen neogenen Ton der Karpathischen Vortiefe angetroffen. Die Tiefe unterhalb der Oberfläche des Hanges betrug ca. 35 m.

Die Resultate der Stabilitätsbetrachtung zeigt Abb. 2. Eine Teilstrecke der Scherfläche $(\overline{a\,b})$ ist entlastet, dafür hat sich in den anderen Abschnitten die Normalspannung vergrößert. Im Punkte b z. B. wuchs die Normalspannung von 53 auf 128 kp cm^{-2} an. Falls man den Winkel der Scherfestigkeit als konstant und unabhängig von der Größe der Normalspannung annimmt (Linie 1 in Abb. 2b), hat dieser Zustand eine Verminderung des Sicherheitsfaktors nur um ca. 5 % zur Folge. Die Festigkeitslinie verläuft aber nicht gerade (Linie 2 in Abb. 2b); deshalb bekommt man eine deutlichere Verminderung der Stabilität. Falls es sich entlang der Scherfläche um tonige Gesteine handelt, können auch die Fragen der langsamen Konsolidierung (Linie 3 in Abb. 2b) eine große Rolle spielen, was eine weitere Verminderung der Stabilität mit sich bringt.

Abb. 3. Spalte entlang der Scherfläche in der Rutschung im festen Tongestein

The gap along the slip surface in the slide in a hard claystone

Cavité le long de la surface de glissement dans une roche argileuse dure

2. Volumenvergrößerung bei Scherbeanspruchung

Wie bekannt, weisen mehrere Stoffe mit Struktur eine Volumenvergrößerung bei Scherbeanspruchung oberhalb der Streckgrenze auf: die Dilatanz. Z. B. beobachtete man während des Scherversuches an einem Block von Gneis mit steilen Schieferungsflächen (Abb. 4 a) zuerst eine Höhenverminderung (Kurve V in Abb. 4 c). Diese ist dadurch verursacht, daß die steigende Scherkraft den Mohrschen Spannungskreis weiter in die Richtung größerer Druckspannungen verschiebt. Alsbald entwickelt sich aber aus der Kompressionskurve eine andere Kurve (Kurve D), welche Volumenvergrößerung bei Scherbeanspruchung — also Dilatanz — darstellt.

Die Folgerungen aus diesem Verhalten sind in zweifacher Hinsicht von großer praktischer Bedeutung.

2.1 Erstens läßt sich leicht nachweisen, daß sich in einer Gebirgsmasse mit diesem Verhalten eine möglichst dünne Scherzone bildet. Das kann man durch das Postulat der kleinsten potentiellen Energie erklären. Ein Gedanken-Modell eines dilatanten Materiales kann man durch den Mechanismus Abb. 4 d darstellen. Der Mechanismus muß bei der Scherbeanspruchung nach rechts kippen. Falls dabei alle Stockwerke mitwirkten, müßte der Angriffspunkt der Kraft N um einen höheren Betrag angehoben werden, als wenn nur ein Stockwerk kippt. Die Dicke der Scherzone ist also gleich der Dicke von einigen Körnchen im Sand oder von einem oder zwei Blöcken in der Gebirgmasse. So wurde z. B. beim Bau der großen Brechanlage im Stramberk in der äußeren karpathischen Klippenzone eine Überschiebungslinie im Sandstein der Unter-Kreide entdeckt. Die Dicke dieser Überschiebungszone ist fast gleich der Größe der Blöcke (Abb. 5—17, Mencl 1966 a).

2.2 Zum anderen aber erhöhen sich, falls sich das Volumen der Gebirgsmasse nicht vergrößern kann, da sie durch die Umgebung eingespannt ist, spontan die Normalspannungen. Das Diagramm Abb. 5 zeigt die Resultate eines Block-Scher-Versuches im festen Glimmerschiefer mit horizontaler Schieferung. Die Linie der Höhenänderung des Blockes zeigt zuerst eine Verminderung (Linie *V* in Abb. 5). Nach dem Auftreten der Dilatanz (Abschnitt *a b*) hatten wir die Normalkraft künst-

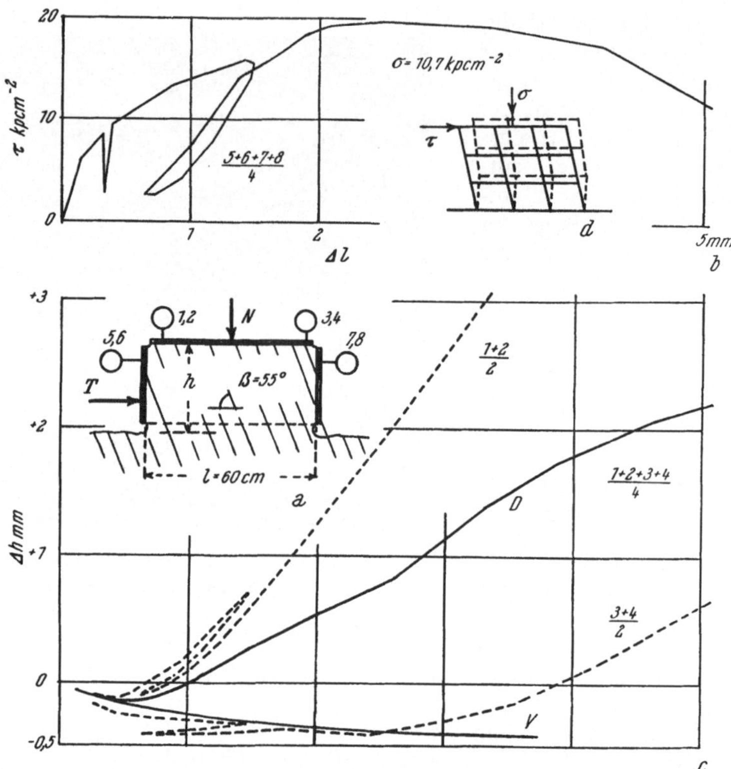

Abb. 4. Die Erscheinung der Dilatanz bei einem Scherversuch an einem Block aus festem Gneis
Dilatancy of gneiss during a shear-test on a block in-situ
Dilatance du gneiss pendant l'essai de cisaillement in-situ

lich vergrößert, um das Volumen ungefähr unverändert zu halten. Wir hatten also die Normalspannung von 11 bis 18 kp cm^{-2} gesteigert. Da aus technischen Gründen keine weitere Steigerung der Scherkraft möglich war, haben wir im Punkt *c* die Normalspannung verkleinert, wobei sofort die Dilatanz aufgetreten ist.

Der Verfasser glaubt, daß weitere Untersuchungen aufdecken werden, daß man mit Hilfe dieses Phänomens auch den Ursprung der Bergschläge erklären kann.

3. Volumenverminderung bei Scherbeanspruchung

Falls die Kanten der Blöcke weich sind oder falls das Material der Blöcke geringe Festigkeit hat, verhält sich die Gebirgsmasse kontraktant, d. h. sie zeigt bei Scherbeanspruchung Volumenverringerung.

Die Scherzone ist sehr mächtig; sie nimmt praktisch die ganze Höhe des beanspruchten Körpers ein (siehe das Gedankenmodell in Abb. 6 a).

Kontraktantes Verhalten kann man aber auch bei dilatantem Gebirge finden, wenn die Normalspannungen so groß sind, daß die Blöcke bei der Scherbeanspruchung zermalmt werden (Abb. 6 b).

Sehr oft findet man beide Verhalten (Abb. 7): an den Ausbissen, wo kleine Normalspannungen wirken, verhält sich das Gebirge dilatant. Im Inneren entsteht die breite Zone der Kontraktanz. So hat man z. B. bei dem Bau des Tunnels Nr. 2 a

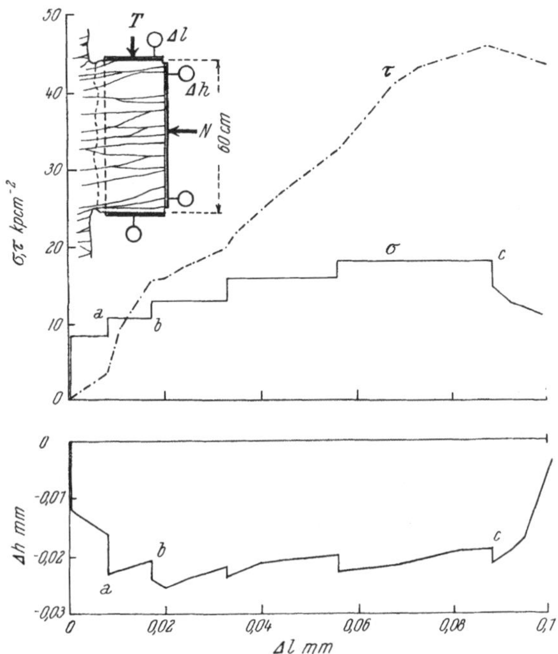

Abb. 5. Überwindung der Dilatanz durch Vergrößerung der Normalspannung. Glimmerschiefer, Nord-Mähren

The suppression of dilatancy by increase in normal stress. Micaschist, North Moravia

Suppression de la dilatance par accroissement de la force normale

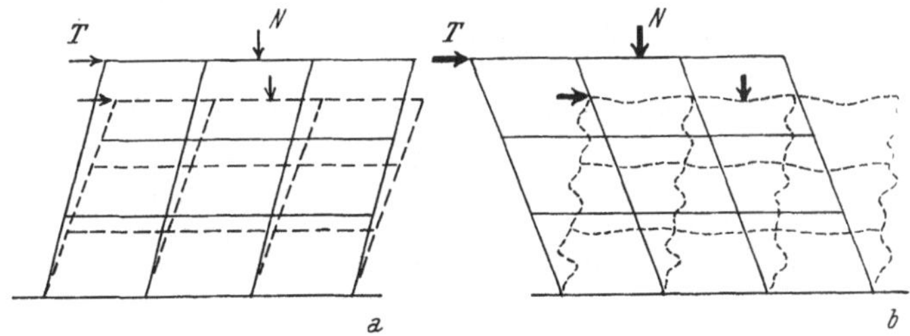

Abb. 6. Gedankenmodell des kontraktanten Gebirges

The imaginary model of the contractant rock-mass

Modèle d'un massif rocheux „contractant“

an der Strecke Banská Bystrica – Diviaky im Inneren des durch tektonische Einflüsse gelockerten Massivs von Verrucano die kontraktante Zone einer alten Rutschung gefunden (Abb. 8), wegen der man das Projekt der Linienführung in offener Strecke verlassen hat.

In diesen Fällen verursacht die große Deformation der kontraktanten Zone das Abscheren in den dilatanten Teilen. Dadurch wird der Eindruck hervorgerufen,

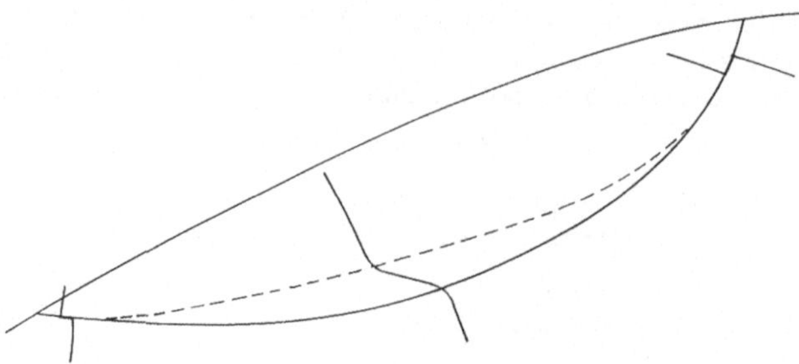

Abb. 7. Dilatantes und kontraktantes Verhalten des Gebirges während einer Rutschung
The dilatant and contractant behaviour of the rock mass in a slide
Comportement dilatant et contractant du massif rocheux dans le glissement

daß es sich um Stabilitätsverlust handelt, obwohl die statische Analyse einen Sicherheitsfaktor von mehr als 1,1 ergeben kann. Der Hang kann sich wirklich noch stabi-

Abb. 8. Verhalten des Gebirges in der Zone der Kontraktanz
The behaviour of the rock mass (Verrucano) in the zone of contractancy
Comportement du Verrucano dans la zone de contraction

lisieren, und man erklärt dann die Erscheinung als Kriechen, obwohl es sich vielmehr um eine beginnende, langsam fortschreitende Rutschung handelt.

Die Wichtigkeit des Unterschiedes zwischen dilatantem und kontraktantem Verhalten bei unterirdischen Bauten hat der Verfasser an anderer Stelle behandelt (Mencl 1966 b).

Die Gefahr des kontraktanten Verhaltens des Gebirges bei höheren Talsperrenmauern im Flyschgebiet ist eine weitere Seite dieses Problems; z. B. hat die Staumauer bei Zermanice in den mährischen Beskyden mehrere Jahre Kriechbewegungen gezeigt. Es ist in solchen Fällen nötig, die Normalspannungen auf eine gewisse Grenze zu beschränken*.

4. Die Restspannungen

Die große Bedeutung der (residuellen) Restspannungen im Gebirge ist bekannt. Der Verfasser möchte nur ein weniger beobachtetes Phänomen erwähnen. Die Entspannung der am Fuß eines Talhanges liegenden Schichten durch Erosion oder durch künstliche Abgrabungen kann eine Lockerung der oberen Lagen verursachen.

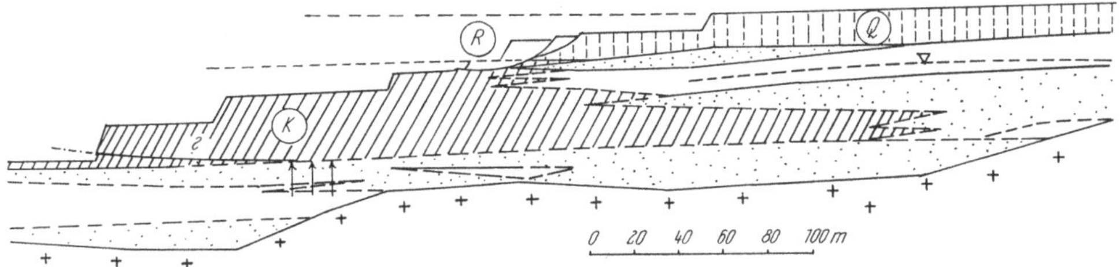

Abb. 9. Die Rutschung (*R*) im quartären Material (*Q*), verursacht durch die Entspannung des Braunkohlenflözes (*K*)

The slip (*R*) in quaternary material (*Q*) caused by stress relief in the coal layer (*K*)

Le glissement (*R*) des couches quaternaires (*Q*) causé par la décompression des couches de lignite (*K*)

Das führt zu kontraktantem Verhalten und äußert sich durch Kriechbewegung. Man findet dann z. B. im Erkundungsstollen keine ausgeprägte Scherfläche. Es ist in diesem Falle erfolgreicher, die Masse durch Injektionen zu stabilisieren, als durch Anker die Normalspannung zu vergrößern. Abb. 9 zeigt eine Rutschung quartärer Schichten oberhalb eines mächtigen Kohlenflözes, dessen unterste Wand eine Verschiebung durch Entspannung zeigt.

5. Strukturänderungen im Stadium der Verfestigung

Das letzte Problem betrifft die Frage, in welchem Stadium der Belastung die Zerstörung der Struktur (im weitesten Sinne des Wortes) des Gebirges beginnt. Die klassische Plastizitätslehre, welche sich größtenteils auf das Verhalten von Stahl stützt, definiert als Zerstörung des Ende des Stadiums der Verfestigung. Der Verfasser hat schon früher gezeigt (Mencl 1962), daß man diesen Punkt bei dilatantem Material irgendwo in der Umgebung des Anfangs der Dilatanz suchen soll. Da man in vielen Fällen, z. B. im Talsperrenbau, auf das Erhalten der Struktur sehr viel Wert legt, bekommt der Anfang der Dilatanz dadurch weitere Bedeutung. Selbstverständlich kann man dabei einen niedrigeren Sicherheitsfaktor (ca. 1,3) benützen, als wenn man von den Parametern der Festigkeit ausgeht.

Die Scherfläche beginnt sich also schon an diesem Punkt zu entwickeln und behält ihre Lage auch bei, wenn sich das Spannungsfeld ein wenig dreht. Die Dilatanz bedingt daher die Existenz eines plastischen Potentials, eine Erscheinung, welche

* Der Verfasser sammelt die Erkenntnisse über die Größe der Normalspannungen, bei welchen in einzelnen Gebirgen das kontraktante Verhalten beginnt, und wird sie später vorlegen.

man im Stadium der Kontraktanz fast nicht finden kann. Bei den Analysen des plastischen Potentials darf man nicht aus den Augen verlieren, daß bei steigender Beanspruchung die Linie *V* in Abb. 4 durch Änderung des Volumens des ganzen Körpers gegeben ist, aber die Linie *D* nur durch die Volumenänderung in der Scherfläche verursacht wird.

Literatur

Mencl, V.: Proportions of Cohesion and of Internal Friction in the Strength of Rocks. Kollokvium, Norges Geotekniske Institutt, Oslo 1962.

Mencl, V.: Erdbau- und Felsmechanik (in Tschechisch). Academia Praha, 1966 a.

Mencl, V.: Die Ausbildung der Scherzone bei mehrachsiger Beanspruchung des Karbongebirges. Bericht 8. Ländertreffen I. B. G., Akademie-Verlag, Berlin 1966 b.

Anschrift des Verfassers: Professor Dr. Sc. Dipl.-Ing. Vojtech Mencl, Lehrstuhl für Geologie und Tiefbau, Technische Hochschule, Barvicova 85, Brno, ČSSR.

Felsmechanik u. Ingenieurgeol., Suppl. IV, 9—24 (1968)

Bodenstabilisierung durch Ausschaltung von Grenzflächenerscheinungen

Von

Ch. Veder, Graz

Mit 15 Textabbildungen

(Eingegangen am 30. November 1967)

Zusammenfassung — Summary — Résumé

Bodenstabilisierung durch Ausschalten von Grenzflächenerscheinungen. Das Studium der Grenzflächenerscheinungen zwischen zwei oder mehreren Bodenschichten und die Ausschaltung ihrer meist schädlichen Wirkungen hat in der Bodenmechanik bereits bedeutenden Umfang angenommen und zu beachtlichen technischen und wirtschaftlichen Erfolgen geführt.

Es können an der Kontaktzone verschiedener Bodenarten elektrische Potentialdifferenzen (auch Eigenpotentiale genannt) gemessen werden, welche in erster Linie elektroosmotische Bewegungen des Porenwassers erzeugen. In der Boden- aber, wie jüngste Studien beweisen, auch in der Felsmechanik spielen diese Wasserbewegungen eine große Rolle. Der folgende Aufsatz will sich mit den teilweise erst in jüngster Zeit erkannten Möglichkeiten der Ausschaltung der schädlichen Wasserbewegungen befassen. Diese behandelten Fälle umfassen die Wasserbewegungen an der Grenzfläche sowohl von Tonschichten verschiedener Natur als auch von Schichten aus Ton, Schluff und Sand untereinander, ebenso wie jene an der Grenzfläche von gesundem und verwittertem Fels (Mergel und mergeligem Sandstein, Werfener Schiefer).

Die Wasserbewegungen in diesen Böden führen zu teils sehr gefährlichen Rutschungen, denen man bisher nur zum Teil und mit sehr großen Kosten beikommen konnte. Ferner bewirken Wasserbewegungen in den oben beschriebenen Bodenschichten, wenn sie durch einen Tunnel angefahren werden, die bekannten und gefürchteten Schwellerscheinungen.

Wie aus jüngsten Forschungen hervorgeht, sind die stellenweise verheerenden Frostaufbrüche im Straßenbau größtenteils auf eine aufsteigende elektroosmotische Wasserbewegung von der unteren (nicht gefrorenen) zur oberen (gefrorenen) Schicht in schluffigen Böden zurückzuführen. Alle erwähnten Fällen können auf einfache Weise saniert werden, wenn nach Bestimmung des elektrischen Potentialgefälles Kurzschlußleiter zu seiner Ausschaltung eingeführt werden. Die stabilisierende Wirkung tritt nach 2 bis 3 Wochen ein. Es werden Beispiele für Messung, Stabilisierungsmaßnahmen und deren Wirkung besprochen.

Stabilization of Soil by Elimination of the Phenomena of Limit Planes. Research work concerning the surface phenomena between two or more soil strata has become of growing importance and has resulted in considerable technical and economical issues. A difference of electrical potential at the contact zone between different types of soil (so-called self-potentials) has been proved responsible for the electro-osmotic transport of soil moisture.

This, mostly detrimental, water transport plays an important part not only in soil mechanics but evidently in rock mechanics also. This report deals with a recently realized method of eliminating this water flow.

The cases dealt with cover water movements, (1) at the contact surfaces of clay strata of different characteristics, (2) at the contact between clay, silt and sand strata, and (3) at the contact between surfaces of sound and decomposed rock (for example of marl and sandstone).

Water movement in such soils may sometimes cause very dangerous landslides the control of which has so far been achieved only to a limited extent, and requires complicated and very expensive methods. When intersected during tunnel excavation, these water transports cause the ill-famed swelling phenomena. The equally ill-famed frost heavings also, as proved by recent researches, are due mainly to the electro-osmotic water transport rising from the lower unfrozen to the upper freezing soil stratum in silty soil.

The method of readjustment is simple: after ascertaining carefully the electric potential of the strata in question, one proceeds to insert metal conductors: by thus establishing a short circuit the difference of electric potential between the strata is eliminated and the water movement stops. The stabilizing effect becomes obvious after one or two weeks. Some examples of measurement, stabilizing measures and their effects are reported.

Stabilisation de sols par interruption des phénomènes interfaciaux. L'étude des phénomènes interfaciaux entre deux ou plusieurs formations géologiques, et l'élimination de leurs effets nuisibles ont pris une importance croissante en mécanique des sols et ont obtenu des succès économiques et techniques remarquables.

Dans la zone de contact entre des formations différentes, on peut mesurer une différence de potentiel électrique (encore appelée potentiel de polarisation spontanée) qui produit tout d'abord le déplacement de l'eau interstitielle par électro-osmose. Ces déplacements d'eau jouent un grand rôle non seulement en mécanique des sols mais aussi en mécanique des roches comme le prouvent des études récentes. La suite traite des possibilités d'éliminer ces déplacements néfastes de l'eau, en partie connus seulement tout récemment. Les cas traités comprennent les déplacements de l'eau à l'interface de couches d'argile de natures différentes, ou bien de couches d'argile, de limon et de sable, ou encore à l'interface entre roches saines et altérées (marnes et grès marneux, schistes Werféniens).

Les déplacements de l'eau dans ces formations provoquent parfois des éboulements très dangereux, qu'on ne pouvait corriger qu'en partie et avec de grosses dépenses. En outre dans les mêmes formations ils provoquent le phénomène connu et redouté de gonflement.

Il résulte des recherches récentes qu'on peut pour la plupart attribuer les soulèvements des chaussées routières gelées à un déplacement ascendant par électro-osmose entre la couche inférieure (non gelée) et la couche supérieure (gelée). Tous les cas mentionnés peuvent être traités, après détermination de la différence de potentiel électrique, par l'introduction de conducteurs formant court-circuit pour l'éliminer. L'effet stabilisant se manifeste en 2 ou 3 semaines. On donne des exemples des mesures, des moyens de stabilisation, et de leur effet.

Das Studium der Grenzflächenerscheinungen zwischen zwei oder mehreren Bodenschichten und die Ausschaltung ihrer schädlichen Wirkung hat in der Bodenmechanik und neuerdings offenbar auch in der Felsmechanik bereits bedeutenden Umfang angenommen und zu beachtlichen technischen und wirtschaftlichen Erfolgen geführt.

Wie aus dem Schrifttum bis Ende 1966 hervorgeht[6,7,8], kann sich zwischen zwei Bodenschichten verschiedener chemischer und physikalischer Natur ein elektrisches Potential, von den Erdölfachleuten S. P. oder Eigenpotential genannt, aufbauen. Dieses Potential führt zu einem Wasserfluß[16,17] von der einen Schicht zur anderen (Abb. 1). An dieser Stelle will ich mich nur mit dem unerwünschten und schädlichen Wasserfluß befassen, während der für den Landwirt segensreiche Wasserfluß heute außer acht gelassen werden soll.

Bereits an anderer Stelle habe ich eingehend über Grenzflächenerscheinungen zwischen zwei Tonschichten verschiedener Natur und die in solchen Fällen auftretende Phänomene berichtet (elektrisches Potentialgefälle und infolge davon eine Wasserkonzentration an der Grenzfläche). Ebenso dürfte Ihnen das vielfach bewährte Verfahren bekannt sein, diese schädliche, in auch nur schwach geneigtem Gelände zu Rutschungen führende Wasserströmung durch Einführung von Kurzschlußleitern auszuschalten.

Ich möchte heute über die Weiterentwicklung der einschlägigen Beobachtungen und über neuere Anwendungsmöglichkeiten der Sanierungsmaßnahmen berichten.

Die Basis jeder physikalischen oder chemischen Entwicklung ist das Experiment, in den heute besprochenen Fällen die Messung im Fels von elektrischen Potentialdifferenzen.

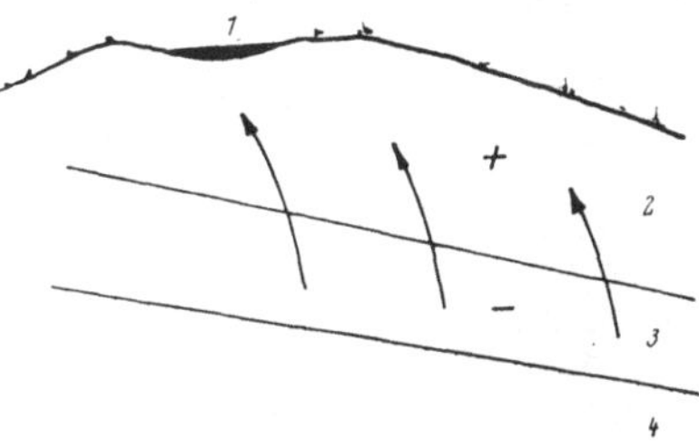

Abb. 1. Wasserfluß infolge elektrischer Potentialdifferenz zwischen zwei Bodenschichten

1 Wassertümpel; *2* brauner toniger Schluff; *3* blauer Ton; *4* Sand, manchmal wasserfrei

Water-flow due to the difference of electrical potential between two layers of soil

1 pool of water; *2* brown clayey silt; *3* blue clay; *4* sand, sometimes free of water

Ecoulement d'eau sous l'effet d'une différence de potentiel entre deux formations

1 réserve d'eau; *2* limon argileux brun; *3* argile bleue; *4* sable, sec par endroits

Bei dieser Arbeit habe ich das Glück, von einem Stab tüchtiger Mitarbeiter umgeben zu sein, welche die Messungen unverdrossen, trotz mancher Schwierigkeiten, welche die Tücke der Instrumente mit sich bringen, durchführen.

Ich bin mir durchaus bewußt, daß viele weitere Messungen vorgenommen werden müssen, um einer Erhellung der vorliegenden Probleme näherzukommen.

In den ersten Monaten des Jahres 1967 hatte ich Gelegenheit, Potentialdifferenzen nicht nur zwischen schluffigen Tonschichten verschiedener Farbe, sondern auch solchen gleicher Farbe, aber auch zwischen schluffigem Ton und Feinsandschichten zu messen.

In der Nähe eines Anwesens bei Pischelsdorf (Steiermark) sollte eine verhältnismäßig seichte Mulde von ca. 5 m Tiefe mit Material von dem höhergelegenen Hang verfüllt werden, um das Gebiet zu verflachen und leichter maschinell bearbeiten zu können.

Kaum war etwa ein Viertel der Mulde mit etwa 150 m^3 verfüllt, als eine starke Rutschbewegung einsetzte, welche einen etwa 50 m langen und mehrere Dezimeter breiten Riß erzeugte und das Gehöft in Einsturzgefahr brachte.

Aus bisherigen Erfahrungen in dieser Gegend war zu vermuten, daß die Rutschung an der Grenze zweier verschiedener Schichten erfolgte. Zur Erkundung der Untergrundverhältnisse wurden Schächte abgeteuft und die in Abb. 2 a, b angegebenen Bodenverhältnisse und Spannungen gemessen.

Es ist zu ersehen, daß im Gegensatz zu den bisherigen Ergebnissen auch in einer gleichfarbigen Schicht Spannungen auftreten können, was jedenfalls auf einen verschiedenen chemischen und physikalischen Aufbau der Tonschicht, der sich nicht in verschiedener Färbung zeigt, zurückzuführen ist.

Als Beispiel für Spannungen zwischen einer Sand- und Tonschicht sei Abb. 3 a, b gebracht, welche die in einem Schacht in der Nähe des Objektes G 27, Stelle 2, der Autobahn Graz — Gleisdorf angetroffenen Bodenschichten und gemessenen Spannungen zeigt.

Dies dürfte also ein hinreichender Beweis sein, daß sich auch Spannungen zwischen Sand und Ton aufbauen können.

Die Kenntnis der Grenzflächenerscheinungen erweitert sich also ständig durch neue Beobachtungen, Messungen und Forschungen.

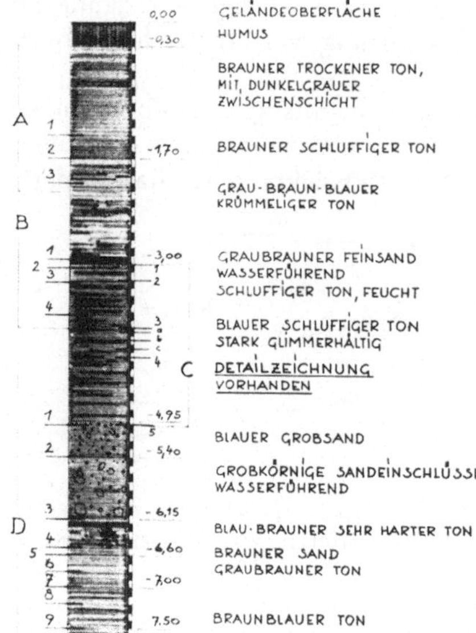

Abb. 2 a

In letzter Zeit wurde das Forschungsgebiet über Anregung von Herrn Baudirektor Dipl.-Ing. Liebsch der ÖBB ausgedehnt. An verschiedenen Streckenabschnitten der ÖBB läuft die Trasse unmittelbar am Fuß von hohen steilen Hängen, welche aus an sich standfestem Mergel, Sandstein oder sich in Fels umformendem schluffigem Ton (Schlier) bestehen. Diese weichen Felsformationen neigen zu starken Verwitterungserscheinungen; der im gesunden Zustand standfeste Fels verwandelt sich an der Oberfläche, wohl hauptsächlich in der Frostperiode, in eine sehr feuchte zermürbte Masse, welche, wenn sie einige Zentimeter Dicke erreicht hat, meist plötzlich abrutscht und bei unvorhergesehener Verlegung der Bahntrasse eine ganz große Gefahr für die Verkehrssicherheit darstellt.

An Hand eines charakteristischen Beispieles möchte ich die Beobachtungen vor und nach den noch im Gang befindlichen Sanierungsmaßnahmen eines Hanges dieser Art

⟶		±	MV	⟶		±	MV	⟶		±	MV
A 1	2	–	15	3	*c*	+	20	4	6	+	12
	3	–	19		4	+	21		7	+	13
2	3	–	4		5	+	24		8	+	31
B 1	2	±	θ	*a*	*b*	+	5		9	+	49
	3	–	4		*c*	+	13	5	6	–	9
	4	–	4		4	+	12		7	–	7
C 1	2	–	2	*b*	*c*	+	8		8	+	12
	3	+	3		4	+	6		9	+	29
	4	+	23	4	5	+	5	6	7	+	1
	5	+	28	*D* 1	2	–	23		8	+	20
2	3	+	8		3	–	4		9	+	37
	4	+	26	2	3	–	19	7	8	+	20
	5	+	30	3	4	–	25		9	+	36
3	*a*	+	5		5	–	23	8	9	+	15
	b	+	8	4	5	+	20				

Abb. 2 b

Abb. 2. Bodenprofil und elektrische Spannungspotentialmessung in einem Rutschhang. Pischelsdorf, Schacht 3. Tabelle: Meßergebnisse

Basing log and measurement of electrical potential-difference in a sliding slope. Pischelsdorf, shaft 3. Table: Data of measurement of electrical potential

Coupe du terrain et mesure de la différence de potentiel dans un talus en glissement. Pischelsdorf, puits 3. Tableau: Dates de mesure du potentiel électrique

schildern. Es handelt sich um einen Abschnitt des Höhenzuges, welcher sich rechts der Bahntrasse im Sinne der Kilometrierung der Strecke Graz – Spielfeld-Straß zwischen Retznei und Spielfeld-Straß über ca. 4 km hinzieht. Der aus sandigem Mergel bestehende Hang ist teilweise mit Buschwerk, teilweise mit hohen Bäumen bepflanzt. Die beobachtete und nun in Behandlung befindliche Stelle war etwa 40 m breit und 20 m hoch. Die Stelle war an der Oberfläche ausgesprochen feucht, und aus zwei in der Mitte der beobachteten Stelle eingeführten Röhren rann ständig eine Wassermenge von ca. $^1/_4$ l/min. Der charakteristische Querschnitt ist in Abb. 4 ersichtlich.

Im März 1960 löste sich plötzlich die Verwitterungsschwarte vom Hang, und ca. 200 m³ Material stürzten auf die Bahntrasse, den Verkehr auf dieser wichtigen Verkehrsader mehrere Stunden lang lahmlegend.

Um solche unliebsamen Überraschungen in Hinkunft zu vermeiden, wurde ich von Herrn Obb. Dipl.-Ing.

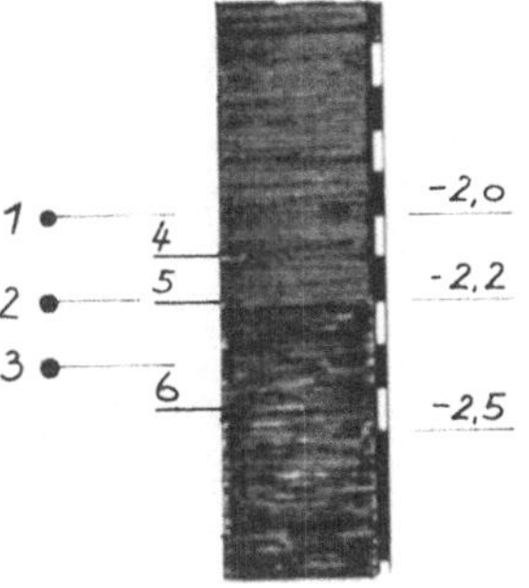

Abb. 3 a

→		±	MV	→		±	MV	→		±	MV
1	2	–	23	2	3	–	2	3	5	+	9
	3	–	25		4	+	18		6	+	1
	4	–	7		5	+	8	4	5	–	11
	5	–	16		6	∓	θ		6	–	20
	6	–	23	3	4	+	18	5	6	–	9

Abb. 3 b

Abb. 3. Meßergebnisse, Autobahn Süd, G 27. Elektrisches Potential

A blauer Feinsand, mit Kies vermengt, sehr naß; Wasseraustritt. *B* gelbbrauner Ton mit blauen Stellen, oben Wasseraustritt, unter Fritte 6 trocken

Results of measurement of the difference of electrical potential

A blue fine sand, mixed with gravel, very wet —, exit of water. *B* yellow-brown clay with blue spots; above exit of water, below fritte 6 dry

Résultats de mesure de la différence de potentiel

A sable fin bleu, mélangé avec gravier, très humide —, écoulement d'eau. *B* argile jaune-brune avec des places bleues; en haut écoulement d'eau, sous fritte 6 sèche

Klugar der Streckenbauleitung Graz eingeladen, eine Sanierung durch Einführung von Kurzschlußleitern zu versuchen.

Ohne große Hoffnung auf Erfolg ging ich mit meinen Assistenten an die Messung der Potentialdifferenz zwischen dem gesunden Fels (siehe Abb. 5 a, b und der Verwitterungszone, aber zu unserer Überraschung fanden wir Spannungen bis zu 20 mV.

Dieses Ergebnis ermutigte uns, auch in diesem Fall eine Stabilisierung durch Einführung von Kurzschlußleitern durchzuführen.

Es wurden von der Bahnmeisterei Spielfeld-Straß in Abständen von 4 × 4 m Stahlstäbe durch die Verwitterungsschicht ca. 1,5 m tief in den gesunden Fels gebohrt.

Abb. 4. Messung der elektrischen Potentialdifferenz in einer Schürfrösche
Measurement of difference of electric potential in an exploration shaft
Mesure de la différence de potentiel dans un puits de reconnaissance

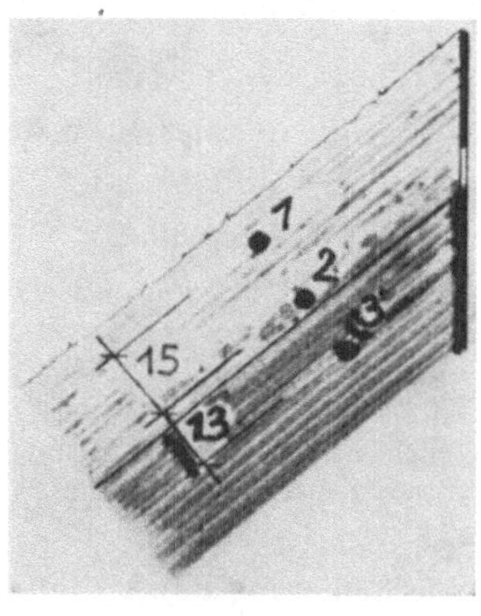

Abb. 5 a

——→		±	MV
2	3	−	5
1	2	−	17
	3	−	22

Abb. 5 b

Abb. 5. Meßergebnisse — Ehrenhausen-Retznei, Stelle A

1 graubraune, weiche Verwitterungsschwarte; *2* blau-braun-gelbe Mischzone; *3* blaugrauer, harter, trockener Mergel

Results of measurements of difference of electric potentials

1 grey-brown, soft weathered skin; *2* blue-grey-yellow zone of mixage; *3* blue-grey, hard, dry marl

Résultats de mesure de différence de potentiel

1 grise-brune, moue couenne de décomposition; *2* zone bleue-brune-jaune de mixage; *3* marne bleue-grise, dure et sèche

Nach 14 Tagen verminderte sich der Wasserfluß aus den Rohren. Nach sechs Monaten wurden die elektrischen Spannungsmessungen wiederholt und ergaben folgende Resultate:

		14. 4. 1967	12. 10. 1967
2—3		5 mV	0 mV
1	2	17 mV	10 mV
	3	22 mV	13 mV

1 15 cm grau-braune Verwitterungsschwarte
2 10 cm blau-braun-gelbe Mischzone
3 blau-grauer harter trockener Mergel

Auf Grund dieser Ergebnisse geht mein Vorschlag dahin, die Kurzschlußleiter enger zu setzen: 2,5 × 2,5 m oder 2,0 × 2,0 m, um so ihre Wirkung zu verstärken.

Der Mechanismus der Verwitterung ist bei den vorliegenden Felstverhältnissen meiner Meinung nach so zu erklären:

Die Oberfläche des gesunden Mergels erleidet durch Witterungseinflüsse eine Veränderung in ihrer natürlichen Lagerungsdichte in einer vorerst ganz geringen Oberschicht. Die Veränderung der Porosität der Oberfläche dem gesunden dichteren Fels gegenüber bewirkt den Aufbau einer elektrischen Potentialdifferenz, welche dann den bekannten starken Wasserzufluß bewirkt und die rasche Vertiefung der Verwitterungszone besonders fördert. Die Ausschaltung der elektrischen Potentialdifferenz durch die eingebohrten Kurzschlußleiter unterbindet den Wasserzustrom und damit die beschleunigte Verwitterung. Es wird in Zukunft zu beobachten sein, wie die Verwitterung nach der Sanierung fortschreitet. Wahrscheinlich tritt sie in sehr verzögertem und wesentlich harmloserem Maße auf als vorher.

Die hier wie bei allen ähnlichen Fällen nachher durchzuführende nötige Begrünung wird dazu beitragen, die Rutschgefahr für immer zu bannen.

An einem anderen Steilhang, welcher aus sogenanntem Schlier besteht, werden an einzelnen Probestrecken ebenfalls ähnliche Sanierungsmaßnahmen durchgeführt, von deren Erfolg ich nächstens zu berichten hoffe.

Spannungen zwischen zwei Felsschichten verschiedener Natur

In der Zone des Erzberges, Etage 1, wird eine senkrechte Trennfläche zwischen violettem Werfener Schiefer und grünem Werfener Schiefer angetroffen.

An der Grenze zwischen diesen beiden verschiedenartigen Felsschichten ist eine auffällige Wasserkonzentration zu beobachten.

Messungen des elektrischen Potentialgefälles ergaben folgende Werte (Abb. 6):

Es erscheint mir also bewiesen, daß die anfänglich nur bei Tonschichten beobachteten elektrischen Phänomene auch bei Felsgesteinen in Erscheinung treten. Es erklärt sich auch die oft unvorhergesehene große Wirkung von Felsankern so, daß zu der rein mechanischen Wirkung jene des reibungserhöhenden Kurzschlußankers hinzukommt.

In diesem Zusammenhang möchte ich auf die Möglichkeit einer Erklärung für das rasche Eintreten gewisser Rutschungen hinweisen.

Es gibt Fälle, wo eine Rutschung erwartet wird und alle Vorbereitungen getroffen werden, um ihr Niedergehen möglichst unschädlich zu gestalten.

Im Falle der nunmehr sattsam bekannten Vajont-Rutschung — Sie sehen, ich habe Courage und greife ein heißes Eisen an — war man auf den Umfang der Felsgleitung vorbereitet — tatsächlich wurde ein 1,5 km langer Umleitungsstollen geschlagen, um das nach der Rutschung sich bildende obere mit dem unteren Becken zu verbinden.

Niemand konnte jedoch die Geschwindigkeit vorausahnen, mit welcher die Rutschung dann tatsächlich niederging. Man hat diese nachträglich mit 40 bis 50 km/h, also Personenzuggeschwindigkeit, errechnet. Es war eben diese Geschwindigkeit, welche die katastrophale hohe Welle erzeugte. Bei zahlreichen Untersuchungen von Kiersch[2], Sell[4] und Müller[3], wobei die letztere wohl die eingehendste ist, wurde das Vorhandensein einer ausgeprägten durchgehenden Gleitfuge vermutet, was dann auch durch Bohrungen bestätigt wurde.

Viele Fachleute sind sich einig, daß in der Gleitfuge der Reibungswinkel 17 bis 30^0, stellenweise sogar nur 5 bis 7^0 betrug. Nun ist auch für solche kleine Reibungswinkel die aufgetretene große Geschwindigkeit nicht ohne weiteres zu erklären, wenn auch, wie E. Nonveiller[12] bemerkt, Bentoniteinlagen in der kritischen Zone zu

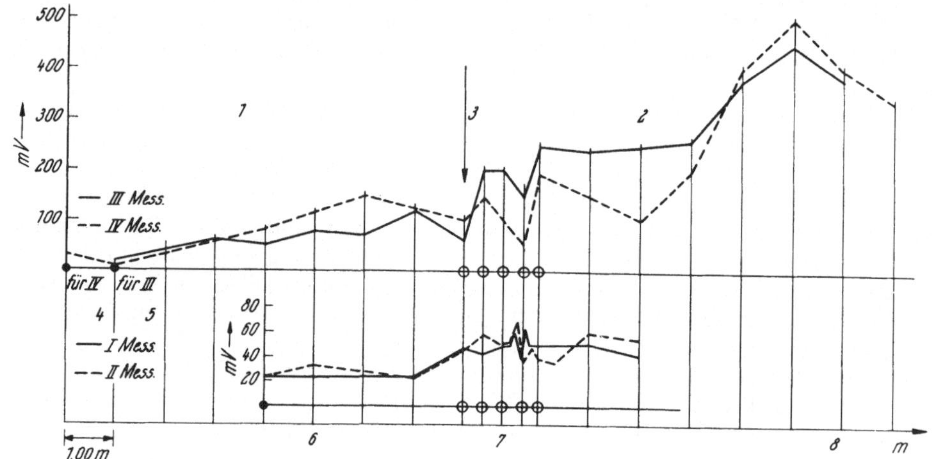

Abb. 6. Elektrische Potentialmessungen am Erzberg

1 Werfener Schiefer, unvererzt, violett; *2* Werfener Schiefer, vererzt, grün; *3* wasserführende Grenzfläche; *4, 5, 6* Elektroden; *7* Bohrlöcher; *8* Abstand der beiden Elektroden

Measurement of electric differences of potential of the "Erzberg"

1 Werfener slate without ore, violet; *2* Werfener slate with ore, green; *3* surface with water; *4, 5, 6* electrodes; *7* boreholes; *8* distance of both electrodes

Mesure de la différence de potentiel dans la région de l'"Erzberg"

1 schistes werféniens stériles, violets; *2* schistes werféniens minéralisés, verts; *3* surface par laquelle l'eau arrive; *4, 5, 6* électrodes; *7* forages; *8* distance des électrodes

beobachten sind. Es wurde auch gesagt (Mencl[11]), daß die Vajont-Rutschung durch die Bildung einer Kluft, in welcher dann der Wasserdruck stark anstieg, ausgelöst wurde. Die große Geschwindigkeit der Rutschung im Falle Vajont läßt sich meiner Meinung nach unter anderem damit erklären, daß sich infolge von elektrischen Potentialdifferenzen zwischen den hangenden und liegenden Schichten ein starker Wasserzudang und damit ein Wasserfilm auf der Gleitfuge aufbaute, der die Reibung so verminderte, daß es zu der katastrophalen Geschwindigkeit kam.

Es kann meiner Meinung nach auch an die Orientierung der dipolaren Wassermoleküle zwischen zwei entgegengesetzt geladenen Felsschichten gedacht werden, welche die Reibung besonders herabsetzt (Abb. 7).

Leider ist es heute sehr schwer möglich, dieses damals bestehende Potentialgefälle nachzuweisen, aber für zukünftige Studien in ähnlichen Fällen sollten solche Einflüsse genau beobachtet werden (z. B. in Bohrlöchern).

Als Beispiel sei auch die Hope-Rutschung B. C. vom 9. 1. 1965 gebracht. Vom Nordhang (1900 m) glitten die Felsmassen (ca. 55 Mill. m³) wie eine Flüssigkeit

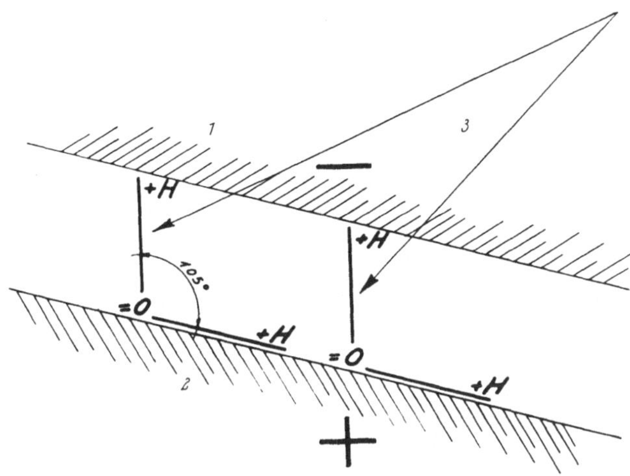

Abb. 7. Orientierung der dipolaren Wassermoleküle zwischen zwei Bodenschichten verschiedener elektrischer Ladung

1 Bodenschicht *A*, negativ geladen; *2* Bodenschicht *B*, positiv geladen; *3* orientierte Wassermoleküle

Orientation of the dipolar water molecules between two layers of soil of different electric charge

1 layer *A*, charged negatively; *2* layer *B*, charged positively; *3* orientated water molecules

Orientation de la molécule d'eau bipolaire entre deux formations de charges électriques différentes

1 formation *A* chargée négativement; *2* formation *B* chargée positivement; *3* molécules d'eau orientées

hoch auf den Gegenhang und von da wieder 30 bis 60 m hoch zurück auf den Nordhang. Das Gebirge besteht aus altem feinkörnigen Lavafluß, auch Grünstein genannt, aus der Hozameen-Gruppe, welcher vielfältig in polygonale Blöcke durchklüftet ist.

Bekämpfung von Schwellerscheinungen im Tunnelbau

Bekannt ist, daß sich nach Durchörterung von Tonschichten durch einen Tunnel der vorher im Ton gleichmäßig verteilte Wassergehalt so verändert, daß er in der Nähe des Ausbruchprofils über den natürlichen Wassergehalt ansteigt, während er in einigen Metern Distanz unter den natürlichen Wassergehalt absinkt.

Ich möchte hier aus dem Bericht von Prof. Terzaghi[1] zitieren:

In einem blaugrünen Ton (65 % aller Teilchen kleiner als 0,002 mm mit einem natürlichen Wassergehalt von 56 %, einer Porenziffer von 1,45 und einem Durchlässigkeitskoeffizienten von 10^{-7} cm/min) wurde ein Tunnel etwa 25 m unter Straßenoberfläche gebohrt (mit einem Durchmesser von etwa 14 m). Bei Ödometerproben beobachtete Dr. Karl Langer, daß die Porenziffer erst abnahm, wenn der Druck 4 kg/cm² überstieg; bei niedrigerem Druck erzeugte ein Wasserzusatz eine schrittweise und sehr starke Volumensvergrößerung.

Der Tunnelausbruch wurde zunächst in der in Abb. 8 schraffiert gezeichneten Zone ausgeführt. Sehr bald nachdem der Ausbruch beendet war, begann der Ton stark zu schwellen, so daß es nötig war, 10 bis 15 % mehr auszuheben als es dem theoretischen Querschnitt des Tunnels entsprochen hätte. Während dieser Arbeiten nahm der Wassergehalt des um die Innenseite des Ausbruches liegenden Tons stark

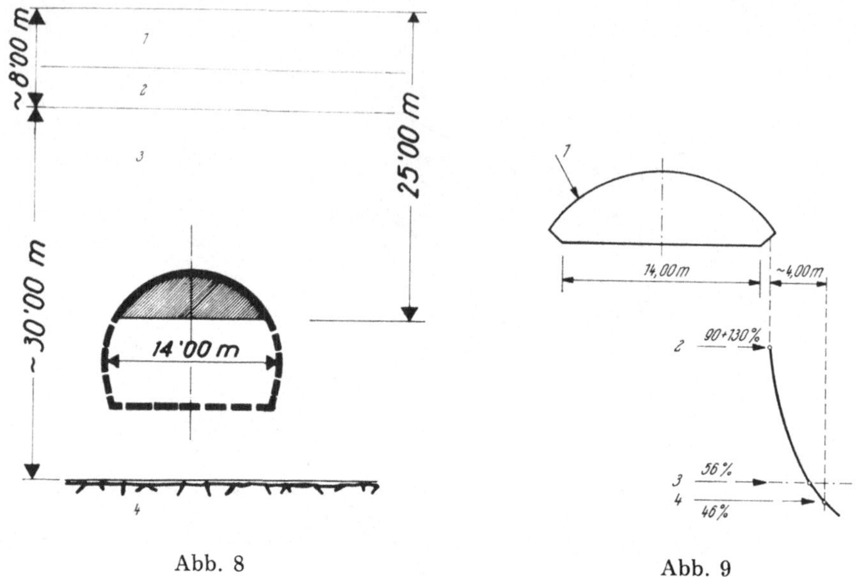

Abb. 8 Abb. 9

Abb. 8. Tunnelausbruch im Ton (nach Terzaghi[1])
1 Ausfüllung; *2* Sand; *3* Ton; *4* Fels

Tunnel excavation in clay (after Terzaghi[1])
1 fill; *2* sand; *3* clay; *4* rock

Excavation d'un tunnel dans l'argile (d'après Terzaghi[1])
1 remblai; *2* sable; *3* argile; *4* roche

Abb. 9. Verteilung des Wassergehaltes im Ton um den Tunnelausbruch (aus Terzaghi[1])
1 Tunnelausbruchfläche; *2* Wassergehalt an der Ausbruchfläche; *3* natürlicher Wassergehalt vor dem Ausbruch; *4* Wassergehalt in ca. 4 m Entfernung von der Ausbruchfläche

Distribution of water content around the tunnel (after Terzaghi[1])
1 tunnel surface; *2* water content on tunnel surface; *3* natural water content before excavation; *4* water content in about 4 m distance of tunnel surface

Répartition des teneurs en eau autour du tunnel (d'après Terzaghi[1])
1 surface du tunnel; *2* teneur en eau à la surface du tunnel; *3* teneur en eau naturel avant l'excavation; *4* teneur en eau à ~4 m distance de la surface du tunnel

zu. Eine Bestimmung des Wassergehaltes von Proben in verschiedenen Abständen von der Innenseite des Ausbruches ergab einen Wassergehalt an der freien Oberfläche von 90 bis 130 %; in einem Abstand von etwa 4 m von der Oberfläche nahm er auf 46 % ab, d. h. er war um etwa 10 % geringer als der ursprüngliche Wassergehalt. Diese Werte sind graphisch in Abb. 9 dargestellt.

Das Wasser, welches notwendig war, um eine Volumensausdehnung in der Nähe des Ausbruches zu erzeugen, wurde also aus der Zone in einiger Entfernung des Ausbruches (etwa 4 m) dem Boden entnommen und dadurch dort eine Abnahme des Wassergehaltes hervorgerufen.

Terzaghi erklärt diese Wasserbewegung mit dem Auftreten von Oberflächenspannungen des Wassers infolge Meniskenbildung über die gesamte Ausbruchfläche, welche im Wasser um die Ausbruchsfläche eine Zugspannung erzeugt und damit einen Wasserstrom gegen die Ausbruchsfläche, somit eine Erhöhung des Wassergehaltes in ihrer Nähe hervorruft.

Meiner Auffassung nach wird jedoch diese Wasserbewegung wohl durch die Oberflächenspannung eingeleitet, dann infolge einer Vergrößerung der Porenziffer an der Ausbruchfläche gegenüber den Porenziffern im Berginnern ein elektrisches Potentialgefälle erzeugt, welches dann seinerseits die maßgebliche Wasserbewegung fördert.

Es könnte eingewendet werden, daß ein Teil des Wassers, welcher die starke Erhöhung des Wassergehaltes an der Ausbruchfläche erzeugte, durch Kondenswirkung aus der Luft entnommen wurde. Um die praktischen Möglichkeiten für die Wanderung von Wasser aus der Luft in den Ton zu untersuchen, hielt Langer einige Zeit ungestörte Proben von Ton in einem geschlossenen Behälter. Obwohl der Feuchtigkeitsgehalt der Luft ganz nahe dem Sättigungspunkt gehalten wurde, konnte man nicht eine langsame Abnahme des Wassergehaltes der Probe verhindern. Damit scheint die Hypothese, daß ein wesentlicher Teil des Wasserüberschusses des schwellenden Tons aus der Luft entnommen wird, hinfällig.

Abb. 10. Geologischer Schnitt des Tunnels
1 Schieferton; *2* sandiger Schieferton; *3* weicher Sandstein; *4* Kohlenschmitzen; *5* Wassereinbrüche; *6* Klüfte; *7* Harnischflächen; *8* Schichtmessung

Geological section of tunnel
1 clayey shale; *2* sandy shale; *3* compressed sand; *4* coal seam; *5* water; *6* faults; *7* slickenside; *8* measurement

Coupe géologique du tunnel
1 schiste agrileux; *2* schiste sableux; *3* grès tendre; *4* couches de charbon; *5* venues d'eau; *6* fissures; *7* miroir de faille; *8* mesure des couches

Logisch aus den bei den Rutschungen gesammelten Erfahrungen weiterschließend, erschien die Möglichkeit der Bekämpfung von Schwellerscheinungen beim Vortrieb von Tunnels in Bodenformationen, welche die oben beschriebenen Grenzflächenerscheinungen aufweisen, durch Einführung von Kurzschlußleitern sehr naheliegend.

Einige Monate nachdem ein diesbezügliches deutsches Patent angemeldet war, sprach ich über dieses Problem mit meinem Freund, Prof. Dr. L. Müller.

Er gab mir einen sehr interessanten Hinweis: Bei einem Stollenbau der Grube Hausham (Obb.) (oligozäne Molasse, Mergel und Sandstein) wurden starke Schwellerscheinungen der Sohle festgestellt[13, 14, 15]. Ohne viel Hoffnung und in Unkenntnis der physikalischen Zusammenhänge rammten die Bergleute von der Stollensohle Stahlstäbe in den Boden; kurze Zeit nachher verschwanden die Schwellerscheinungen. Es fehlte aber sowohl eine Erklärung als auch in der Folgezeit eine Anwendung dieses Verfahrens in größerem Maßstab.

Erst in den Jahren 1963—1964 wurde dieses System von M. Saidman, dzt. Boston, im Großen mit vollem Erfolg angewendet.

Es handelte sich um die Herstellung eines Druckwasserstollens mit einem Innendurchmesser von 5,2 m, welcher ein Gebirge durchörtert, dessen Kennzeichen in Abb. 10 gegeben sind.

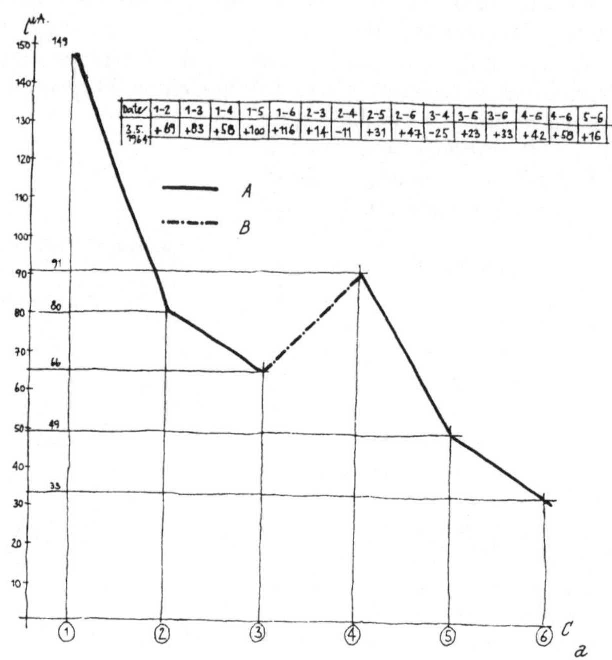

Date	1-2	1-3	1-4	1-5	1-6	2-3	2-4	2-5	2-6	3-4	3-5	3-6	4-5	4-6	5-6
3.5. 1964	+69	+83	+58	+100	+116	+14	-11	+31	+47	-25	+23	+33	+42	+58	+16

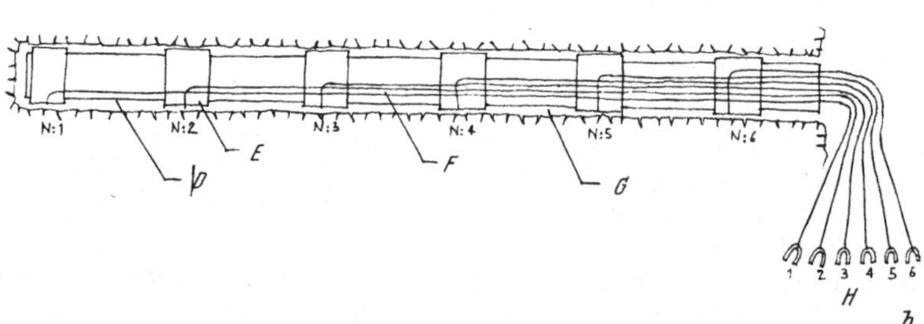

Abb. 11. Elektrische Sonde (umpolarisierbar) zur Messung von Erdströmen
a) µA-Ablesungen zwischen verschiedenen Punkten. *A* normale Zonen; *B* abnormale Zonen; *C* Nummer der Meßstelle. b) Schema. *D* Plastikrohr; *E* Messingrohr; *F* Leiter; *G* Bohrloch; *H* Verbindungsstücke

Electrical sounder used for measuring the earth currents (polarisable)
a) µA-readings between different points. *A* normal zones (more positive in the interior, and less positive to the lining); *B* zones with anomalies (less positive in the interior and more positive to the lining); *C* number of points. b) Scheme. *D* plastic tube; *E* brass tube; *F* conductor; *G* borehole; *H* wippers to the connecting strip

Sonde électrique pour mesurer les courants du terre
a) µA-lectures entre points différents. *A* zones normales; *B* zones anormales; *C* numéro des points de mesure. b) Schéma. *D* tube de plastique; *E* tube de laiton; *F* conducteur; *G* forage; *H* connecteurs

Es bestand aus tonigem und sandigem Schiefer und weichem Sandstein mit Kohleeinschlüssen und zeigte teilweise starken Wasserzudrang und zahlreiche Verwerfungen. Das Streichen der Schichten verlief im wesentlichen senkrecht zur Tunnelachse mit Einfallen von etwa 5 bis 6^0. Schon der Vortrieb des Sohlstollens mit einem Durchmesser von 3,4 m bereitete größte Schwierigkeiten, und die Ausweitung des Tunnels führte bei einer relativ geringen Luftfeuchtigkeit im Stollen zu starken Schwellerscheinungen und zu wiederholtem Bruch der Auskleidung. Eine stabile Auskleidung konnte nur erreicht werden durch Einführung eines 0,80 m dicken Außenbetons und eines 0,70 m dicken stahlbewehrten Innenbetonringes. Der Druck des Gebirges gegen die Auskleidung wurde mittels eigener Druckmeßdosen mit 25 kg/cm^2 gemessen.

Der Tunnelausbruch mußte einen Durchmesser von 8,2 m erhalten, also an Fläche $2^1/_2$mal so groß sein wie die Nutzfläche von ⌀ 5,20 m. Der Tunnelfortschritt betrug nur 10 m pro Monat.

Auf Grund meiner Vorschläge war es M. Saidman (dzt. Boston), der zunächst in einem Bohrloch die Messung der Stromstärke vornahm. Diese betrug ca. 150 μA pro 2,50 m Bohrlochlänge (Abb. 11). Wesentlich war es bei diesen Messungen, unpolarisierbare Elektroden zu verwenden.

Auf Grund dieser Ergebnisse und weiterhin meinen Vorschlägen folgend, ging Saidman folgendermaßen vor:

1. Verringerung des maximalen Ausbruchdurchmessers von 8,20 auf 7,12 m;

2. Auflassen des Sohl- und Firststollens;

3. Abbau des Gesamtquerschnittes in drei ungefähr gleichen Flächenabschnitten;

4. Sofort nach erfolgtem Ausbruch Einbringen einer 16 cm starken Betonschicht, wo in Abschnitten von je 1,0 m ein I NP 16 eingebettet wurde, entsprechend der neuen österreichischen Bauweise;

5. Einbringen und Verpressen von Rundstäben ⌀ 25 mm in entsprechende, 2,50 m tiefe Bohrlöcher, welche in Abständen von 0,50 m über die gesamte Tunnelfläche verteilt wurden (Abb. 12);

6. Einbringen eines einzigen Stahlbetonringes von 0,80 m Stärke.

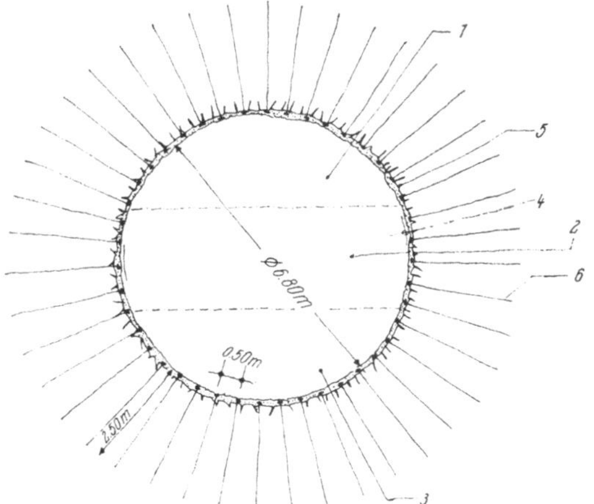

Abb. 12. Schnitt durch den Versuchstunnel, Durchmesser 6,8 m

1 erste Aushubzone; *2* zweite Aushubzone; *3* dritte Aushubzone; *4* eingebaute Stahlträger I 16 cm mit 1 m Abstand; *5* Spritzbeton; *6* Stahlanker, ⌀ 25 mm

Section through the 6.8 diameter experimental tunnel

1 first level of excavation; *2* second level of excavation; *3* third level of excavation; *4* incorporated steel girders I 16 cm, 1 m distance; *5* shotcrete; *6* steel bolt, ⌀ 25 mm

Coupe du tunnel d'essai (⌀ 6.8 m)

1 première phase d'excavation; *2* deuxième phase d'excavation; *3* troisième phase d'excavation; *4* profilés I de 160 mm, distance 1 m; *5* béton projeté; *6* boulon d'ancrage, ⌀ 25 mm

Nach Durchführung dieser Maßnahmen ging die elektrische Stromstärke auf ganz geringe Werte zurück, und die Schwellerscheinungen hörten vollkommen auf. Der Tunnelvortrieb konnte dreimal so rasch wie vorher durchgeführt werden, und die Gesamtkosten verringerten sich sehr stark. Übrigens

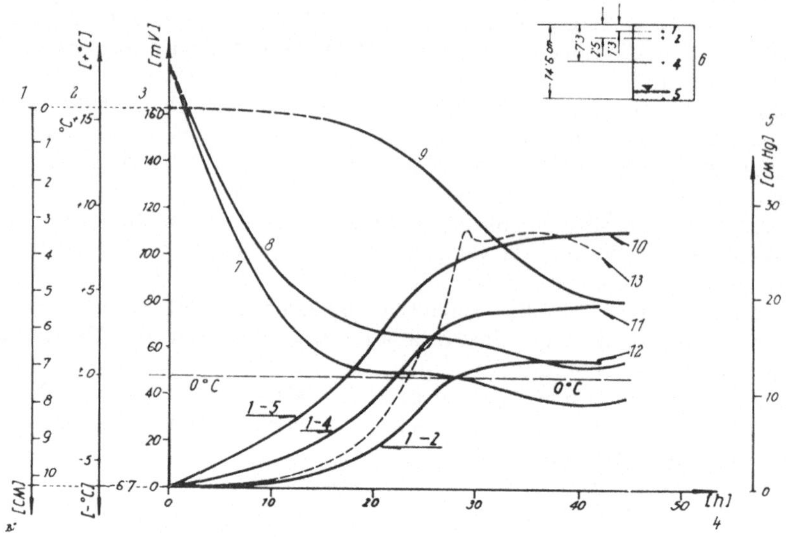

Abb. 13. Ergebnis der Frostversuche (aus Jumikis[9])

1 Frosteindringungstiefe in cm; *2* Bodentemperatur; *3* induziertes galvanisches Potential in mV; *4* verstrichene Zeit in Stunden; *5* Unterdruck in cm Hg; *6* Bodenprobe; *7* Bodentemperatur in 1,3 cm Tiefe; *8* Bodentemperatur in 7 cm Tiefe; *9* Frosteindringung; *10, 11, 12* induziertes galvanisches Potential; *13* Unterdruck

Soil freezing experiment data (from Jumikis[9])

1 frost penetration depth in cm; *2* soil temperature; *3* induced galvanic potential in mV; *4* elapsed time in hours; *5* sub-pressure in cm of Hg; *6* specimen; *7* soil temperature, 1.3 cm depth; *8* soil temperature, 7 cm depth; *9* frost penetration; *10, 11, 12* induced galvanic potential; *13* sub-pressure

Résultat de l'essai de gel (d'après Jumikis[9])

1 pénétration du gel en cm; *2* température du sol; *3* potentiel galvanique inducté; *4* temps en heures; *5* mesure de la sous-pression en cm Hg; *6* échantillon de sol; *7* température du sol en 1.3 cm; *8* température du sol en 7 cm; *9* pénétration du gel; *10, 11, 12* potentiel galvanique inducté; *13* sous-pression

Abb. 14. Apparat für Bodenfrost-Versuche

Equipment for soil freezing experiments

Appareil pour l'essai de gel du sol

bin ich überzeugt, daß man die Entfernung der Stäbe voneinander ohne weiteres von 0,50 m auf 1,00 bis 1,50 m vergrößern könnte.

Es sei hier noch ein Fachgebiet kurz erwähnt, auf welchem die Grenzflächenerscheinungen ebenfalls eine Rolle zu spielen scheinen, und zwar die Förderung der Wasserbewegung in schluffigem Lockergestein beim Auftreten von Bodenfrost. Aus

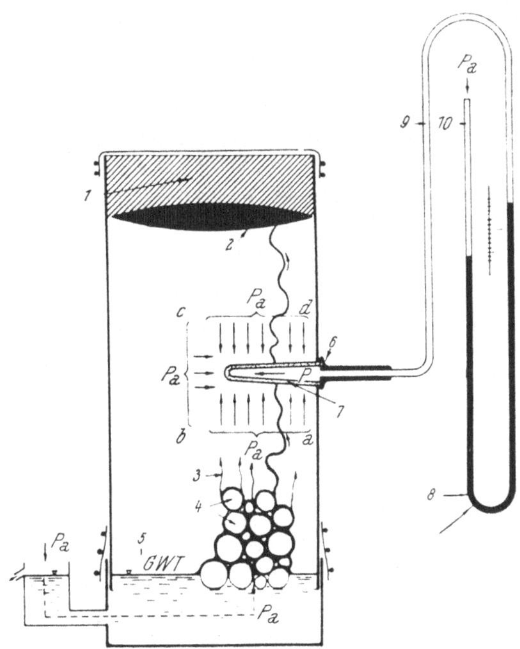

Abb. 15. Apparat zur Beobachtung der Eislinienbildung mit eingebautem Tensiometer (nach Jumikis[10])

1 gefrorener Boden; *2* Eislinse; *3* Feuchtigkeitsfilm; *4* Bodenteilchen; *5* Wärmebewegung; *6* Tensiometer; *7* halbdurchlässige Membrane, welche Wasser durchläßt, nicht jedoch Boden und Luft; *8* Quecksilber-Manometer; *9* Wasser; *10* Luft

Apparatus for observing the building up of ice lenses (after Jumikis[10])

1 frozen soil; *2* ice lense; *3* moisture film; *4* soil particles; *5* heat flow; *6* Tensiometer; *7* semi-impermeable membrane that allows only the passage of water (impermeable to soil and air); *8* mercurial manometer; *9* water; *10* air

Appareil pour observer la formation des lentilles de glace (d'après Jumikis[10])

1 sol gelé; *2* lentille de glace; *3* film d'eau; *4* particules du sol; *5* flux de chaleur; *6* Tensiomètre; *7* membrane semi-imperméable; l'eau peut passer, le sol et l'air ne peuvent pas passer; *8* manomètre à mercure; *9* eau; *10* air

den Versuchen von Jumikis[9] ist bekannt, daß sich zwischen der oberen, gefrorenen Schicht und der unteren, frostfreien Schicht eine Potentialdifferenz von 40 bis 120 mV aufbaut (Abb. 13, 14).

Es ist offenbar diese Potentialdifferenz, welche den starken Wasserstrom von unten nach oben bewirkt, und welcher in erster Linie die Nahrung für die Bildung der gefürchteten Eislinsen liefert (Abb. 15).

In diesem Zusammenhang möchte ich auf eine Erscheinung hinweisen, auf welche mich kürzlich Herr Prof. Müller aufmerksam machte. Es ist bekannt, daß beim Auftreten von Raureif sich die auf der Straßenoberfläche bildenden Eiskristalle nach ganz bestimmten Richtungen orientieren, was offenbar auf das Bestehen elektrischer Bodenströme hinweist.

Nach den bisherigen Ausführungen liegt also der Schluß nahe, auch diese Potentialdifferenzen durch die Einführung von Kurzschlußleitern aufzuheben und damit den Wasserfluß und also auch die Bildung der Eislinsen in bestimmten Böden in besonders wirtschaftlicher Weise zu verhindern.

Umfassende Versuche in dieser Richtung sollen im heurigen Winter von meinem Institut in Graz durchgeführt werden.

Die Durchleuchtung der Theorie sowie die Verfeinerung der praktischen Durchführung, deren bedeutende wirtschaftliche Vorteile auf der Hand liegen, ist weiterer Forschung der Fachleute vorbehalten, um deren Mitarbeit ich hiemit auf das wärmste bitte.

Ich danke für Ihre Aufmerksamkeit.

Literatur

[1] Terzaghi, K.: Bericht anläßlich der 1. Konferenz für Bodenmechanik und Fundierungswesen. Cambridge, Mass., 1936.

[2] Kiersch, G. A.: Vajont Reservoir Disaster. Civ. Eng. *34*, 32—39, 1964.

[3] Müller, L.: The Rock Slide in the Vaiont Valley. Felsmechanik u. Ingenieurgeologie, Vol. II, H. 3—4, 1964.

[4] Selli, R. L. und G. C. Trevisan: La frana del Vajont. Annali Mus. Geol., serie 2, *32*, 1, 1964.

[5] Terzaghi, K. und R. B. Peck: Die Bodenmechanik in der Baupraxis. Springer-Verlag, Berlin 1961.

[6] Veder, Ch.: Die Bedeutung natürlicher elektrischer Felder für Elektro-Osmose und Elektro-Kataphoerese im Grundbau. Bauingenieur, H. 10, 1963.

[7] Veder, Ch.: Baugrundtagung, Berlin 1964.

[8] Veder, Ch.: Sitz.-ber. Generalv. Österr. Ges. f. d. Straßenwesen, 25. Nov. 1966.

[9] Jumikis, A. R.: Concerning a Mechanism for Soil Moisture Translocation in the Film Phase upon Freezing. Highway Res. Board Proc. Vol. 39, 1960.

[10] Jumikis, A. R.: Effective Soil Moisture Transfer Mechanisms upon Freezing. Bull. 317 Highway Res. Board, Washington D. C.

[11] Mencl, V.: Mechanics of landslides with non circular surfaces with special reference to the Vajont Slide. Géotechnique *16*, S. 329—337, 1966.

[12] Nonveiller, E.: Mechanics of landslides with non-circular surfaces with special reference to the Vajont Slide. Géotechnique *17*, S. 170—171, 1967.

[13] Langecker, F.: Gebirgsdruckerscheinungen im Kohlenbergbau, erläutert an der Grube Hausham. Obb. Berg- u. Hüttenm. Jahrbuch, S. 25, 1928.

[14] Langecker, F.: Nutzbarmachung des Gebirgsdruckes für die Kohlegewinnung. Glückauf, 20. Okt. 1928.

[15] Langecker, F.: Schlechten und Gebirgsdruckerscheinungen in der oberbayrischen Pechkohle. Gebirgsdrucktagung Leoben, 1950.

[16] Casagrande, L.: Verfahren zur Verfestigung toniger Böden. DRP Nr. 621694, Kl. 84 c, Gr. 6.

[17] Schaad und R. Haefeli: Elektrokinetische Erscheinungen und ihre Anwendung in der Bodenmechanik. Schweiz. Bauztg., S. 216 ff., 1947.

Anschrift des Verfassers: Prof. DDr. Dipl.-Ing. Christian Veder, Alberstraße 8, A-8010 Graz.

Felsmechanik u. Ingenieurgeol., Suppl. IV, 25—30 (1968)

Zur Klassifizierung überwiegend bindiger Halbfestgesteine*

Von

Kurt Magar, Würzburg

(Eingegangen am 27. Dezember 1967)

Zusammenfassung — Summary — Résumé

Zur Klassifizierung überwiegend bindiger Halbfestgesteine. Die zwischen Locker- und Festgesteinen liegenden, als Halbfestgesteine bezeichneten Gesteine werden zunächst definiert und ihre Grenzen zu den Lockergesteinen (Konsistenzzahl) und zu den Festgesteinen (Veränderlichkeit im Wasser) abzustecken versucht.

Zur einfachen und schnellen Klassifizierung für bautechnische Zwecke werden vier Klassifizierungselemente zur Diskussion gestellt: Gesteinsart, Veränderlichkeit im Wasser, Gesteinsfestigkeit und Trennflächen.

Für das Aufnehmen von Schichten wird in Anlehnung an die neue DIN 4022 ein Schichtenverzeichnis entworfen mit Symbolen für die Größenbereiche der Klassifizierungselemente.

Es muß betont werden, daß diese Gedanken erste Vorschläge sind, die zur Diskussion gestellt werden. In weiteren Untersuchungen soll versucht werden, eine Mechanik der Halbfestgesteine aufzubauen mit genauer definierten Klassifizierungselementen, geeigneten Kennziffern, Versuchsmethoden und rechnerischen Verfahren.

Classification of mostly cohesive Halbfestgesteine (soft Rocks). A definition is given for soft rocks i. e. materials which are intermediate between soils and rocks. The distinction is made between soil sediments, which exhibit increased strength with pressure and time, and rocks, which exhibit reduced strength due to weathering.

A relative consistency of about 120 % and alteration in water are suggested as defining the limits of the "soft rocks" regime.

For simple classification of engineering properties four elements of classification are recommended: geological designation, alteration in water, strength and jointing. Simple and quick procedures for determining the magnitude of the classification elements are suggested.

In approach to DIN 4022 a special layer-list for description of soft rocks is worked out, which can also be used for soils and rocks.

It should be emphasized that these suggestions are a first attempt to stimulate discussion on the wide field of soft rocks. For the future more exact classification elements, special index terms, tests and analysis procedures should be worked out aiming at the establishment of soft rock mechanics.

Classification des roches tendres à cohésion prédominante. On définit d'abord une catégorie de roches tendres, intermédiaire entre les sols et les roches et on essaie d'en préciser les limites, vers les roches meubles par un indice de consistance, et vers les roches solides par l'altération à l'eau.

Pour une classification simple et rapide utilisable par l'ingénieur, on donne 4 éléments à discuter: désignation géologique, altération à l'eau, résistance, et discontinuités.

---

* Dieses Referat konnte beim Kolloquium aus Zeitmangel nur in Kurzform vorgetragen werden.

En accord avec la nouvelle norme DIN 4022, on esquisse une liste des couches géologiques avec des symboles indiquant les domaines d'application de ces éléments de classification.

Il faut noter que ces suggestions ne sont qu'une première approche pour la discussion. Dans les recherches ultérieures il faudra mettre sur pied une mécanique des roches tendres, grâce à des éléments de classification plus exacts, des critères chiffrés, des méthodes d'essai et des procédés de calcul.

1. Einleitung

Die Felsmechanik beschäftigt sich mit Festgesteinen, die Bodenmechanik mit Lockergesteinen. Dazwischen liegen zahlreiche und vielfältige Gesteine, die weder eindeutig als Lockergesteine noch als Festgesteine bezeichnet werden können und die sowohl den Felsmechaniker als auch den Bodenmechaniker interessieren. Wegen ihrer Stellung zwischen den Locker- und den Festgesteinen wird vorgeschlagen, diese Gesteine Halbfestgesteine zu nennen.

In dieser Arbeit wird versucht, Elemente zu erarbeiten, nach denen die Halbfestgesteine für bautechnische Zwecke einfach und schnell klassifiziert werden können. Die Ergebnisse sind als erste Vorschläge anzusehen, mit denen die Diskussion angeregt werden soll.

2. Definition

Unter Halbfestgesteinen sollen klastische Sedimente verstanden werden, die durch Druck und Bindemittel im Laufe der Zeit einen größeren Verfestigungsgrad erreicht haben als die Lockergesteine oder Festgesteine, bei denen die Bindemittel durch Verwitterung teilweise oder ganz gelöst worden sind und die dadurch einen geringeren Verfestigungsgrad als die Festgesteine besitzen.

Die Bindekräfte der überwiegend bindigen Halbfestgesteine sind kohäsiv wie bei den bindigen Lockergesteinen. Im Gegensatz zu ihnen ist der Wassergehalt der Halbfestgesteine jedoch niedriger und damit ihre Festigkeit entsprechend größer.

Trennflächen sind in Halbfestgesteinen stärker ausgeprägt als in Lockergesteinen. Die dadurch verursachte Anisotropie kann einen bedeutenden Einfluß auf das Festigkeitsverhalten haben.

3. Grenzen

Die Grenzen der Halbfestgesteine sind sehr schwierig zu ziehen. Die untere Grenze — zu den Lockergesteinen — könnte eine Konsistenzzahl sein, also das Verhältnis von Wassergehalt der Probe zu den Fließ- und Ausrollgrenzen. Um einen stetigen Übergang zur Bodenmechanik zu haben, sollte ein neuer Konsistenzbereich, z. B. sehr steif, definiert werden, der von $k_w = 1{,}0$ bis etwa 1,2 gehen könnte. Alle Böden mit einer Konsistenzzahl k_w größer als 1,2 wären dann von halbfester Konsistenz und Halbfestgesteine. Das Prädikat fest sollte den Festgesteinen vorbehalten bleiben und als Konsistenzbezeichnung wegfallen.

Die obere Grenze — zu den Festgesteinen — ist noch schwieriger zu ziehen. Einige Autoren haben in letzter Zeit als Festigkeitsgrenze zwischen starkem und schwachem Festgestein relativ hohe Werte von 1000 kp/cm² (Hagerman[1]) und 700 kp/cm² (Coates[2]) angegeben, wobei als Festigkeit die maximale einaxiale Druckfestigkeit gemeint ist. Die Festlegung einer solchen Grenze zwischen Fest- und Halbfestgesteinen ist sehr problematisch.

Die bereits erwähnten kohäsiven Bindungen statt der molekularen bei Festgesteinen und die dadurch verursachte Wasserlöslichkeit der Halbfestgesteine innerhalb einer begrenzten Zeitdauer könnten als Grenzkriterien verwendet werden.

4. Klassifizierungselemente

Für bautechnische Zwecke sollten Halbfestgesteine einfach und schnell möglichst an Ort und Stelle klassifiziert werden, was natürlich in speziellen Fällen eingehende Feld- und Laborversuche nicht ersetzen kann. Die Klassifizierungskriterien sollen dabei möglichst umfassend über die bautechnisch wichtigsten Eigenschaften aussagen.

Folgende Klassifizierungselemente werden vorgeschlagen:

4.1 Gesteinsart,
4.2 Veränderlichkeit in Wasser,
4.3 Gesteinsfestigkeit,
4.4 Trennflächen.

4.1 Gesteinsart

Anders als bei Lockergesteinen können die Halbfestgesteine nicht allein nach der Korngröße der sie aufbauenden Mineralien, wie es z. B. bei Ton, Schluff, Sand möglich ist, klassifiziert werden. Die Art der Mineralien und die Eigenschaften ihres Verbandes bestimmen weitgehend das physikalische und chemische Verhalten des Gesteins. Die Benennung der Gesteinsart, die bereits generelle Anhaltspunkte über Aufbau und Art des Gesteins gibt, ist daher ein wichtiges Klassifizierungselement.

4.2 Veränderlichkeit im Wasser

Durch die Tatsache, daß sich ein Halbfestgestein in Wasser verändert, können nicht nur von vornherein Halbfestgesteine von Festgesteinen unterschieden, sondern auch noch wertvolle Aufschlüsse über zunächst vielleicht latente physikalische Eigenschaften erhalten werden.

Durch Wasserzugabe können z. B. durch Kapillarspannungen bewirkte Festigkeiten oder Festigkeitsanisotropien infolge quellender Mineralien erkannt werden. Wichtig sind auch Angaben über die Stellung der vorhandenen Anisotropieflächen.

4.3 Gesteinsfestigkeit

Aussagen über die Gesteinsfestigkeit sind für Halbfestgesteine von wesentlich größerer Bedeutung als für Festgesteine, bei denen es hauptsächlich auf die Verbandsfestigkeit ankommt.

Für eine Klassifizierung ist es zunächst nur notwendig, innerhalb der vorgeschlagenen Grenzen einige Festigkeitsbereiche zu unterscheiden. Erst nach umfassenden Untersuchungen können diesen Festigkeitsbereichen dann genauere Zahlenwerte zugeordnet werden.

4.4 Trennflächen

Angaben über Art, Stellung und Ausbildung von Trennflächen sind sehr wesentlich. Sie können Hinweise auf mögliche Festigkeitsanisotropien geben und bei den festeren Halbfestgesteinen den Vorrang der Verbandsfestigkeit gegenüber der Gesteinsfestigkeit aufzeigen.

Neben der Art der Trennflächen (Klüftung, Schichtung, Schieferung) sind ihre Stellung, ihr Öffnungsgrad und das Vorhandensein von Füllungen oder Bestegen von Bedeutung.

5. Unterteilung und Definition der Klassifizierungselemente

Für die schnelle und einfache Klassifizierung genügen grobe Unterteilungen. Es werden generell 5 Unterteilungen mit den Bezeichnungen 0, 1, 2, 3 und ∞ vorgeschlagen. Dabei sind 0 und ∞ die Grenzbereiche nach unten und oben, 1, 2, 3 die dazwischenliegenden Bereiche. Zusätzlich sind Richtungsangaben nötig, die durch entsprechend gestellte Striche angezeigt werden können.

Bei der *Veränderlichkeit im Wasser* könnte die Veränderung eines Halbfestgesteinskörpers nach einer z. B. 10- bis 12stündigen Wasserlagerung definiert werden, wobei allerdings auch die Veränderlichkeit nach Wasserlagerung von nur wenigen Minuten von Interesse ist. Veränderlichkeit ist vorhanden, wenn sich die Form des Gesteinskörpers nach der Wasserlagerung entweder von allein oder durch Bearbeitung mit der Hand verändert. Zu unterscheiden ist dabei zwischen Veränderungen am ganzen Gesteinskörper und Veränderungen nur in bestimmten Richtungen.

Als unterste *Festigkeitsgrenze* könnte, in Anlehnung an die Bestimmung der Konsistenzgrenzen, die Verformbarkeit von Hand angesehen werden, als oberste die Eigenschaft, daß Ritzen mit einem Messer oder Nagel von bestimmter Form nicht oder nur sehr schwer möglich ist. Dazwischen liegen die Bereiche 1, 2 und 3, für die der Grad der Kornbindung durch entsprechende Eindringtiefen beim Ritzversuch festzulegen wären.

Eine genauere, aber auch noch schnelle Festigkeitsbestimmung wäre durch die Verwendung einer Art „Schmidtschen Hammers" (nach Hucka[3]) oder eines Penetrometers mit der Messung der auftretenden Rückprallwerte bzw. der Eindrückungen möglich, die dann in Beziehung zu Festigkeitswerten gesetzt werden könnten. Dabei ist jedoch die Festlegung von Festigkeitsgrenzwerten notwendig.

Bei den *Trennflächen* sind die Art (Klüftung, Schichtung, Schieferung) und die Häufigkeit ihres Auftretens wichtig. Außer den beiden Grenzfällen wäre eine Unterscheidung in weitmaschig (1), dicht (2) und engständig (3) möglich, wobei die Grenzen z. B. nach Müller und Pacher[4] zwischen 1000 — 100 — 10 — 1 cm gezogen werden könnten.

6. Aufnahmeprotokoll

Bei der Aufnahme von Halbfestgesteinen in Aufschlüssen ist das Festhalten der beobachteten Eigenschaften in speziellen Schichtenverzeichnissen notwendig. Da Halbfestgesteine in Verbindung mit Lockergesteinen und Festgesteinen vorkommen können, sollte das Schichtenverzeichnis so aufgebaut sein, daß darin die wichtigsten bautechnischen Eigenschaften, auch die der anderen zwei Gesteinsarten, festgehalten werden können.

In Anlehnung an das Schichtenverzeichnis nach der neuen DIN 4022 wird folgendes System vorgeschlagen:

Schichtenverzeichnis

Bohrung/Schurf Nr. .... Ort .... Zeit ....

1	2			3	4	5	6	7	8	
Bis ... m unter Ansatzpunkt	Benennung und Beschreibung der Schicht			Festigkeit bzw. Konsistenz	Veränderlichkeit in Wasser	Trennflächen	Kalkgehalt	Feststellungen beim Bohren z. B. Wasserführung, Bohrwerkzeuge	Proben	
	Farbe	Beschaffenheit							Nr.	Tiefe in m (Unterkante)
Mächtigkeit in m	Bezeichnung		Gestein							
	ortsübliche	geologische								

In den beiden ersten Spalten des Schichtenverzeichnisses sind Angaben über Tiefen und Mächtigkeiten zu machen und die einzelnen Schichten zu benennen, zu beschreiben und zu bezeichnen. Zusätzlich soll angegeben werden, ob es sich um Lockergestein (*L*), Halbfestgestein (*H*) oder Festgestein (*F*) handelt. In den Spalten 3 bis 5 sind Angaben über die restlichen drei Klassifizierungselemente — Festigkeit (bzw. Konsistenz bei Lockergesteinen), Veränderlichkeit im Wasser und Trennflächen — und in Spalte 6 Angaben über den Kalkgehalt zu machen.

Zur Bezeichnung der Eigenschaften in den Spalten 3 bis 6 könnten folgende Symbole verwendet werden:

Festigkeit:

D	Druckfestigkeit
S	Scherfestigkeit
□	am ganzen Gesteinskörper (isotrop)
_ / |	in bestimmten Flächen (anisotrop)

Festigkeitsgrad 0, 1, 2, 3, ∞
bei Lockergesteinen Konsistenz 0, 1, 2, 3
(breiig, weich, steif, sehr steif)

Veränderlichkeit im Wasser:

□	am ganzen Gesteinskörper (isotrop)
_ / |	in bestimmten Flächen (anisotrop)

Veränderlichkeitsgrad 0, 1, 2, 3, ∞

Trennflächen:

kk, *KK*	Kleinklüftung, Großklüftung		
st	Schichtflächen		
kst, *Kst*	Schichtklüfte, Bankungsklüfte		
s	Schieferungsflächen		
Ks	Schieferungsfugen		
_ / |	Stellung	_ / |	geschlossen
		= // ||	klaffend
		≡ /// |||	mit Füllung

Häufigkeit der Trennflächen 0, 1, 2, 3, ∞

Kalkgehalt: Kalkgehalt 0, 1, 2, 3, ∞

In der 7. Spalte sollen Feststellungen beim Bohren (z. B. Wasserzuführung, Bohrwerkzeuge) notiert werden.

In die 8. Spalte sind Nummer und Tiefenlage von entnommenen Proben einzutragen.

7. Schlußbetrachtung

Die vorliegende Arbeit soll anregen, sich etwas intensiver und systematischer mit den zahlreichen und vielfältigen „Halbfestgesteinen" zu beschäftigen, deren physikalische Eigenschaften nicht nur für Großbauwerke, sondern auch für normale Hoch- und Tiefbauten von Bedeutung sein können.

Ein erster Versuch wird unternommen, die „Halbfestgesteine" in groben Zügen für bautechnische Zwecke zu klassifizieren. Als Endziel wird angestrebt, eine Mechanik der Halbfestgesteine zu erarbeiten, in der genauere Klassifizierungselemente, geeignete Kennziffern, Versuchsmethoden und rechnerische Verfahren gefunden werden sollen.

Besondere Beachtung muß dabei dem Verhalten der häufig vorkommenden Schicht- oder Verbandsysteme von zwei oder drei Gesteinsarten zukommen. Es erscheint daher zweckmäßig, zunächst von lithologischen Schichtkomplexen innerhalb bestimmter stratigraphischer Bereiche auszugehen.

Literatur

[1] Hagerman, T. V.: Different Types of Rock Masses from Rock Mechanics Point of View. Felsmech. Ing. Geol., Vol. IV/3, 1966.

[2] Coates, Parsons: Experimental Criteria for Classification of Rock Substances. Int. Journ. Rock Mech. Min. Sciences, Vol. 3, 1966.

[3] Hucka: A Rapid Method of Determining the Strength of rocks in situ. Int. Journ. Rock Mech. Min. Sciences, Vol. 2, 1965.

[4] Müller, L.: Geomechanische Auswertung gefügekundlicher Details. Geologie und Bauwesen *24* (1958), H. 1.

Anschrift des Verfassers: Dipl.-Ing. Dr. Kurt Magar, Beratender Ingenieur für Grundbau und Ingenieurgelogie; Lehrbeauftragter der Universität Würzburg. D-87 Würzburg, Mönchbergstraße 15 a.

Felsmechanik u. Ingenieurgeol., Suppl. IV, 31—51 (1968)

Gedanken zum Problem der glazialen Erosion

Von

Robert Haefeli, Zürich

Mit 16 Textabbildungen

(Eingegangen am 27. Dezember 1967)

Zusammenfassung — Summary — Résumé

Gedanken zum Problem der glazialen Erosion. Einleitend wird auf die Vielschichtigkeit des Phänomens aufmerksam gemacht und auf die Möglichkeit hingewiesen, daß dank der neueren Entwicklung der Eismechanik und der Felsmechanik diese Probleme von einer neuen Seite angegangen und beleuchtet werden können. Die verschiedenen Arten der glazialen Erosion werden im Zusammenhang mit dem Gleitvorgang des Gletschers auf seiner Unterlage betrachtet. Im Brennpunkt steht das Problem der glazialen Übertiefung, das am Beispiel des Aletschgletschers diskutiert wird.

Abschließend wird eine Hypothese dargelegt, die sich mit der Bildung der grönländischen Eisströme und der Auskolkung von U-Tälern befaßt.

Thoughts on the Problem of Glacial Erosion. Attention is first drawn to the multiple aspects of the phenomenon and to the possibility of the problems involved being approached and clarified from a new angle as a result of recent developments in ice and rock mechanics. The various types of glacial erosion are considered in connection with the sliding of the glacier on its bed. The main interest is focussed on the problem of glacial overdeepening, which is discussed with reference to the Aletsch Glacier.

A hypothesis is then put forward which deals with the formation of the ice streams of Greenland and the scouring of depressions in U-shaped valleys.

Réflexions concernant le problème de l'érosion glaciaire. En introduction, on attire l'attention sur la complexité du phénomène et sur le fait que grâce aux développements récents de la mécanique de la glace et de la roche, le problème est abordé sous un jour nouveau. Les différents genres d'érosion glaciaire sont envisagés en connexion avec les processus de glissement du glacier sur son fond. Au centre du problème la question des surcreusements sous-glaciaires est discutée; par exemple, celle du glacier d'Aletsch.

En conclusion, une hypothèse est émise sur la formation des courants d'écoulement de la calotte du Groenland et sur le creusement des vallées en U.

1. Einleitung

Wenn wir uns im Rahmen der Geomechanik nach demjenigen Stoff umsehen, der in seinem Verhalten dem Fels am nächsten steht, so stoßen wir auf das Eis. Fast alle Begriffe, die bisher für die Felsmechanik geprägt wurden, lassen sich sinngemäß auf das Eis übertragen und umgekehrt. Ein Unterschied besteht in der Terminologie allerdings darin, daß die Glaziologie ihre Ausdrücke z. T. aus der Welt des Organischen entlehnt, indem man z. B. von Toteis spricht oder vom Kalben des Gletschers usw. Dadurch wird man immer wieder daran erinnert, daß der Gletscher ein lebendiges Ganzes ist.

Vorgänge der langsamen kontinuierlichen wie diskontinuierlichen Verformung des Gebirges, insbesondere des Kriechens, für deren Beobachtung ein Menschenleben kaum ausreicht, spielen sich im Eis und im Gletscher in zeitgeraffter Form ab und werden wesentlich durchsichtiger. Deshalb kann der Felsmechaniker nicht nur im Bereich des Experimentes mit Eis, sondern vor allem von der Verhaltungsweise des lebendigen Gletschers wertvolle Anregungen empfangen. In diesem Sinne habe ich mir erlaubt, zum Thema meiner Ausführungen die *glaziale Erosion* zu wählen, die sich auf dem Gletscherbett abspielt, wo die direkte Auseinandersetzung zwischen Eis und Fels stattfindet. So wie der stete Tropfen den Fels höhlt, erweist sich auch hier das weichere Material Eis als der Stärkere.

Obwohl die glaziale Erosion zu den ältesten und faszinierendsten Problemen der Glaziologie gehört, wurde für sie bis heute noch keine ganz befriedigende Erklärung gefunden. Kein Wunder, denn dieses Problem ist derart vielschichtig und komplex, daß seine erfolgreiche Behandlung die Beherrschung einer ganzen Reihe naturwissenschaftlicher Disziplinen voraussetzt. Neben Geologie, Glaziologie, Eismechanik, Kristallographie und Felsmechanik spielen im Erosionsprozeß rheologische, thermodynamische und hydrodynamische Aspekte eine maßgebende Rolle. Um

Abb. 1. Lauterbrunnental
Valley of Lauterbrunnen
Vallée de Lauterbrunnen

alle diese Prozesse, die z. T. in Wechselwirkung miteinander stehen, unter einen Hut zu bringen bzw. zu einer Synthese zu verbinden, welche die Erosion als eine funktionelle Einheit zu deuten vermag, braucht es entweder einen überdimensionalen Kopf oder aber ein sehr fähiges und ausgewogenes Team.

Die Vielgestaltigkeit der Probleme der glazialen Erosion kann uns so recht bewußt werden, wenn wir diese grandiose Naturerscheinung von ihrer ästhetischen Seite her betrachten, indem wir die strenge und erhabene Schönheit einer Rundhöckerlandschaft als Werk der Schöpfung auf uns einwirken lassen. Man wird sich dabei die Frage stellen: Worin beruht das Geheimnis dieser ästhetischen Wirkung, welche jene ungeheure Dynamik mit einer ausgeprägten plastischen Gestaltung harmonisch verbindet? Eines scheint dabei wesentlich: Die markante Geschlossenheit der Architektur der Rundhöckerlandschaft dürfte ihren tieferen Grund in *der Entsprechung zwischen Kleinform und Großform haben,* d. h. darin, daß sich das Klein-

Abb. 2. Altes Grimselhospiz

Old Grimsel Hospice

Ancien Grimselhospice

relief im Großrelief wiederholt und steigert. Man gewinnt den Eindruck, daß das ursprüngliche Relief durch die glaziale Erosion teilweise verstärkt und plastischer gestaltet, gleichsam künstlerisch überarbeitet und harmonisiert wird. Steile Felswände sind dabei senkrecht oder überhängend geworden (Abb. 1), V-Täler wurden in U-Täler verwandelt. Das Längenprofil der glazial überformten Täler zeigt ausgesprochenen Stufencharakter, und einzelne Stufen werden übertieft. Das Bild drängt sich auf: Der Gletscher als riesige Künstlerhand eines unsichtbaren Bildhauers, dessen gestaltender Kraft wir die gewaltige urtümliche Plastik der Rundhöckerlandschaft verdanken.

In diesem Zusammenhang sei erwähnt, daß Penk[1] für gerundete Bergrücken, die unterhalb der Schliffgrenze liegen, die Bezeichnung „Rundling" vorgeschlagen hat. Damit hat er — bewußt oder unbewußt — die Einheitlichkeit der Form auch im Namen zum Ausdruck gebracht, indem er den Rundling als Großform der Kleinform des Rundhöckers gegenüberstellte (Abb. 2).

Nachdem die Glaziologie in den letzten 30 Jahren eine sprunghafte Entwicklung erfahren hat und insbesondere auf dem Gebiet der Eismechanik große Fortschritte erzielt wurden, ist es an der Zeit, die Probleme der glazialen Erosion im Lichte moderner Erkenntnisse neu anzugehen. Es trifft sich gut, daß inzwischen auch die Entwicklung der Felsmechanik energisch gefördert wurde. Die enge Verbindung von

Eis- und Felsmechanik ist naturbedingt, erscheint doch die Erosion als eine auf Biegen und Brechen gehende Auseinandersetzung zwischen Eis und Fels, wobei das Eis der angreifende und der Fels der passive Teil ist. Das dem Gegner überlegene Eis scheut sich dabei nicht, einzelne Felsbrocken — Überläufern vergleichbar — auf seine Seite zu locken, um sie als Waffe zu verwenden, mit denen es den Fels angreift, erodiert und schleift.

2. Wechselwirkung zwischen Gleitvorgang und Erosion

Die an der Gletscheroberfläche gemessene Geschwindigkeit setzt sich bekanntlich aus zwei Komponenten zusammen: der Scherkomponente einerseits, bedingt durch die plastische Verformung des Eises, und der Gleitkomponente andererseits. Die

Beilage 6

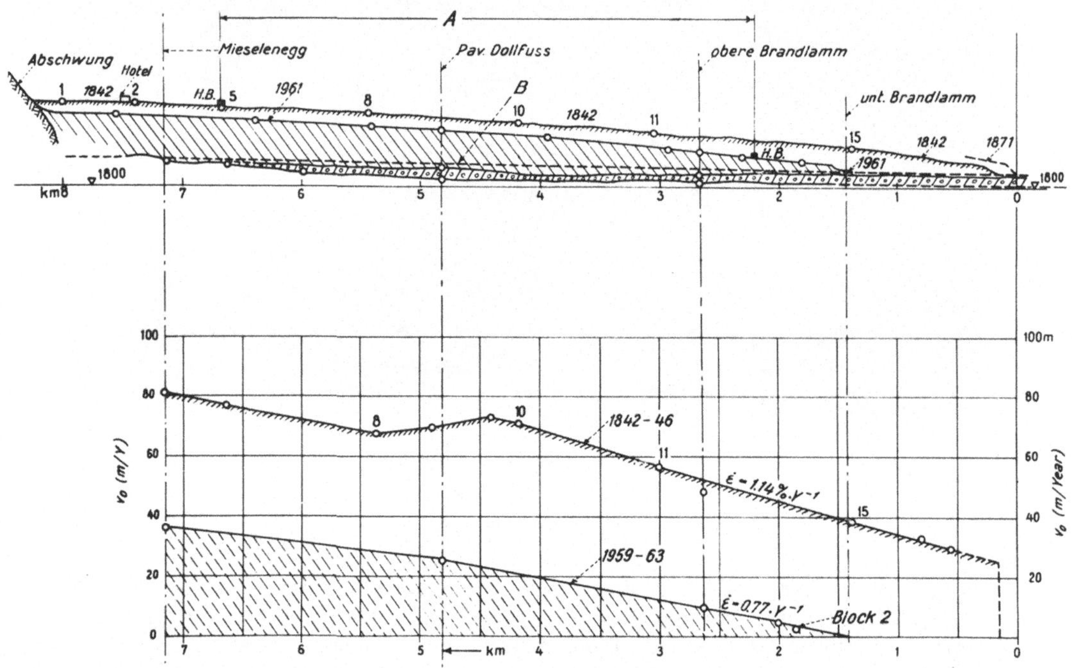

Abb. 3. Unteraargletscher im Längenprofil mit Geschwindigkeitsdiagramm

v_0 größte gemessene Geschwindigkeiten entlang der Gletscherachse (1842—1846 und 1959 bis 1963); *A* Weg des Hugiblockes in 120 Jahren (1842—1962) = 4,5 km; *B* Gletscherbett nach Agassiz

Unteraar Glacier, longitudinal profile with velocity diagram

v_0 maximum measured velocities along the glacier axis (1942—1946 and 1959—1963); *A* way of Hugiblock in 120 years (1842—1962) = 4,5 km; *B* Glacier bed after Agassiz

Glacier de l'Unteraar, profil longitudinal avec diagramme de vitesse

v_0 vitesses maximales mesurées le long de l'axe du glacier (1842—1846 et 1959—1963); *A* parcours du Hugiblock pendant 120 ans (1842 à 1062) = 4,5 km; *B* lit du glacier d'après Agassiz

Intensität der Erosion hängt in hohem Maße von der Größe der Gleitkomponente ab. Ist dieselbe gleich Null, so findet — abgesehen von einer wichtigen Ausnahme — keine oder nur eine geringe Erosion statt. Dieser Fall des fehlenden Gleitens kann auftreten beim polaren Gletscher, der am Untergrund angefroren ist (Permafrost), und bei temperierten Gletschern, deren Bett so flach ist, daß der Horizontalschub in Zeiten des allgemeinen Gletscherschwundes nicht genügt, um die Scherfestigkeit bzw. die Reibung an der Gletschersohle zu überwinden.

In Grönland findet man schöne Beispiele von moränenlosen Gletschern, die zur Zeit praktisch nicht erodieren, weil der Gleitvorgang fehlt. Bei den temperierten Gletschern ist ein mehr oder weniger starkes Gleiten die Regel, doch ist die Gleitgeschwindigkeit bedeutenden jahreszeitlichen wie auch langjährigen Schwankungen unterworfen. Oberhalb des Bergschrundes, wo das Eis am Felsuntergrund angefroren ist, findet selbst bei alpinen Gletschern kein Gleiten statt, und auch am Ende flacher, stagnierender Gletscherzungen der Alpen kann es vorkommen, daß der Gleitvorgang aufhört.

Langfristige wie auch kurzfristige, d. h. saisonbedingte Schwankungen der Gletscherbewegung wurden erstmals von Agassiz am Unteraargletscher festgestellt[2]. Abb. 3 zeigt oben einen Längsschnitt durch die Zunge des Unteraargletschers mit den beiden Gletscherständen von 1842 und 1961. Unten sind die zugehörigen größten Jahresgeschwindigkeiten der Gletscheroberfläche in zwei Diagrammen dargestellt. Der große Unterschied der Oberflächengeschwindigkeit von einst und jetzt ist nicht durch die Änderung der Scherkomponente, sondern durch die Abnahme der Gleitgeschwindigkeit zu erklären[3]. Während die Gleitgeschwindigkeit am Zungenende heute praktisch gleich Null ist, betrug sie um das Jahr 1842 etwa 25 m/Jahr. Der Gletscher war damals im Vorstoß begriffen, bis er 1871 seinen höchsten Stand erreichte. Da ein Vorstoß nur möglich ist, wenn die Zunge eine genügend große Gleitgeschwindigkeit besitzt, so ist andererseits auch die Erosion während des Vorstoßes weitaus am intensivsten.

Agassiz hat die monatlichen Geschwindigkeitsänderungen während eines ganzen Jahres in zwei Profilen verfolgt (Abb. 4). Im Querprofil Pavillon Dollfuss erreichte die höchste Geschwindigkeitsspitze mehr als 100 % der mittleren Jahresgeschwindigkeit. Diese Schwankungen sind vor allem auf die Änderung der Gleitgeschwindigkeit zurückzuführen, die verschiedene Ursachen haben kann. Eine derselben ist die ständige Veränderung von Druck und Menge des im Innern des Gletschers zirkulierenden Schmelzwassers.

Die Mechanik des Gleitvorganges ist neuerdings hauptsächlich durch J. Weertmann und L. Lliboutry untersucht worden. Die beiden Autoren unterscheiden dabei folgende zwei Arten von Gleitmechanismen[2, 17]:

a) Gleiten durch Schmelzen und Regelation,

b) Gleiten durch Plastizität.

Da es bei einer gegebenen Gleitgeschwindigkeit von der Dimension der Hindernisse (Protuberanzen) abhängt, welcher der oben genannten Mechanismen zum Zuge kommt, und da andererseits Rauhigkeiten in fast allen Größenordnungen vorhanden sind, erscheint der Gleitvorgang als eine außerordentlich komplexe Angelegenheit. Zweifellos spielt der hydrostatische Druck des in den Kavernen, Klüften und Adern enthaltenen Wassers eine ähnlich überragende Rolle wie das gespannte Porenwasser bei Stabilitätsproblemen der Bodenmechanik oder das Kluftwasser bei solchen der Felsmechanik. Der Umstand, daß dieser Druck infolge der Kommunikation der Wasserwege von Vorgängen abhängt, die sich weitab des betrachteten Raumes abspielen können, trägt nicht zur Vereinfachung der Probleme bei.

In diesem Zusammenhang muß auch die Bedeutung hervorgehoben werden, die neben den mineralogischen, mechanischen und strukturellen Eigenschaften der Wasserdurchlässigkeit der Felsunterlage zukommt. Ist das Gestein durchlässig, so kann sich das Wasser in den Spalten, Klüften und Kapillaren der Konktaktzone leichter entspannen als im Falle eines undurchlässigen Untergrundes.

Was die Wechselwirkung zwischen Gleiten und Erosion anbetrifft, so steht keineswegs fest, daß die erodierende Wirkung des vom Gletscher im Kontakt Eis — Fels mitgeschleppten Moränenmaterials umso intensiver ist, je *rascher der Gleit-*

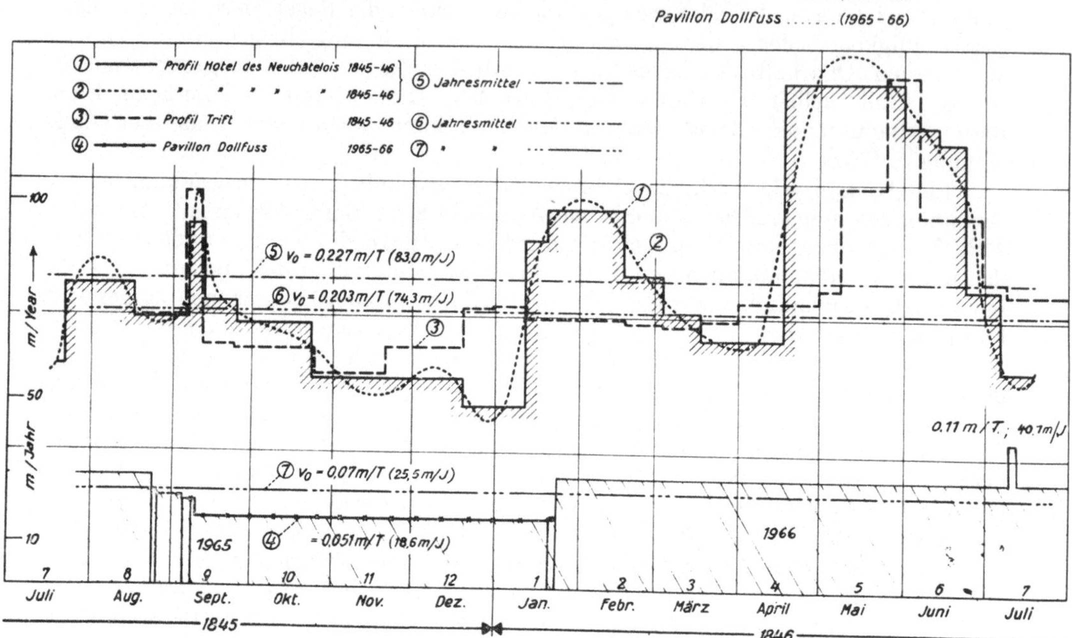

Abb. 4. Unteraargletscher, Querprofil, Pavillon Dollfuss, 1842, 1928 und 1960, mit Geschwindigkeitsdiagramm

1 bis *4* Profile; *5* bis *7* Jahresmittel

Unteraar Glacier, transversal profile at Pavillon Dollfuss, 1842, 1928, and 1960, with velocity diagram

1 to *4* profiles; *5* to *7* yearly averages

Glacier de l'Unteraar, profil transversal au Pavillon Dollfuss, 1842, 1928 et 1960, avec diagramme de vitesse

1 à *4* profils; *5* à *7* moyennes annuelles

vorgang ist. Eine von Fall zu Fall verschiedene optimale Geschwindigkeit ist denkbar. Aber umgekehrt wirkt sich auch die Erosion wieder auf den Gleitvorgang aus, indem die mit dem Abschleifen der Felsoberfläche verbundene Glättung der Gleitfläche den Gleitvorgang erleichtert.

3. Verschiedene Arten der glazialen Erosion

Wenn man die typischen Formen einer Rundhöckerlandschaft betrachtet, so ist man versucht, die glaziale Erosion durch folgende Tätigkeiten des Gletschers zu beschreiben: Herausbrechen, Abrasieren, Hobeln, Schleifen und Polieren. Das Herausbrechen von Gesteinsstücken oder Felspartikeln aus ihrem natürlichen Verband dürfte, wie Carol (1943) gezeigt hat[4], hauptsächlich auf der Leeseite von Rundhöckern und Schwellen stattfinden, wobei auch die Sogkraft des am Fels angefrorenen Eises mitspielen kann. Demgegenüber beruht das Abrasieren auf dem Abscheren von Hindernissen durch den Kriechdruck des Eises. Die drei letztgenannten Formen der Erosion (Hobeln, Schleifen und Polieren) haben zwei gemeinsame Merkmale: Erstens setzen sie alle ein Gleiten des Gletschers auf seiner Unterlage voraus, und zweitens verwenden sie das in der Kontaktzone Eis—Fels mitgeschleppte Gesteins-

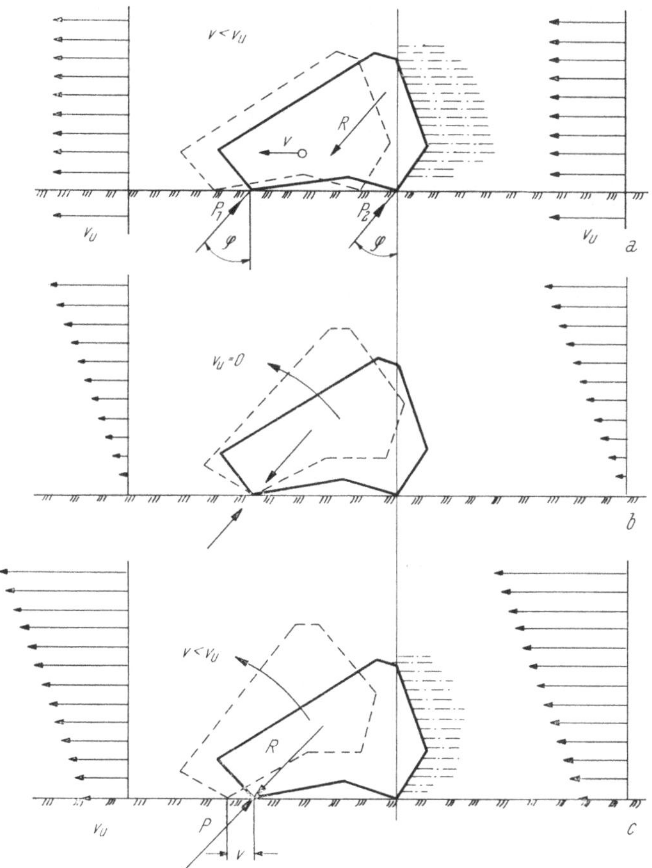

Abb. 5. Erodierender Block (Schema)
Eroding block
Procés d'erosion par un bloque

material als Werkzeug der Erosion, d. h. als „Hobelmesser", Schleif- oder Poliermittel. Man kann deshalb — prosaisch ausgedrückt — den erodierenden Gletscher statt mit der unsichtbaren Hand eines Bildhauers auch mit einem Hobelwerkzeug vergleichen, dessen Möglichkeiten aber den vom Menschen erfundenen Hobel weit übertreffen. Denn dieses glaziale Werkzeug kann nicht nur hobeln bzw. spanabhebend wirken, sondern auch modellieren, schleifen und polieren.

Um das Verhalten eines im Eis eingespannten Blockes in der Kontaktzone Eis—Fels in Abhängigkeit von den Geschwindigkeitsverhältnissen des Eises schematisch darzustellen, diene Abb. 5.

Betrachten wir zunächst den Fall des auf seinem Bett translatorisch gleitenden Gletschers (Abb. 5 a). Maßgebend für die erodierende Wirkung sind vor allem folgende Faktoren: die Rauhigkeitsverhältnisse in der Gleitfläche, der Härteunterschied zwischen dem erodierenden Felsblock (Hobelmesser) und der Gesteinsunterlage, die Gleitgeschwindigkeit des Blockes (die kleiner ist als diejenige des Eises) und schließlich die in den Kontaktstellen A, B usw. wirksamen Drücke P_1, P_2 usw., d. h. die Reaktionen auf die Kraft R, die der Felsblock auf den Untergrund ausübt. Diese Kraft R erscheint als Resultierende sämtlicher auf die Oberfläche des Felsblockes wirksamen Eisdrücke (R_s) und Wasserdrücke (R_w) und ist in erster Linie maßgebend für die Intensität der Erosion.

Es soll deshalb nachstehend versucht werden, einen wesentlichen Teil der senkrecht zur Gleitfläche stehenden Komponente (P) von R rechnerisch abzuschätzen für

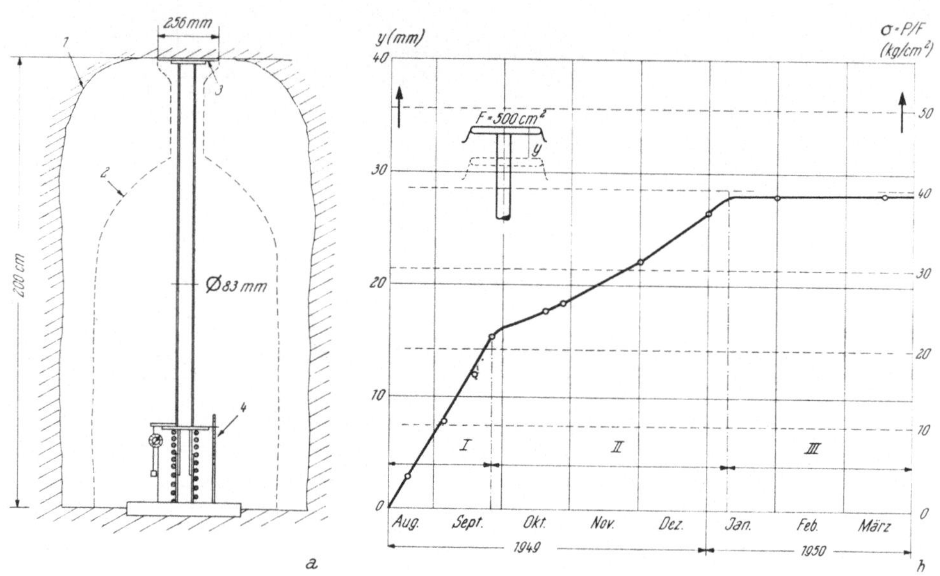

Abb. 6. Zmuttstollen (Drucksäule)

a) Querschnitt. *1* Profil August 1949 (nicht ausgemessen); *2* Profil 18. März 1950; *3* Kreisplatte, $F = 500$ cm²; *4* Meßstab. b) Meßfederverkürzung y und mittlere Pressung σ. *I* 1. Phase; *II* 2. Phase, Beginn der Druckschmelzung (Randzonen); *III* 3. Phase, volle Druckschmelzung

Tunnel in the Zmutt Glacier with pressure gauge

a) Cross-section. *1* profile August 1949 (not measured); *2* profile on March 18th, 1950; *3* circular plate, $F = 500$ cm²; *4* measuring rod. b) Shortening y of measuring spring and medium compression σ. *I* first phase; *II* second phase, beginning of melting due to pressure (border zones); *III* third phase, full smelting due to pressure

Colonne pour mesurer la pression dans la galerie fu glacier de Zmutt

a) Coupe transversale. *1* profil aboût 1949 (pas mesurée); *2* profil du 18 mars 1950; *3* plaque circulaire, $F = 500$ cm²; *4* bâton de mesure. b) Raccourcissement y du ressort de mesure et compression moyenne σ. *I* première phase; *II* second phase, commencement de la fusion par pression (zones de bordure); *III* troidième phase, fusion entière par pression

den vereinfachten Fall, daß der erodierende Felsblock die Form einer Kugel vom Durchmesser d besitze.

Zu diesem Zweck nehmen wir an, daß an der Unterseite des Gletschers sich jährlich eine Schicht von einer gewissen Stärke infolge des Erdwärmestroms, der Reibungswärme und Druckschmelzung verflüssigt. Um denselben Betrag, vermindert um das Maß der jährlichen Erosion, wird die Kugel in das Eis hineingedrückt. Dies geschieht entweder durch Druckschmelzung oder durch plastische Verformung des Eises. Bei dem von uns ausgeführten Experiment im Zmuttstollen beispielsweise (vgl. Abb. 6), in dem zwischen Scheitel und Sohle eine elastische Säule (Stahlrohr), die oben mit einer Druckplatte ($F = 500\ cm^2$) versehen war, eingebaut wurde, stieg der Druck in der Säule im Laufe von fünf Monaten bei entsprechender Zusammen-

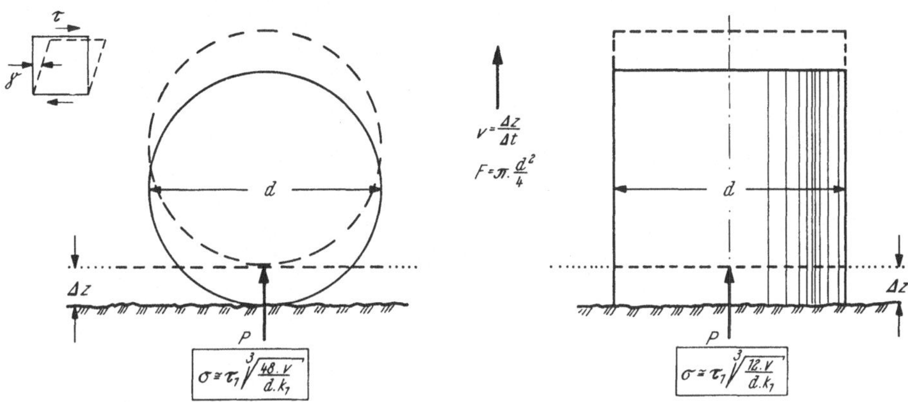

Abb. 7. Kugel und Zylinder beim Eindringen in temperiertes Eis. Fließgesetz des Eises $d\gamma/dt = k_1 (\tau/\tau_1)^n$

k_1 Temperaturparameter, $n = 3$; $\tau_1 = 1\ kg/cm^2$

Zahlenbeispiel: $\tau_1 = 1\ kg/cm^2$; $v = 1$ cm/Jahr; $d = 100$ cm; $T = 0^0$ C; $k_1 = 0{,}25/J$; $P = \sigma \cdot (d^2/4) = 9800$ kg; $P = \sigma \cdot F = 6200$ kg

Sphere and cylinder entering temperate ice. Flowing law of ice $d\gamma/dt = k_1 (\tau/\tau_1)^n$

k_1 parameter of temperature, $n = 3$; $\tau_1 = 1\ kg/cm^2$

Numerical example: $\tau_1 = 1\ kg/cm^2$; $v = 1$ cm/year; $d = 100$ cm; $T = 0^0$ C; $k_1 = 0.25/J$; $P = \sigma \cdot (d^2/4) = 9800$ kg; $P = \sigma \cdot F = 6200$ kg

Sphère et cylindre en entrant dans la glace tempérée. Loi de fluage de la glace $d\gamma/dt = k_1 (\tau/\tau_1)^n$

k_1 paramètre de température, $n = 3$; $\tau_1 = 1\ kg/cm^2$

Exemple numérique: $\tau_1 = 1\ kg/cm^2$; $v = 1$ cm/an; $d = 100$ cm; $T = 0^0$ C; $k_1 = 0.25/J$, $P = \sigma \cdot (d^2/4) = 9800$ kg; $P = \sigma \cdot F = 6200$ kg

drückung der Meßfeder so lange an, bis der Überlagerungsdruck des Eises erreicht war. Von diesem Zeitpunkt an blieb der Druck konstant, und das Umfließen des Hindernisses durch das Eis erfolgte allein durch Druckschmelzung[5]. Kommt es nicht zur Druckschmelzung, so kann der Druck P' auf eine Kugel, die mit konstanter Geschwindigkeit in ein zähes Newtonsches Medium hineingepreßt wird, auf Grund der Stokeschen Formel wie folgt angenähert berechnet werden (vgl. Abb. 7):

$$\sigma = \frac{12\, v \cdot u}{d}; \quad P' = \sigma \cdot \frac{\pi \cdot d^2}{4} \tag{1}$$

worin bedeuten:

σ spezifische Belastung des Kugelquerschnittes

d Durchmesser der Kugel

v Eindringungsgeschwindigkeit

u Zähigkeit des Mediums (Newtonsche Flüssigkeit)

Da bei Eis die scheinbare Zähigkeit u keine Konstante ist, substituieren wir dieselbe durch die Parameter k und n des bekannten Fließgesetzes des Eises von der Form:

$$\omega = \frac{d\alpha}{dt} = k \cdot \tau^n = k \cdot \left(\frac{\tau}{\tau_1}\right)^n$$

$$\mu = \frac{\tau}{\omega} = \frac{\tau}{k \cdot \tau^n} = \frac{1}{k \cdot \tau^{n-1}} = \frac{\tau_1^{\,n}}{k_1 \cdot \tau^{(n-1)}} \qquad \left| \quad \begin{aligned} k &= \frac{k_1}{\tau_1^{\,n}} \\ \tau_1 &= 1\ \mathrm{kg/m^2} \\ &= {}^1/_2\,\sigma \end{aligned} \right. \tag{2}$$

Führt man diesen Wert von u in Gl. (1) ein, so erhält man:

$$\sigma \cong \frac{12\,v}{d} \cdot \frac{\tau_1^{\,n}}{k_1 \left(\frac{\sigma}{2}\right)^{n-1}}; \quad \sigma^n = \tau^n_{\ 1} \cdot \frac{12 \cdot v \cdot 2^{n-1}}{d \cdot k_1}$$

$$\sigma \cong \tau_1 \sqrt[n]{\frac{12\,v \cdot 2^{n-1}}{d \cdot k_1}} \tag{3}$$

$$P' \cong \frac{\pi \cdot d^2}{4}\,\tau_1 \sqrt[n]{\frac{12 \cdot v \cdot 2^{n-1}}{d \cdot k_1}} = \frac{\pi}{2} \cdot d^2 \cdot \tau_1 \sqrt[n]{\frac{6\,v}{d \cdot k_1}} \tag{4}$$

Für $v = 1$ cm/Jahr, $d = 100$ cm, $n = 3$ und $k_1 = 0{,}25\,J^{-1}$ erhält man z. B. folgenden Näherungswert des Erosionsdruckes P' zwischen Kugel und Unterlage (temperiertes Eis):

$$P' = \frac{\pi \cdot 100^2}{4} \cdot 1 \cdot \sqrt[3]{\frac{12 \cdot 1 \cdot 4}{100 \cdot 0{,}25}} = 7850 \cdot \sqrt[3]{1{,}92} = 9800\ \mathrm{kg}$$

$$= \frac{9800}{7850} = 1{,}25\ \mathrm{kg/cm^2}.$$

Hat der ins Eis eindringende Körper nicht die Gestalt einer Kugel, sondern eines auf seiner Basis stehenden Zylinders vom Durchmesser d, so gilt auf Grund der Boussinesqschen Spannungsverteilung analog:

$$\sigma \cong \tau_1 \cdot \sqrt[n]{\frac{3\,v \cdot 2^{n-1}}{d \cdot k_1}} \tag{5}$$

Oft werden die Gln. (1) bis (5) ungültig, weil Druckschmelzung eintritt. Der zur Erzeugung einer bestimmten Sink- bzw. Eindringungsgeschwindigkeit erforderliche Druck ist dann kleiner als ohne Druckschmelzung. Diese Erfahrung hat der Verfasser auch im Eisstollen des Zmuttgletschers gemacht, wo die Sinkgeschwindigkeit einer Kugel unter verschiedenen Belastungen gemessen wurde[5a]. Sobald der Schmelzdruck überschritten wurde, trat Regelation ein, indem das durch den Druck geschmolzene Eis die Kugel umfloß und auf der Druckstollenseite wieder gefror.

Kann das Eis seitlich des erodierenden Blockes ausweichen, so bildet der Block einen Hartpunkt, in welchem sich die Spannungstrajektorien konzentrieren. Diesem Prozeß wirkt jedoch die Druckschmelzung limitierend entgegen. Um die Reibung in den Auflagepunkten A und B zu überwinden, müssen auf der Bergseite des erodierenden Blockes entsprechende Eisdrücke entstehen, die sowohl Druckschmelzung wie die Bildung plastischer Zonen im Eis zur Folge haben können. Auf der Talseite hat der Block andererseits die Tendenz, sich vom rascher bewegten Eis abzulösen, wenn nicht das auf der Bergseite durch Druckschmelzung entstandene Wasser den Block umfließt, um in der talseitigen Spalte zu regulieren.

Ist die Gleitgeschwindigkeit in der Kontaktfläche Eis—Fels gleich Null (Abb. 5b) und der Geschwindigkeitsgradient des Eises konstant, so kann ein mit dem Untergrund in Kontakt stehender Block nur eine rollende Bewegung ausführen, wobei von einer Erosion kaum die Rede sein kann. Ist jedoch der Geschwindigkeitsgradient nicht konstant, sondern nimmt von unten nach oben ab (konvexes Geschwindigkeitsprofil), so bleibt es auch für $v_u = 0$ nicht bei einer reinen Drehung bzw. bei einem bloßen Abrollen des Blockes, sondern es entsteht ein leichtes Gleiten und damit eine gewisse Erosionswirkung.

Abb. 8. Rundhöcker beim oberen Grindelwaldgletscher, 1967
“Roches moutonnées” near the upper Grindelwald Glacier, 1967
Roches moutonnées chez le glacier haut de Grindelwald, 1967

Dasselbe ist der Fall, wenn der Geschwindigkeitsgradient zwar konstant, aber v_u nicht gleich Null ist (Abb. 5c). Auch hier entsteht eine Kombination von Drehen und Gleiten des Blockes.

Neben diesen verschiedenen in Abb. 5 angedeuteten Arten der Erosion spielt das bereits erwähnte Herausbrechen von kleinen und großen Blöcken auf der Leeseite von Hindernissen eine nicht weniger wichtige Rolle. Die kombinierte Wirkung beider Grundformen der Erosion führt dazu, daß beim Rundhöcker ebenso wie bei der Schwelle oder beim Rundling, d. h. sowohl bei der Kleinform wie bei der Großform, die Luvseite relativ flach und sanft gewölbt ist, während die Leeseite in kantigen Stufen steil abfällt (Abb. 8).

4. Zum Problem der glazialen Übertiefung

Um die Ursachen der glazialen Übertiefung[6] zu erforschen, bedarf es, wie bereits erwähnt, der engen Zusammenarbeit verschiedener Disziplinen. Zweifellos spielen bei diesem Problem die geologischen Verhältnisse, insbesondere Schichtung und Klüftung, sowie die Härteunterschiede der vom Gletscher erodierten Gesteine eine maßgebende Rolle, wenn auch nicht im selben Ausmaß wie bei der ursprünglichen Talbildung. Dies geht schon daraus hervor, daß auch bei geologisch ganz verschiedenen Verhältnissen immer wieder die gleichen charakteristischen Formen der Übertiefung entstehen.

Eine ständig zunehmende Anzahl von glazialen Übertiefungen wird durch Sondierungen (Bohrungen und seismische Untersuchungen) im Zusammenhang mit der Projektierung und dem Bau von Staubecken und Stollen im Gebirge entdeckt.

Tabelle 1. Beispiele von glazialen Übertiefungen in der Schweiz

Ort (Region)	Einzugsgebiet km²	Anzahl der zusammenfließenden Gletscher	Höhe des heutigen Talbodens m ü. M.	Übertiefung gegenüber der Schwelle m
Emosson-Becken (Wallis)		2	1770	ca. 80
Engstlenalp (Wildstrubel, Berner Oberland)		3	1945	100–120
Albigna (Bergell, Graubünden)		3	2060	130
Urserenbecken (Gotthard)	178,5	3	1420	270
Konkordiabecken (Aletschgletscher, Berner Oberland)		3	2240 (2710)[1]	300 ± 50

[1] Kote der mittleren Gletscheroberfläche im Konkordiaprofil.

Die nachstehende Tabelle enthält einige wenige Beispiele von seismisch festgestellten Übertiefungen in der Schweiz, bei deren Erforschung und Zusammenstellung A. Süsstrunk maßgeblich mitgewirkt hat.

Eines der schönsten Beispiele glazialer Übertiefung bildet das Urserenbecken bei Andermatt (Gotthard), wo durch Bohrungen festgestellt wurde, daß der Gotthardtunnel nur etwa 40 m unter der Sohle des mit Alluvionen und Moränenmaterial aufgefüllten Urserentales liegt. Es hat also wenig gefehlt, so wäre dem Gotthardtunnel ein ähnliches Schicksal beschieden gewesen wie dem Lötschbergtunnel. Die Übertiefung beträgt bei Andermatt volle 250 m und erreicht damit ein ähnliches Ausmaß wie beim Konkordiaplatz (Aletschgletscher). Auch die Einzugsgebiete sind von ähnlicher Größenordnung. Grandiose Beispiele von Übertiefungen, die stellenweise mehrere hundert Meter erreichen, bilden ferner die Alpenrandseen als Zeugen der glazialen Erosion während der Eiszeiten. Noch größere Übertiefungen findet man in den grönländischen Fjorden. Das Ausmaß der Übertiefung bzw. die Höhe der Felsschwelle scheint bei ähnlichen glaziologischen Gegebenheiten in einem gewissen noch durch andere Faktoren beeinflußten Verhältnis zur Größe des vergletscherten Einzugsgebietes zu stehen, eine Vermutung, die der genaueren Nachprüfung bedarf.

Es fällt auf, daß relativ große Übertiefungen namentlich dort anzutreffen sind, wo mehrere Gletscher zusammenstoßen. Als klassisches Beispiel dieser Art sei neben dem Urserenbecken das Konkordiabecken am Aletschgletscher erwähnt. Wir wollen deshalb dieses Beispiel — gleichsam als Prototyp — etwas näher betrachten.

Ein Blick auf die Landeskarte zeigt, wie bei der Einmündung in den Konkordiaplatz der Jungfraufirn von seinen mächtigen Nachbarfirnen — dem Ewigschneefeld zur Linken und dem großen Aletschgletscher zur Rechten — in die Zange genommen wird. Auf einer Strecke von 2500 m wird seine Breite von rd. 1500 m (bei Punkt 2800) auf etwa 150 m, d. h. auf den zehnten Teil ihres ursprünglichen Wertes, zusammengepreßt, wobei unter der Wirkung der Seitendrücke eine sehr ausgesprochene Foliation entsteht. Besonders eindrucksvoll ist diese mächtige plastische Verformung des Jungfraufirns im Luftbild (Abb. 9) zu erkennen. Ein kleiner Kreis

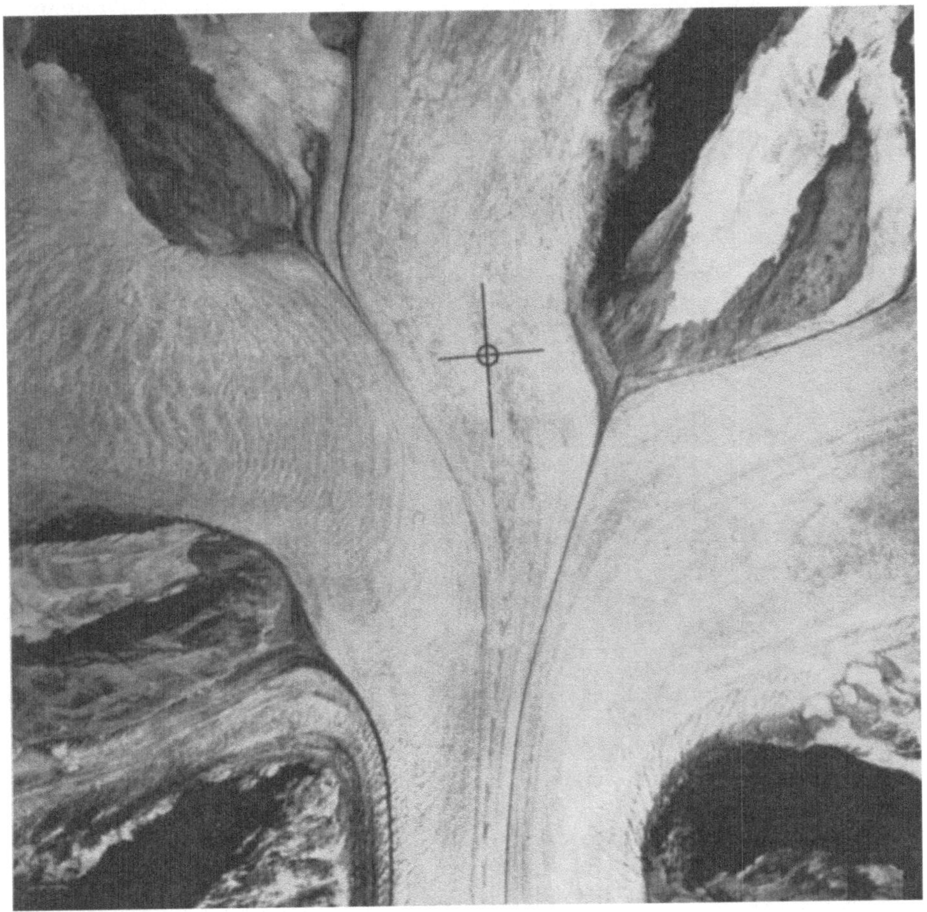

Abb. 9. Luftbild vom Konkordiaplatz (Aletschgletscher)
Eidgenössische Landestopographie, September 1947 (alle Rechte vorbehalten)

Konkordiaplatz (Aletsch Glacier) seen from the air

Place de la Concorde (Konkordiaplatz), glacier d'Aletsch, vue de l'air

bezeichnet die Stelle, wo die oberflächliche Verformung mit Hilfe eines Deformationskreises von 20 m Durchmesser während einer Zeitdauer von drei Jahren verfolgt wurde (Abb. 10). Es zeigte sich dabei nicht nur, wie sich der Kreis allmählich in eine Ellipse verwandelte, sondern auch flächenmäßig kleiner wurde. Da das Volumen des Eises bei der Verformung konstant bleibt, kann dieses Schrumpfen der Oberfläche nur durch eine entsprechende Dehnung in der Vertikalen kompensiert werden. Im Längsschnitt gesehen müssen hier die Stromlinien in der Fließrichtung divergieren. Wie soll man sich nun die Intensivierung der Erosion beim Einritt des Jungfraufirns in den Konkordiaplatz und damit diese gewaltige Übertiefung erklären?

Auf den Seitendruck seiner mächtigen Nachbarn reagiert der Jungfraufirn einerseits durch eine Beschleunigung der Bewegung (Längsdehnung) und andererseits durch eine Dehnung in vertikaler Richtung. Er weicht somit nach unten und nach vorn aus, indem er sich durch die Aktivierung der Erosion in die Tiefe schafft. Nachdem Mothes (1929) im Zentrum des Konkordiaplatzes eine Eistiefe von 790 m gemessen hat, während Süsstrunk etwa 20 Jahre später im Konkordiaprofil, d. h. am Abfluß des Konkordiaplatzes, eine Eismächtigkeit von rund 470 m feststellte (O. K. Felsschwelle), so kann unter Berücksichtigung des Eisschwundes seit 1920 mit einer Übertiefung von etwa rund 300 ± 50 m gerechnet werden (vgl. Atlas der Schweiz, Blatt 80).

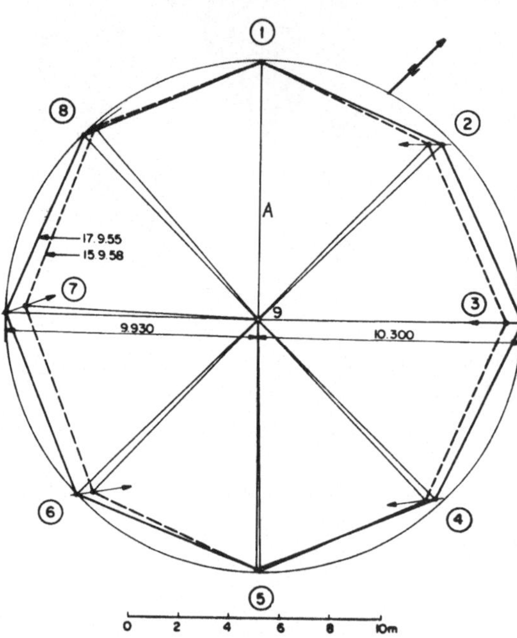

Abb. 10. Deformationskreis Konkordiaplatz. *A* Richtung Sphinx

Deformation of a circle on the surface of Konkordiaplatz. *A* direction Sphinx

Cercle de déformation à la surface du Konkordiaplatz. *A* direction Sphinx

Zur Intensivierung der Erosion beim Zusammenfluß der drei Gletscher im Konkordiabecken mag folgender Vorgang wesentlich beigetragen haben: Man denke sich in der Situation des Jungfraufirns gemäß Abb. 11 in Profil $A-A_1$ eine Reihe auf der Gletschersohle liegender Blöcke gleichmäßig verteilt. Auf dem Wege von Profil $A-A_1$ zum Profil $B-B_1$ werden die Blöcke entsprechend der Querschnittsverengung des Jungfraufirns näher zusammenrükken, wodurch die Zahl der erodierenden Einheiten pro 1 m Profilbreite vermehrt wird. Gleichzeitig nimmt die Geschwindigkeit der Eisbewegung und damit auch die Gleitgeschwindigkeit der erodierenden Gesteinstrümmer zu. Beide Einflüsse, d. h. sowohl die Beschleunigung der Blockbewegung wie auch die Verkleinerung des Blockabstandes (stärkere Besetzung des Profils mit erodierenden Elementen)*, dürften eine Verstärkung der Erosion bewirken, sofern die optimale Geschwindigkeit nicht überschritten wird.

Gegen diese Arbeitshypothese könnte man einwenden, daß wir nur die an der Gletscheroberfläche des Jungfraufirns gemessene Breite kennen, nicht aber die maßgebende Breite an der Sohle, die wesentlich größer sein kann. Demgegenüber ist zu sagen, daß man auf Grund der Karte 1 : 10 000 das Ausapern des Jungfraufirns bis 10 km unterhalb des Konkordiaplatzes verfolgen kann und daß innerhalb dieser Strecke, in welcher jene Eisschichten abgebaut werden, die am Konkordiaplatz tief unter der Oberfläche lagen, die durch den Abstand der Moränen gegebene Breite nur

* Zusätzlich zu den bereits vorhandenen werden an der Steilstufe des Gletscherbettes oberhalb des Konkordiaplatzes weitere Blöcke ausgebrochen.

relativ wenig zunimmt. Erst bei den Katzlöchern findet eine fächerförmige Verbreiterung des dem Jungfraufirn zugehörigen Streifens statt.

Wie soll man jedoch das gegen die Konkordiaschwelle erneute Erlahmen der Erosionskraft und damit die Bildung und Schonung der Schwelle deuten? Ist es

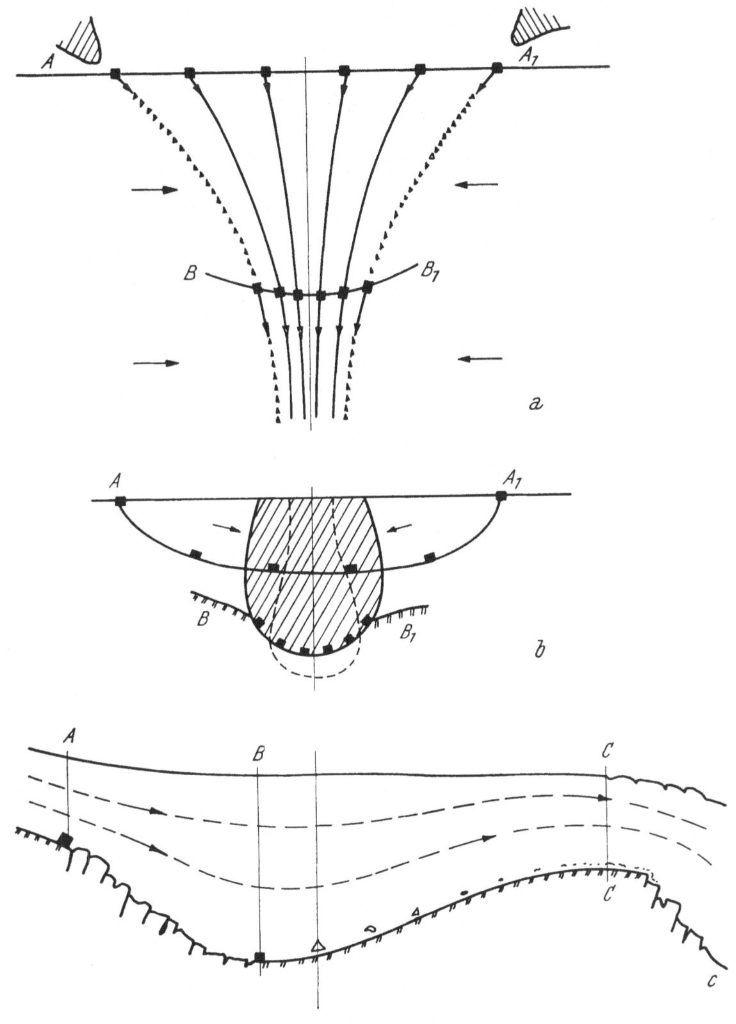

Abb. 11. Vorgänge bei der Übertiefung (Schema)
a) Lage; b) Querschnitt; c) Längsschnitt (Konkordiaprofil)

Process of overdeepening
a) situation; b) cross-section; c) longitudinal section (Konkordia profile)

Procès influant le surcreusement
a) situation; b) coupe transversale; c) coupe longitudinale (profil Konkordia)

etwa, weil die mit „Hobelmessern" verglichenen, im Eis eingespannten Blöcke allmählich stumpf werden und daher an Erosionskraft verlieren? Oder ist es, weil größere Blöcke in kleinere zerfallen, wobei die höher über der Gletschersohle stehenden Bruchteile im Eis schwimmen ohne zu erodieren?

Für unsere Vermutung, daß das erodierende Moränenmaterial gegen die Kulmination, d. h. in Fließrichtung, zunehmend feinkörniger wird, sprechen zwei Fälle, bei denen die auf Hochglanz polierten Gletscherschliffe sich auf der Luvseite der Schwelle nahe ihrer Kulmination vorfanden. Abb. 12 zeigt eine solche Schwelle im Vorfeld des Steinlimmigletschers. Eine andere lag knapp unter der Kulmination der Albignaschwelle (luvseitig)**. Bei vielen Schwellen können auch die relativ steil

Abb. 12. Gletscherschliff mit Politur im Vorfeld des Steinlimmi-Gletschers
Rock polished by the Steinlimmi Glacier; forefield of the glacier
Roche polie par le glacier. Glacis du glacier Steinlimmi

nach oben gerichteten Schrammen, welche die Aufwärtsbewegung des erodierenden Materials beweisen, festgestellt werden.

Bei allen Versuchen, die Schwellenbildung bzw. die glaziale Übertiefung zu erklären, kann die bereits erwähnte auffallende Tatsache, daß in jeder Rundhöckerlandschaft die kleinen und großen Formen einander entsprechen, einen wichtigen Fingerzeig bieten. Auch W. V. Lewis (1947) hat auf diese Zusammenhänge hingewiesen[7]; deutet doch diese Feststellung darauf hin, daß sich bei der Erosion im kleinen wie im großen, auch was die eismechanischen und thermodynamischen Prozesse betrifft, ähnliche Vorgänge abspielen. Daraus ergibt sich die Wahrscheinlichkeit, daß die von Carol (1943) gegebene anschauliche Erklärung der Rundhöckerbildung bis zu einem gewissen Grade auch für die Bildung der Großformen (Schwellen und Rundlinge) Gültigkeit hat (Abb. 13). Unter anderem ist es denkbar, daß der gewaltige Kriechdruck, den das herandrängende Eis auf die Luvseite der Felsbarriere (Schwelle) ausübt, zu vermehrter Druckschmelzung führt. Die dann auftretenden, auf die Unterseite der erodierenden Gesteinssplitter wirksamen Wasserdrücke dämpfen die Erosionskraft, indem sie ähnlich wirken wie ein Wasserkissen. Es ist ferner denkbar, daß die lokal hohen Spannungs-Deviatoren die Plastizität des Eises derart erhöhen, daß die Einspannung der Gesteinstrümmer im Eis mangel-

---

* Sie ist durch den Bau der Albignastaumauer unzugänglich geworden.

haft und dadurch ihre Erosionskraft herabgemindert wird. Auch die von Nye und Martin erwähnten Gesichtspunkte dürfen nicht übersehen werden[8]. Jedenfalls sind

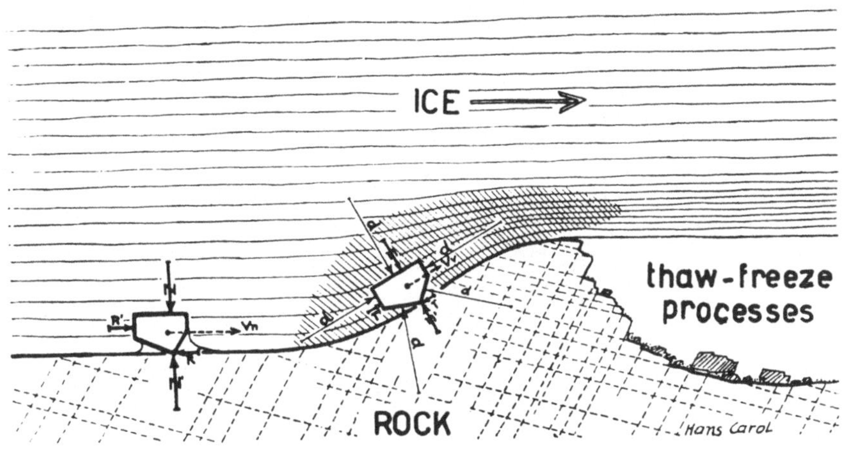

Abb. 13. Mechanik des Erosionsvorganges nach H. Carol
Formation of "roches moutonnées" after H. Carol
Formation de la roche moutonnée selon H. Carol

der Fragen und Möglichkeiten so viele, daß das Problem heute noch nicht als gelöst betrachtet werden kann. Zu dieser Auffassung gelangt auch Röthlisberger (1967)[9].

5. Zur Bildung von Trogtälern und Fjorden am Beispiel der grönländischen Eisströme

Bei der Beurteilung der Erosionsvorgänge unter dem grönländischen Inlandeis ist die Beantwortung der Frage, ob das Eis auf seiner Unterlage gleitet oder nicht, von entscheidender Bedeutung. Aus folgenden Gründen neigen wir zur Ansicht, daß ein Gleiten nur im Bereich der Eisströme, nicht aber im Firngebiet des Inlandeises stattfindet:

1. Die im Rahmen der EGIG* entwickelte Theorie über Form und Bewegungszustand des grönländischen Inlandeises (Haefeli 1961)[10], die auf der Annahme beruht, daß innerhalb des Firngebietes kein Gleiten stattfindet, stimmt für $n = 3-4$ sehr gut mit den bisherigen Ergebnissen der EPF und der EGIG überein. Diese Übereinstimmung – insbesondere was das West-Ost-Profil des Eisschildes anbetrifft – wäre kaum denkbar, wenn eine so grundlegende Annahme hinsichtlich des basalen Bewegungszustandes des Eisschildes unrichtig wäre (Abb. 14).

2. Die Kernbohrung der CRREL in Nordgrönland hat in 1400 m Tiefe den Felsuntergrund erreicht, wobei in der Kontaktzone eine Temperatur von -13^0 C festgestellt wurde.

3. Die seismischen Messungen von J. J. Holtzscherer (1949) und die dabei beobachteten Laufgeschwindigkeiten sowie die neueren geophysikalischen Untersuchungen von B. Brockamp[11] deuten darauf hin, daß die Temperatur der basalen Eisschichten unter dem Gefrierpunkt liegt.

4. Die im Hinblick auf die enorme Größe der vergletscherten Fläche relativ geringe Moränenbildung.

---

* Expédition glaciologique Internationale du Groenland.

Aus Abb. 14 geht hervor, daß im Bereich des Firngebietes die Scherspannungen zwischen Eis und Untergrund unter 1 bar und in der Kernzone sogar unter 0,5 bar liegen. Selbst wenn in der Kontaktschicht der Druckschmelzpunkt erreicht wäre, würden diese kleinen Scherspannungen nicht genügen, um einen Gleitvorgang bei

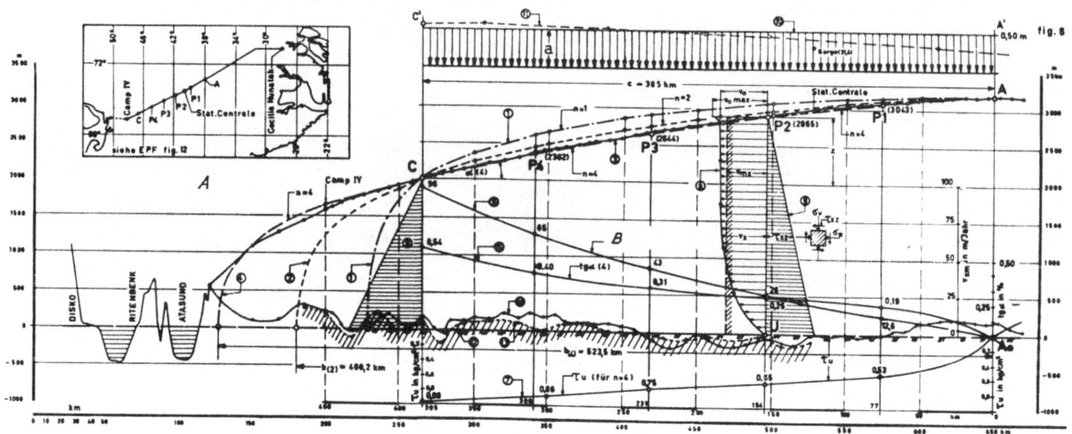

Abb. 14. West-Ost-Profil Zentralgrönlands, Verteilung der Scherspannungen
A Schnitt durch das Inlandeis, Camp IV, Cecilia Nunatak, Überhöhung 50 : 1; $a = 0{,}50$ m Eis/Jahr; v_{xm} (m/Jahr) für $n = 4$

West-East-profile through Central Greenland with distribution of stresses at the bottom
A section through the icefield, Camp IV, Cecilia Nunatak, superelevation 50 : 1; $a = 0.50$ m ice/year; v_{xm} (m/year) for $n = 4$

Profil ouest-est du Groenland Centrale, repartition des efforts de cisaillements
A coupe par l'icefield, Camp IV, Cecilia Nunatak, surélévation 50 : 1; $a = 0.50$ m glace/an; v_{xm} (m/an) pour $n = 4$

mehr oder weniger horizontaler, aber rauher Sohle zu bewirken. Die größte Wahrscheinlichkeit besitzt nach wie vor die Annahme, daß das zentrale Inlandeis von einer Permafrostlinse unterlagert wird und das Eis an seiner Unterlage angefroren ist.

Ganz anders liegen die Temperatur- und Erosionsverhältnisse im Bereich der eigentlichen Eisströme. Abb. 15 a zeigt den Verlauf der Isothermen nach Robin (1955)[12], wobei die Temperaturen der Firnoberfläche den Angaben von Diamond[14] entsprechen. Die negativen Temperaturgradienten des Eises sind nach Robin auf den Transport der kalten Eismassen nach der Küste bedingt.

In Abb. 15 b ist ein parallel zur Küste verlaufender Schnitt I mit einer Arbeitshypothese zur Erklärung der Eisströme und Fjorde (Trogtäler) dargestellt (Schema). Wir stützen uns dabei auf die Tatsache, daß es für jede Isotherme der Gletscheroberfläche eine kritische Eismächtigkeit h_k gibt, bei welcher an der Gletschersohle der Druckschmelzpunkt gerade erreicht wird. Angenommen, dies träfe für die Punkte *A* und *B* zu, so wird auch auf die ganze Breite der Depression zwischen *A* und *B* die Eistemperatur dem Druckschmelzpunkt entsprechen. Denkt man sich die Senke zwischen *A* und *B* als Querschnitt durch einen alten Tallauf, der die zum Gleiten des Eises nötige Neigung aufweist, so sind in diesem senkrecht zur Bildebene verlaufenden Tale die Bedingungen für eine intensive Erosion erfüllt. Innerhalb dieser streifenförmigen Senke kann sich das U-Tal unter Bildung steiler, senkrechter oder überhängender Seitenwände eingraben und nach rückwärts erodieren (Abb. 16).

Wahrscheinlich stehen auch die bekannten Spaltenzonen, die das Inlandeis (wie die Dornenhecke im Märchen) schützend umgeben, in engem Zusammenhang mit der Entstehung der Eisströme (Abb. 15 c). Die Vermutung liegt nahe, daß die Zug- und Scherspalten vorwiegend dort entstehen, wo der Übergang vom nicht gleitenden

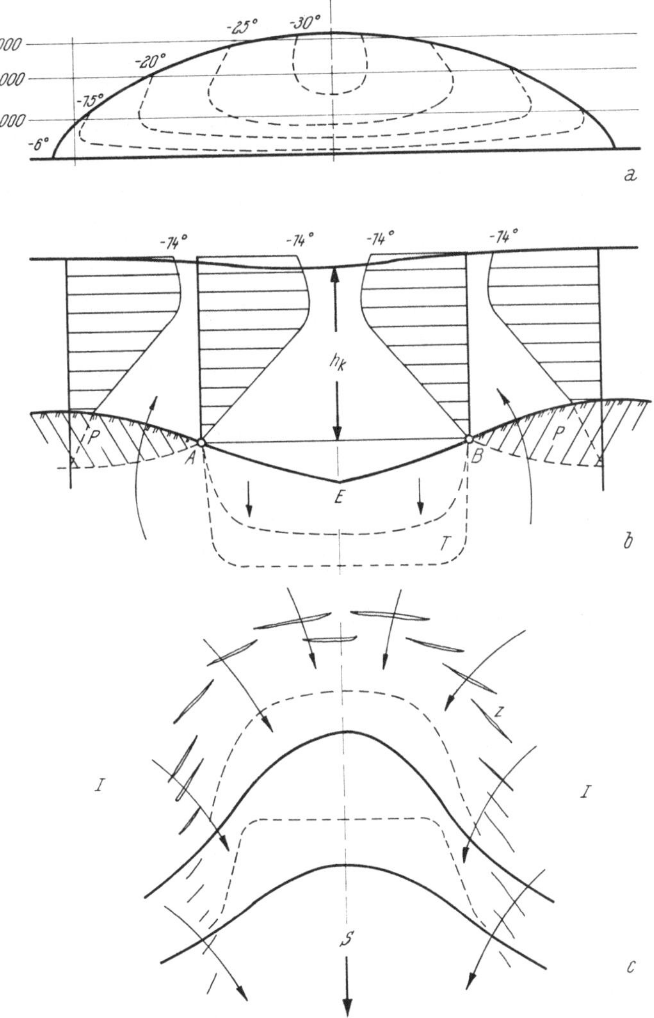

Abb. 15. Versuch einer Erklärung zur Bildung von Trogtälern und Fjorden

a) Isothermen-Verlauf nach Robin (1955); b) Schnitt I; *E* Erosionszone; *T* Trogtal; *P* Permafrost-Zonen; h_k kritische Eismächtigkeit; c) Lageplan; *Z* Zugspalten; *S* Eisstrom

Attempt of an explanation of the formation of trough valleys and fiords

a) course of isothermes after Robin (1955); b) section I; *E* zone of erosion; *T* trough valley; *P* zones of permafrost; h_k critical thickness of ice; c) layout; *Z* tension cracks; *S* ice stream

Tentative d'une explanation de la formation de vallées d'auge et fiords

a) cours des isothermes d'après Robin (1955); b) section I; *E* zone d'érosion; *T* vallée d'auge; *P* zones de permafrost; h_k épaisseur critique de la glace; c) plan de situation; crevasses de tension; *S* fleuve de glace

zum gleitenden Gletscher stattfindet. In diesem Falle hätte die Spaltenzone für das Inlandeis eine ähnliche Bedeutung wie der Bergschrund für die alpinen Gletscher,

Abb. 16. Kangerdlugssuak (Westgrönland)
Geodätisches Institut, Dänemark (alle Rechte vorbehalten)
Kangerdlugssûp Sermersua (West Greenland)
Kangerdlugssûp Sermersua (Groenland ouest)

der die Grenze zwischen dem nicht gleitenden (weil am Untergrund angefrorenen) und dem gleitenden Gletscher bildet. Nur der Maßstab wäre verschieden, kann doch die Spaltenzone in Grönland eine Breite von vielen Kilometern erreichen.

Literatur

[1] Penck, A.: Morphologie der Erdoberfläche. Stuttgart 1874.

[2] Agassiz, L.: Nouvelles études et expériences sur les glaciers actuels. Paris 1847.

[3] Haefeli, R.: Changes in the behaviour of the Unteraarglacier in the last 125 years. IUGG, IVth General Assembly Switzerland (AIHS), 1967.

[4] Carol, H.: Beobachtungen zur Entstehung von Rundhöckern. Die Alpen, S. 173 bis 180, 1943. — Beschreibung einer Gruppe von Gletscherrandklüften am oberen Grindelwaldgletscher. Mitt. der Geogr.-Ethnogr. Ges., S. 12—51, Zürich 1943. — The Formation of Roches Moutonnees. J. Glaciology, No. 2, pp. 57—59, 1947.

[5] Haefeli, R.: Druck- und Verformungsmessungen in Eisstollen. AIHS General Assembly of Toronto, Tome IV, pp. 492—499, 1957,

[5a] Haefeli, R. und P. Kasser: Geschwindigkeitsverhältnisse und Verformungen in einem Eisstollen des Zmuttgletschers. AIHS, Tome I, pp. 222—236, Bruxelles 1951.

[6] Penck, A.: Die Übertiefung der Alpentäler. Verh. VII. Ing. Geogr. Kongr., Berlin 1899.

[7] Lewis, W. V.: Formation of Roches „Moutonnees“. The comments on Dr. Carol's article. J. Glaciology, Vol. I, No. 2, 1947.

[8] Nye, J. F. and P. C. S. Martin: Glacial erosion. AIHS (IUGG), General Assembly Berne, 1967.

[9] Röthlisberger, H.: Erosive processes which are likely to accentuate or reduce the bottom relief of valley glacier. AIHS (IUGG), General Assembly Berne, 1967.

[10] Haefeli, R.: Contribution to the Movement and the Form of Ice-Sheets in the Arctic and Antarctic. J. Glaciology, Vol. 3, pp. 1133—1150, 1961.

[11] Brockamp, B.: Erweiterter Nachtrag zu den wissenschaftlichen Ergebnissen der Deutschen Grönlandexpedition Alfred Wegener. Verlag der Bayerisch. Akad. Wiss. München 1959.

[12] Robin, G. de Q.: Ice movement and temperature distribution in glaciers and ice-sheets. J. Glaciology, Vol. 2, No. 18, pp. 523—532, 1955.

[13] Diamond, M. Air temperature and precipitation on the Greenland-Ice Sheet. J. Glaciology, Vol. 3, pp. 558—567, 1960.

[14] Lliboutry, L.: Traité de Glaciology, Vol. II, pp. 641—653, 1965.

[15] Haefeli, R.: Notes on the formation of ogives as pressure waves. J. Glaciology, Vol. 3, No. 21, pp. 27—29, 1957.

[16] Lister, H., A. Pendlington and D. Prior: Laboratory experiments on abrasion of sandstones by ice. AIHS (IUGG), General Assembly Berne, 1967.

[17] Weertmann, J.: The theory of glacier sliding. J. Glaciology, Vol. 5, No. 39, pp. 287—303, 1964.

Anschrift des Verfassers: Prof. Dr. Robert Haefeli, Schweizerische Gletscherkommission. Susenbergstraße 193, CH-8044 Zürich.

Felsmechanik u. Ingenieurgeol., Suppl. IV, 52—78 (1968)

Modellversuche zur Durchströmung klüftiger Medien

Von

W. Wittke und **Cl. Louis**, Karlsruhe

Mit 24 Textabbildungen

(Eingegangen am 18. Dezember 1967)

Zusammenfassung — Summary — Résumé

Modellversuche zur Durchströmung klüftiger Medien. Die vom Bergwasser an den Fels abgegebenen Beanspruchungen sind in vielen Fällen entscheidend für die Standsicherheit von Böschungen, Talsperrenwiderlagern und Stollen in Fels. Da das von den Klüften begrenzte Gestein in der Regel als praktisch wasserundurchlässig angesehen werden kann, wird die Wasserwegigkeit des Gebirges durch die Geometrie der Kluftscharen vorgegeben. Das Verhalten des Felsens gegenüber Durchströmung ist daher wie das gegenüber mechanischen Beanspruchungen stark anisotrop.

Der Aufsatz befaßt sich mit der rechnerischen Ermittlung des Kluftwasserschubes, der sich in zwei Komponenten, den „Auftrieb" und den „Strömungsdruck" aufteilen läßt.

Es wird gezeigt, daß sowohl die bei einer Durchströmung auftretenden Wassermengen als auch Richtung und Größe der Kräfte aus dem Bergwasser maßgebend durch die Verteilung und die Geometrie der Trennflächen bestimmt sind.

Eine Einführung in die bis heute entwickelten Berechnungsmethoden wird gegeben. Die Berechnungen werden am Beispiel eines ebenen Problems, der Anströmung eines Tunnels in zerklüftetem Fels für verschiedene Stellungen der Kluftscharen, erläutert. Die Richtigkeit der zur Berechnung getroffenen Annahmen wird mit Hilfe von Modellversuchen bewiesen.

Model tests on flow through fissured media. In many cases the stresses applied on rock by fissure water are critical for the stability of slopes, dam abutments and tunnels in rock. Since the rock bounded by the fissures can generally be considered as impermeable, the flow of water through the rock mass is controlled by the geometry of the fissures. Therefore the behavior of the rock with respect to the flow of water is very anisotropic. This report is concerned with the theoretical determination of the forces applied by fissure water. These forces can be separated into two components: uplift and flow pressure. It is shown that both the volume of water and the direction and size of the forces resulting from the flow of water are determined by the distribution and geometry of the fissures. An introduction to the existing methods of calculation is given. The methods of calculation are illustrated by a two dimensional problem. The problem is the flow of water into a tunnel in fissured rock with various attitudes for the fissures. The correctness of the assumptions for each of these methods is demonstrated by model tests.

Essais sur modèle pour les écoulements en milieux fissurés. Les efforts mécaniques dus aux écoulements d'eau dans les roches ont dans de nombreux cas une action décisive sur la stabilité des massifs rocheux (talus, appuis de barrage, tunnels et puits ...). En raison de la très faible perméabilité de la matrice rocheuse, les cheminements de l'eau d'infiltration s'effectuent par les surfaces de fissuration qui divisent le massif. Sur le plan hydraulique, le comportement de l'ensemble s'avère alors essentiellement anisotrope. La distribution du potentiel hydraulique ainsi que la répartition des poussées d'écoulement et des débits se trouvent étroitement liées à la distribution et à la géométrie des surfaces de séparation (failles, joints, fissures, fractures etc.).

L'article rappelle les résultats de travaux effectués sur l'hydraulique des milieux fissurés et expose brièvement quelques méthodes de détermination (à deux dimensions) de la répartition du potentiel hydraulique dans des massifs fissurés. Quelques résultats sur le problème (à trois dimensions) des efforts d'écoulement sont explicités.

L'étude théorique est illustrée par un exemple relatif au problème d'écoulement au voisinage d'un tunnel situé dans un massif ayant différents systèmes de fissuration. Les résultats théoriques concernant la distribution du potentiel, les débits et les efforts d'écoulement sont confrontés avec les résultats d'une étude expérimentale en laboratoire. Les mesures sur modèle concordent de manière satisfaisante avec la théorie.

I. Einführung

Neben den chemischen und den physiko-chemischen Wirkungen des Bergwassers sind vor allem die an den Fels abgegebenen mechanischen Beanspruchungen von großer Bedeutung für die Felsbaupraxis. Diese Kräfte liegen nämlich meist in der Größenordung des Felseigengewichtes und können so die Standsicherheit von Böschungen, Staumauerwiderlagern, Tunneln, Stollen und anderen Bauwerken entscheidend beeinflussen. Weiterhin sind zum Beispiel Angaben über Sickerwassermengen, die bei der Um- und Unterströmung von Talsperren auftreten, für die Praxis sehr wichtig, ebenso wie bei Maßnahmen der Wassererschließung eine Voraussage der Ergiebigkeit von Quellen und Brunnen sehr nützlich sein kann.

Für eine analytische Behandlung dieser Probleme fehlen jedoch bis heute wissenschaftliche Grundlagen, die den Eigenschaften des Felsens gerecht werden. Die bekannten Methoden der Bodenmechanik, die Homogenität und Isotropie des durchströmten Mediums voraussetzen, führen nämlich nicht zu richtigen Ergebnissen.

Seit einigen Jahren befassen sich die Verfasser mit der analytischen und experimentellen Lösung von Strömungsproblemen in zerklüftetem Fels. In diesen Arbeiten wurde in Übereinstimmung mit der einschlägigen Literatur und der praktischen Erfahrung angenommen, daß der Fels durch eine oder mehrere, ebene, parallele Kluftscharen zerteilt ist. Die von diesen Klüften begrenzten Festkörper werden als *Gestein* bezeichnet. Aus dieser Annahme folgen die wichtigsten Faktoren, von denen die Strömungsvorgänge beeinflußt werden. Sie sind im folgenden zusammengestellt:

a) *die durch die Geometrie der Klüfte bedingten Faktoren:*

1. Stellung und Lage,
2. gegenseitiger Abstand,
3. Durchtrennungsgrad,
4. Öffnungsweite,
5. Beschaffenheit der Kluftwandungen (Rauhigkeit, Bestege usw.),
6. Zwischenmittel bei Kluftfüllungen;

b) *die durch die Gesteinseigenschaften bedingten Faktoren:*

1. Durchlässigkeit des Gesteins.

Die Behandlung des Problems erfolgte unter Annahme stationärer Strömung. Die Geometrie der Trennflächen wird als bekannt angenommen. Die Faktoren 1—6 müssen bei der Behandlung praktischer Aufgaben von Fall zu Fall mit Hilfe der bekannten Aufschluß- und Auswertungsmethoden erfaßt werden (Müller 1963). Wie die Genauigkeit, mit der diese Parameter gemessen werden können, sich auf die Zuverlässigkeit der Berechnungen auswirkt, ist bisher nur teilweise untersucht worden. Weiterhin wurde vorausgesetzt, daß die Durchlässigkeit des durch die Klüfte begrenzten Gesteins gegenüber derjenigen der Kluftscharen vernachlässigbar klein ist. Diese Annahme und ihre Zulässigkeit wurde von Louis (1967) untersucht.

Die ersten Ergebnisse dieses Forschungsprogrammes wurden auf dem 1. Internationalen Kongreß für Felsmechanik von Wittke und Louis (1966) veröffentlicht. In diesem Aufsatz wurden für ebene Probleme bei bekannter Verteilung des Potentials, d. h. der piezometrischen Höhen des Bergwassers in den Klüften ($\varphi = Z + p/\gamma_w$)*, die Kräfte aus dem Bergwasser berechnet. An einigen Beispielen wurde damit der große Einfluß der Geometrie der Kluftscharen auf die Größe und Richtung der Strömungskräfte gezeigt.

Louis (1967) untersuchte die ein- und zweidimensionale Wasserströmung in offenen und gefüllten Klüften verschiedener Form und Rauhigkeit. Weiter ermittelte er die vom Bergwasser an den Fels abgegebenen Lasten bei bekannter Potentialverteilung für beliebige räumliche Probleme. Die Berechnung der Potentialverteilung in klüftigen Medien für ebene Aufgaben mit einem einfachen graphischen Verfahren und einer rechnerischen Methode ist schließlich ebenfalls möglich (Abschnitt II).

In der letzten Zeit wurde die Überprüfung dieser theoretischen Methoden zur Ermittlung der Potentialverteilung durch Experimente vorgenommen. Damit sollten auch die den Überlegungen zugrunde liegenden vereinfachenden Annahmen überprüft werden. Aus einer Reihe von Modellversuchen soll hier die Ermittlung der Potentialverteilung am Modell eines Tunnels in zerklüftetem Fels näher beschrieben werden (Abschnitt IV).

Diese Versuche wurden im Theodor-Rehbock-Flußbaulaboratorium der Universität Karlsruhe durchgeführt. Seinem Direktor, Herrn Prof. Dr.-Ing. Dr. rer. techn. E. Mosonyi, sei an dieser Stelle gedankt.

Abb. 1. Strömung in einem Spalt
Louis (1967)

1 bewegliche Verbindung; *2* Eingangsmanometer; *3* Einlauftrichter (Breite 50 cm); *4* Quecksilbermanometer; *5* Kluftmodell; *6* Meßpunkte der statischen Drücke; *7* Pitotröhren; *8* lokale Wassermengenmessung; *9* Beruhigungsbecken; *10* Wassersäulenmanometer

Flow in a crack — Louis (1967)

Écoulement dans une fissure — Dispositif expérimental d'après Louis (1967)

II. Theoretische Grundlagen

Zum besseren Verständnis der Modellversuche ist es erforderlich, die erwähnten theoretischen Grundlagen noch einmal zusammenfassend darzustellen.

1. Wasserströmung in Klüften

Grundlage der Untersuchungen sind die Strömungsvorgänge in einer Kluft, weil sich die Strömung in einem zerklüfteten Fels aus zahlreichen solchen Vorgängen zusammensetzen läßt. Mit Hilfe der theoretischen Hydraulik und durch Modellversuche wurden deshalb zunächst Fließgesetze für die Parallelströmung in offenen oder mit Erdstoff gefüllten, ebenen Spalten unter Berücksichtigung der Rauhigkeit der Kluftwandungen angegeben. Es wurde hierbei vorausgesetzt, daß die Klüfte konstante Spaltweiten besitzen und daß das Gestein von ihnen vollkommen durch-

* φ auf die Gewichtseinheit des Wassers bezogene Potentialenergie; Z geometrische oder geodätische Höhe; p/γ_w Druckhöhe des Wassers.

trennt ist. Treffen diese Voraussetzungen in einzelnen Fällen nicht zu, so können die entwickelten Ansätze mit einigen Ergänzungen trotzdem angewendet werden. Einen Modellversuch an einem durch zwei Betonplatten gebildeten Spalt zeigt die Abb. 1.

Die in der Natur vorkommenden Kluftwandungen können allerdings verhältnismäßig große Rauhigkeiten besitzen und in vielen Fällen nicht mehr als eben angesehen werden. Nach den Untersuchungen von Lomize (1951) und nach eigenen Ergebnissen kann man oberhalb einer relativen Rauhigkeit $k/D_h = 0{,}032$ (k absolute Rauhigkeit bzw. Höhe der Unebenheiten; D_h hydraulischer Durchmesser der Kluft) die allgemeinen Fließgesetze, die eine Parallelströmung voraussetzen, nicht mehr als gültig ansehen. Oberhalb dieser Grenzrauhigkeit wird die Strömung als „nicht parallele Strömung" bezeichnet, da sich die Stromlinien in allen Richtungen den großen Unebenheiten der Kluftwandungen anpassen. Für solche Fälle wurden empirische Fließgesetze ermittelt.

Die verschiedenen Widerstandsgesetze und die zugehörigen Versuchsergebnisse sind in Abb. 2 dargestellt. Die darin vorkommenden hydraulischen Größen sind:

a) *der Widerstandsbeiwert* λ, der wie folgt definiert ist:

$$J_i = \lambda \frac{1}{D_h} \frac{\overline{V}^2}{2g} \qquad (11)^*$$

b) *die Reynoldszahl Re:*

$$\mathrm{Re} = \frac{D_h \overline{V}}{\nu} \qquad (12)$$

c) *die relative Rauhigkeit einer Kluft:*

$$\frac{k}{D_h} \qquad (13)$$

Darin ist

J_i der hydraulische Gradient in einer Kluft K_i;

D_h der hydraulische Durchmesser. Für eine Kluft mit der Öffnungsweite $2a_i$ ist D_h das Doppelte der Öffnungsweite ($D_h = 4a_i$);

$\overline{V}$ die mittlere Fließgeschwindigkeit in der Kluft;

g die Erdbeschleunigung;

ν die kinematische Zähigkeit des Wassers.

Für den Leser, dem diese Begriffe nicht geläufig sind, findet sich eine ausführliche Beschreibung bei Louis (1967).

Man erkennt aus Abb. 2, daß sich die Parallelströmung ($k/D_h \leqq 0{,}032$) im laminaren Bereich durch das Gesetz von Poiseuille *1* beschreiben läßt. Nach einem unstabilen Bereich bei $\mathrm{Re}_k = 2300$ beginnt die turbulente Strömung, die für eine relative Rauhigkeit von $k/D_h = 0$ durch die Fließgesetze von Blasius *3*, Karman *4* und Colebrook und White für $k = 0$ beschrieben wird. In diesem Fließgesetzen *1*, *3* und *4* ist λ als Funktion von Re ausgedrückt und unabhängig von der relativen Rauhigkeit. Die durch diese Gesetze erfaßte Strömung wird daher auch als „hydraulisch glatt" bezeichnet. Mit zunehmender relativer Rauhigkeit weichen die Fließgesetze von der Geraden nach Blasius *3* ab und werden durch die Formel von Colebrook und White *5* erfaßt, in der der Widerstandsbeiwert λ sowohl

* Gln. (1) bis (10) s. Abb. 2 u. 3.

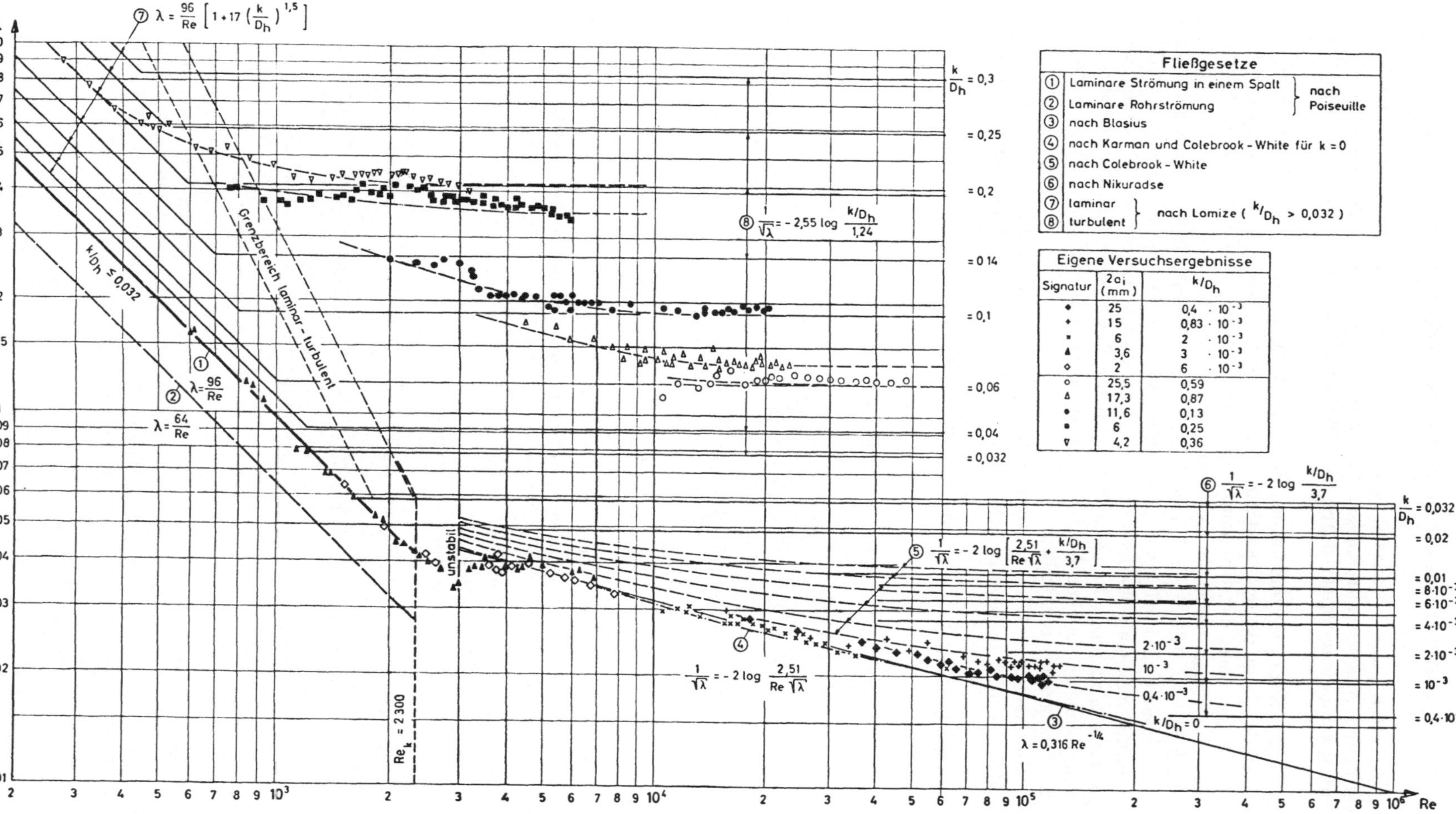

Abb. 2. Strömung in einem Spalt. Widerstandsgesetze

Flow in a crack — Flow laws

Lois d'écoulement dans une fissure

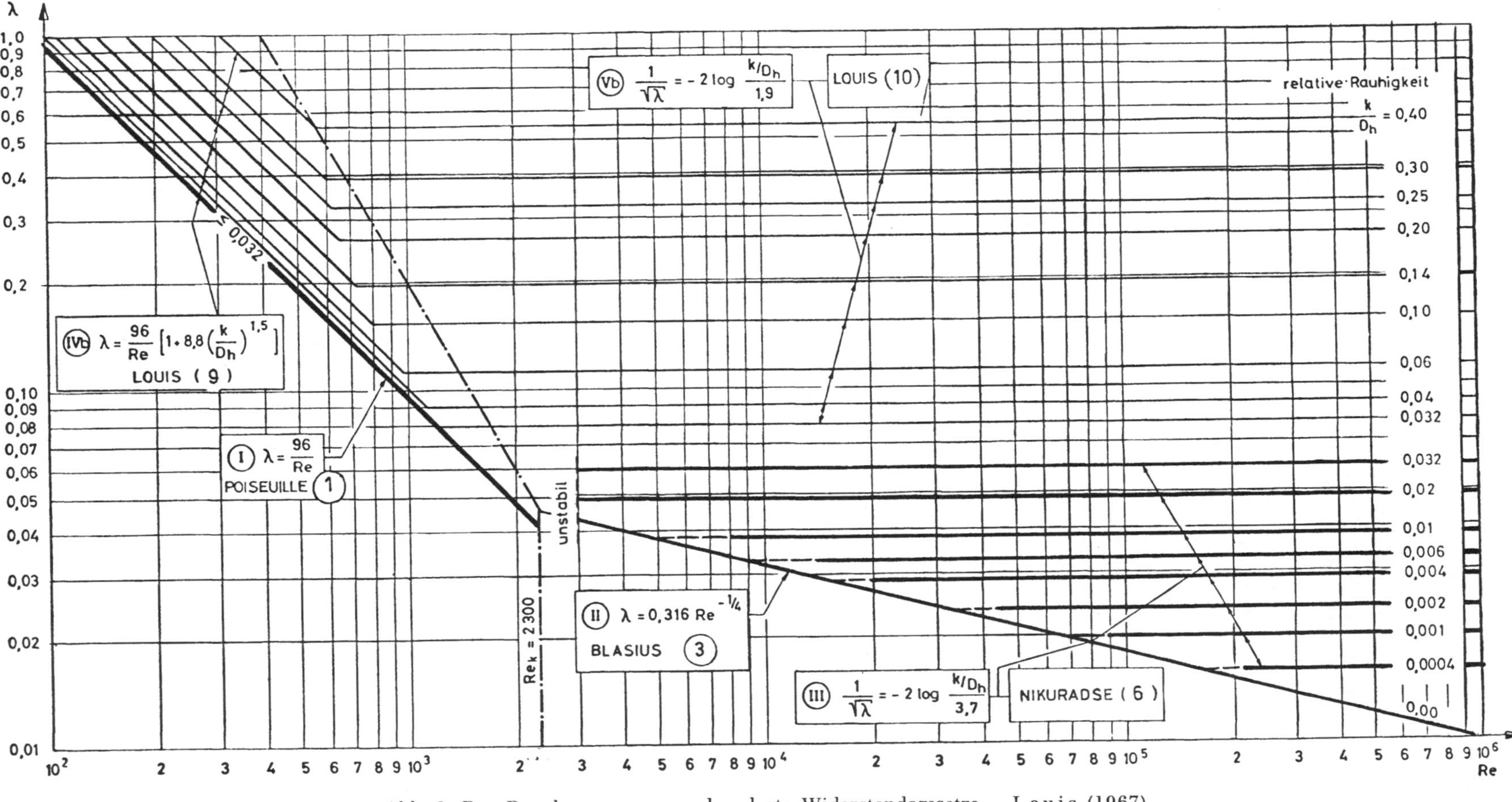

Abb. 3. Den Berechnungen zugrunde gelegte Widerstandsgesetze — Louis (1967)

Flow laws, introduced into calculations — Louis (1967)

Lois d'écoulement appliquées dans l'étude théorique d'après Louis (1967)

von der Reynoldszahl Re als auch von der Größe k/D_h abhängt. Der durch dieses Gesetz erfaßte Bereich wird als „Übergangsbereich" bezeichnet. Mit zunehmender Reynoldszahl gehen diese Kurven dann in die Geraden von Nikuradse *6* über, die die „vollkommen rauhe" Strömung beschreiben, weil hier λ nur mehr von der relativen Rauhigkeit k/D_h abhängig ist.

Für die nicht parallele Strömung $k/D_h > 0{,}032$ liegen die Verhältnisse etwas einfacher. Der laminare Bereich wird hier durch Geraden erfaßt (Lomize 7), die parallel zur Geraden nach Poiseuille *1* sind. Der turbulente Bereich wird schließlich von Lomize *8* durch Geraden beschrieben, die parallel zu denen von Nikuradse *6* sind. Nur durch andere Konstanten unterscheiden sich davon die entsprechenden von Louis *9* und *10* empirisch gefundenen Fließgesetze, die in Abb. 3 dargestellt sind. Die dazugehörigen Versuchsergebnisse (Abb. 2) zeigen einen stetigen Übergang vom laminaren zum turbulenten Bereich. Bei der Anwendung der Fließgesetze auf Probleme der Felshydraulik, insbesondere bei der Ermittlung der Potentialverteilung in klüftigen Medien durch das rechnerische Verfahren (Abschnitt II.2), wurde zur Vereinfachung für die Parallelströmung der Übergangsbereich zwischen hydraulisch glatter und vollkommen rauher Strömung vernachlässigt. Das in diesem Bereich geltende Gesetz von Colebrook und White *5* in Abb. 2 wurde dabei durch das Gesetz von Nikuradse *6* in Abb. 2 angenähert. Die in Abb. 2 zusammengestellten Widerstandsgesetze vereinfachen sich durch diese Vernachlässigung erheblich, und man erhält die Darstellung der Abb. 3, die als maßgebend für die weitere

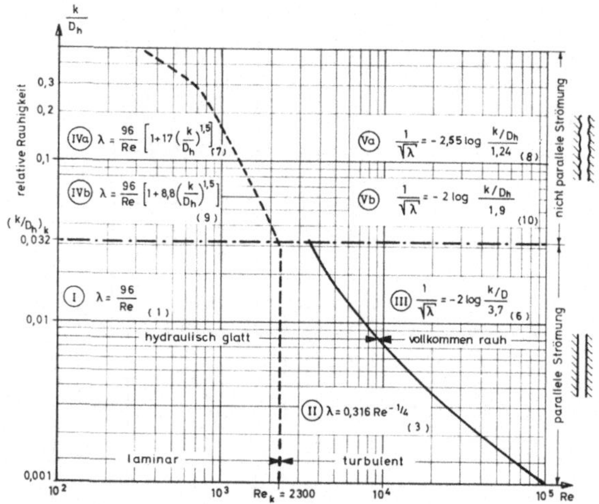

Abb. 4. Zusammenstellung der Fließgesetze und ihrer Gültigkeitsbereiche I bis V
– – – – Grenze laminar — turbulent; —·—·— Grenze parallele — nicht parallele Strömung;
——— Grenze hydraulisch glatt — vollkommen rauh

Combination of the flow laws and their range of validity I to V

Représentation des domaines de validité I à V des lois d'écoulement

Berechnung angesehen wird. Aus dieser Darstellung leitet sich Abb. 4 ab, in der die Gültigkeitsbereiche der verschiedenen Widerstandsgesetze in Abhängigkeit von der relativen Rauhigkeit und der Reynoldszahl angegeben sind.

Für die weitere Untersuchung ist es zweckmäßig, aus den Fließgesetzen die Beziehungen zwischen der Wassermenge q_i und dem in der Kluft wirkenden hydraulischen Gradienten J_i zu ermitteln. Die Ergebnisse dieser Umrechnung sind zusammen mit den zugehörigen Widerstandsgesetzen in Abb. 5 dargestellt. Man erkennt, daß sich alle Gleichungen in folgender Form darstellen lassen.

$$q_i = k_i \, J_i^{\alpha} \tag{22}$$

worin k_i ein Koeffizient ist, den man von Fall zu Fall verhältnismäßig einfach ausrechnen kann. Der Exponent α ist gleich Eins im Falle laminarer Strömung (Gln. 14, 17, 18) und für mit Erdstoff gefüllte Klüfte (Gl. 21).

		Widerstandsgesetz	Durchflußmenge
parallele Strömung	I	$\lambda = \frac{96}{\mathrm{Re}}$ (1) (Poiseuille)	$q_i = \frac{g}{12\nu}(2a_i)^3 J_i$ (14)
	II	$\lambda = 0{,}316\,\mathrm{Re}^{-1/4}$ (3) (Blasius)	$q_i = \left[\frac{g}{0{,}079}\left(\frac{2}{\nu}\right)^{1/4}(2a_i)^3 J_i\right]^{4/7}$ (15)
	III	$\frac{1}{\sqrt{\lambda}} = -2\log\frac{k/D_h}{3{,}7}$ (6) (Nikuradse)	$q_i = \left(4\sqrt{g}\log\frac{3{,}7}{k/D_h}\right)(2a_i)^{1,5}\sqrt{J_i}$ (16)
nicht parallele Strömung	IV a	$\lambda = \frac{96}{\mathrm{Re}}\left[1 + 17\left(\frac{k}{D_h}\right)^{1,5}\right]$ (7) (Lomize)	$q_i = \frac{g}{12\nu\left[1 + 17(k/D_h)^{1,5}\right]}(2a_i)^3 J_i$ (17)
	IV b	$\lambda = \frac{96}{\mathrm{Re}}\left[1 + 8{,}8\left(\frac{k}{D_h}\right)^{1,5}\right]$ (9) (Louis)	$q_i = \frac{g}{12\nu\left[1 + 8{,}8(k/D_h)^{1,5}\right]}(2a_i)^3 J_i$ (18)
	V a	$\frac{1}{\sqrt{\lambda}} = -2{,}55\log\frac{k/D_h}{1{,}24}$ (8) (Lomize)	$q_i = \left(5{,}11\sqrt{g}\log\frac{1{,}24}{k/D_h}\right)(2a_i)^{1,5}\sqrt{J_i}$ (19)
	V b	$\frac{1}{\sqrt{\lambda}} = -2\log\frac{k/D_h}{1{,}9}$ (10) (Louis)	$q_i = \left(4\sqrt{g}\log\frac{1{,}9}{k/D_h}\right)(2a_i)^{1,5}\sqrt{J_i}$ (20)
gefüllte Klüfte			$q_i = 2a_i k_z J_i$ (21)

Abb. 5. Zusammenstellung der Widerstandsgesetze und der dazugehörigen Wassermengen
Combination of the flow laws and the respective volumes of water
Lois d'écoulement et débits correspondants

2. Verfahren zur Bestimmung der Potentialverteilung in klüftigen Medien

Der Strömungszustand in einem klüftigen Fels ist dann vollkommen bestimmt, wenn die Potentialverteilung oder mit anderen Worten die Summe aus geometrischer Höhe und Druckhöhe des Kluftwassers ($\varphi = Z + p/\gamma_w$) in allen Punkten bekannt ist. Im folgenden sollen daher die Potentiallinien für *ebene Probleme* bei beliebigen hydraulischen und geometrischen Randbedingungen ermittelt werden. Unter Potentiallinien sollen die Verbindungslinien gleicher piezometrischer Höhe ($\varphi = Z + p/\gamma_w = \text{const}$) in den Klüften verstanden werden. Zahl, Lage und Stellung der Kluftscharen sind beliebig veränderlich. Die Ergebnisse des Abschnittes II.1 über die Widerstandsgesetze der Spaltströmung werden zugrunde gelegt.

Zuerst wird ein *graphisches Verfahren* zur Bestimmung der Potentiallinien erläutert, das für folgende Fälle anwendbar ist:

a) Fels mit einem wasserführenden Hauptkluftsystem K_1 und Nebenklüften K_2;

b) Fels mit zwei oder mehreren wasserführenden Hauptkluftsystemen K_1 und K_2, die sich in begrenzten Bereichen schneiden.

Unter Nebenklüften werden hier Trennflächen verstanden, in denen auf Grund der geringen Spaltweite keine Strömung stattfinden, sich aber wohl ein statischer Wasserdruck ausbilden kann.

Das graphische Verfahren ist für laminare und turbulente Strömung gültig und soll zunächst für den Fall a) in einem einfachen Beispiel erläutert werden (Abb. 6).

Aus der Annahme konstanter Öffnungsweite entlang einer Kluft folgt mit der Kontinuitätsbedingung, daß die Fließgeschwindigkeit konstant und damit auch der Strömungswiderstand konstant ist. Die Drucklinien für ebene Klüfte sind dann Geraden, und man kann sie bei bekannten Randbedingungen entsprechend Abb. 6

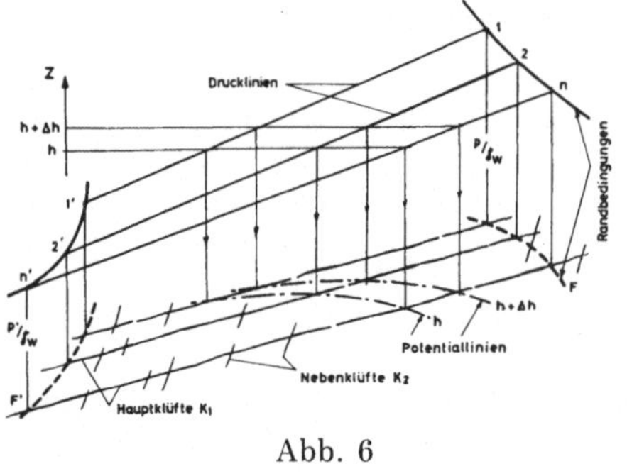

Abb. 6

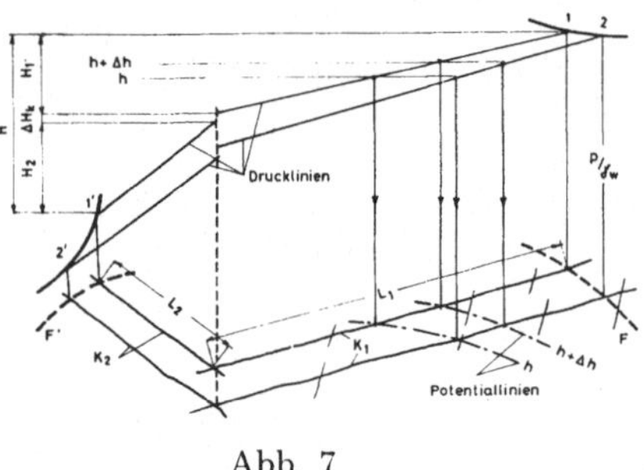

Abb. 7

Abb. 6. Graphisches Verfahren zur Bestimmung der Potentiallinien für eine Hauptkluftschar K_1 und Nebenklüfte K_2 — Louis (1967)

Graphical method to determine the potential lines for a system of primary fissures K_1 and secondary fissures K_2 — Louis (1967)

Méthode graphique de détermination des lignes équipotentielles dans le cas d'un système principal et d'un système secondaire de fissures — Louis (1967)

Abb. 7. Graphische Bestimmung der Potentiallinien für zwei sich schneidende Kluftscharen K_1, K_2

Graphical determination of potential lines for two intersecting fissures K_1 and K_2

Détermination des équipotentielles dans le cas de deux systèmes sécants de fissures principales

zeichnen. Auf diesen Drucklinien (z. B. 1, 1′ oder 2, 2′) lassen sich nun Punkte gleicher piezometrischer Höhe (h, $h + \Delta h$) ermitteln und auf die entsprechenden Klüfte projizieren. Man kann damit verhältnismäßig schnell das Potentiallinienbild im gesamten durchströmten Bereich konstruieren.

Im Fall b) für zwei sich schneidende wasserführende Kluftscharen, die verschiedene Richtungen haben, ist diese Methode stufenweise anzuwenden (Abb. 7).

Für jeden Wasserweg L_1 und L_2 sind zunächst die Druckverluste H_1 und H_2 zu bestimmen. Mit den Bezeichnungen der Abb. 7 ergibt sich ($\Delta H_k \approx 0$):

$$H_1 = \frac{1}{1 + C_1 \frac{L_2}{L_1}} H; \quad H_2 = \frac{1}{1 + C_2 \frac{L_1}{L_2}} H \tag{23}$$

C_1 und C_2 sind zwei Koeffizienten, die die unterschiedliche Geometrie der Kluftscharen K_1 und K_2 berücksichtigen und im Fall gleicher Spaltweiten gleich „1" sind. Damit sind die Drucklinien bekannt, und das Problem ist auf den Fall der Abb. 6 zurückgeführt.

Das rechnerische Verfahren ist auf beliebige ebene Probleme anwendbar und erlaubt es, beliebige Randbedingungen und die Geometrie der Klüfte (Öffnungsweite, Durchtrennungsgrad, Zwischenmittel usw.) zu berücksichtigen. Die Abb. 8 a soll die Problemstellung erläutern.

Die geometrischen und hydraulischen Randbedingungen sind durch zwei beliebig geformte Linien F und F' (natürliche oder fiktive Begrenzungen des Felsens) und den zugehörigen Verlauf der piezometrischen Höhen gegeben. Es sind zwei Kluftscharen K_1 und K_2 vorhanden.

Die Rechnung beginnt mit der Festlegung der wahrscheinlichen Fließrichtungen in allen Kluftabschnitten l_i, die man aus der Anschauung entsprechend den jeweili-

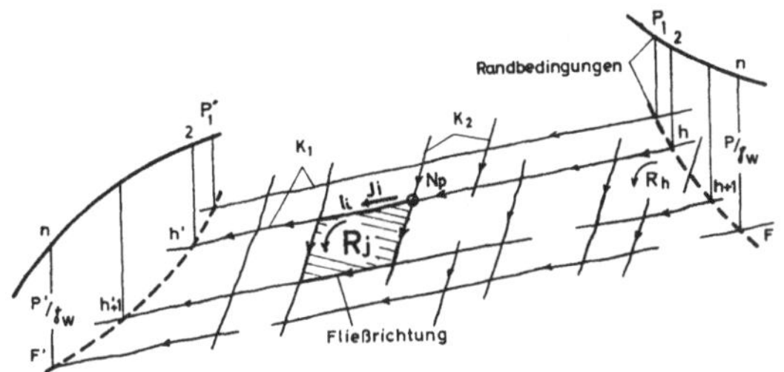

Abb. 8 a. Problemstellung des rechnerischen Verfahrens — Louis (1967)
Problem statement for the method of calculation Louis (1967)
Détermination analytique des équipotentielles d'après Louis (1967) — Présentation du problème

gen Randbedingungen erhält (Abb. 8 a, Knoten N_p). Ein Gleichungssystem zur Berechnung der in den einzelnen Kluftabschnitten l_i wirksamen hydraulischen Gefälle J_i erhält man dann aus den folgenden Bedingungen:

a) Bedingung im Knoten
(Kontinuitätsbedingung)

Aus der Kontinuitätsbedingung ergibt sich für einen Knoten N_p, daß die algebraische Summe der ein- und austretenden Wassermengen gleich Null sein muß. Dabei werden die in den Knoten eintretenden Wassermengen positiv, die austretenden negativ gerechnet. Diese Bedingung kann für alle Knoten $\uparrow N_p$ ($p = 1 \ldots n$) angeschrieben werden. Sie ist in der Skizze 8 b veranschaulicht und in der Gl. (24) formuliert.

Es ergibt sich daraus ein System von n Gleichungen.

$$\sum_{(N_p)} q_i = 0; \text{ für } p = 1 \ldots n$$

q_i ist die Wassermenge im Kluftabschnitt l_i.

b) Bedingung geschlossener Wege

Eine zweite Schar von Gleichungen erhalten wir aus der Bedingung, daß für einen beliebigen geschlossenen Weg innerhalb des durchströmten Systems die algebraische Summe der Strömungsverluste gleich Null sein muß. Diese Aussage läßt sich in Form der Gl. (25) formulieren.

$$\sum_{(R_j)} l_i J_i = 0; \text{ für } j = 1 \ldots m \tag{25}$$

Die Skizze (Abb. 8 c) zeigt einen solchen geschlossenen Weg R_j, der vom Knoten N_p über N_{p+i}, N_{p+j}, N_{p+h} wieder nach N_p zurückführt. Damit ist, wie in der Skizze angedeutet, auch eine Drehrichtung festgelegt. Stimmt die zwischen zwei Knoten

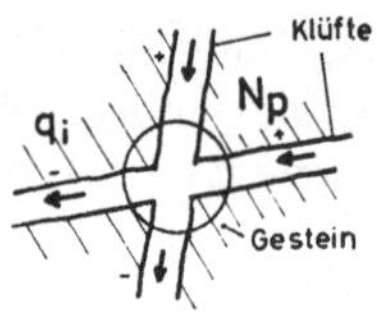

Abb. 8 b

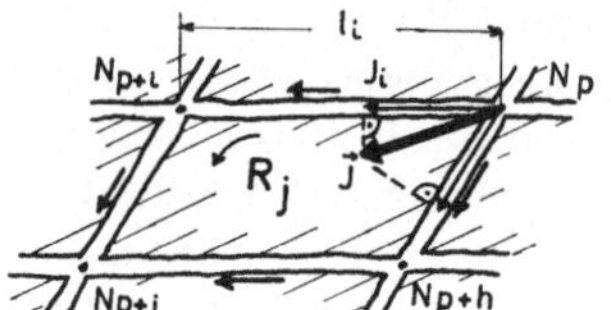

Abb. 8 c

Abb. 8 b. Knoten N_p aus Abb. 8 a
Intersection point N_p from Fig. 8 a
Noeud N_p de la Fig. 8 a (intersection de deux fissures)

Abb. 8 c. Geschlossener Weg R_j aus Abb. 8 a
Closed path R_j from Fig. 8 a
Circuit fermé (maille) R_j de la Fig. 8 a

gewählte Fließrichtung mit dieser Drehrichtung überein, so wird die dort auftretende Potentialdifferenz $l_i J_i$ positiv in die Gl. (25) eingesetzt, andernfalls negativ. Die Größe l_i ist die Länge des jeweiligen Kluftabschnittes. Die Gl. (25) läßt sich für $j = 1 \ldots m$ voneinander unabhängige, geschlossene Wege anschreiben.

Entlang der Randbedingungen sind die oben definierten Wege nicht mehr geschlossen (Abb. 8 a). Es ergeben sich dann folgende Gleichungen:

$$\sum_{(R_h)} l_i \cdot J_i = \varphi_h - \varphi_{h+1}; \text{ für } h = 1 \ldots r \tag{26}$$

Schließlich müssen noch die Randbedingungen (zwei oder mehrere) rechnerisch miteinander in Beziehung gebracht werden. Als Beispiel erhält man für den Weg von h nach h' (Abb. 8 a) folgende Gleichung:

$$\sum_{h}^{h'} l_i \cdot J_i = \varphi_h - \varphi_{h'} \tag{27}$$

Mit den Gln. (24) bis (27) erhält man dann ein System von $n + m + r + 1$ Gleichungen. Da $n + m + r + 1$ gerade immer gleich der Anzahl der Kluftabschnitte l_i ist, liegt damit ein Gleichungssystem zur Bestimmung aller unbekannten Gradienten J_i vor.

Zu seiner Lösung werden mit den jeweils gültigen Fließgesetzen nach Abb. 5 in der Gl. (24) zunächst die Wassermengen q_i durch die zugehörigen Gradienten J_i ausgedrückt. Da die in den Klüften wirkenden Gradienten J_i unbekannt sind, weiß man vor Beginn der Rechnung nicht, ob die Strömung in der jeweiligen Kluft laminar oder turbulent ist, welches Fließgesetz man also annehmen muß. Als erste Näherung lösen wir daher das Gleichungssystem (24) bis (27) unter der Annahme laminarer Strömung, d. h. wir setzen das Gesetz (22) mit $\alpha = 1$ in die Gleichungen ein und erhalten dann in symbolischer Schreibweise ein lineares Gleichungssystem für J_i:

$$\left\{ \begin{array}{ll} \sum\limits_i k_i J_i = 0 & \quad (28\,\mathrm{a}) \\ \sum\limits_i l_i J_i = 0 \text{ bzw.} = \text{const.} & \quad (28\,\mathrm{b}) \end{array} \right.$$

Programme für elektronische Rechenmaschinen zur Lösung solcher linearer Gleichungssysteme liegen im allgemeinen vor und führen sehr schnell zu einer Näherungslösung für die in den Klüften wirkenden Gradienten J_{i0}. Aus diesen Lösungen J_{i0} und den bekannten Öffnungsweiten $2a_i$ der Klüfte ersieht man dann für die Klüfte ohne Zwischenmittel nach Louis (1967), Abb. 15, ob die Strömung laminar oder turbulent ist. Ist der laminare Strömungszustand in allen nicht mit Zwischenmitteln gefüllten Kluftabschnitten des Systems vorhanden, dann sind die Lösungen J_{i0} für die offenen und die gefüllten Klüfte exakt.

Ist die Strömung in einigen Kluftabschnitten l_i turbulent, dann müssen die Gln. (28 a) für diese Kluftabschnitte und die zugehörigen Knoten geändert werden. Anstatt der Glieder $k_i \cdot J_i$ müssen wir die Glieder $k_i' \cdot J_i^{\alpha}$ ($\alpha = 4/7$ bzw. $1/2$) in die entsprechenden Gleichungen einsetzen (Abb. 5). Die Gleichungen sind dann nicht mehr linear, und damit ist das neue Gleichungssystem nicht mehr in geschlossener Form lösbar. Wir wenden daher ein Iterationsverfahren an und benutzen als erste Näherungslösung die bereits erhaltenen Werte J_{i0}. In den meisten Fällen führen schon die ersten beiden Rechengänge zu genügend genauen Werten, und man kann auf eine weitere Iteration verzichten.

Mit diesen Werten J_i ist es dann möglich, die Verteilung der piezometrischen Höhen und damit die Potentiallinien zu ermitteln. Weiterhin kann man die Durchflußmenge an beliebigen Stellen der Kluftsysteme berechnen.

Mit den graphischen und rechnerischen Methoden zur Bestimmung der Potentiallinienbilder kann man im allgemeinen ebenen Fall der Praxis die Strömungsvorgänge auf theoretischem Wege beschreiben. In diesen Überlegungen wurden die Verluste durch Änderungen der kinetischen Energie (z. B. in den Knoten) vernachlässigt, die eigentlich in der Betrachtung geschlossener Wege berücksichtigt werden müßten [Gln. (25), (26) und (27)]. Die Zuverlässigkeit dieser Annahme wird gegenwärtig in einer Reihe von Versuchen im Laboratoriumsmaßstab überprüft. Erste Ergebnisse für den Fall eines Tunnels in zerklüftetem Fels werden weiter unten mitgeteilt. Überlegungen zur Lösung allgemeiner räumlicher Probleme werden zur Zeit durchgeführt. Derartige Lösungen liegen aber selbst für die Bodenmechanik, also für homogene, isotrope, poröse Medien, bisher noch nicht vor und sind daher meist nur mit Hilfe von Modellversuchen möglich.

3. Ermittlung der Kräfte aus dem Bergwasser

Für die Ermittlung der vom Bergwasser an den Fels abgegebenen Kräfte wird angenommen, daß für ein beliebiges räumliches Problem die Potentialfunktion $\varphi(M) = Z(M) + p(M)/\gamma_w$ in jedem Punkt auf Grund von Berechnungen oder Experimenten bekannt ist. Die Kräfte setzen sich aus *Schubkräften, Strömungsdruck* und *Auftrieb* zusammen.

Die Berechnung der *Schubspannungen,* die bei einer Strömung in der Kluft an die Wandungen abgegeben werden, wurde von Wittke und Louis (1966) durchgeführt. Es wurde gezeigt, daß die Resultierende aus den Schubspannungen einer Kluftschar eine Volumenkraft T_i parallel zur Fließrichtung ergibt:

$$T_i = \gamma_w J_i \frac{2a_i}{b_i} \tag{29}$$

Dabei erhält man die Größe des in der Kluft K_i wirkenden Gradienten J_i als Projektion des im betrachteten Bereich geltenden hydraulischen Gradienten $\vec{J} = -\overrightarrow{\text{grad}}\,\varphi$ auf die Kluftebene. b_i ist der Abstand der Klüfte K_i im betrachteten Bereich, $2a_i/b_i$ der Auflockerungsgrad und γ_w das Raumgewicht des Wassers. Es wurde gezeigt, daß diese Schubkräfte in der Regel sehr klein sind und ihr Einfluß auf die Standsicherheit des Felsens vernachlässigt werden kann.

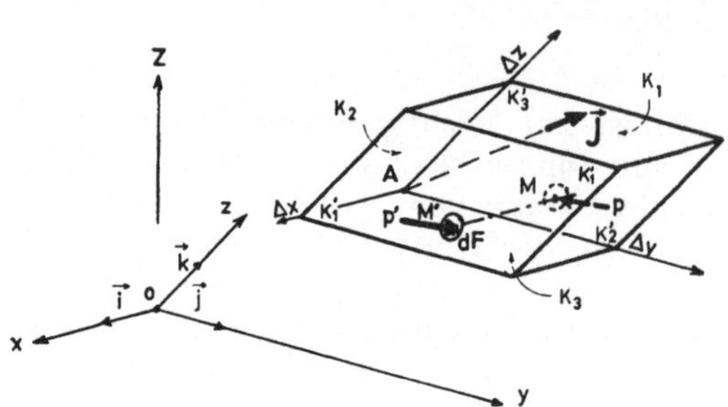

Abb. 9. Räumliches Felselement, durch je zwei Klüfte dreier Scharen K_1, K_2, K_3 begrenzt

Three-dimensional rock element, bordered by joint systems K_1, K_2, K_3

Elément rocheux déterminé par six surfaces de séparation appartenant respectivement à trois systèmes de fissuration K_1, K_2, K_3

Die Resultierende der vom Wasser an die Kluftwandungen abgegebenen *Normalspannungen* ermittelte Louis (1967) unter der Annahme, daß der Fels durch drei Kluftscharen zerteilt ist. Es wurde ein durch sechs Klüfte begrenztes Felselement (Abb. 9) betrachtet. Davon gehören jeweils zwei einander gegenüberliegende Klüfte zu einer Kluftschar und sind einander parallel. Wir nehmen an, daß im Bereich dieses Felsvolumens der hydraulische Gradient $\vec{J}$ konstant ist.

Schreibt man für das Felselement die Gleichgewichtsbedingungen für die Normalspannungen in vektorieller Schreibweise an, so erhält man eine Differentialgleichung. Durch eine Doppelintegration und unter Berücksichtigung der vektoriellen Eigenschaften (inneres, äußeres und Spatprodukt) bekommt man als Lösung für die Resultierende der Normalspannungen eine Volumenkraft $\overrightarrow{W_G}$:

$$\overrightarrow{W_G} = -\varrho_w \vec{g} - \gamma_w \overrightarrow{\text{grad}}\,\varphi \tag{30}$$

wobei

ϱ_w die Dichte des Wassers,

$\vec{g}$ die Erdbeschleunigung,

φ die Potentialenergie (pro Gewichtseinheit des Wassers)

ist. Weiterhin ist, wie erwähnt,

$$\vec{J} = -\overrightarrow{\text{grad}}\,\varphi \tag{31}$$

($\vec{J}$ hydraulischer Gradient), und es folgt:

$$\overrightarrow{W_G} = -\varrho_w \vec{g} + \gamma_w \vec{J} \tag{32}$$

Wenn keine Strömung vorhanden, d. h. $\vec{J} = 0$ ist, ergibt sich daraus als Beanspruchung *nur* die *hydrostatische Wirkung* (Auftrieb) des Wassers.

$$\overrightarrow{W_{G(|\vec{J}|=0)}} = -\varrho_w \vec{g} = \vec{A}_G \tag{33}$$

Der zweite Anteil, $\gamma_w \cdot \vec{J}$, wird als *Strömungsdruck* oder genauer *als hydrodynamische Wirkung des strömenden Wassers* bezeichnet.

$$\vec{S}_G = \gamma_w \vec{J} \tag{34}$$

Diese Volumenkräfte sind entsprechend Abb. 9 auf das Einheitsvolumen des Feststoffes (Gestein) bezogen; bezieht man sie auf die Volumeneinheit des Felsens (Gestein und Klüfte), so muß man einen Korrekturfaktor in die Gln. (33) und (34) einführen, der jedoch in der Regel etwa gleich Eins gesetzt werden kann. Man erhält dann für den betrachteten Fall dreier Kluftscharen K_i mit den Spaltweiten $2\,a_i$ und den gegenseitigen Abständen b_i:

$$\vec{A} = -\varrho_w \left[\prod_{i=1}^{3} \left(1 - \frac{2\,a_i}{b_i}\right) \right] \vec{g} \approx -\varrho_w \vec{g} \tag{35}$$

$$\vec{S} = \gamma_w \left[\prod_{i=1}^{3} \left(1 - \frac{2\,a_i}{b_i}\right) \right] \vec{J} \approx \gamma_w \vec{J} \tag{36}$$

Das Zeichen $\prod_{i=1}^{3}$ bedeutet ein Produkt, in dem der Multiplikationsindex i von 1 bis 3 läuft.

Das ist die allgemeine *vektorielle Darstellung der Resultierenden der Normalspannungen* bei Strömungsvorgängen im zerklüfteten Fels.

III. Überprüfung der Theorie durch Experimente

1. Einleitung

Wie erwähnt, erscheint es notwendig, die theoretisch gefundenen Gesetzmäßigkeiten durch Modellversuche zu überprüfen. Dazu wurde in einer ersten, bereits abgeschlossenen Versuchsserie für das Problem der *Anströmung eines Tunnels* in zerklüftetem Fels die Potentialverteilung im Modell gemessen und mit der theoretisch erhaltenen verglichen. Diese Versuche dienten im wesentlichen dazu, den Einfluß der in der Theorie getroffenen Vernachlässigung der Krümmungsverluste in den Knoten (s. Abschnitt II.2) auf die Zuverlässigkeit der Ergebnisse zu verfolgen. Weiterhin sollten die Ergebnisse eine Abschätzung der Fehler ermöglichen, die sich bei der Vernachlässigung der Turbulenz in der Berechnung der Potentialverteilung ergeben.

Die untersuchten Fälle sind in Abb. 10 skizziert. Die dargestellten Klüfte streichen parallel zur Tunnelachse. Die Kluftschar K_1 fällt in allen drei Fällen unter 15^0 in den Hang ein, während die zweite Kluftschar, K_2, unterschiedliche Eigenschaften besitzt. Im Fall a) sind K_2 Nebenklüfte, die wegen ihrer gegenüber K_1 geringen Spaltweite keinen Ein-

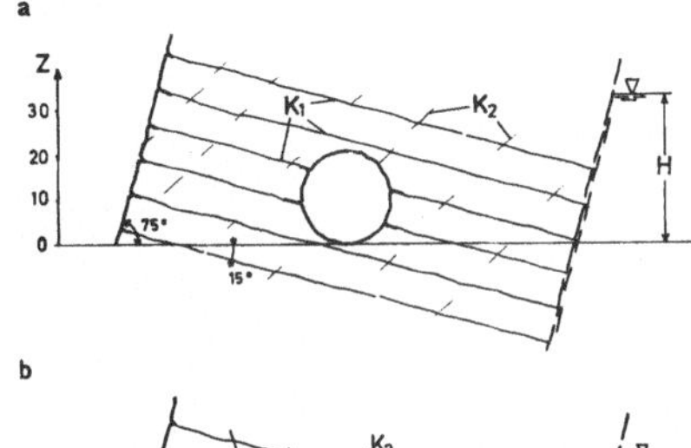

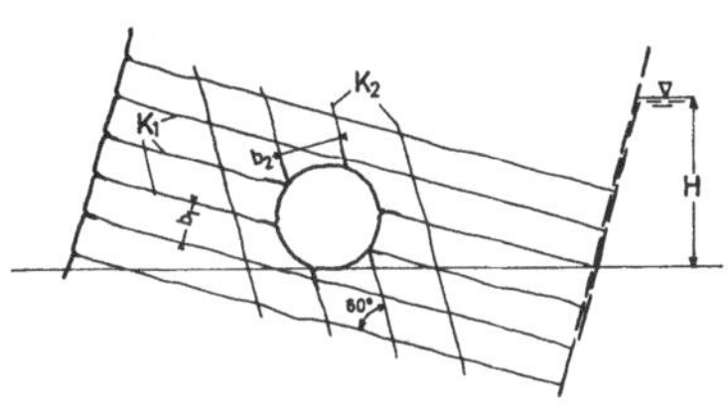

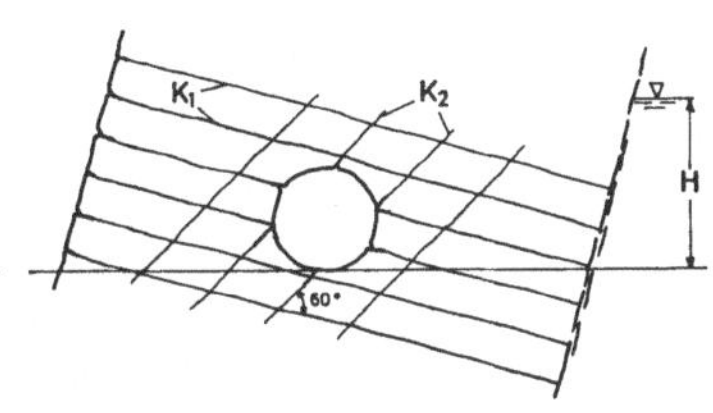

Abb. 10. Tunnel in zerklüftetem Fels
K_1 Hauptkluftsystem; K_2 Kluftsystem mit unterschiedlichen Eigenschaften: a) K_2 Nebenkluftsystem; b) K_2 Hauptkluftsystem, bergeinwärts geneigt; c) K_2 Hauptkluftsystem, talwärts geneigt

Tunnel in jointed rock
K_1 primary joint system; K_2 joint system with differing properties: a) K_2 secondary joint system; b) K_2 primary joint system inclined into the mountain; c) K_2 primary joint system, inclined towards the valley

Tunnel dans un massif fissuré
K_1 système de fissuration principale; K_2 système ayant des propriétés variables: a) K_2 système de fissuration secondaire; K_2 système principal de pendage amont; c) K_2 système principal de pendage aval

fluß auf die Strömungsvorgänge haben, in denen sich auf der anderen Seite aber wohl der Wasserdruck ausbilden kann. In den Fällen b) und c) sind beide Kluftscharen durchströmt. Dabei ist K_2 in Fig. 10b bergeinwärts geneigt und im Fall c) talwärts geneigt. In allen Fällen 10 a—c sind die geometrischen und hydraulischen

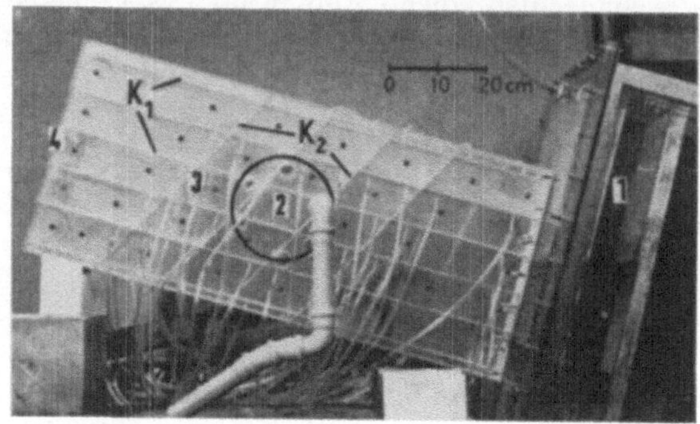

Abb. 11. Modell zur Anströmung eines Tunnels im Fels mit zwei Kluftscharen K_1 und K_2
1 Einlaufkasten (φ = const.); *2* Tunnel ($p = 0$); *3* Meßpunkt für Wasserdruck; *4* Felsoberfläche, luftseitige Böschung ($p = 0$)

Model for flow into a tunnel in rock with two joint systems K_1 and K_2
1 model entrance (φ = const.); *2* tunnel ($p = 0$); *3* measuring point for water pressure; *4* rock surface, downstream slope ($p = 0$)

Modèle pour l'étude des écoulements dans un tunnel. Cas d'un massif ayant deux systèmes principaux de fissuration
1 conditions initiales (φ = const.); *2* tunnel ($p = 0$); *3* mesure de la pression de l'eau; *4* surface libre du massif ($p = 0$)

Abb. 12. Ausbildung des Tunnels
1 Fließrichtung; *2* Tunnelumfang ($p = 0$); *3* Messung einer Wassermenge; *4* Kluft K_1; *5* Kluft K_2; *6* Umleitung des Wassers zur Meßeinrichtung

Construction of tunnel
1 direction of flow; *2* tunnel circumference; *3* measurement of a volume of water; *4* joint K_1; *5* joint K_2; *6* diversion of the water to the measurement setup

Réalisation du tunnel
1 direction de l'écoulement; *2* coupe du tunnel; *3* mesure d'un débit; *4* fissure K_1; *5* fissure K_2; *6* dérivation vers le dispositif de mesure

Randbedingungen gleich. Als erste geometrische und hydraulische Randbedingung im Inneren des Felsens sei angenommen, daß die piezometrische Höhe des Wassers entlang einer parallel zur Böschung verlaufenden Geraden konstant bleibt. Eine solche Randbedingung kann beispielsweise durch eine Störung mit großer Spaltweite gegeben sein, in die das Wasser aus entfernteren Bereichen zufließt. Die zweite Randbedingung ist durch die Tunnelwandung gegeben, entlang derer der Druck $p = 0$ herrscht. Schließlich ist auch die Böschung eine Randbedingung mit dem Druck $p = 0$.

In den Fällen b) und c) sind die mittleren Öffnungsweiten der Klüfte K_1 und K_2 annähernd gleich, und die mittleren gegenseitigen Abstände der Klüfte beider Scharen verhalten sich wie $b_2/b_1 = 1{,}5$. Die Klüfte K_1 und K_2 schließen einen Winkel von 60^0 ein.

2. Versuchsanordnung

Die in Abb. 10 b und c skizzierten Fälle können mit dem in Abb. 11 dargestellten Versuchsmodell nachgebildet werden, wobei die Photographie den Fall der Abb. 10c zeigt. Die Abmessungen dieses aus Plexiglas hergestellten Modells sind: Länge: 100 cm, Höhe 44 cm und Dicke 12 cm. Die Klüfte K_1 und K_2 wurden in eine massive Plexiglasplatte (100 × 44 × 10 cm gefräst. Die Öffnungsweite der gefrästen Schlitze betrug 2,0 mm, ihre Tiefe 60 mm. Auf die offene Seite wurde eine 20 mm dicke Plexiglasplatte als Berandung aufgeschraubt. Diese Platte dient gleichzeitig als Versteifung der durch die Schlitze geschwächten massiven Plexiglasplatte. Bei Anfertigung des Versuchsmodells wurde eine Toleranz von 0,1 mm für die gegenseitigen Abstände ($b_1 =$ 80 mm, $b_2 =$ 120 mm) und die Spaltweiten ($2 a_i = 2{,}0$ mm) eingehalten. Durch Einfügen dünner Plexiglasleisten in die Schlitze wurde die durchströmte Breite des Modells auf 5,0 cm verringert. Die das Wasser berührenden Kanten der Plexiglasstreifen sind sehr glatt ausgebildet, so daß man nicht mit Randstörungen bei den Strömungsvorgängen zu rechnen braucht.

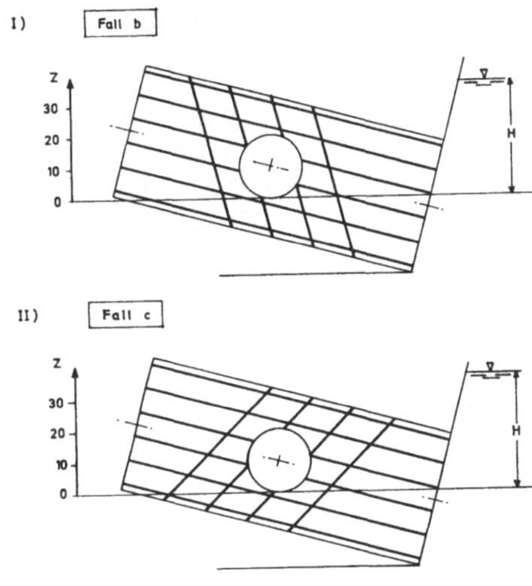

Abb. 13. Prinzipskizze der zwei durchgeführten Versuchsreihen; Fälle b) und c), Abb. 10

Sketch of the two test series which were carried out; cases b) and c), Fig. 10

Schéma de principe des deux séries d'essais effectués; cas b) et c) de la Fig. 10

Der Tunnel wurde im Modell durch sechs Bohrungen nachgebildet (Abb. 12), die in den Schnittpunkten zwischen gedachter Stollenwand (2) und den Klüften angeordnet sind. Der Vorteil dieser Einrichtung liegt darin, daß die aus den einzelnen Klüften austretenden Wassermengen getrennt gemessen werden können.

Die Konzeption des Versuchsmodells gibt, wie erwähnt, die Möglichkeit, zwei verschiedene Fälle zu untersuchen: Abb. 13.I zeigt den Fall der Abb. 10b, wobei K_2 bergeinwärts geneigt ist. Durch Drehung des Versuchsmodells um seine Längsachse (Abb. 13.II) erhält man daraus in entsprechender Weise den Fall der Abb. 10c.

Das Kluftwasser wird in einem Kreislauf von einem Hochbehälter durch den Einlaufkasten und das Versuchsmodell in einen Tiefbehälter und durch die Pumpe wieder zurück in den Hochbehälter gefördert. Die Abb. 14 zeigt die wichtigsten Versuchseinrichtungen. Bei allen Versuchen wurde entlüftetes Wasser benutzt, um eine Luftblasenbildung und damit eine Verstopfung der Klüfte zu verhindern.

In 52 in der Axialebene des Modells liegenden Meßpunkten wurden die piezometrischen Höhen des Wassers gemessen. Die aus der Tunnelwand und aus der Böschung austretenden Wassermengen konnten in zwölf Stellen gemessen werden.

Abb. 14. Versuchseinrichtung

1 Einlaufkasten (φ = const.); *2* Modell; *3* Tunnel ($p = 0$); *4* luftseitige Böschung; *5* Druckverteiler; *6* Manometertafel

Test setup

1 model entrance (φ = const.); *2* model; *3* tunnel ($p = 0$); *4* downstream slope; *5* pressure distributor; *6* manometer board

Dispositif expérimental

1 conditions initiales (φ = const.); *2* modèle; *3* tunnel ($p = 0$); *4* surface du massif ($p = 0$); *5* distributeur de pression; *6* tableau de manomètres

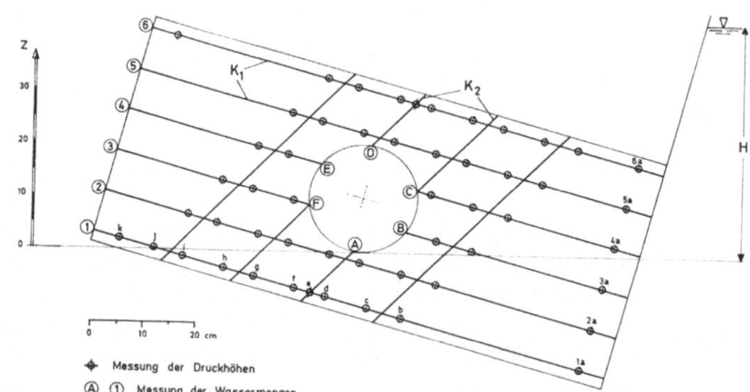

Abb. 15. Anordnung der Meßpunkte in der Axialebene des Modells

⊕ Messung der Druckhöhen; *(A) (1)* Messung der Wassermengen

Arrangement of the measuring points in the axial plane of the model

Répartition des points de mesure dans le plan axial du modèle

Die Anordnung der Meßpunkte ist aus Abb. 15 zu ersehen. Die beiden Versuchsreihen (Abb. 13) wurden für fünf verschiedene Wasserspiegelhöhen H durchgeführt:

$$H_1 \div H_5 = 32{,}8;\ 41{,}8;\ 50{,}0;\ 70{,}0;\ 100{,}0\ \text{cm}.$$

3. Rechnerische Behandlung der Strömungsvorgänge

Die Ermittlung der Potentialverteilung und der aus Tunnelwand und Böschung austretenden Wassermenge wurde nach dem graphischen und dem rechnerischen Verfahren durchgeführt, die beide im Abschnitt II erläutert wurden. Als hydraulische

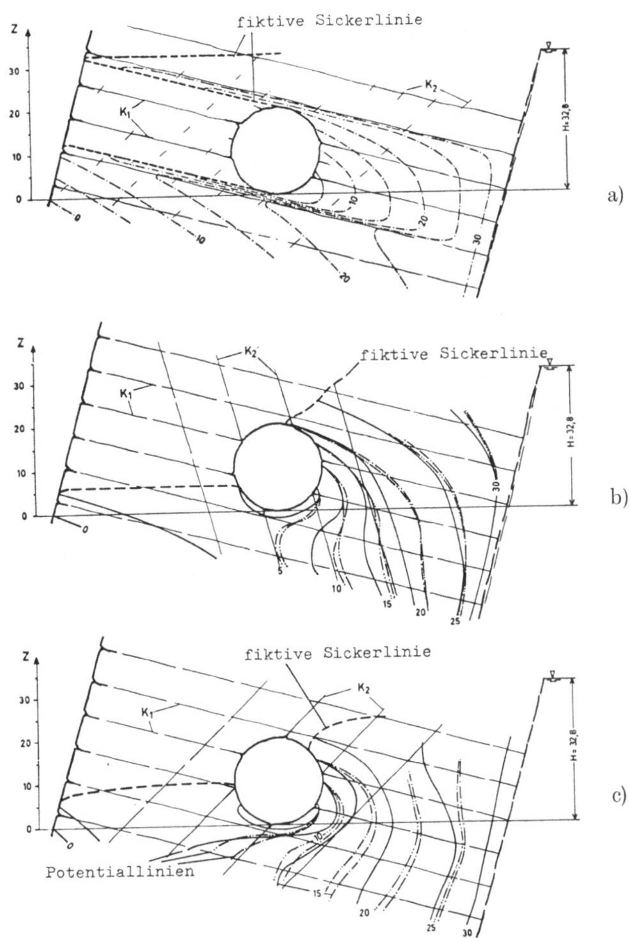

Abb. 16. Potentiallinien für $H = 32{,}8$; Fälle der Abb. 10

a) K_2 Nebenkluftsystem; b) K_2 Hauptkluftsystem, bergeinwärts geneigt; c) K_2 Hauptkluftsystem, talwärts geneigt

—·—·— theoretisch ermittelt (laminare Strömung); ··—··— theoretisch ermittelt (laminare und turbulente Strömung); ——— aus Messungen am Versuchsmodell

Potential lines for $H = 32.8$; for the cases of Fig. 10

Lignes équipotentielles pour $H = 32{,}8$; cas de la Fig. 10

Randbedingungen wurden in die theoretische Berechnung die in den Punkten 1 a bis 6 a (Abb. 15) während der Versuche abgelesenen piezometrischen Höhen eingeführt.

Die für die drei Fälle Abb. 10 a, b und c erhaltenen Potentiallinien ($\varphi = \text{const.}$) sind in Abb. 16 und 17 für zwei Wasserspiegelhöhen $H_1 = 32{,}8$ und $H_3 = 50{,}0$ dargestellt.

Auf den Fall a) (K_2 Nebenkluftsystem) konnte das graphische Verfahren angewendet werden. Die erhaltene Potentialverteilung (Abb. 16 a und 17 a) gilt sowohl für den laminaren als auch für den turbulenten Strömungsbereich.

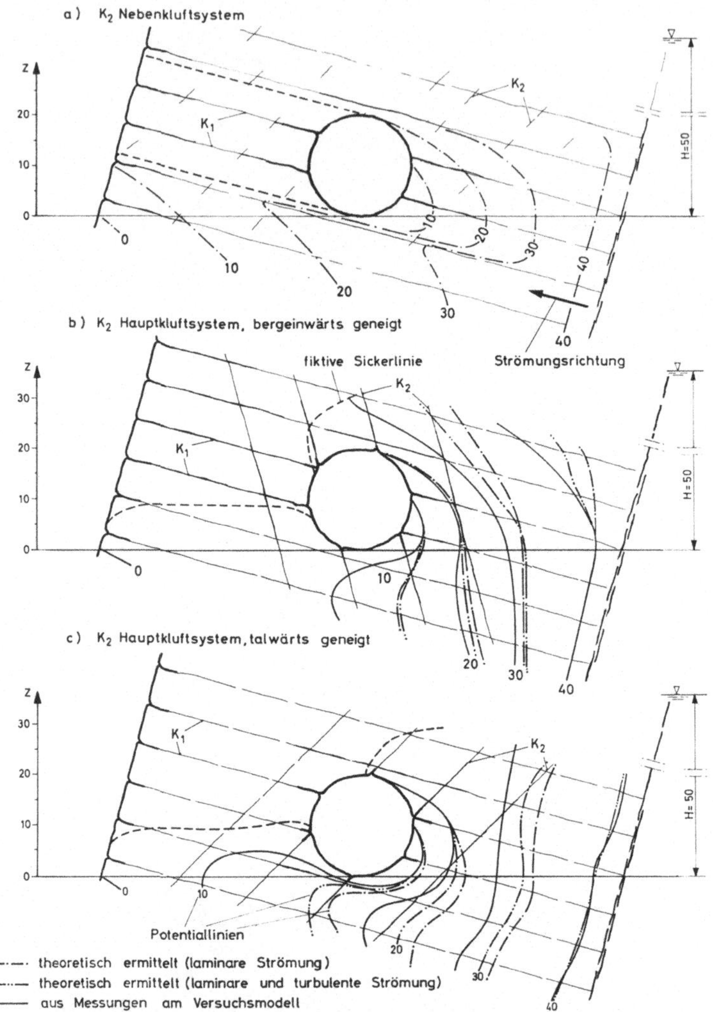

Abb. 17. Potentiallinien für $H = 50$; Fälle der Abb. 10

a) K_2 Nebenkluftsystem; b) K_2 Hauptkluftsystem, bergeinwärts geneigt; c) K_2 Hauptkluftsystem, talwärts geneigt

—·—·— theoretisch ermittelt (laminare Strömung); ··—··— theoretisch ermittelt (laminare und turbulente Strömung); ——— aus Messungen am Versuchsmodell

Potential lines for $H = 50$; for the cases of Fig. 10

Lignes équipotentielles pour $H = 50$; cas de la Fig. 10

Da die absolute Rauhigkeit der Plexiglaswandungen durch die Bearbeitung kleiner als 4 μ gehalten werden konnte, ergibt sich mit einer Spaltweite von 2 mm eine relative Rauhigkeit von etwa 10^{-3}. Das bedeutet nach den Ergebnissen der Abb. 3 und 4, daß es sich bei den Modellversuchen um eine hydraulisch glatte

Strömung handelt. Für dieses Versuchsmodell gelten dann folgende Widerstands- und Fließgesetze:

laminar

$$\lambda = \frac{96}{\mathrm{Re}} \qquad q_i = \frac{g}{12\,\nu}\,(2\,a_i)^3 \cdot J_i$$

turbulent

$$\lambda = 0{,}316 \cdot \mathrm{Re}^{-1/4} \qquad q_i = \left[\frac{g}{0{,}079}\left(\frac{2}{\nu}\right)^{1/4}(2\,a_i)^3 \cdot J_i\right]^{4/7}$$

Die Ergebnisse eines ersten Rechenganges unter Annahme laminarer Strömung in allen Kluftabschnitten sind in Abb. 16 b und c und 17 b und c dargestellt. Mit Hilfe des für den vorliegenden Fall ($2\,a_i = 2$ mm) maßgebenden kritischen hydraulischen

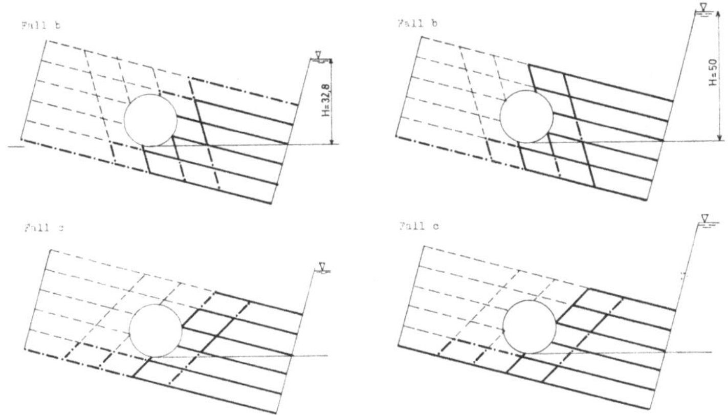

Abb. 18. Strömungsarten bei den Versuchen der Abb. 16 und 17

$H_1 = 32{,}8$ cm; $H_3 = 50$ cm

—·—·— laminare Strömung ——— turbulente Strömung – – – – keine Strömung

Type of flow for the tests in Figs. 16 and 17

$H_1 = 32.8$ cm; $H_3 = 50$ cm

Nature des écoulements lors des essais correspondant aux Fig. 16 et 17

$H_1 = 32{,}8$ cm; $H_3 = 50$ cm

Gradienten von $J_{\mathrm{Krit}} = 0{,}21$ (s. Louis [1967], Abb. 15) ergibt sich daraus, daß die Strömung in großen Bereichen turbulent und nicht laminar ist. Die in den einzelnen Fällen auftretenden Strömungsarten sind in Abb. 18 skizziert.

Die endgültige Lösung, die das Vorhandensein laminarer und turbulenter Strömung berücksichtigt, wurde nach dem erwähnten Iterationsverfahren erhalten. Die entsprechenden Potentiallinien sind ebenfalls in den Abb. 16 und 17 dargestellt.

Louis (1967) hat auf Grund der theoretischen Durchrechnung einer Felsböschung darauf hingewiesen, daß die Berücksichtigung der Turbulenz keine nennenswerte Änderung in der Potentialverteilung zur Folge hat, und daß eine Berechnung unter der Annahme laminarer Strömung eine gute Näherung darstellt. Dadurch konnte der durch die Berücksichtigung der Turbulenz erwachsende große Rechenaufwand vermieden werden. Diese Folgerungen werden auch im vorliegenden Fall gut bestätigt. Beide Potentiallinienbilder fallen praktisch zusammen (Abb. 16 und 17), obwohl in den vorliegenden Fällen die Strömung in vielen Kluftabschnitten turbulent ist (s. Abb. 18). Da die vom Bergwasser an den Fels abgegebenen Kräfte nur von der Potentialverteilung abhängen, kann man also zu ihrer Berechnung in der Regel den Einfluß der Turbulenz vernachlässigen. Zur exakten Ermittlung der Wassermengen ist jedoch eine genauere Berechnung wünschenswert.

Die für diese theoretische Behandlung erforderliche Rechenarbeit wurde mit der am Institut für Angewandte Mathematik der Universität (TH) Karlsruhe vorhandenen elektronischen Rechenanlage Zuse Z 23 durchgeführt.

4. Versuchsergebnisse und Vergleich mit der Theorie

Die aus den Versuchsergebnissen ermittelten Potentiallinienbilder sind zum Vergleich ebenfalls in den Abb. 16 b, c und 17 b, c dargestellt. Sie stimmen verhältnismäßig gut mit den theoretischen Lösungen überein.

Die dennoch vorhandenen Abweichungen von der für laminare und turbulente Strömung erhaltenen theoretischen Lösung lassen sich vermutlich durch die an den Schnittpunkten beider Scharen entstehenden Krümmungsverluste erklären, die in der Theorie nicht berücksichtigt werden. Diese Fehler werden in der Regel bei prak-

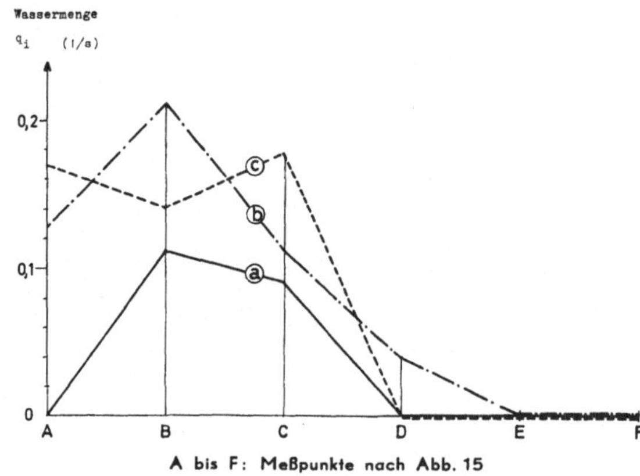

Abb. 19. Einfluß des zweiten Kluftsystems K_2 auf die in den Tunnel eintretenden Wassermengen nach der Theorie; Fälle der Abb. 16

a) K_2 Nebenkluftsystem; b) K_2 Hauptkluftsystem, bergeinwärts geneigt; c) K_2 Hauptkluftsystem, talwärts geneigt

Theoretical influence of the second joint system K_2 on the volume of water entering the tunnel; cases of Fig. 16

a) K_2 secondary joint system; b) K_2 primary joint system inclined into the mountain; c) K_2 primary joint system inclined toward the valley

Influence du deuxième système de fissuration sur la répartition des débits dans le tunnel (résultats théoriques correspondant aux cas de la Fig. 16)

a) K_2 système de fissuration secondaire; b) K_2 système principal de pendage amont; c) K_2 système principal de pendage aval

tischen Problemen kleiner sein, weil der Anteil an Kluftabschnitten mit turbulenter Strömung meist geringer ist und damit auch die Krümmungsverluste geringer sein werden. Der Versuchsaufbau erforderte nämlich eine Spaltweite von $2a_i = 2$ mm, woraus sich folgende verhältnismäßig großen linearen Auflockerungsmaße des Kluftkörpers ergeben:

Kluftschar K_1:

$$\frac{2a_1}{b_1} = 2{,}6\ \%$$

und Kluftschar K_2:

$$\frac{2\,a_2}{b_2} = 1{,}2\,\%_0.$$

In der Praxis sind die Auflockerungsgrade in der Regel kleiner, und die Strömung ist in dem größeren Teil der Kluftabschnitte laminar. Daraus folgt, daß die durch die vereinfachenden Annahmen in der theoretischen Behandlung hervorgerufenen

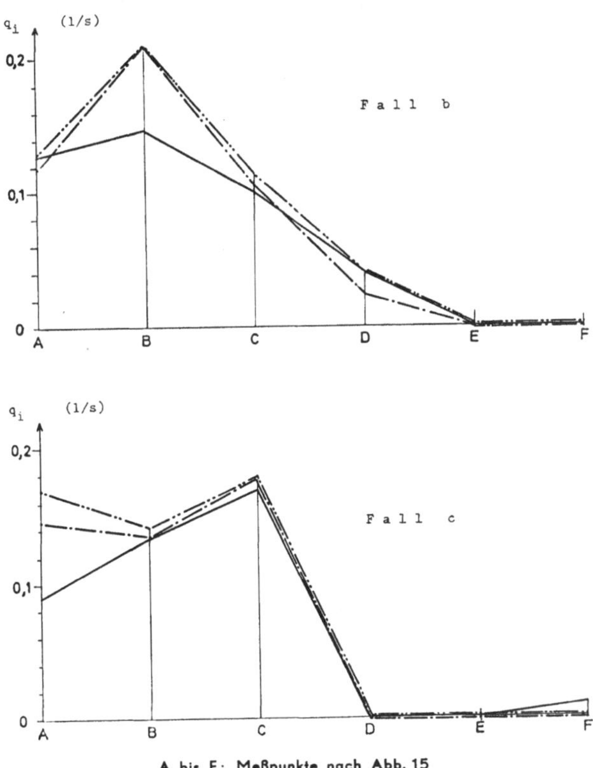

Abb. 20. In den Tunnel eintretende Wassermengen. Vergleich Theorie — Versuche Fälle der Abb. 16

·—·— theoretisch ermittelt (aus Potentialverteilung bei laminarer Strömung); ··—··— theoretisch ermittelt (aus Potentialverteilung bei laminarer und turbulenter Strömung); ——— Versuchsergebnisse

Volume of water entering the tunnel. Comparison of theory and experiment; for the case in Fig. 16

·—·— theoretically determined (by potential distribution of laminar flow); ··—··— theoretically determined (by potential distribution of laminar and turbulent flow); ——— test results

Débits dans le tunnel. Comparaison des mesures sur modèle avec la théorie; cas de la Fig. 16

·—·— résultats théoriques d'après les équipotentielles en écoulement laminaire; ··—··— résultats théoriques d'après les équipotentielles en écoulement laminaire et turbulent; ——— résultats des essais

Mängel in den vorliegenden Experimenten besonders ausgeprägt sind. Daß die Versuchsergebnisse dennoch gut mit der Theorie übereinstimmen, beweist die Richtigkeit der theoretischen Überlegungen.

Die in den Tunnel eintretenden und auf der Luftseite der Böschung austretenden Wassermengen wurden ebenfalls nach der rechnerischen Methode und experimentell ermittelt. Abb. 19 zeigt am Beispiel der Abb. 16 den Einfluß der Eigenschaften der zweiten Kluftschar auf die Verteilung der in den Tunnel eintretenden Wassermengen. Aus den theoretisch ermittelten Werten erkennt man, daß die Werte für die verschiedenen Fälle *a*, *b* und *c* (Abb. 16) stark unterschiedlich sind. In Abb. 20 sind für die Fälle der Abb. 16 b und c ebenfalls die in den Tunnel eintretenden Wassermengen für die Meßpunkte *A* bis *F* (Abb. 15) dargestellt. Die Kur-

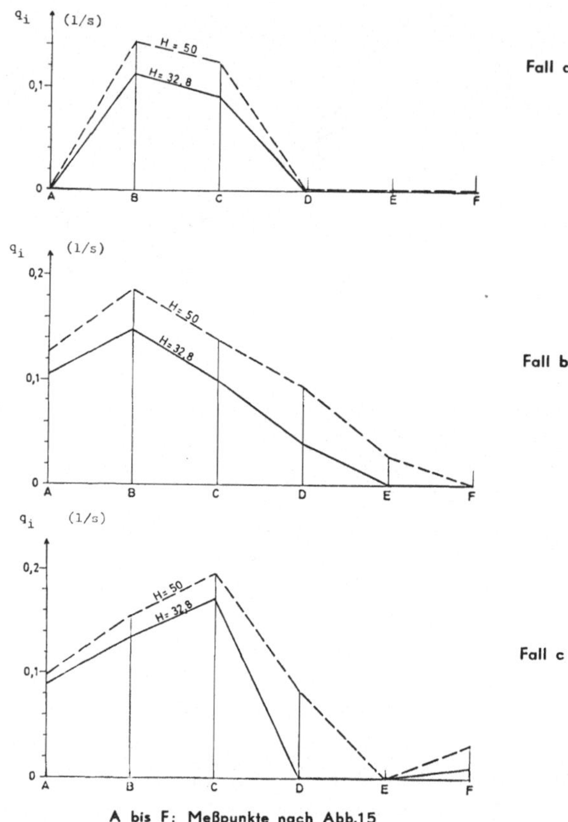

Abb. 21. Einfluß der Wasserspiegelhöhen auf die in den Tunnel eintretenden Wassermengen nach den Versuchsergebnissen; Fälle der Abb. 16 und 17

Influence according to the test results, of the water level on the volume of water entering the tunnel; for the cases in Fig. 16 and 17

Influence de la charge hydrostatique dans le massif sur les débits d'écoulement dans le tunnel; résultats des essais, cas des Fig. 16 et 17

ven zeigen die theoretisch erhaltenen Werte, die sowohl mit den Gradienten aus der Potentialverteilung bei laminarer Strömung als auch bei laminarer und turbulenter Strömung errechnet wurden. Ebenso sind die Versuchsergebnisse dargestellt. Die theoretischen Kennlinien sind nahezu identisch und stimmen auch gut mit den Versuchsergebnissen überein. Man erkennt, daß ebenso wie die Kräfte auch die Wassermengen in guter Näherung aus der unter Annahme laminarer Strömung erhaltenen Potentialverteilung ermittelt werden können. Diese Wassermengen müssen aber, wie es hier durchgeführt wurde, mit den jeweils geltenden Widerstandsgesetzen (laminar oder turbulent) nach Abb. 4 ermittelt werden.

Schließlich zeigt die Abb. 21, daß die Bergwasserspiegelhöhe praktisch keinen nennenswerten Einfluß auf den Verlauf der in den Tunnel eintretenden Wasser-

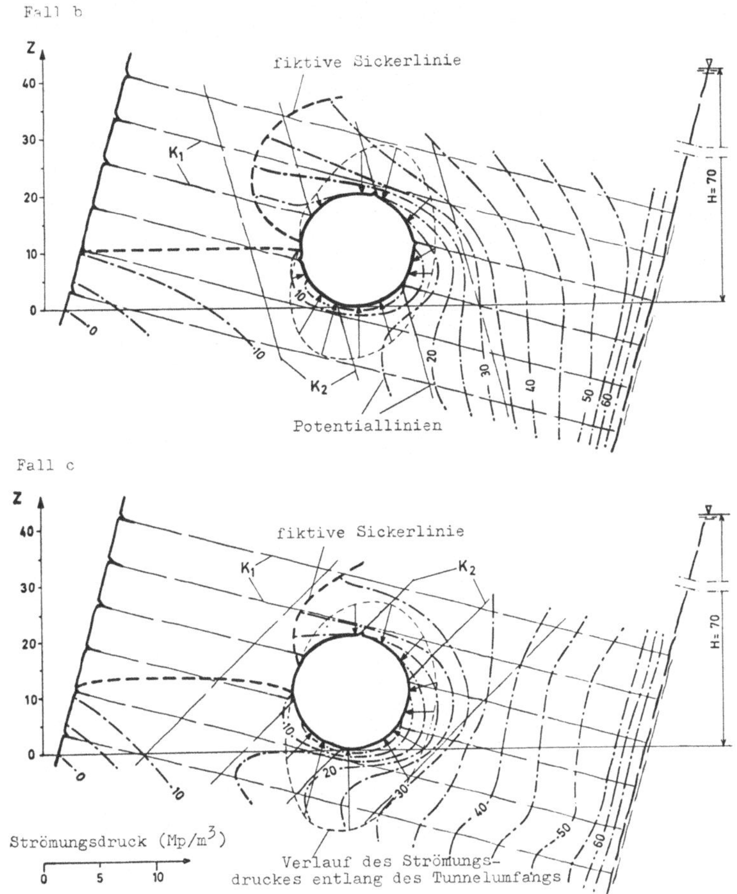

Abb. 22. Potentialverteilung und Strömungsdruck am Tunnelumfang bei Versuch 4 $H = 70$; Fälle b) und c), Abb. 10

Potential distribution and flow pressure on the tunnel circumference in test 4 $H = 70$; cases b) and c), Fig. 10

Répartition du potentiel et de la force d'écoulement au voisinage du tunnel, essai 4 $H = 70$; cas b) et c) de la Fig. 10

mengen besitzt. Die experimentell erhaltenen Kennlinien für die drei Fälle *a*, *b* und *c* (s. Abb. 10) sind für die zwei dargestellten Spiegelhöhen $H_1 = 32{,}8$ und $H_3 = 50$ ähnlich und nur in ihren absoluten Größen verschieden.

Um den Einfluß der Höhe H des Bergwassers auf die Potentialverteilung und damit auf die Richtung und Größe der an den Fels abgegebenen Strömungskräfte beurteilen zu können, sind die Versuchungsergebnisse für $H_4 = 70{,}0$ und $H_5 = 100{,}0$ in Abb. 22 und 23 skizziert. Der Fall *a* mit K_2 als Nebenkluftsystem ist nicht dargestellt. Beim Vergleich der Potentiallinienbilder der Abb. 16, 17, 22 und 23 stellt man fest, daß der Verlauf der Potentiallinien bei verschiedenen Spiegelhöhen ähnlich ist, wenn die Kluftschar K_2 die gleiche Stellung hat (bergeinwärts = 16 und 17 b, 22 und 23 b, bzw. talwärts = 16 und 17 c, 22 und 23 c). Der Unterschied der Fälle liegt im wesentlichen in den gegenseitigen *Abständen* der Potentiallinien.

In den Abb. 22 und 23 ist ebenfalls der entlang des Tunnelumfanges wirkende Strömungsdruck dargestellt, der für die Standsicherheit der Tunnelröhre wichtig ist.

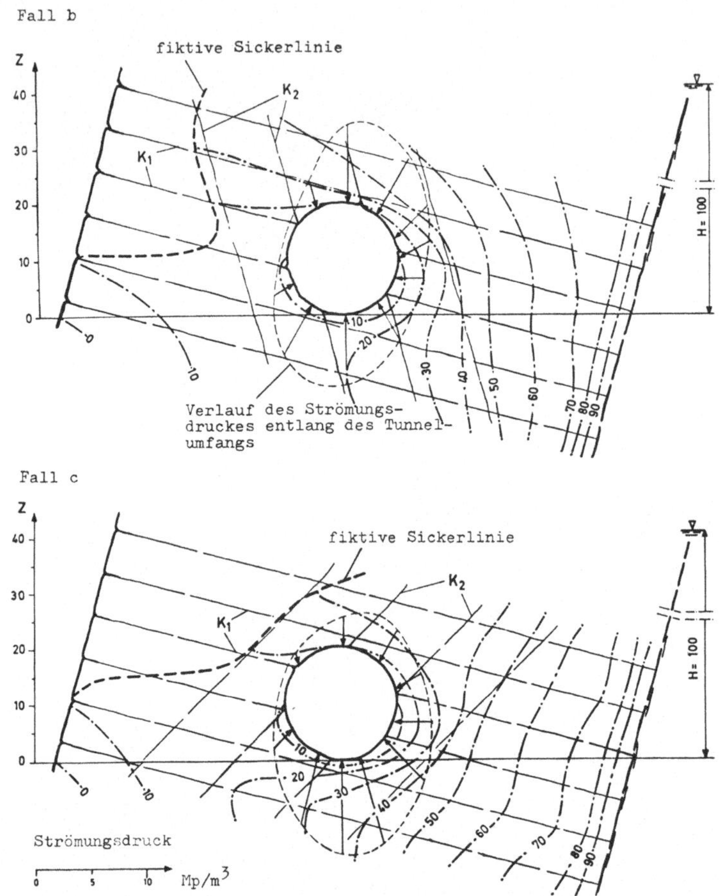

Abb. 23. Potentialverteilung und Strömungsdruck am Tunnelumfang bei Versuch 5 $H = 100$; Fälle b) und c), Abb. 10

Potential distribution and flow pressure on the tunnel circumference in test 5, $H = 100$; cases b) and c), Fig. 10

Répartition du potentiel et de la force d'écoulement au voisinage du tunnel, Essai 5 $H = 100$; cas b) et c) de la Fig. 10

Er wurde nach Abschnitt II.3 aus den Potentialverteilungen erhalten. Schließlich stellt Abb. 24 die Strömungsdrücke für die Fälle *a*, *b* und *c* der Abb. 10 für Spiegelhöhen von $H = 32{,}8$ und $H = 50$ gegenüber. Aus den Darstellungen folgt, daß der Strömungsdruck bei gleicher Geometrie der Kluftscharen (Stellung und Lage) in allen Fällen etwa die gleiche Richtung, doch unterschiedliche Größe hat. Die Größen dieser

Kräfte sind etwa proportional zu den Höhen H. Ein ähnliches Ergebnis wurde bei der Ermittlung der Wassermengen erhalten.

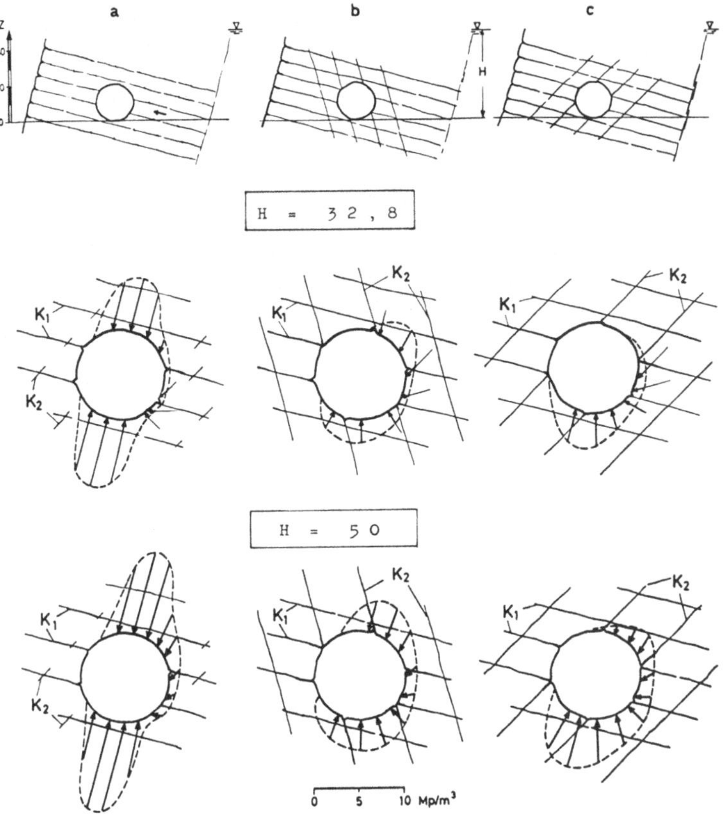

Abb. 24. Strömungsdruck entlang des Tunnelumfangs für $H_1 = 32{,}8$ und $H_3 = 50$ Fälle a), b) und c) der Abb. 10

Flow pressure along the tunnel circumference for $H_1 = 32.8$ and $H_3 = 50$ cases a), b) and c) of Fig. 10

Force d'écoulement au voisinage du tunnel pour $H_1 = 32{,}8$ et $H_3 = 50$ cas a), b) et c) de la Fig. 10

IV. Schlußfolgerungen

Die Überprüfung der theoretischen Ansätze durch Experimente ist noch nicht abgeschlossen. Man kann aus den bisherigen Versuchsergebnissen dennoch einige Schlußfolgerungen ziehen:

1. Die theoretische Behandlung der Durchströmung klüftiger Medien ohne Berücksichtigung der Turbulenz führt zu guten Näherungslösungen im Hinblick auf die vom Bergwasser an den Fels abgegebenen Kräfte und die Wassermengen.

2. Die für das rechnerische Verfahren getroffenen vereinfachenden Annahmen können als richtig angesehen werden.

3. Die durch die Zerklüftung des Felsens vorgegebene Anisotropie ist auch für Durchströmungsvorgänge sehr bedeutend und erlaubt nicht die Anwendung der Berechnungsverfahren der Bodenmechanik.

Die theoretischen und experimentellen Arbeiten werden zur Zeit weitergeführt. Es werden weitere ebene und räumliche Modelle gebaut. Einzelheiten über diese Untersuchungen und ihre Ergebnisse werden an anderer Stelle veröffentlicht.

Literatur

Lomize, G. M.: Strömung in klüftigen Gesteinen (russisch). Gosenergoizdat 1951.

Müller, L.: Der Felsbau. Bd. 1, 624 S., F.-Enke-Verlag, Stuttgart 1963.

Wittke, W. und C. Louis: Zur Berechnung des Einflusses der Bergwasserströmung auf die Standsicherheit von Böschungen und Bauwerken in zerklüftetem Fels. Proc. 1. Congress Int. Soc. of Rock Mechanics, Vol. II, 6.14, S. 201—206, Lisboa, September 1966.

Louis, C.: Strömungsvorgänge in klüftigen Medien und ihre Wirkung auf die Standsicherheit von Bauwerken und Böschungen im Fels. 122 S., Diss., Karlsruhe 1967.

Anschrift der Verfasser: Privatdozent Dr.-Ing. Walter Wittke und Dr.-Ing. Claude Louis, Ingénieur des Arts et Manufactures, Theodor-Rehbock-Flußbaulaboratorium, Universität Karlsruhe, D-75 Karlsruhe.

Felsmechanik u. Ingenieurgeol., Suppl. IV, 79—89 (1968)

Zur Reichweite von Injektionen in klüftigen Fels

Von

Walter Wittke, Karlsruhe

Mit 7 Textabbildungen

(Eingegangen am 18. Dezember 1967)

Zusammenfassung — Summary — Résumé

Zur Reichweite von Injektionen in klüftigen Fels. Bei Injektionen von Zement-, Ton- oder Tonzementsuspensionen in klüftigen Fels ist die Frage, wie weit das Injektionsgut von den Bohrlöchern aus seitlich in die Klüfte eindringt oder mit anderen Worten die Frage nach der Reichweite der Verpressung von großer wirtschaftlicher Bedeutung. Die physikalischen Vorgänge bei solchen Injektionen werden nach der zur Zeit herrschenden Ansicht von der Sedimentation der Festteilchen und dem Auspressen von Überschußwasser beherrscht. Bei der Verwendung sedimentationsstabiler Suspensionen kann diese Vorstellung aber nicht richtig sein, weil die Zement- oder Tonteilchen bei diesen Injektionsgütern in der Schwebe bleiben und nicht sedimentieren. Der vorliegende Aufsatz enthält Untersuchungen über das Fließverhalten solcher Suspensionen. Außerdem werden theoretische und experimentelle Untersuchungen über die Reichweite bei der Verpressung in eine Kluft durchgeführt. Theorie und Experimente stimmen qualitativ überein. Zur quantitativen Übereinstimmung bedarf es der Einführung eines Korrekturfaktors, dessen genaue Größe in weiteren Versuchen gefunden werden soll.

Concerning the Extent of Penetration of Grout in Fissured Rock. In the grouting of fissured rock with cement, clay, or clay-cement suspensions, an important factor of economics is the question of how far the grout will reach, horizontally, from the borehole. According to the presently prevailing opinion, the physical phenomena of this type of grouting are controlled by the sedimentation of the solid particles and the squeezing out of excess water. When a stabilized suspension is used, this concept is not correct since the cement or clay particles remain in suspension, i. e. no sedimentation occurs. This report discusses the results of tests to determine the rheological properties of such suspensions. In addition theoretical and experimental studies were carried out to determine the length of penetration of grout in a fissure. The theory and experiments agree qualitatively. For quantitative agreement, the introduction of a correction factor is necessary. The exact valve of this correction factor will be determined in future tests.

Sur le rayon d'action des injections dans les roches fissurées. Au cours des injections de coulis à base de ciment, d'argile ou de suspensions argile-ciment dans les roches fissurées se pose toujours le problème, important sur le plan prix de revient, de la grandeur du rayon d'action dans les fissures du massif. Les phénomènes physiques liés à de telles injections sont étudiés en tenant compte des points de vue actuels sur la sédimentation des particules solides et sur le refoulement du surplus d'eau. Cette représentation est inexacte dans le cas de coulis stable car les particules de ciment et d'argile dans de tels coulis restent en suspension. Cet article s'intéresse au comportement rhéologique de telles suspensions. Le problème du rayon d'action dans une fissure est abordé sur le plan théorique et par voie expérimentale. Les essais sur modèle donnent des résultats qualitatifs conformes à la théorie. La concordance quantitative est assurée en introduisant un facteur correctif dont la grandeur exacte doit être déterminée dans des essais futurs.

I. Einleitung

Injektionen in klüftigen Fels dienen vorwiegend der Abdichtung des Gebirges in der Umgebung von Talsperren, Stollen und Schächten, haben aber auch häufig die Erhöhung der Festigkeit des Untergrundes zum Ziel. Da sowohl für die Durchströmung als auch für die Festigkeit des Felsens dessen Zerklüftung maßgebend ist, kommt es in der Regel darauf an, die Klüfte im Fels innerhalb eines wohldefinierten Bereiches mit Injektionsgut zu füllen. Dazu werden wasserreiche Zement-, Ton- oder Tonzementsuspensionen von Bohrungen aus unter hohen Drücken in den Untergrund gepreßt. Die gegenseitigen Abstände der Injektionsbohrungen betragen meist ein bis mehrere Meter, als Injektionsdrücke werden je nach Gebirgsverhältnissen und Dicke der Überlagerung 10–40 atü und sogar bis 60–70 atü angewendet[4–6, 10].

Bei allen Verpreßarbeiten ist die Frage, wie weit das Injektionsgut von den Bohrlöchern aus seitlich in die Klüfte eindringt, oder mit anderen Worten die Frage nach der Reichweite der Verpressung von großer wirtschaftlicher Bedeutung. Durch diese Größe werden nämlich der Bohrlochabstand und die erforderliche Menge an Injektionsgut sehr wesentlich bestimmt.

Die physikalischen Vorgänge beim Ablauf einer Verpressung werden von vielen Autoren[1, 2, 4, 6, 8, 10] ähnlich beschrieben. Danach werden die Klüfte in der Umgebung des Bohrloches gegebenenfalls unter Verdrängung des Kluftwassers mit der Suspension gefüllt. Je weiter sich das Injektionsgut vom Bohrloch entfernt und in die Kluft eindringt, desto geringer wird seine Fließgeschwindigkeit, und die Zement- bzw. Tonkörner der Suspension beginnen zu sedimentieren. Nach Cambefort[2] geschieht das bei einer Geschwindigkeit von etwa 4 bis 5 cm/sec.

Mit fortschreitender Dauer dieses Vorganges setzen sich immer mehr Festteilchen ab, oder sie werden an Engstellen der Klüfte abgefiltert. Durch diese Verstopfung innerhalb der Klüfte wächst der Fließwiderstand, der Druck an der Injektionspumpe steigt, und das in der Regel reichlich zugegebene Anmachwasser der Suspensionen wird durch den abgesetzten Zement hindurch abgepreßt. Die Injektion wird dann solange fortgesetzt, bis trotz weiterer Drucksteigerung kein Injektionsgut mehr aufgenommen wird. Man nimmt an, daß die Klüfte in diesem Zustand bis zum Bohrloch mit Injektionsgut gefüllt sind, aus dem das Überschußwasser abgefiltert ist.

Bei Verwendung von Suspensionen, bei denen die Körner in der Schwebe bleiben und sich nicht absetzen, die also sedimentationsstabil sind, kann diese Vorstellung natürlich nicht richtig sein. Solche Fälle können zum Beispiel bei Verwendung reiner Tonsuspensionen oder Zementsuspensionen mit Tonbeimengungen auftreten. Der Aufsatz befaßt sich mit der Ermittlung der Reichweite bei Verwendung solcher stabiler Mischungen.

II. Fließverhalten der Suspensionen

Das Fließverhalten von Suspensionen wird in der Regel mit Rotationsviskosimetern untersucht[3]. Aus solchen Messungen erhält man einen Zusammenhang zwischen der angelegten Schubspannung (τ) und dem zugehörigen Schergeschwindigkeitsgefälle (D). Dieser Zusammenhang, der auch als Fließkurve bezeichnet wird, ist für „echte" oder Newtonsche Flüssigkeiten – wie Wasser, bestimmte Lösungen und Öle – durch eine durch den Ursprung gehende Gerade gegeben (Abb. 1a). Die gegen die D-Achse gemessene Steigung dieser Kurve $\eta = \operatorname{tg} \eta^*$ wird als Viskosität oder Zähigkeit bezeichnet und legt das Fließverhalten dieser Flüssigkeiten durch die Beziehung $\tau = \eta \cdot D$ fest (Abb. 1a).

Durch diese einfache Gleichung läßt sich das Fließverhalten der erwähnten Suspensionen aber meist nicht beschreiben. Diese Substanzen zeigen häufig plastisches

Verhalten (Abb. 1b). Das bedeutet, daß sich eine Fließbewegung erst nach Überschreiten eines bestimmten Anlaß- oder Schwellwertes τ_0, der auch als Fließgrenze bezeichnet wird, einstellt, und die Fließkurve mit zunehmendem Schergefälle (D) linear verläuft. Derartige Substanzen werden als Bingham-Körper bezeichnet. Ihre Fließkurve läßt sich durch die Gleichung $\tau = \tau_0 + \eta \cdot D$ beschreiben (Abb. 1b).

Infolge der strukturbildenden Kräfte der Tonteilchen zeigen die erwähnten Injektionsgüter häufig thixotropes Verhalten. Unter der zeitlichen Einwirkung einer Scherbeanspruchung wird die thixotrope Struktur dieser Suspensionen jedoch lang-

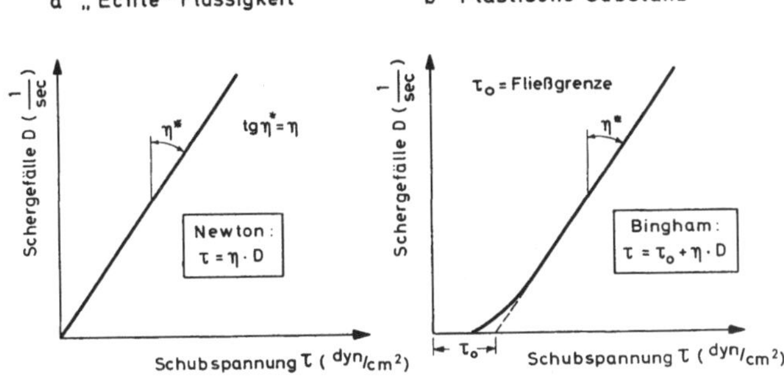

Abb. 1. Charakteristische Fließkurven nach Newton (a) und Bingham (b)
Characteristik flow curves according to Newton (a) and Bingham (b)
Courbe rhéologique caractéristique d'après Newton (a) et Bingham (b)

sam zerstört und die aufgenommene Scherspannung bzw. die Viskosität nehmen ab, bis ein Gleichgewichtszustand zwischen strukturbildenden und — zerstörenden Kräften erreicht ist. Nach Aufhören der Scherbeanspruchung baut sich die Struktur wieder auf.

Trägt man für Tonsuspensionen oder Tonzementsuspensionen die Fließkurven für den erwähnten Gleichgewichtszustand auf, so erhält man in vielen Fällen, wie auch in den Versuchen zur vorliegenden Arbeit, ebenfalls Geraden, die sich durch das Fließgesetz nach Bingham beschreiben lassen. Bei Injektionsvorgängen kann man aber in der Regel annehmen, daß die thixotrope Struktur des Injektionsgutes bei Eintreten in die Kluft infolge der Rührvorgänge in der Aufbereitung und der Strömungsvorgänge in den Zuleitungen abgebaut ist. Es erscheint also gerechtfertigt, den folgenden theoretischen Überlegungen zur Ermittlung der Reichweite das in Abb. 1b dargestellte Binghamsche Fließgesetz zugrundezulegen.

III. Theoretische Ermittlung der Reichweite

Am Beispiel einer einzelnen Kluft, die von einem Bohrloch geschnitten wird, soll im folgenden untersucht werden, wie weit eine in das Bohrloch eingebrachte Suspension unter einem bestimmten Injektionsdruck seitlich in das Gebirge eindringt.

Die Geometrie eines solchen Falles ist anhand eines parallel zu den Fallinien der Kluft durch die Bohrlochachse gelegten Schnittes erklärt (Abb. 2a). Die Kluft ist unter α gegen die Horizontale geneigt, besitzt die konstante Öffnungsweite $2\,a^*$ und ebene Wandungen. Die Bohrlochachse bildet mit der Senkrechten den Winkel $\alpha - \alpha^*$ und der Bohrlochdurchmesser beträgt $2\,r_0$. Das an die Kluft und an das Bohrloch angrenzende Gestein kann als undurchlässig angesehen werden. Diese Annahme trifft nach Louis [9] für Wasser zu, ist also umso mehr für das zähflüssige Injektionsgut berechtigt. Die Kluft kann mit Bergwasser gefüllt oder trocken sein.

Zur weiteren Beschreibung der geometrischen Verhältnisse ist in Abb. 2b eine Ansicht der durch die Kluft gelegten Mittelebene mit dem Abstand a^* von beiden Wandungen dargestellt (Schnitt 1 — 1). Das Bohrloch schneidet diese Ebene in einer Ellipse, in deren oberen Brennpunkt (F) der Nullpunkt (0) eines Polarkoordinatensystems ($r; \varphi$) gelegt wird. Der Winkel φ wird vom oberen Teil der

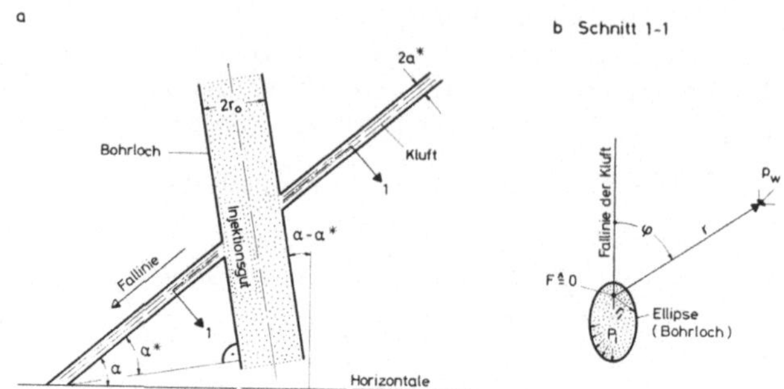

Abb. 2. Geometrie des Bohrlochs und der Kluft
Geometry of borehole and joint
Géométrie du trou de forage et de la fissure

durch den Nullpunkt gehenden Fallinie im Uhrzeigersinn positiv gezählt. Die Gleichung der Bohrlochellipse läßt sich in diesen Polarkoordinaten wie folgt ausdrücken:

$$r_i = r_0 \cdot \frac{\cos \alpha^*}{1 + \sin \alpha^* \cdot \cos \varphi} \tag{1}$$

Wir gehen nun von der Vorstellung aus, daß das Bohrloch mit Injektionsgut und die daran anschließende Kluft mit Bergwasser gefüllt ist. Nimmt man an, daß der Bergwasserdruck im Nullpunkt aufgrund von Wasserstandsbeobachtungen im Bohrloch bekannt ist und die Größe p_{w0} hat, so erhält man mit γ_w als Wichte des Wassers den Kluftwasserdruck an einer beliebigen Stelle (r; φ) aus der Beziehung

$$p_w = p_{w0} - \gamma_w \cdot \sin \alpha \cdot \cos \varphi \cdot r \tag{2}$$

Dabei können Druckänderungen senkrecht zum Spalt wegen der im allgemeinen geringen Kluftweite vernachlässigt werden.

Wir nehmen weiter an, daß der auf das Injektionsgut aufgebrachte Druck im Nullpunkt p_{i0} betragen möge. Für den Bohrlochrand erhält man dann mit γ_i als Rohwichte der Suspension den Injektionsdruck aus der Beziehung

$$p_i = p_{i0} - \gamma_i \cdot \sin \alpha \cdot \cos \varphi \cdot r_i \tag{3}$$

Unter dem Einfluß dieses Verpreßdruckes (p_i) wird sich das Injektionsgut jetzt vom Bohrloch aus seitlich in der Kluft ausbreiten. Da bei diesem Strömungsvorgang die Geschwindigkeiten der Suspension an gleichen Punkten in der Kluft zu verschiedenen Zeitpunkten unterschiedlich sind, handelt es sich um ein instationäres Problem. Um nun theoretisch zu ermitteln, bis zu welcher Entfernung $r = R_0$ vom Bohrloch das Injektionsgut in die Kluft eindringt, erscheint es zunächst notwendig, diesen instationären Vorgang für eine Binghamsche Flüssigkeit rechnerisch zu erfassen.

Von Paslay und Slibar [12] wurde ein System von 6 Differentialgleichungen für den Zusammenhang zwischen Spannungen und Verformungsgeschwindigkeiten angegeben, die zusammen mit den 3 Gleichgewichtsbedingungen die räumliche, stationäre Strömung Binghamscher Flüssigkeiten beschreiben. Lösungen dieser Differentialgleichungen existieren bis heute jedoch nur für einige Sonderfälle, wie zum Beispiel die laminare Strömung durch ein kreiszylindrisches Rohr[12] oder durch einen Ringspalt zweier konzentrischer Rohre[13]. Dem vorliegenden Fall am nächsten kommt eine Lösung aus dem Maschinenbau, die die Strömung der Schmier-

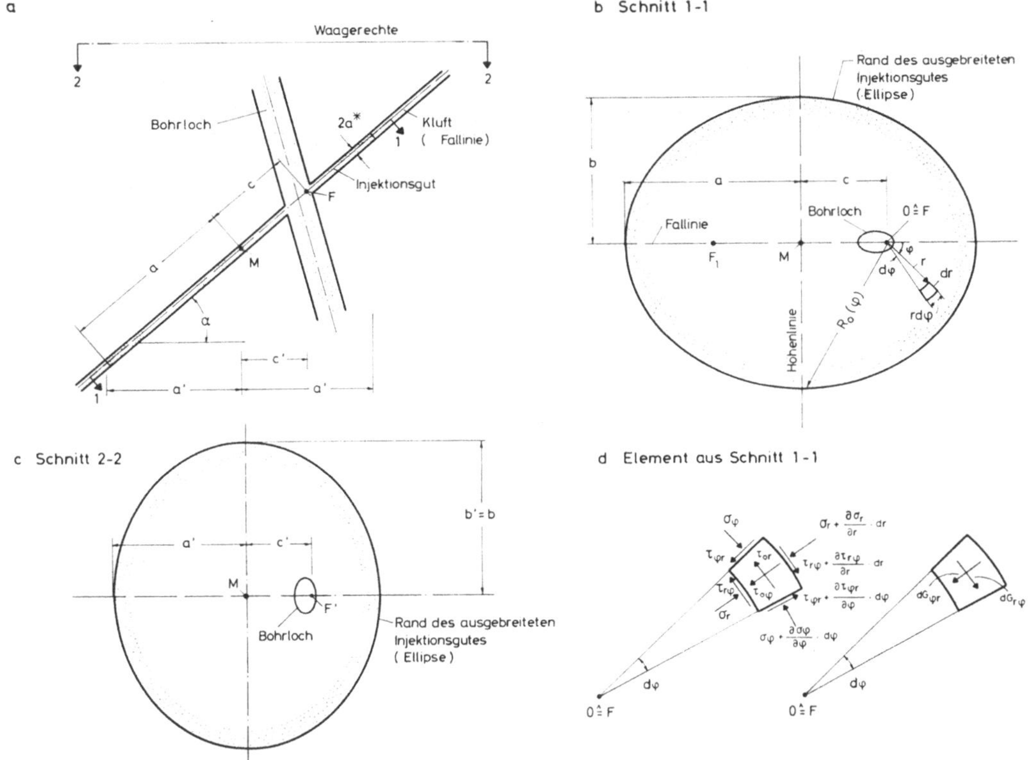

Abb. 3. Ausbreitung des Injektionsgutes in einer Kluft
Spread of grout in a joint
Etendue d'écoulement du coulis dans une fissure

mittel in rotierenden Achslagern behandelt[11, 14]. Diese Betrachtung ist jedoch ebenfalls auf den Injektionsvorgang nicht übertragbar, weil es sich dabei um eine stationäre Strömung handelt. Außerdem behandeln die Arbeiten[11, 14] nur horizontale Spalten, in der Natur kommen aber häufig geneigte Klüfte vor. Da der Injektionsvorgang darüber hinaus wie erwähnt noch instationär ist, erscheint eine exakte mathematische Behandlung mit den zur Zeit vorhandenen Mitteln aussichtslos. Es wird daher versucht, das Problem auf eine einfache Weise mit Hilfe einer Gleichgewichtsbetrachtung zu lösen.

Diese Grenzgleichgewichtsbetrachtung soll für den Zeitpunkt durchgeführt werden, an dem das bei einem vorgegebenen Injektionsdruck (p_i) in die Kluft eingedrungene Injektionsgut gerade aus dem Zustand der Bewegung in den der Ruhe übergeht. Die zu diesem Zeitpunkt vorhandene äußere Berandung des Verpreßgutes legt die gesuchte mit φ veränderliche Reichweite $R_0(\varphi)$ der Injektion fest. Sie ist in Abb. 3 a in einem zur Fallinie parallelen Schnitt durch die Bohrlochachse und in Abb. 3 b in der Ansicht dargestellt.

Zur Durchführung dieser Berechnung wird ein Element des Injektionsgutes an der Stelle $r; \varphi$ betrachtet, das in der Kluftebene die Abmessungen $r\,d\varphi$ und $d\,r$ und senkrecht dazu die Dicke $2\,a^*$ besitzt (Abb. 3 b). Von den an diesem Element angreifenden Kräften und Spannungen brauchen nur die parallel zur Ebene $r; \varphi$ gerichteten Komponenten berücksichtigt zu werden. Die Komponenten des Eigengewichtes des Elementes in Richtung r und φ erhält man wie folgt (Abb. 3 d)

$$\begin{aligned} d\,G_{\varphi r} &= \gamma_i \cdot \sin\alpha \cdot \cos\varphi \cdot 2\,a^* \cdot r \cdot d\,r \cdot d\,\varphi \\ d\,G_{r \varphi} &= \gamma_i \cdot \sin\alpha \cdot \sin\varphi \cdot 2\,a^* \cdot r \cdot d\,r \cdot d\,\varphi \end{aligned} \tag{4}$$

Die an der Berandung des Elements angreifenden Spannungen $\tau_{r\varphi}$; $\tau_{\varphi r}$; σ_r; σ_φ und ihre Zuwachse sind in Abb. 3 d skizziert. Außerdem werden von der oberen und unteren Kluftwand die Schubspannungen τ_{0r} und $\tau_{0\varphi}$ an das Element übertragen, deren Resultierende im untersuchten Zustand des Grenzgleichgewichts gerade gleich der in Abschnitt II erwähnten Fließgrenze (τ_0) der Suspension ist:

$$\tau_{0r}^2 + \tau_{0\varphi}^2 = \tau_0^2. \tag{5}$$

Betrachtet man an dem so beanspruchten Element das Momentengleichgewicht parallel zur Ebene $r; \varphi$, so erhält man die bekannte Beziehung von der paarweisen Gleichheit der Schubspannungen:

$$\tau_{\varphi r} = \tau_{r\varphi}. \tag{6}$$

Aus dem Gleichgewicht der Kräfte der Richtungen r und φ erhält man unter Benutzung der Gl. (4) weiter die Differentialgleichungen:

$$\begin{aligned} &\sigma_r + r \cdot \frac{\partial \sigma_r}{\partial r} - \sigma_\varphi - \frac{\partial \tau_{\varphi r}}{\partial \varphi} + \frac{1}{a^*} \cdot \tau_{0\varphi} \cdot r + \gamma_i \cdot \sin\alpha \cdot r \cdot \cos\varphi = 0 \\ &\frac{\partial \sigma_\varphi}{\partial \varphi} - \frac{\partial \tau_{r\varphi}}{\partial r} \cdot r - \tau_{\varphi r} + \frac{1}{a^*} \cdot \tau_{0r} \cdot r - \gamma_i \cdot \sin\alpha \cdot r \cdot \sin\varphi = 0 \end{aligned} \tag{7}$$

Berücksichtigt man Gl. (6), so enthalten diese zwei Gleichungen (7) die fünf unbekannten Spannungen σ_r, σ_φ, $\tau_{\varphi r}$, τ_{0r} und $\tau_{0\varphi}$, von denen lediglich die beiden letzten durch die zusätzliche Bedingung der Gl. (5) miteinander verknüpft sind. Zur Lösung des Problems sind also einige vereinfachende Annahmen notwendig. Zunächst wird die nach der Anschauung naheliegende Annahme getroffen, daß die Spannungen $\tau_{r\varphi}$ gegenüber den Spannungen τ_{0r} und $\tau_{0\varphi}$ vernachlässigt werden können, woraus sich ergibt, daß die Spannungen σ_r und σ_φ gleich sind. Weiterhin wird, was für waagrechte Klüfte exakt richtig ist, angenommen, daß die Schubspannungen τ_{0r} gegenüber $\tau_{0\varphi}$ ebenfalls vernachlässigbar klein sind. Die Gl. (5) und (7) gehen dann über in:

$$\begin{aligned} &\frac{\partial \sigma_r}{\partial r} + \frac{1}{a^*} \cdot \tau_0 + \gamma_i \cdot \sin\alpha \cdot \cos\varphi = 0 \\ &\frac{\partial \sigma_\varphi}{\partial \varphi} - \gamma_i \cdot \sin\alpha \cdot r \cdot \sin\varphi = 0 \end{aligned} \tag{8}$$

und man erhält nach Integration:

$$\begin{aligned} \sigma_r &= -\frac{\tau_0}{a^*} \cdot r - \gamma_i \cdot \sin\alpha \cdot \cos\varphi \cdot r + C\,(\varphi) \\ \sigma\varphi &= -\gamma_i \cdot \sin\alpha \cdot \cos\varphi \cdot r + C\,(r) \end{aligned} \tag{9}$$

Die beiden Integrationskonstanten $C(\varphi)$ und $C(r)$ ergeben sich aus der Bedingung daß längs des Bohrlochrandes r_i die Spannungen σ_r und σ_φ gleich der durch den Injektionsdruck vorgegebenen Spannung p_i nach Gl. (3) sind.

$$\sigma_r(r_i) = \sigma\varphi(r_i) = p_{i0} - \gamma_i \cdot \sin\alpha \cdot \cos\varphi \cdot r_i \tag{10}$$

$$C(\varphi) = p_{i0} + \frac{\tau_0}{a^*} \cdot r_i; \quad C(r) = -\frac{\tau_0}{a^*} \cdot r + p_{i0} + \frac{\tau_0}{a^*} \cdot r_i. \tag{11}$$

Aus (9) und (11) folgt der Normalspannungsverlauf innerhalb des Injektionsgutes zu:

$$\sigma_r = \sigma\varphi = -\frac{\tau_0}{a^*} \cdot r - \gamma_i \cdot \sin\alpha \cdot \cos\varphi \cdot r + p_{i0} + \frac{\tau_0}{a^*} \cdot r_i. \tag{12}$$

Mit Hilfe der zweiten Randbedingung, daß entlang der Berandung des Injektionsgutes ($r = R_0$) die Spannungen σ_r und σ_φ [Gl. (12)] gleich dem Druck des Kluftwassers p_w [Gl. (2)] sind, erhält man schließlich eine Bestimmungsgleichung für die Reichweite:

$$\begin{aligned} \sigma_r(R_0) &= -\frac{\tau_0}{a^*} \cdot R_0(\varphi) - \gamma_i \cdot \sin\alpha \cdot \cos\varphi \cdot R_0(\varphi) + p_{i0} + \frac{\tau_0}{a^*} \cdot r_i \\ &= p_{w0} - \gamma_w \cdot \sin\alpha \cdot \cos\varphi \cdot R_0(\varphi), \end{aligned} \tag{13}$$

$$R_0(\varphi) = \frac{\frac{a^*}{\tau_0} \cdot (p_{i0} - p_{w0}) + r_i}{1 + \frac{a^*}{\tau_0} \cdot (\gamma_i - \gamma_w) \cdot \sin\alpha \cdot \cos\varphi}. \tag{14}$$

Wegen des geringen Einflusses, den die Größe r_i in der Regel auf die Reichweite besitzt, kann man r_i auch durch den Bohrlochradius r_0 ersetzen und erhält

$$R_0(\varphi) \approx \frac{\frac{a^*}{\tau_0} \cdot (p_{i0} - p_{w0}) + r_0}{1 + \frac{a^*}{\tau_0} \cdot (\gamma_i - \gamma_w) \cdot \sin\alpha \cdot \cos\varphi}. \tag{14 a}$$

Nur in Fällen, in denen sich Bohrloch und Kluft unter einem sehr kleinen Winkel schneiden, ist diese Annahme nicht mehr zulässig, und man muß nach Gl. (14) rechnen.

Die Definitionen der in Gl. (14 a) vorkommenden Größen wurden bereits weiter oben gegeben. Für den Fall, daß in eine trockene Kluft injiziert wird, sind die Werte $p_w = \gamma_w = 0$ zu setzen.

Eine Untersuchung der Gl. (14 a) ergibt, daß die durch $R_0(\varphi)$ gegebene äußere Berandung des Injektionsgutes eine in der Kluftebene liegende Ellipse ist, deren oberer Brennpunkt im Koordinatennullpunkt ($0 \triangleq F$) liegt, und deren große Hauptachse a und kleine Hauptachse b parallel bzw. senkrecht zur Fallinie orientiert sind (Abb. 3 a und b).

Da in der Praxis vor allem die Projektion dieser Berandung auf die Horizontale interessiert, diese aber auch eine Ellipse ist, sollen deren Hauptachsen a', b'

sowie der Abstand des Ellipsenmittelpunktes M vom Punkt F c' aus gerechnet werden (Abb. 3 c). Diese Größen ergeben sich aus Gl. (14 a) wie folgt:

$$a' = \frac{\frac{a^*}{\tau_0} \cdot \Delta p + r_0}{1 - \left(\frac{a^*}{\tau_0} \cdot \Delta \gamma \cdot \sin \alpha\right)^2} \cdot \cos \alpha \qquad b' = \frac{\frac{a^*}{\tau_0} \cdot \Delta p + r_0}{\sqrt{1 - \left(\frac{a^*}{\tau_0} \cdot \Delta \gamma \cdot \sin \alpha\right)^2}}$$

$$c' = \frac{\left(\frac{a^*}{\tau_0} \cdot \Delta p + r_0\right) \frac{a^*}{\tau_0} \cdot \Delta \gamma \cdot \sin \alpha}{1 - \left(\frac{a^*}{\tau_0} \cdot \Delta \gamma \cdot \sin \alpha\right)^2} \cos \alpha \tag{14 b}$$

Mit

$$\Delta p = p_{i0} - p_{w0} \text{ und } \Delta \gamma = \gamma_i - \gamma_w. \tag{14 c}$$

Sie sind in Abb. 4 dargestellt. Ergibt sich $a' > b'$ so liegen die Brennpunkte dieser Ellipse auf der Geraden $\overline{MF}$. Ist $b' > a'$, so liegen die Brennpunkte auf der durch M gelegten Senkrechten zu $\overline{MF}$ (Abb. 3 c). Erhält man $a' = b'$, dann ist die Projektion der äußeren Berandung des Injektionsgutes auf die Horizontale ein Kreis. Diese Fälle sollen in diesem Zusammenhang nicht weiter untersucht und dargestellt werden.

Für den Sonderfall der waagerechten Kluft ($\alpha = 0$) erhält man für die Reichweite nach Gl. (14 a) einen Kreis mit dem Radius:

$$R_0 (\alpha = 0) \approx \frac{a^*}{\tau_0} \Delta p + r_0. \tag{14 d}$$

IV. Injektionsversuche

1. Allgemeines

Zur Überprüfung der theoretischen Beziehungen wurden im Theodor-Rehbock-Flußbaulaboratorium der Universität Karlsruhe einige Modellversuche durchgeführt. Seinem Direktor Prof. Dr.-Ing. Dr. rer. techn. E. Mosonyi sei an dieser Stelle für die großzügige Bereitstellung der Institutseinrichtungen aufrichtig gedankt. Über die ersten Ergebnisse der noch nicht abgeschlossenen Versuchsserie soll im folgenden berichtet werden.

2. Versuchseinrichtung

Die Kluft wurde in der Versuchseinrichtung durch zwei übereinanderliegende, mit Aussteifungen versehene Plexiglasplatten gebildet, von denen die obere in Abb. 4 gekennzeichnet ist *1*. Die Platten werden durch *T*-Träger 2 zusammengehalten. Ihr gegenseitiger Abstand bzw. die Spaltweite der Kluft ist zwischen 0 und 6 mm beliebig veränderlich und kann mit Abstandshaltern konstant gehalten werden. Die durch die Plattenabmessungen bedingte Reichweite der Injektionen beträgt $R_0 = 50$–60 cm. Das Bohrloch wird durch eine senkrecht zur Kluft durch die obere Platte geführte Bohrung mit einem Durchmesser von $2\,r_0 = 5{,}6$ cm dargestellt. Die Kluft mündet in eine verschließbare Umrandung *3*, mit deren Hilfe sich unterschiedliche Kluftwasserdrücke einstellen lassen. Zu Reinigungszwecken nach Beendigung eines Injektionsversuches kann diese Umrandung an zahlreichen Punkten *4* geöffnet werden.

Der auf die obere Platte montierte Plexiglaszylinder *5* mit 4,7 l Inhalt dient als Behälter für das Injektionsgut, das vor dem Einpressen zur Verhinderung von Lufteinschlüssen unter ständigem Umrühren eingefüllt wird. Der Deckel enthält den Anschluß für die Druckluft *6*, mit der die Suspension in den Spalt gepreßt wird.

Abb. 4. Modell für die Injektionsversuche; waagrechte Kluft ($\alpha = 0^0$)
Model for grouting tests, horizontal joint ($\alpha = 0^0$)
Modèle pour les essais d'injection; fissure horizontale ($\alpha = 0^0$)

Auf der gegenüberliegenden Seite befindet sich der Anschluß *7* für die Druckmessung, die mit einem Quecksilbermanometer *9* durchgeführt wird. Im Behälterboden ist eine Scheibe vorgesehen, die das Injektionsgut gegen die Kluft abschließt und die vor Versuchsbeginn gezogen wird *10*. Den Injektionsdruck liefert eine Preßluftflasche. Zwischen diese und den Druckzylinder ist ein Luftkasten geschaltet, der eine gleichmäßige Druckaufbringung gewährleistet.

Mit Hilfe eines Flaschenzuges kann die Kluft in jede Neigung gebracht werden. Die in Abb. 5 gewählte Neigung beträgt $\alpha = 60^0$.

3. Versuchsergebnisse

Für die erste Versuchsserie wurde eine Spaltweite von $2a = 2$ mm gewählt. Der Bentonitgehalt der verwendeten Bentonitzementsuspension betrug 3 % des Zementgewichts ($T/Z = 0{,}03$). Die Mischung wurde mit einem Wassergehalt von 37 % des Feststoffgewichts aus Bentonit und Zement aufbereitet ($\frac{W}{T+Z} = 0{,}37$). Die Rohgewichte der Suspension im nicht abgebundenen Zustand betrug $\gamma_i = 2{,}0$ kp/l. Die Kluft war bei allen Versuchen mit Wasser gefüllt. Es wurden Versuche mit horizontaler ($\alpha = 0^0$) und unter $\alpha = 40^0$ geneigter Kluft durchgeführt.

Entsprechend der Theorie ergaben sich für den Fall $\alpha = 0^0$ Kreise für die äußere Berandung des Injektionsgutes [Gl. (14 d)]. Die gemessenen Reichweiten $R_0 = b'$ sind mit dreieckiger Signatur in Abb. 6 a in Abhängigkeit von der auf-

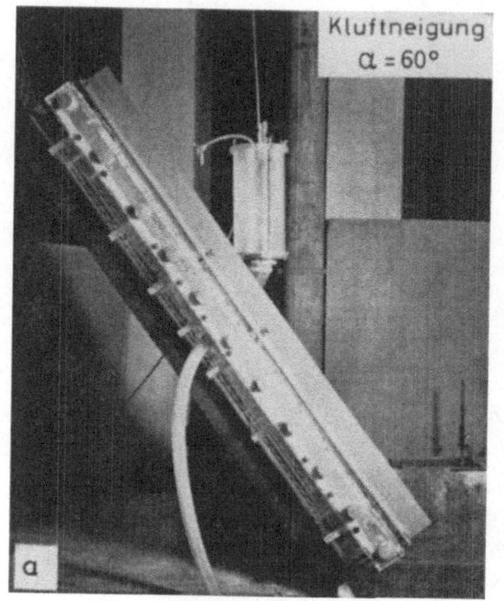

Abb. 5. Modell für die Injektionsversuche, geneigte Kluft ($\alpha = 60^0$)
Model for grouting tests, inclined joint ($\alpha = 60^0$)
Modèle pour les essais d'injection; fissure inclinée ($\alpha = 60^0$)

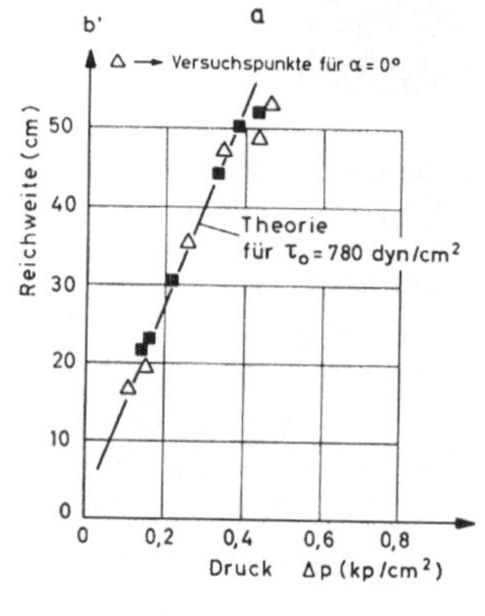

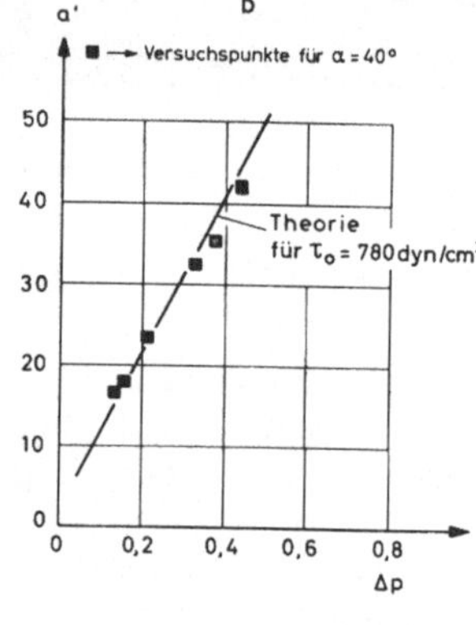

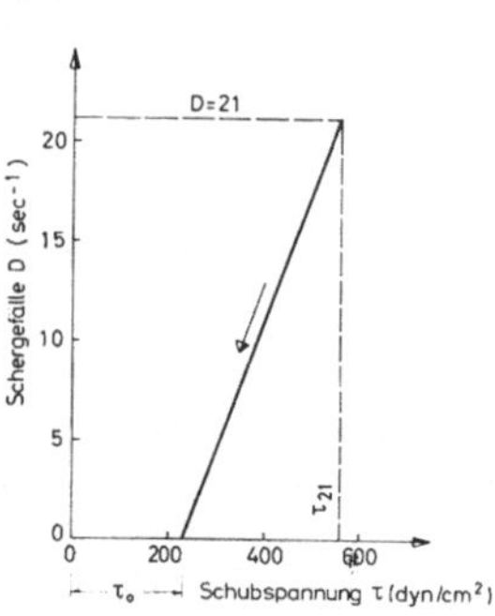

Abb. 6 Abb. 7

Abb. 6. Im Modellversuch gemessene Reichweiten der Injektion
Extent of grout as measured in test model
Rayons d'action mesurés au cours des essais

Abb. 7. Fließkurve des verwendeten Injektionsgutes
Flow curve of grout used in tests
Courbe rhéologique des coulis utilisés au cours des essais

gebrachten Druckdifferenz Δp dargestellt. Die Punkte liegen auf einer Geraden, die mit der theoretischen Geraden nach Gl. (14 d) für $\tau_0 = 780$ dyn/cm² übereinstimmt. Die für das geneigte Modell ($\alpha = 40^0$) gemessenen Berandungen des Injektionsgutes sind ellipsenförmig. Die kleinen Hauptachsen der Ellipsen b' nach Gl. (14 b) liegen, wie nach der Theorie zu erwarten, auf derselben Geraden wie die R_0-Werte für $\alpha = 0$ (Abb. 6 a). Es sind die durch ein Rechteck gekennzeichneten Meßpunkte. Auch die Projektionen der großen Hauptachsen a' liegen auf einer Geraden, die mit der nach Gl. (14 b) für $\tau_0 = 780\,\mathrm{dyn/cm^2}$ theoretisch ermittelten Kennlinie übereinstimmt.

Ergänzend zu den Injektionsversuchen wurde mit einem Rotationsviskosimeter der Firma Gebr. Haake[3] die Fließkurve der Mischung nach folgendem Meßverfahren bestimmt. Die in den Meßbecher (SV II) gefüllte Substanz wurde zunächst für eine Zeitdauer von etwa 5 Minuten einem Schergefälle von $D \approx 21\,\mathrm{sec}^{-1}$ ausgesetzt (Abb. 7). Nach diesem Zeitraum war die durch den Bentonitgehalt bedingte thixotrope Struktur zerstört, und die zugehörige gemessene Schubspannung (τ_{21}) änderte sich nicht mehr. Anschließend wurde das Schergefälle stufenweise bis auf Null verringert und die zugehörigen Schubspannungen gemessen. Zur Rechtfertigung der Verwendung solcher „Gleichgewichtskurven" wurde bereits im Abschnitt II Stellung genommen. Es wurde eine geradlinige Fließkurve gemessen, die die τ-Achse schneidet. Die Mischung weist also für den Gleichgewichtszustand Binghamsches Verhalten auf. Die für diesen Zustand gemessene Fließgrenze (Abb. 7) stimmt allerdings nicht mit dem τ_0-Wert überein, der sich nach den Injektionsversuchen ergibt. Wahrscheinlich wird man zunächst Korrekturfaktoren einführen müssen, um aus den theoretischen Beziehungen zuverlässige Werte zu erhalten. Entsprechende Untersuchungen mit Suspensionen anderer Zusammensetzung werden zur Zeit für verschiedene Spaltweiten und Neigungen des Kluftmodells durchgeführt.

Literatur

[1] Pleithner, N. und W. Bernatzik: Bohrungen und Injektionen. Siehe Grundbautaschenbuch, Bd. 1, S. 796—810, W. Ernst u. Sohn, Berlin 1955.

[2] Cambefort, H.: Injection des Sols. Tome 1, 393 S., Edition Eyrolles, Paris 1964.

[3] Rotovisko, Beschreibung und Gebrauchsanleitung. Druckschrift 105/1 b der Firma Gebr. Haake KG, Berlin.

[4] Heitfeld, K. H.: Hydro- und baugeologische Untersuchungen über die Durchlässigkeit des Untergrundes an Talsperren des Sauerlandes. Geol. Mitt. *5*, Heft 1-2, S. 1—210, Aachen 1965.

[5] Jähde, H.: Injektionen zur Verbesserung von Baugrund und Bauwerk. 147 S, VEB Verlag Technik, Berlin 1953.

[6] Koenig, H. W.: Neuzeitliche Einpreßtechnik. Die Wasserwirtschaft *42*, 1951/52, S. 120—132.

[7] Körner, H.: Die Eigenschaften von Tonzementgelen und ihre Bedeutung für die Injektionstechnik von Lockergesteinen. 83 S., Diss., München 1960.

[8] Kutzner, Ch.: Theoretische Betrachtungen zur Felsinjektion mit Zement und praktische Folgerungen für die Winterarbeit. Die Bautechnik *1*, 1964, S. 2—8.

[9] Louis, Cl.: Strömungsvorgänge in klüftigen Medien und ihre Wirkung auf die Standsicherheit von Bauwerken und Böschungen in Fels. Diss., Karlsruhe 1967.

[10] Neumann, H.: Das Sedimentvolumen als Kenngröße für die Untersuchung von Injektionszementen. Zement—Kalk—Gips *11*, Heft 8, S. 339—345, Wiesbaden 1958.

[11] Osterle, F. und E. Saibel: The Rheostatic Thrust Bearings, ASME, paper No. 55.

[12] Paslay, P. R. und A. Slibar: Die Fließbedingung und das Verformungsgesetz viskoser plastischer Stoffe. Österr. Ing. Archiv *X*, 1956, S. 328.

[13] Slibar, A. und P. R. Paslay: Die axiale Strömung von Bingham Plastiken in konzentrischen Rohren. ZAMM, Bd. 37, Nr. 11/12, 1957.

[14] Slibar, A. und P. R. Paslay: On the Theory of Grease Lubricated Thrust Bearings, Trans. ASME, 1957.

Anschrift des Verfassers: Privatdozent Dr.-Ing. Walter Wittke, Theodor-Rehbock-Flußbaulaboratorium, Universität Karlsruhe, D-75 Karlsruhe.

Felsmechanik u. Ingenieurgeol., Suppl. IV, 90—110 (1968)

Zum Verhältnis seismisch und statisch ermittelter Elastizitätsmoduln von Fels

Von

Harald Link

Mit 9 Textabbildungen und 1 Tabelle

(Eingegangen am 8. Januar 1968)

Zusammenfassung — Summary — Résumé

Zum Verhältnis seismisch und statisch ermittelter Elastizitätsmoduln von Fels. Ausgehend von einem Überblick über reichhaltige jüngere Vergleichswerte aus über 30 Felsbereichen in aller Welt und nach einer kurzen Charakterisierung der wesentlichen Merkmale und Wesensunterschiede beider Verfahren, werden Einzelfragen behandelt und Hinweise gegeben, die zur Beleuchtung und besseren Beurteilung des recht komplexen Zusammenwirkens vieler Einflüsse von Bedeutung sein können.

Bei den statischen Versuchen sind die Spannungs-Verformungs-Linien aufschlußreich. Bei den seismischen Messungen gibt die Wahl kurzer Meßwege, nicht nur von der Oberfläche aus, sondern zwischen Stollen und Bohrlöchern in verschiedenen Tiefen, die Voraussetzung, repräsentative Mittelwerte des E_{seism} für unterschiedliche Felsbereiche zu erhalten. Die oft nicht berücksichtigte Wirkung des Bergwassers ist zu beachten. Die Schallgeschwindigkeit wird bereits durch teilweise Sättigung fühlbar erhöht. Die seismische Anisotropie ist von der statischen verschieden und kann sich sehr unterschiedlich auswirken. Bei verfeinerten Untersuchungen ist auch die Frequenzabhängigkeit der Geschwindigkeit zu beachten, die infolge der Viskoelastizität von Fels und ihrer Unterschiede (i. a. Zunahme mit Abnahme von Festigkeit und E-Modul) auftritt. Die früher nur vereinzelte Messung der Transversalgeschwindigkeit gewinnt wachsende Bedeutung. Sie gestattet nicht nur die Ermittlung der seismischen Querdehnungszahl; Scherwellen sind auch gegen Störungen im Fels viel empfindlicher. Die Messung der dabei auftretenden Dämpfung gibt zusätzliche Deutungsmöglichkeiten.

Wenn man sich bewußt bleibt, daß ein großer Ungenauigkeits- und Streubereich zur Zeit noch unvermeidlich ist, können Näherungswerte des Modul-Verhältnisses als Kurven aus genügend vielen Einzelwerten für begrenzte geologische Bereiche aufgestellt werden. Einige jüngere Beispiele werden angeführt. Abschließend wird die Notwendigkeit weiterer Versuche als Grundlagenforschung und zur Gewinnung exakterer Vergleichswerte hervorgehoben.

On the correlation of seismically and statically determined moduli of elasticity of rock masses. The world-wide increase in the use of seismic investigations of foundation sites testifies to a great interest in the possibility of drawing reliable conclusions from seismically measured characteristics of elasticity, as to the deformation of a weightcarrying rock mass. Seismic and static rock measurements in situ yield a ratio of modulus of elasticity ranging from the values two to ten approximately. So far it has proved very difficult to find the right key linking these values. A survey is given of a wealth of recent comparative values for more than thirty rock formations over the whole world. After a brief characterization of the essential properties and differences of both processes, definite problems are dealt with and hints are given. These may serve to illuminate and facilitate judgment on the rather complex interaction of many causes.

The stress-deformation curves gained from the static measurements yield some information. The seismic measurements profit from the use of short distances, reckoned not only from the surface, but between the various depths of adits or boreholes. Short distances are needed to obtain representative averages of E_{seism} for diversified rock regions. There is a need to observe the frequently neglected influence of water-filled cavities. Even partial saturation effects a notable increase in propagation velocity. Seismic and static anisotropy differ and may have highly diverse effects. More refined investigations also need to allow for an interaction of frequency and velocity due to the rock's viscous elasticity; the latter increases as rock strength and modulus of elasticity decrease. In the past, transverse velocity has been measured only occasionally but is achieving a greater importance. Not only does it permit the determination of the seismic Poisson's ratio, but shear waves are much more sensitive to faults in rock masses. Measurement of the attendant attenuation offers added possibilities for interpretation.

As long as a wide range of error as at present is accepted as being unavoidable, approximative values for the modulus ratio may be plotted as curves composed from a sufficient number of discrete data which are valid for a limited geological range. Some more recent examples are quoted. The need is finally established for a continuation of basic research and in situ investigations to gain comparative data of greater accuracy.

Relation entre les modules d'élasticité des roches déterminés par des méthodes sismiques et statiques. Dans le monde entier, l'emploi des méthodes sismiques se développe pour la reconnaissance des fondations. Il importe donc au plus haut point de savoir dans quelle mesure on peut utiliser des paramètres élastiques d'origine sismique pour connaître la déformation sous charge d'un massif rocheux.

Le rapport des modules sismiques et statiques mesurés in situ est compris entre 2 et 10 environ, et il s'est avéré très difficile jusqu'à présent d'en trouver l'explication. On donne un ensemble de valeurs récentes comparées, pour plus de 30 massifs rocheux pris dans le monde entier; Après une description rapide des propriétés essentielles et des différences des deux méthodes, on traite des points précis et on fait des suggestions pour éclairer l'interaction complexe de nombreuses influences.

Les courbes effort-déformation obtenues par les essais statiques sont riches en informations. Les mesures sismiques s'appliquent non seulement à partir de la force, mais aussi entre des galeries ou des forages à diverses profondeurs. Le choix de trajets courts permet d'obtenir des valeurs moyennes représentatives du module sismique pour différentes zones du massif rocheux. Il faut tenir compte de l'influence souvent négligée de la teneur en eau; une saturation partielle augmente déjà sensiblement la vitesse. Les anisotropies sismiques et statiques sont différentes et peuvent se traduire par des effets tout à fait différents. Les recherches les plus précises demandent de tenir compte de l'influence de la fréquence sur la vitesse à cause de la visco-élasticité de la roche; cette influence augmente lorsque la résistance et le module de la roche diminuent. La vitesse transversale, qui n'était autrefois mesurée qu'occasionnellement, prend de plus en plus d'importance. Non seulement elle permet de déterminer le coefficient de Poisson sismique, mais encore les ondes de cisaillement sont beaucoup plus sensibles aux surfaces de séparation du massif rocheux. La mesure de leur amortissement offre des possibilités supplémentaires d'interprétation.

Si l'on admet qu'on ne peut encore éviter une assez grande dispersion, on peut utiliser des valeurs approximatives du rapport des modules pour construire des courbes avec un nombre suffisant de résultats valides pour des domaines géologiques limités. On donne quelques exemples récents. Il faut finalement continuer la recherche fondamentale et les mesures sur le terrain pour obtenir des valeurs comparées plus exactes.

I. Einleitung

Die seismischen und seismoakustischen Verfahren für Baugrunduntersuchungen im Fels, vor allem für Staumauergründungen und Felshohlraumbauten, finden in der ganzen Welt eine zunehmende und verstärkte Anwendung. Dazu führt neben ihrer Eigenschaft, Gestein in der Substanz zu prüfen, vor allem ihr großer Vorteil, schnell und wirtschaftlich ein qualitatives Bild über Güteunterschiede größerer

Bereiche zu erhalten. Es besteht daher ein starkes und wachsendes Interesse an der Frage, wieweit es möglich ist, aus seismisch gemessenen elastischen Kennwerten auf die Verformbarkeit des Gebirges unter statischen Lasten rückzuschließen oder umzurechnen. Wir wissen seit langem, daß aus in-situ-Messungen gewonnene Elastizitätsmoduln von Felsbereichen nach seismischer und statischer Ermittlung einen großen Unterschied zeigen, dessen Spanne von etwa 2 bis 10, in Einzelfällen noch darüber, reicht. Es ist sicher, daß die Geschwindigkeiten seismischer Wellen auf Verwitterung, Durchfeuchtung, Klüftigkeit und Gebirgsdruck empfindlich ansprechen. Trotzdem hat es sich bisher als sehr schwierig erwiesen, einen genügend sicheren Schlüssel zu finden.

Vor sechs Jahren, auf dem XII. Salzburger Kolloquium, konnte der Verfasser bereits über die Unterschiede statisch und seismisch ermittelter Elastizitätskennwerte von Gestein und Gebirge sprechen, gestützt auf das damals verfügbare Vergleichsmaterial[7]. Seitdem sind, nachdem auf dem 7. Internationalen Talsperrenkongreß in Rom die Frage der E-Moduln behandelt worden war, zu den Talsperrenkongressen 1964 in Edinburgh und 1967 in Istanbul sowie zum 1. Kongreß der Internationalen Gesellschaft für Felsmechanik 1966 in Lissabon viele Berichte mit reichhaltigen jüngeren Versuchsergebnissen erschienen.

Es sei daher unternommen, hier einen Überblick zu geben zu der Frage: Wo stehen wir heute?, wiederum aus der Sicht des planenden Bauingenieurs, dem an einem besseren Urteil gelegen ist, was von den seismischen Verfahren heute erwartet werden kann, und wie man die verschiedenen Untersuchungsmöglichkeiten — die sich gegenseitig unterstützen und ergänzen müssen — am günstigsten einsetzen und aufeinander abstimmen kann. Die bisherigen Meinungen zum Wert der seismischen Messungen als Maßstab für die Verformbarkeit von Fels reichen von skeptisch bis hoffnungsvoll*: Noch jüngst stellte der Generalbericht von Lissabon im wesentlichen nur fest, daß das Verhältnis $E_{\mathrm{seism}} : E_{\mathrm{stat}}$ eine große Variationsbreite zeige und in dem Maße wachse, wie man von kompakteren zu klüftigeren Felsbereichen übergehe.

II. Unterschied seismischer und statischer Elastizitätsmoduln

Die wesentlichen Gründe, warum der seismische E-Modul größer ist als der statische, seien kurz angeführt. Schon bei gesunden, kluftfreien Gesteinsproben[7,8,23,27] liegt das Modul-Verhältnis, wachsend mit abnehmender Festigkeit und sinkendem Elastizitätsmodul, zwischen etwa 1,1 und 2**. Im Fels wirkt sich die grundsätzlich verschiedene Bestimmungsart verstärkt aus. Die *statischen* Messungen mittels Druckstempel oder Druckkissen, hydraulischer Druckkammer, Radialpresse oder Bohrlochaufweitung liefern durch langsame und zum Teil länger anhaltende statische Belastung Verformungen, die sich aus elastischen und plastischen

---

* Erstmals 1956 hat der Verfasser auf Grund mehrjähriger Erfahrungen aus Tirol gewisse Vorbehalte geäußert. Auf den „Felsbau" von L. Müller sei verwiesen. Noch 1963 erklärte A. Mayer[12], Paris, in der 3. Rankine-Vorlesung, ihm sei aus dem ganzen reichhaltigen Untersuchungsmaterial der Electricité de France keine einzige Verhältniszahl $E_{seism} : E_{stat}$ bekannt, die befriedigen könne.

** Aus einer größeren Zahl von Vergleichswerten aus dem internationalen Schrifttum hat Nikitin[8] folgende Gleichung abgeleitet:

$$E_{\mathrm{dyn}} = 0{,}97\, E_{\mathrm{stat}} + 83\,000\ (\mathrm{kp/cm^2}).$$

Sie liefert z. B. für

E_{dyn}	=	200	400	600	800	1000	× 10^3 kp/cm²
E_{stat}	=	121	327	533	739	945	× 10^3 kp/cm², so daß
E_s/E_d	=	0,60	0,82	0,89	0,925	0,945	

Anteilen zusammensetzen, mit verzögert auftretenden Anteilen infolge der Viscoelastizität von Gestein und Fels als Kluftkörperverband. Darin enthalten ist die scheinbare Elastizität, die vom Atmen der Klüfte bei wechselndem Druck herrührt. Alle Größen sind zeit- und druckabhängig. Bergwasser senkt den statischen E-Modul.

Bei der *seismischen* Methode werden die elastischen Wellen durch einen Impuls erzeugt, der momentan wirkt und nur einen minimalen Druck ausübt. Nach der Theorie von Maxwell verhält sich auch ein plastischer Körper elastisch, wenn seine Relaxationszeit wie bei Fels sehr lang ist. Daher ist der seismische Modul ein echt elastischer. Er gibt die bleibenden Verformungen nicht wieder, weder nur die kurzfristig eintretenden noch den größten Teil der verzögerten oder die infolge der erwähnten scheinbaren Felselastizität. Darauf ist die Frequenz der Schwingungen von Einfluß. Wir vergleichen daher aus statischen Messungen auch nur den eigentlichen E-Modul als sogenannten Entlastungsmodul eines gewählten Belastungsdruckes. Wie der statische ist auch der seismische E-Modul abhängig von Druck und Spannungszustand. Bergwasser wirkt bei Impulsmethoden geschwindigkeitserhöhend.

Sodann muß der Ungenauigkeiten gedacht werden, die dadurch entstehen, daß wir sowohl das statische wie seismische E aus Formeln errechnen, die für das isotrope, ideal elastische Medium gelten, und aus gemessenen Verformungen bzw. aus Geschwindigkeiten, die von einem anisotropen, inhomogenen, geklüfteten Diskontinuum herrühren*. Zwar bemüht man sich, erkennbare Abweichungen in etwa zu berücksichtigen, z. B. bei der Druckausbreitung beim Stempelversuch oder in der Wahl der Querdehnungszahl. Aber fühlbare Ungenauigkeiten bleiben. Sie können durch deren gegenseitigen Einfluß verkleinert oder verstärkt werden, und es ist sehr schwierig, ihre Größe abzuschätzen.

Zunächst sei ein Überblick über die in den letzten fünf Jahren veröffentlichten Vergleichswerte gegeben. In nachfolgender Tafel sind solche von 32 verschiedenen Felsbereichen vereint, untergliedert nach den genetischen Hauptgruppen. Davon stammen 19 aus Örtlichkeiten in Europa und 13 aus Übersee, zusammen aus 14 Ländern. Die allermeisten rühren aus der Untersuchung von Talsperren-Stellen her, betreffen also Fels in Oberflächennähe, und zwar natürlichen, nicht injizierten Fels. In mehreren Fällen handelt es sich um Untersuchungen, bei denen die Gewinnung einer möglichst sicheren Korrelation für den jeweiligen Fels ein besonderes Anliegen war.

Die Art der statischen Ermittlung des Moduls und der Prüfdruck sind in der Tafel angeführt, ebenso, wo möglich, der Elastizitätsgrad, das Verhältnis der elastischen zur Gesamtverformung, das ja seismisch nicht bestimmt werden kann. In der drittletzten Spalte erscheint der Quotient $E_{\text{seism}} : E_{\text{stat}}$. Dessen Variationsbreite zeigt das auch bisher bekannte Bild: sie reicht von 1 bis über 10. In gewissem Sinne neu ist aber, daß doch ein großer Teil, etwa die Hälfte, unter 4 bleibt und ein fast überraschend großer Teil sogar unter 2. Dies dürfte darauf zurückzuführen sein, daß die statischen Versuche in der Mehrzahl mit Stempeln unter hohem Druck ausgeführt worden sind. Verglichen sind damit — mit einer Ausnahme — die seismischen E des natürlichen Felsens, ohne mechanischen Zusatzdruck.

---

* Im Hinblick auf die Benennung „Elastizitätsmodul" sei bemerkt, daß E_{stat} den beim Druckversuch reversiblen Wert bezeichnet, wie es in der praktischen Felsmechanik international üblich ist (E als Sekantenmodul und druckabhängiger elastischer Kennwert als Maß für die Verformbarkeit). Streng genommen handelt es sich meist noch um einen Verformungsmodul. Auch ist der Youngsche Modul für den einachsigen Spannungszustand definiert. Bei mehrachsigem Druck bzw. behinderter Querdehnung wird mittels der Querdehnungszahl ein Faktor abgeleitet. Infolge Druckwirkung, z. T. wegen der oft ungenauen Kenntnis der wirklichen Größen von Druck und Querdehnungszahl (die wiederum keine echte Poisson-Konstante ist), kann sich der Fels-E-Wert auch als vom Spannungszustand — vgl. unten, z. B. Abb. 6 — beeinflußt ergeben.

Tabelle 1. Vergleich seismischer und statischer
Comparison of the seismic and static moduli
Comparaison de modules d'élasticité

Nr.	Gestein	Fels-Beschaffenheit	Ort	Land	E_{seism} 10^3 kp/cm²
I. Eruptivgesteine					
1	Granit	—	Susqueda	Spanien	160 170
2	Granulit	klüftig	—	Tschechoslow.	90—130
3	Granodiorit	(Cretac.)	—	Japan	80–230
4	Quarzdiorit	leicht klüftig	—	Tschechoslow.	374—464
5	Andesit	(Miozän)	—	Japan	200—350
II. Sedimentgesteine					
6	Kalk		Arrens (Pyr.) (Stollen)	Frankreich	400
7	Kalk	massig dunkel	Tana Termini	Italien	430 505 420 480 190
8	Kalk	—	Grančarevo u. a.	Jugoslawien	600 400 200 100
9	Kalk	mit tonigen Zwischenlagen	Tscherkeisk	UdSSR	370 255
10	Kalk (Lias)	mergelig	Iznajar	Spanien	145—400 175—225
11	Dolomit	—	Vouglans	Frankreich	280—540
12	Tuff	—	—	Japan	200—250
13	Lipar. Tuff	Miozän		Japan	130—340
14	Konglomerat	klüftig	Pertusillo (5 Prüfstollen)	Italien	73—150 73—110
15	Quarz-Konglomerat	hart	Cethana	Tasmanien	50—250 500
16	Grauwacke	dickbankig	—	Tschechoslow.	350—420
17	Sandstein	sehr klüftig Kl.-Tonbestege	Latiyan	Iran	177 254 164

Elastizitätsmoduln des Gebirges nach Messungen in situ
of elasticity of rock masses as measured in situ
sismiques et statiques de massifs rocheux

Stat. Versuch	Druck kp/cm²	Elast.-grad	E_{stat} 10^3 kp/cm²	E_{seism} : E_{stat}	Bemerkung	Quelle
Stempel	160	0,6	72 110	2,2 1,5	vor Inj. nach Inj.	Argüelles et al.
—	—	—	13,8—37	2,4—9,1		Dvořák
Stempel 0,50 m²	20	—	15—85	1,5—5,6	L_s = 11—34 m	Onodera
Stempel	—	—	83—120	2,8—7,8		Dvořák
Stempel 0,20 m²	60	—	48—100	3,2—6,3	L_s = 10—24 m 5 Werte	Onodera
Stempel			135	3		Gr. Français 1964
Stempel	100	—	421 481 392 168 82	1,0 1,05 1,07 2,8 2,3	rechter Hang linker Hang linker Hang Talsohle rechter Hang	Ferratini
Druckkissen	—	—	260 120 47 21	2,3 3,3 4,3 4,8	Mittelwerte aus Diagramm E_{seism} bei Dr. d. stat. Vers.	Kujundžić und Grujić
Stempel 0,5 m²	60	—	305	1,2	8 Versuche	Nikitin und Yachtchenko
hydraulische Druckkammer			126—175	1,4—2,0	2 Versuche	
Stempel 1,13 m ∅	60	0,3 0,5	103—173 346—484 52—99	ca. 1,5 1—1,2 2,3—3,3	vert., Talsohle hor., Talsohle vert., l. Hang	Bravo
Stempel	220	—	90—190 130—260	2— 3,5	rechts links	Gr. Français 1967
Stempel 0,20 m²	60	—	28—32	6—9		Onodera
Stempel 0,50 m²	60	—	31—89	3,0—8,5	L_s = 25—40 m 12 Werte	Onodera
hydraulische Druckkammer	12	—	13 18	6—12 4—6	l. Hang, Zone A l. Hang, Zone B	Lotti und Beomonte
Stempel 0,15 m ∅	150	0,3 0,5	117 24	1,3 3—4,5	l. Hang, Zone A l. Hang, Zone B	
Stempel 0,51 m ∅	70	—	30 typ. Wert	ca. 6—10	E_{seism} Oberfl. E_{seism} Tiefe	Boughton und Hale
Stempel	—	—	80—120	2,5—5,3	—	Dvořák
Stempel	135	0,38 0,28 0,35	48 46 38	3,7 5,6 4,4	Stollen 1 Stollen 3 Stollen 4	Lane

Tabelle 1

Nr.	Gestein	Fels- Beschaffenheit	Ort	Land	E_{seism} 10^3 kp/cm^2
18	Sandstein	—	Glen Canyon	USA	91 84 120
19	Sandstein	—	Cambambe	Angola	50—150 190 340—380 340—400 90—190
20	Arkosesandstein	(Wechsel mit Tonschiefer)	—	Japan	50—100
21.	Schiefer	—	Arrens (Stollen)	Frankreich	125—180
22.	Tonschiefer Tonschiefer	kalkig leicht verwittert	—	Tschechoslow.	80—118 5,3—11,7
23.	Schalstein	—	Ananaigawa	Japan	220—350
III. Kristalline Schiefer					
24.	Gneis	klüftig und leicht verwittert	St. Jean du Gard	Frankreich	290 275 620
25.	Gneis	klüftig, angewittert	—	Tschechoslow.	65—72
26.	Gneis	Kalksilikat	Verzasca	Schweiz	385 350
27.	Amphibiolit Gneis	gestört und angewittert	Südmähren	Tschechoslow.	52 21 27 18 32
28.	Gneis und Glimmerschiefer	massiv ziemlich isotrop	Place Moulin	Italien	125—785 400—900*
29.	Schiefergneis		Morrow Point	USA	218 372 169
30.	Paragneis	gesund leicht klüftig	Säckingen (Kaverne)	Deutschland	500—870
31.	chlor. Schiefer	quarzreich	Usbekistan	UdSSR	525 485 450 400
32.	Kalkschiefer	gesund	Prutz (Druckschacht)	Österreich	510

Wo nicht angegeben (Nr. 6, 21, 30, 32) stammen alle Werte von Talsperren-Stellen.

Fortsetzung

Stat. Versuch	Druck kp/cm²	Elast.-grad	E_{stat} 10^3 kp/cm²	E_{seism} : E_{stat}	Bemerkung	Quelle
Stempel 0,61 m Ø	42	—	97 73 84	~1 1,1 1,4	vert. l. Hang hor. oben hor. unten	Rice
Stempel 1,13 m Ø	20	—	19—86 70 35 86 105 145 105—145 154—348 12 182	2,8—1,8 1,5 5,4 2,2 3,5 2,6 3,2—2,8 1,2 7,5 1,1	v. links oben h. links oben v. links Mitte h. links Mitte v. unten h. unten v. rechts Mitte h. rechts Mitte v. rechts oben h. rechts oben	Sarmento und Vaz
Stempel 0,20 m²	50, 60	—	12—31	1,6—6	L_s = 17—57 m 8 Werte	Onodera
Stempel	—	—	50	2,5—3,6		Gr. Français 1964
Stempel **Stempel**	—	—	6—7 0,3—0,5	11,5—19,6 3,6—11,3		Dvořák
Stempel	—	—	35—40	ca. 8—10	E_{seism} 4 Zonen	Kawabuchi
Stempel	80 hor.	0,67 0,62 0,52	42 30 96	6,9 9,1 6,5	} rechter Hang Talgrund	A. Mayer
Stempel	—	—	6,8	9,4—10,5		Dvořák
Stempel 0,80 m Ø	60	—	250 105	1,55 3,3	// zur Schief. ⊥ zur Schief.	Lombardi und Jaecklin
Stempel 0,50 m²	80	—	37,5 17,3 26,6 14,0 25,5	1,4 1,2 1,05 1,25 1,25	St. 1, 10,5 m St. 1, 27,5 m St. 2, 19,5 m St. 3, 16,5 m St. 3, 26,5 m	Drozd und Louma
hydraulische Druckkammer	15 36	0,75 0,80	240 160	ca. 2,5 —4	2 Stollen * nach Aushub	Oberti und Rebaudi
Stempel 0,61 m Ø	42	—	159 77 128	1,4 4,8 1,3	v. linker Hang v. rechter Hang h. rechter Hang	Rice
Radialpresse	60	0,70	450—780	1,10—1,15	8 Pressenst. E_{seism} i. Bohrl.	Pfisterer
Stempel	40	—	300 200 150 120	1,75 2,4 3,0 3,3	Kurve aus 11 Werten	Ukhov und Tsytovich
Radialpresse	57	—	~170	~3,0		Lauffer und Seeber

Nach diesem Überblick mögen einige Einzelfragen und Hinweise folgen, die zur Beleuchtung und besseren Beurteilung von Bedeutung sein können. Das recht komplexe Zusammenwirken vieler Einflüsse begründet die naheliegende Forderung, jeden der mitwirkenden Faktoren möglichst genau zu erfassen oder, wo dies nicht möglich ist, seinen Spielraum zu diskutieren.

III. Zur Ermittlung des statischen E-Moduls

Eine aufschlußreiche Beurteilungsunterlage stellen die Arbeitslinien des statischen Versuchs dar. Sie sollten in Berichten nicht fehlen. In Abb. 1 sind zwei grundsätzliche Formen vereinfacht dargestellt: Die konvexe Form (links) ist kennzeichnend für ein Gebirge, das unter einer oberen Auflockerungszone bald kompakter und einheitlicher wird. Bei wachsendem Prüfdruck wird dieser tiefere Bereich zu-

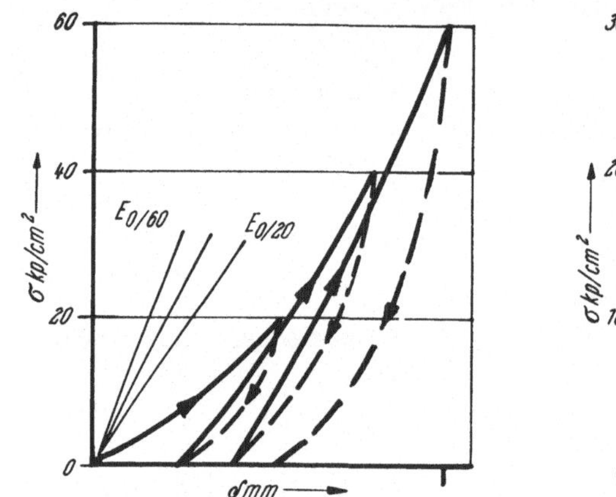

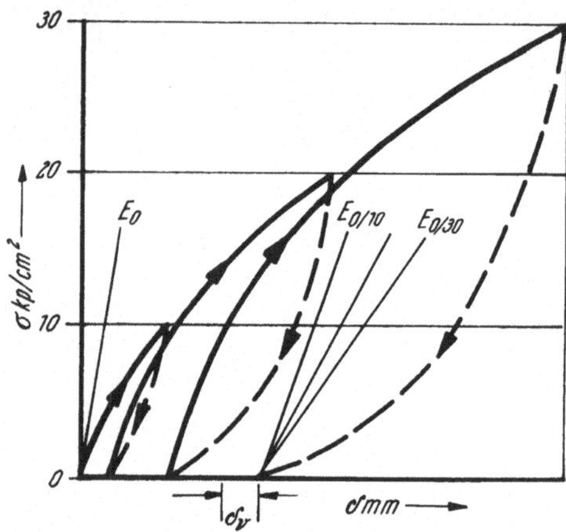

Abb. 1. Spannungs-Verformungslinien verschiedenen Charakters (Messungen an Fels in situ)
σ Prüfdruck; δ Verschiebungen; δ_v verzögert rückläufige Verschiebung

Various types of stress-strain-curves (in situ measurements)
σ test pressure; δ displacements; δ_v retardedly reverse displacement

Courbes effort-déformation de différents caractères (mesure au rocher in situ)
σ pression d'essai; δ déplacements; δ_v déplacement retardément retrograde

nehmend maßgebend und das E als Entlastungsmodul steigt. Die konkave Form (rechts) ist typisch für ein im ganzen klüftiges bzw. aufgelockertes Gebirge, bei dem ein gewisser Druck notwendig ist, um die Klüfte zu schließen. Deshalb ergibt sich anfänglich ein relativ hohes E. Der Prüfdruck nimmt ja ins Gebirge hinein schnell ab. Er reicht dann nicht aus, plastische Verformungen auszuscheiden; es bleibt ein Anteil von scheinbarer Elastizität in der nächsten Druckstufe. Besonders wenn der Stollen geringe Überlagerung hat und zunehmend stärker aufgelockerter Fels erfaßt wird, kann E bei wachsendem Druck kleiner werden. Erst mit erhöhtem Prüfdruck überwiegen die der Presse zu liegenden, stark komprimierten Anteile. E steigt dann und die Form der Arbeitslinie nähert sich der des linken Bildes. Deshalb sind auch verschieden hohe Prüfdruckspannungen angeschrieben. Der rechte Fall kommt häufig bei Druckkammermessungen vor, die meist nur mäßige Drücke erreichen. Er findet sich bei vielen älteren italienischen Versuchen. Abb. 2 zeigt zwei praktische Beispiele. Es leuchtet ein, daß hier das Verhältnis $E_{\text{seism}} : E_{\text{stat}}$ größer, unter Umständen bedeutend größer ausfällt als im linken Fall (vgl. in der Tabelle die Werte für Pertusillo, Nr. 14).

In Abb. 1 sind auch die verzögert rückläufigen Verformungsanteile angedeutet. Für den Vergleich mit dem seismischen E braucht man den Modul bei kurzzeitiger Entlastung. Im Schrifttum ist oft nicht erkennbar, ob es sich um den Modul bei kurzfristiger Entlastung handelt oder den kleineren nach den

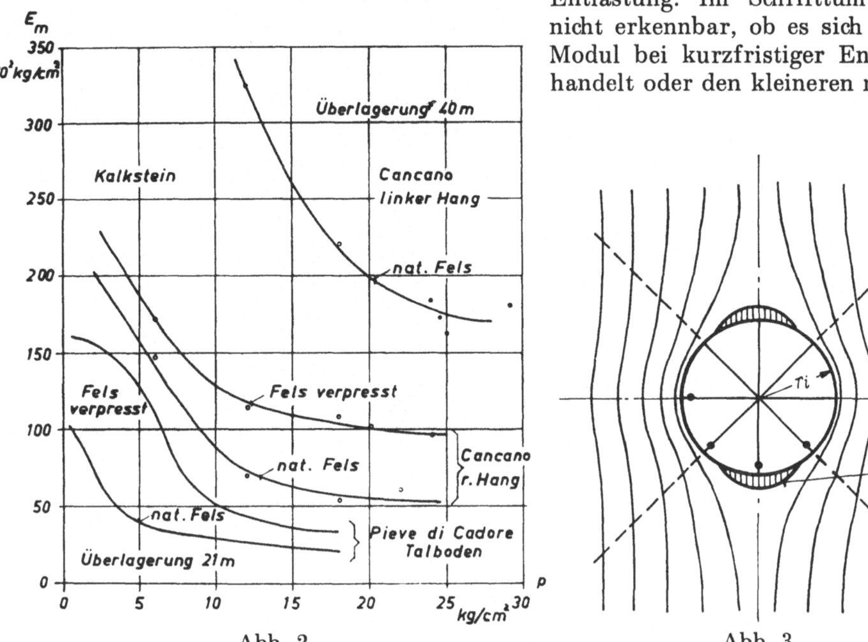

Abb. 2 Abb. 3

Abb. 2. Statische E-Moduln des Gebirges aus Druckkammer-Messungen (nach Oberti) im Kalkstein

E_m mittlerer Modul; p Wasserdruck; *1* Überlagerung 40 m; *2* Überlagerung 21 m; *A* Pieve di Cadore, Talboden, natürlicher Fels; *B* wie *A*, verpreßter Fels; *C* Cancano, rechter Hang, natürlicher Fels; *D* wie *C*, verpreßter Fels; *E* Cancano, linker Hang, natürlicher Fels

Static E-Moduli for rock masses measured in tunnel compression chambers in limestone

E_m average modulus; p test pressure; *1* overburden 40 m; 2 overburden 21 m; *A* Pieve di Cadore, talweg, ungrouted rock; *B* like *A*, grouted rock; *C* Cancano, right bank, ungrouted rock; *D* like *C*, grouted rock; *E* Cancano, left bank, ungrouted rock.

Modules d'élasticité statiques de roche obtenus par des mesures en chambres d'essai sous pression dans calcaire

E_m module moyen; p pression d'essai; *1* profondeur 40 m; 2 profondeur 21 m; *A* Pieve di Cadore, fond de vallée, roche naturelle; *B* comme *A*, roche injectée; *C* Cancano, pente droite, roche naturelle; *D* comme *C*, roche injectée; *E* Cancano, pente gauche, roche naturelle

Abb. 3. Druckverlauf um einen Felshohlraum

K Kraftlinien; Z Zugzone

Pressure distribution around a rock tunnel

K power flux; Z tensile zone

Courbe de pression autour d'un tunnel en roche

K trajectoires de force; Z zone de tension

üblichen Pausen bei den einzelnen Druckstufen. Jedenfalls sind beide Werte von Bedeutung und sollten auch klar gekennzeichnet werden.

Einen anderen Einfluß zeigt Abb. 3. Bekanntlich tritt beim Ausbruch eines Stollens eine Umlagerung des Druckes ein, der in den Ulmen erhöht, in Firste und

Sohle ermäßigt wird. Werden nun mittels Druckkammer oder Radialpresse die Verformungen gemessen und die üblichen 8 Radialdehnungen gemittelt, so liegen 6 davon im Bereich mit Druckerhöhung. Seismische Messungen haben gezeigt, daß diese Druckerhöhung auch in den Richtungen unter 45° noch sehr ausgeprägt ist*. Diese erhöhende Wirkung ist besonders dann zu beachten, wenn man die vom Ausbruch herrührende Auflockerung an der Stollenwand durch einen Korrekturfaktor berücksichtigt[23].

Es sei daran erinnert, daß E nicht nach der Formel für das dickwandige Rohr, die den kleinsten Wert liefert, errechnet werden darf, wenn man mit dem seismischen E eines größeren Bereichs vergleichen will. Der angedeutete komplexe Spannungs-

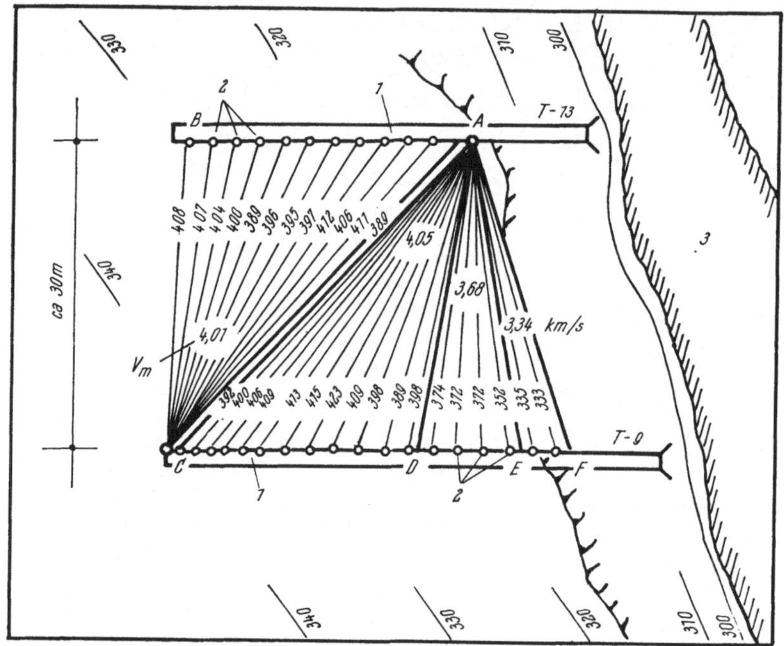

Abb. 4. Seismische Messungen in und zwischen Sondierstollen
1 Aufschlußstollen; *2* Geophone; *3* Fluß; *A* bis *F* Schußpunkte

Seismic measurements in and between adits
1 exploration tunnel; *2* geophones; *3* river; *A* to *F* detonation points

Mesures sismiques dans et entre des galeries de reconnaissance
1 galerie d'exploration; *2* géophones; *3* rivière; *A* à *F* points de détonation

zustand muß ausgewertet werden, meist mit Abschätzung der fiktiven Felszugfestigkeit. Für eine genauere Beurteilung kann eine Prüfung mittels Ultraschall gute Dienste leisten, wie sie z. B. in Frankreich häufig herangezogen wurde.

Die Ermittlung oder Abschätzung der angemessenen *Querdehnungszahl*[6, 32] sei ebenfalls erwähnt. Der Wert $m_f = \varepsilon_l/\varepsilon_q$ muß z. B. grundsätzlich von aufgelockertem Gebirge in kompakteres hinein abnehmen.

Bei den Druckstempelversuchen besteht eine Unsicherheit in der wirklichen Ausbreitung des Drucks und der Verformungen. Entsprechende Messungen haben ergeben, daß oft infolge der Klüftung die Einsenkungen unter der Last größer, im

* Vgl. z. B. Geologie und Bauwesen, Jg. 25 (1960), S. 161, Abb. 15.

Ausstrahlungsbereich kleiner sind als nach der Theorie des unendlichen Halbraums, die bei Messungen im Stollen ohnehin nicht erfüllt ist. Da die Druckstempel ein relativ kleines Felsvolumen erfassen, braucht man für jede Felsklasse mehrere Versuche, um die Streuungen zu finden und ein repräsentatives Mittel bilden zu können. In jüngerer Zeit sind, wie die Tabelle zeigte, die Stempelflächen und Drücke vielerorts vergrößert worden.

IV. Zur Ermittlung des seismischen E-Moduls

Noch vor etwa zehn Jahren arbeitete die Baugrundseismik meist mit ziemlich langen Standlinien und beschränkte sich auf die Ermittlung der Longitudinalgeschwindigkeiten. Seitdem geht man zunehmend dazu über, die Standlinien zu ver-

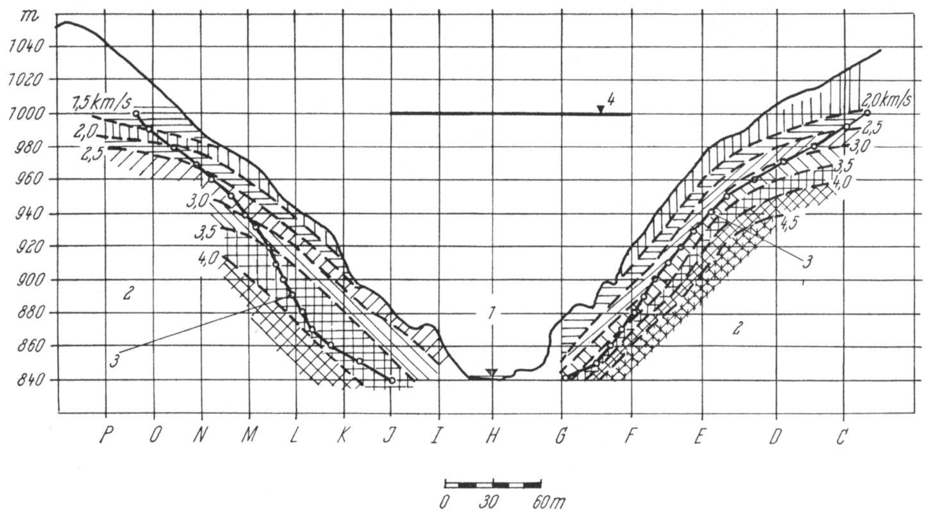

Abb. 5. Talquerschnitt einer Sperrstelle mit seismisch unterschiedener Felsgüte (Nagawado-Sperre, Japan)

1 Azusa-Fluß; *2* Granit; *3* Gründungslinie; *4* Mauerkrone

Valley cross section on a dam site of seismically distinguished rock qualities

1 Azusa river; *2* granite; *3* foundation line; *4* crest of dam

Profil en travers d'un site de barrage avec différenciation sismique des qualités du rocher

1 rivière Azusa; *2* granite; *3* ligne de fondation; *4* crête du barrage

kürzen und, z. B. bei der Untersuchung von Sperrenstellen, nicht nur von der Oberfläche aus mit der Refraktionsmethode zu messen, sondern zwischen Stollen oder Bohrlöchern die Laufzeiten auf direkten Wegen aufzunehmen. Vielfach geschieht dies bei der Nachprüfung des Erfolges von Einpressungen zur Untergrundabdichtung und -verbesserung. Abb. 4 zeigt ein solches Beispiel mit Stollen in einer Talflanke. In beiden Richtungen werden von einem Schußpunkt aus ganze Fächer mit engem Geophonabstand aufgenommen. Man erhält zahlreiche, sich gegenseitig kontrollierende Einzelwerte und für unterschiedliche Bereiche repräsentative Mittel. Natürlich kann man auch zwischen Stollen auf verschiedener Höhe messen. In Abb. 5 ist für eine japanische Sperrenstelle[19] in Granit eine derart aufgenommene Unterscheidung der Geschwindigkeitszonen dargestellt. Man erkennt gut, wie auf etwa 60 m Tiefe die Geschwindigkeiten im Fels von 1,5 auf 4,5 km/s zunehmen, das zugehörige seismische E mit v^2 auf etwa das 9fache seiner Größe an der Oberfläche wächst. Es ist wichtig bei solchen Messungen, E_{seism} parallel und normal zur Stellung der maßgebenden Schichtung oder Klüftung bzw. größten Teilbeweglichkeit der Kluftkörper zu bestimmen, um die seismische Anisotropie der Kluftkörpersysteme exakt zu erfassen.

Das Ausmaß der Änderung des seismischen E mag überraschen. Welche Einflüsse sind nun dabei wirksam? Verwitterung und Auflockerung nehmen in den Berg hinein ab. Der Überlagerungsdruck nimmt zu. Der Spannungszustand ändert sich in einen verstärkt dreiachsigen, d. h. die seitliche Stützung wächst. Die Poissonzahl m wird größer und die Dichte ϱ nimmt zu. Diese beiden Werte gehen unmittelbar in die Formel für E ein. Der Wassergehalt wird sich erhöhen, weil die dränierende Wirkung der Klüfte abnimmt. Mit Zunahme der Schallhärte $\varrho \cdot v$ steigt die Frequenz der seismischen Wellen. Im kompakteren Felskörper können sich Restspannungen aus früheren tektonischen Beanspruchungen erhalten haben. Das sind neun Faktoren, die sämtlich die Geschwindigkeit erhöhen. Die Abnahme der Klüftung übt darin einen wesentlichen Einfluß aus, weil sie in mehreren Faktoren mitwirkt. Dazu noch einige Hinweise.

Durch zunehmenden Druck wird das seismische E fühlbar erhöht. Dabei ist dieser Einfluß bei kleinen Drücken und bei niedrigen E-Werten relativ am größten. Hier liegt ein wichtiger Punkt für den Vergleich $E_{seism} : E_{stat}$. In manchen der veröffentlichten Fälle war der Prüfdruck höher als der Überlagerungsdruck und das statische E in den Fällen, wo es mit dem Druck anwächst, für den Vergleich zu hoch. Das ist eine Erklärung für die Fälle, wo E_{stat} dem E_{seism} nahekommt, soweit es sich dabei nicht um die eingangs erwähnten Ungenauigkeiten oder ungenaue Zuordnung von seismischen Werten handelt. Ist der Prüfdruck nicht zu hoch, so erfährt E_{seism} aus Druck und Spannungszustand eine relative Erhöhung, weil sich im Versuchsstollen Entspannung und Auflockerung bemerkbar machen. So können auch Restspannungen im allgemeinen nur im unverritzten Bergleib erhalten bleiben und werden sich in den Stollen abbauen.

Zur Veränderung des Spannungszustandes gibt Abb. 6 ein quantitatives Beispiel[14], das sowohl für den statischen wie für den seismischen Bereich gelten kann. Man erkennt die beträchtliche Zunahme von E bei gleichbleibendem Vertikaldruck, wenn der Seitendruck zunimmt*.

Die Wirkung der Klüfte auf das Verhältnis des seismischen und statischen E-Moduls kann sehr verschieden sein. Einerseits setzen schon feine Risse im Gestein die seismische Geschwindigkeit deutlich herab. Masuda[19] gab Zahlen für Granitproben, die 15 bis 20 % Abnahme des E bedeuten, Feinrisse üben noch keinen gravierenden Einfluß auf die Korrelation aus. Erheblich kann dieser aber werden, wenn breitere Klüfte oder Störungen mit Füllung von Letten, Zerreibsel oder auch nur von Wasser vorhanden sind. Nach dem Maxwell-Gesetz werden sie die Geschwindigkeit der Kompressionswellen nur wenig reduzieren, obwohl ihre Verformbarkeit bedeutend sein kann und zum Teil als scheinbare Elastizität im statischen E steckt.

---

* Bei den zugrunde liegenden Messungen im Triaxial-Gerät an Granit verschiedener Frische wurde — nach freundlicher Mitteilung von Herrn Präsident Laginha Serafim, Lisboa — bei zuvor eingestelltem Manteldruck der Achsialdruck von Null bis zu den angegebenen Maximalwerten erhöht. Dabei wurde die aus dem Seitendruck entstandene Querdehnung in Längsrichtung nicht mitgemessen bzw. berücksichtigt. Zur Reduktion von $E' = \sigma_3/\varepsilon_3$ auf den für einachsigen Spannungszustand gültigen E-Modul ergibt sich dann aus den Elastizitätsgleichungen aufgrund des Hookeschen Gesetzes $E = \frac{\sigma_3}{\varepsilon_3}\left(1 - \frac{2}{m^2}\frac{\sigma_1}{\sigma_3}\right)$. Dieser Faktor liefert im Bereich der Kurven nur Abzüge von etwa 1—5 %, verändert also den Kurvenverlauf nur unwesentlich. Dargestellt sind Sekanten-Moduli aus der Gesamtverformung.

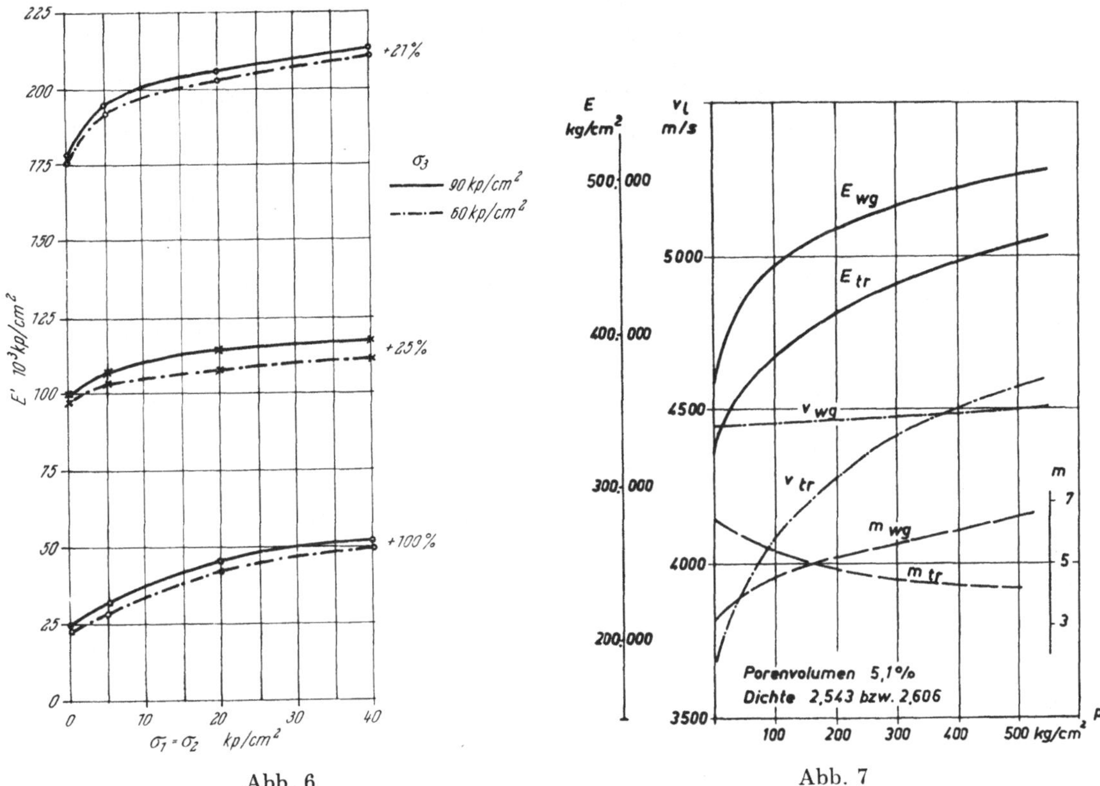

Abb. 6

Abb. 7

Abb. 6. Veränderung des E-Werts mit wachsendem Verhältnis von Seitendruck zu Achsialdruck (Granit-Bohrkerne, Alto-Rabagão-Sperre, nach Serafim)

E' Elastizitätskennwert; $\sigma_1 = \sigma_2$ Seitendruck; σ_3 Achsialdruck

Variation du module d'élasticité pour des valeurs croissantes du rapport des pressions latérale et axiale (échantillons de sondage de granit; barrage de Alto-Rabagão)

E' coefficient of elasticity; $\sigma_1 = \sigma_2$ lateral pressure; σ_3 axial pressure

Changement du caractère d'élasticité avec rapport croissant de compression latérale et axiale core of granite samples, Alto-Rabagão-dam)

E' caractère d'élasticité. $\sigma_1 = \sigma_2$ pression latérale; σ_3 pression axiale

Abb. 7. Sandstein, trocken und wassergesättigt

(v_l, E und m bei allseitigem Druck, seismisch gemessen, nach Hughes und Cross) Porenvolumen 5,1 %, Dichte 2,543 bzw. 2,606. E_{wg}, v_{wg}, m_{wg} Elastizitätsmodul, Schallgeschwindigkeit und Querdehnungszahl bei wassergesättigtem Fels; E_{tr}, v_{tr}, m_{tr} dasselbe, in trockenem Zustand

Sandstone, dry and water-saturated (seismic v_l, E and m for allround compression)

Volume of voids 5.1 %, density 2.543 and 2.606 resp. E_{wg}, v_{wg}, m_{wg} modulus of elasticity, wave velocity, and Poisson's ratio for saturated rock; Etr, vtr, mtr same, for dry conditions

Grès, sec et saturé d'eau (v_l, E et m sismiques sous compression triaxiale)

Volume des pores 5.1 %, densité 2.543 ou 2.606 resp. E_{wg}, v_{wg}, m_{wg} module d'élasticité, vitesse des ondes et valeur de Poisson pour roche saturée; E_{tr}, v_{tr}, m_{tr} même, mais en condition sèche

Ebenfalls sehr verschieden kann sich die seismische *Anisotropie* auswirken. Sie ist von der statischen streng zu unterscheiden. Ihr Übersetzungsverhältnis kann um ein Mehrfaches differieren. So berichtet Lombardi[39], daß bei der Verzasca-Talsperre in Adergneis die seismische Anisotropie der E-Werte 1,1 war, die statische aber, gegen den Talgrund abnehmend, bei 2,2 bis 2,7 lag[26]. Seismische Anisotropiewerte aus der Geschwindigkeit liegen im allgemeinen im Bereich 1,05 bis 1,3; es sind aber Werte bis 1,5 bekannt. Druck wirkt auf sie stark erhöhend, wozu auf die älteren „druckakustischen" Messungen von Rösler[3], Uhlmann u. a. hingewiesen sei. Es ist etwas Verschiedenes, ob eine starke seismische Anisotropie in wenig verformbarem Fels vom Druck herrührt oder eine schwache die erwähnten Klufteinflüsse nicht wiedergibt. Hier kann nur ingenieurgeologische Interpretierung mit Hilfe von Bohrkernen erhebliche Fehleinschätzungen vermeiden. Die Tafel enthält mehrere Beispiele mit starkem Einfluß der Anisotropie auf das Verhältnis von $E_{\text{seism}} : E_{\text{stat}}$, so bei Cambambe 5,4 vertikal, 2,2 horizontal, bei Morrow Point 4,8 und 1,3.

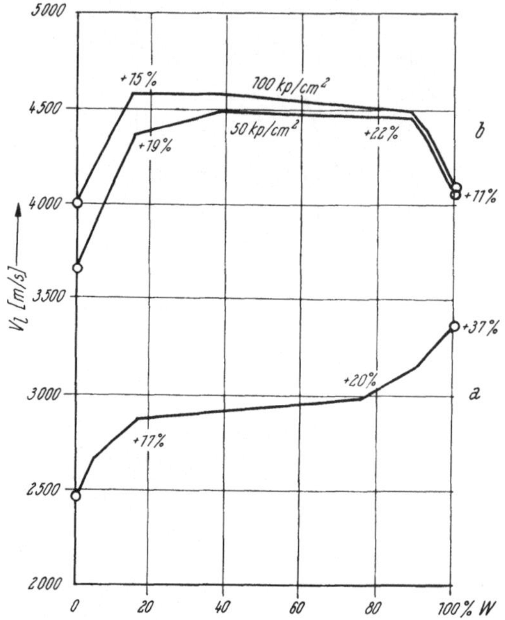

Abb. 8. Einfluß des Wassersättigungsgrades bei seismischer Untersuchung an Sandsteinproben a) nach Wyllie, Gregory und Gardner, Porosität 16,3 %, b) nach Hughes und Kelly, Porosität 6 %

v_l Longitudinalgeschwindigkeit; w Wassersättigung

Influence of water saturation on the seismic testing of sandstone specimens (a) porosity 16.3 %, (b) porosity 6 %

v_l velocity of longitudinal waves; w water saturation

Influence du degré de saturation d'eau pour les essais sismiques sur échantillons de grès. a) porosité 16.3 %, b) porosité 6 %

v_l vitesse des ondes longitudinales; w saturation d'eau

In der Beurteilung dieses Verhältniswertes darf der Einfluß von *Bergwasser* als Poren- oder Kluftfüllung keinesfalls vernachlässigt werden. Auf die gegenläufige Wirkung bei statischen und seismischen Messungen wurde schon hingewiesen. Es fällt auf, daß die allermeisten der jüngeren Veröffentlichungen diesen Einfluß nicht einmal erwähnen. Die geschwindigkeitserhöhende Wirkung von Wassertränkung ist sowohl durch Versuche verschiedener Forscher an Gesteinsproben wie durch theoretische Untersuchungen bestätigt. Masuda gab noch unlängst Werte für den Granit von Kurobe an, die eine Erhöhung des v_l von 30 bis 50 % bedeuten. Relativ am stärksten wirkt sich die Erhöhung in Gesteinen von niedrigem Elastizitätsmodul aus. Es hat sich gezeigt, daß die Geschwindigkeitszunahme frequenzabhängig ist, wahrscheinlich in höherem Maß als beim Gestein. Darauf muß also besonders bei Ultraschall-Messungen geachtet werden. Abb. 7 gibt erneut Versuchsergebnisse an Sandstein unter allseitigem Druck wieder[7]. Von besonderem Interesse ist die Frage, wie sich der Wassereinfluß bei teilweiser Sättigung auswirkt, denn dieser Fall kommt im Fels, namentlich in Oberflächennähe, häufig vor. Darüber gibt Abb. 8 einen Eindruck[1,4]. Das untere Diagramm gilt für Atmosphärendruck, das obere, aus einer anderen Untersuchung stammende, für mäßigen allseitigen Druck; in beiden Fällen handelt es sich um amerikanische Messungen. Als wesentlich ist zu ersehen, daß die Erhöhung des v_l schon bei geringem Sättigungsgrad fühlbar einsetzt. Die genannten Versuche sind mit hohen Frequenzen durchgeführt. Zu dieser Frage sind weitere Untersuchungen in Prüfraum und Gelände wünschenswert.

In diesem Zusammenhang sei eine interessante Erfahrung vom Druckschacht des Kaunertalwerkes angeführt, über die Lauffer und Seeber[36] zum Felsmechanik-Kongreß Lissabon berichtet haben. In der Steilstrecke der Druckschachttrasse war zwischen Fensterstollen auf 640 m Länge im Kalkschiefer reichlich mit der Refraktionsseismik gemessen worden. Man erhielt Geschwindigkeiten, die dem festen Kalkschiefer im unteren Horizontalstollen entsprachen. Beim Auffahren war der Fels jedoch auf rd. 250 m Länge stark gestört; die Verformungswerte waren dort etwa 6mal größer. Bei einem Längenanteil von 40 % hätte sich ein solcher Unterschied in der mittleren Geschwindigkeit deutlich zeigen sollen. Hier gibt die Wirkung von Bergwasser unter Druck bei 200 m Überdeckung in Verbindung mit dem über Kluftwirkung auf die Longitudinalgeschwindigkeit allgemein Gesagten eine plausible Erklärung. Zugleich wird die Schwierigkeit der Interpretation beleuchtet, denn bei so langen Laufstrecken kann auch unter Refraktionen ein Umweg durch festen Fels im Spiel sein*.

Auch auf den Einfluß der *Frequenz* bei den seismischen Geschwindigkeiten haben wir zu achten. Im ideal elastischen Medium ist die Geschwindigkeit von der Frequenz der Wellen unabhängig. Aber die Viskoelastizität von Gestein und Fels macht sich spürbar in einer Frequenzabhängigkeit der Geschwindigkeiten bemerkbar. Es hat sich gezeigt, daß den größten Geschwindigkeiten die höchsten Frequenzen zugeordnet sind, d. h. je kompakter und fester ein Fels, umso höher ist unter sonst gleichen Umständen die Frequenz der seismischen Wellen, die er leiten kann. Schallharter Fels zeigt also relativ erhöhte Geschwindigkeiten gegenüber weicherem.

Ferner nimmt im allgemeinen mit der Abnahme von Festigkeit und E-Modul die viskose Komponente zu, d. h. die Kriechkennwerte, bezogen auf E, wachsen zum Teil erheblich an. Das erhöht bei Fels von niederem E die Frequenzabhängigkeit. Bei der herkömmlichen Sprengseismik treten Frequenzen im Bereich von 50 bis 300 Hz auf. Bei der sogenannten Kleinseismik mit Ultraschall werden Frequenzen von etwa 30 bis 70 kHz verwendet. Die Geschwindigkeitsunterschiede liegen etwa um 5 %. Am guten Granadiorit-Fels der Pantano d'Avio-Staumauer (Adamello-Gebiet)[30] (v_l um 5,0 km/s) wurden in einem Bohrlochnetz mit Ultraschall um 8 % höhere Geschwindigkeiten erhalten als mit der niederfrequenten Seismik im gleichen Bereich. Sie mögen durch unterschiedliche Lauflängen und auch Wassergehalt beeinflußt sein.

Wie das Beispiel vom Kaunertaldruckschacht einmal mehr gezeigt hat, ist die Longitudinalgeschwindigkeit allein nicht genügend kennzeichnend. Man geht deshalb mehr und mehr dazu über, auch *Transversalwellen* zu messen. Diese sind Scherungswellen, sie sprechen daher auf Material unterschiedlichen Scherwiderstandes empfindlicher an. In gebrächem Fels wird die Geschwindigkeit der Scherwellen relativ mehr verringert als die der Kompressionswellen. Deshalb ist das Verhältnis v_l/v_t ein Wert von erheblicher zusätzlicher Aussagekraft, dessen Veränderung wichtige Hinweise geben kann[2,5]. Aus ihm wird bekanntlich die seismische Querdehnungszahl ermittelt. Zu 1,73, dem für Schätzungen häufig verwendeten Mittelwert ($\sqrt{3}$, der sich aus

---

* Nach einer freundlichen Mitteilung von Herrn Dr. Seeber ist diese Möglichkeit hier nicht auszuschließen, da die seismischen Messungen in der Überdeckung der Schachttrasse in zwei Fächern festen Fels anzeigten. Die gestörte Zone verläuft nahe dem Kontakt zu Dolomit im Liegenden und weicherem Serizitschiefer, und Grenzbereiche zwischen harten und weichen Gesteinen zeigen oft stark gestörte Zonen im härteren Gestein.

der Gleichsetzung der Laméschen Konstanten ergibt), gehört $m = 4$. Verändert sich v_l/v_t gegen 2 (entsprechend $m = 3$) und darüber, so deutet das immer auf schwächere Felsbereiche. Auch zusätzliche Hinweise zur Anisotropie werden gewonnen. Es hat sich zudem gezeigt, daß die Scherwellen in gestörtem Fels ausgeprägt eine Dämpfung ihrer Amplitude und Absorption der transportierten Energie erfahren. Bestimmungen der Dämpfungskonstanten vermögen weitere Hinweise zu geben[22, 24, 41]. Im deutschen Bergbau sind Scherwellen-Aufnahmen seit über 15 Jahren mit gutem Erfolg benutzt worden. Sie versprechen, auch bei der weiteren Erforschung unseres Thema-Problems eine gute Hilfe zu leisten.

V. Nährungswerte einer Korrelation $E_{seism} : E_{stat}$

Die Übersicht über die in situ ermittelten Verhältniszahlen und die gedrängten Hinweise auf die vielfältigen, in sehr verwickelter Weise zusammenwirkenden Einflußfaktoren müssen zu der Anschauung führen, daß eine allgemeingültige Beziehung von leidlicher Genauigkeit nicht, zumindest vorerst nicht, zu finden ist. Das schließt nicht aus, eine Annäherung zu versuchen, wenn man sich dessen bewußt bleibt, daß ein großer Ungenauigkeits- und Streubereich unvermeidlich ist. Am ehesten hat dies Aussicht für einen bestimmten geologischen Bereich, z. B. eine große Staumauerbaustelle. Wenn eine größere Zahl von Punktpaaren vorliegt, können Kurven gezeichnet werden, die die weitere Auswertung der seismischen Ergebnisse erleichtern. Solche Kurven sind aus Frankreich, Rußland und Jugoslawien veröffentlicht worden. Grundsäzlich zeigen sie, wie zu erwarten, eine Zunahme des Verhältnisses $E_{\text{seism}} : E_{\text{stat}}$ mit kleiner werdendem seismischen E, obwohl das eine Regel mit mancherlei Ausnahmen ist. Zahlenwerte sind in der Tafel enthalten (Nr. 8, 31).

Die bisher genaueste gezielte Untersuchung ist Kujundžić und Grujić (Belgrad)[34] zu verdanken. Hier wurden nicht die seismischen E des unbelasteten Felsens verwendet, sondern diese wurden während der statischen Versuche unter dem aufgebrachten Prüfdruck seismoakustisch gemessen. Die Versuchsanordnung zeigt Abb. 9. Aus einer relativ großen Zahl derart gewonnener Einzelwerte an Kalkfels wurde eine Kurve abgeleitet. Aber auch sie weist eine Streuung der Versuchspunkte von ± 40 bis 60 % auf. Ein sehr ähnliches Bild zeigt ein Diagramm von Ukhov und Tsytovich (Moskau)[35] für einen Chloritschiefer-Fels. Die Werte der erstgenannnten Kurve liegen wegen der durch den Vergleichsdruck erhöhten seismischen E höher, 2,3 bis 4,8 gegenüber 1,75 bis 3,3. Erwünscht wäre es, solche Kurven sowohl für die am unbeeinflußten Fels gefundenen E_{seism} wie für gewählte Drücke zu erhalten, da diese dann für verschiedene Fragestellungen — Auswertung bei Vorarbeiten, Überwachung von Bauwerken (z. B. Staumauern, Kavernen) — von Nutzen sein können. Aus statischen Versuchen abgeleitete Bezugskurven zwischen statischem Elastizitäts- und Verformungs-Modul, gegebenenfalls wieder für verschiedene Drücke, können dann weitergehend zur Beziehung $E_{\text{seism}} : V_{\text{stat}}$ verwendet werden. Dabei kommen jedoch abermals starke Streuungen hinein.

Um den aufgezeigten großen Unterschieden zwischen seismischer und statischer Anisotropie Rechnung zu tragen, wird es meines Erachtens in vielen Fällen notwendig sein, zwei derartige Kurven oder Gleichungen zu erarbeiten, die für Druck parallel und normal zur Stellung der Schichtung oder der größten Teilbeweglichkeit gelten und wo man für Zwischenrichtungen Werte aus einer Ellipse mit den Kurvenwerten als Halbachsen bestimmen kann. Auch tektonisch stark beeinflußter Fels stellt Sonderfälle dar.

Sehr interessante Bemühungen in dieser Richtung liegen auch aus Japan vor, wo durch die intensive seimische Untersuchung von szt. schon mehr als 25 Sperrenstellen ein umfangreiches Material aus verschiedenen Felsarten als Grundlage dienen konnte. Masuda schlug 1964 für ein reduziertes E, das dem statischen gleichkommt und vor allem zur Bestimmung der bekannten wichtigen Verhältniszahl $E_{\text{Beton}} : E_{\text{Fels}}$ bei Gewölbemauerplanungen dienen sollte, folgende Gleichung vor:

$$E_{\text{red}} = {}^1/_2\, v/v_g\, E.$$

Hierin bedeuten v die in situ ermittelte, für einen bestimmten Bereich gültige Longitudinalgeschwindigkeit, E den daraus errechneten seismischen Modul und v_g die Grundgeschwindigkeit des gesunden Gesteins, die an Proben und im Felsmassiv zu

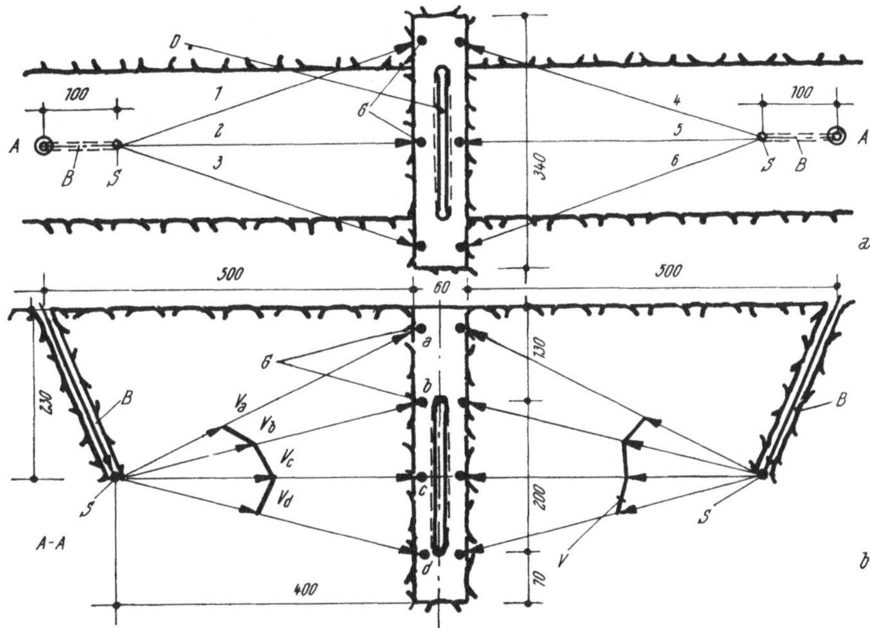

Abb. 9. Versuchsanordnung zu gleichzeitigen statischen und seismischen Messungen (Polar-Methode des Jaroslav-Černi-Institutes, Beograd). a) Grundriß; b) Längsschnitt $A-A$ durch den Stollen

D Druckkissen; *B* Bohrlöcher; *G* Geophone; *S* Orte der Impulsgabe; *V* Geschwindigkeitsdiagramme der Longitudinalwellen

Test lay out for simultaneous static and seismic measurements (Polar-Method of the Institute Jaroslav Černi, Beograd). (a) lay-out; (b) longitudinal section $A-A$ through the gallery

D flat jack; *B* bore holes; *G* geophones; *S* points of pulse generating; *V* diagrams of longitudinal velocity

Dispositif d'essais pour mesures simultanées statiques et sismiques (Polar-méthode de l'Institut Jaroslav Černi, Beograd). a) plan horizontal; b) section longitudinale $A-A$ par le tunnel

D vérin plat; *B* forages; *G* géophones; *S* points de coupe sismique; *V* diagrammes de vitesse des ondes longitudinales

bestimmen ist. Man erhält eine Spanne von etwa 2,5 bis 8 als Verhältnis $E_{\text{seism}} : E_{\text{stat}}$. Auch hier darf bemerkt werden, daß die Wahl von zwei Beiwerten zur Berücksichtigung von Anisotropie die Abweichungen vom wirklichen Wert verkleinern könnte. Außerdem wird man eine lineare Abhängigkeit von E_{seism} über dessen großen Bereich in verschiedenartigen geologischen Formationen als sehr roh ansehen müssen. Die Grundlage dieser Formel waren nur zum kleinen Teil statische Vergleichswerte, im wesentlichen eine sehr eingehende Analyse des reichen seismischen Untersuchungsmaterials. Mit ihr wurden den verschiedenen Güteklassen von Fels (I bis VI), von frisch und kluftfrei bis verwittert und aufgelockert, entsprechende Verhältniswerte v/v_g (zwischen 0,9 und 0,2) zugeordnet[10, 19].

Hierzu sei noch hervorgehoben, daß dem erwähnten Grundwert v_g allgemein wesentliche Bedeutung zukommt. Er sollte stets ermittelt werden, da das Verhältnis v/v_g vielschichtige Hinweise beinhaltet.

VI. Schlußbemerkungen

Aus der Zusammenschau des gegenwärtigen Erfahrungsmaterials läßt sich sagen, daß wir auch für die Zukunft die Erwartungen bezüglich erreichbarer Genauigkeit nicht zu hoch spannen dürfen. Trotzdem scheint die Aufgabe, befriedigende Relationen $E_{seism} : E_{stat}$ zu finden und den Aussagewert des E_{seism} weiter zu erhöhen, alle Anstrengungen wert[25]. Es darf nicht vergessen werden, daß der Großteil der zusammengestellten Werte bisher sozusagen als Nebenergebnis bei Baugrunduntersuchungen im Fels zustande gekommen ist. Es bleibt die Aufgabe, bei den meisten angeführten Faktoren streng vergleichsfähig eine genauere Kenntnis zu schaffen und durch gründliche Analysen in gezielten Feldversuchen ihr Zusammenwirken weiter zu klären.

Ein Weg, um verhältnismäßig leicht zu einer größeren Zahl vergleichsfähiger Werte zu gelangen, sei hier noch erwähnt, nämlich statische und seismische Untersuchungen an Bohrlöchern. Statische Untersuchungen erfolgen durch Bohrlochaufweitung, wobei in Kernbohrungen von 15 bis 30 cm Weite in verschiedenen Tiefen und Felszonen gemessen wird. Lochdurchmesser und Innendruck sollen nicht zu klein sein, um ein hinreichend großes Felsvolumen zu erfassen. Gegenüber den Ergebnissen aus großen Druckkammern und aus Stempelversuchen sind unmittelbar höhere E zu erwarten, weil die Auflockerung infolge des Stollenausbruchs vermieden ist. Die seismischen Messungen können mit einem Gerät vorgenommen werden, das auf etwa 1 m Abstand Impulsgeber und Empfänger enthält; oder aufschlußreicher mit dem Empfänger im gleichen Loch und Horizont des statischen Versuchs und Impulsgabe in eng benachbarten kleineren Bohrungen für mindestens zwei Richtungen. Zudem gibt es heute in der Erdölgewinnung entwickelte Geräte, die radiometrisch mittels Gammastrahlen im gewünschten Horizont eines Bohrlochs Dichte und Feuchtigkeitsgehalt quantitativ zu bestimmen gestatten. Die Bohrkerne kommen der geologischen Interpretation zugute. Bohrlochaufweitungen sind bisher in Europa vornehmlich in Frankreich und Jugoslawien, seismische Messungen der genannten Art in Italien ausgeführt worden. Simultan-Versuche der skizzierten Zielsetzung sind dem Verfasser noch nicht bekannt geworden.

Wenn man bedenkt, daß in der ganzen Welt jährlich sicherlich an weit über hundert Stellen für Großbauten umfangreiche Vorarbeiten aufgenommen werden, bei denen eine bessere Kenntnis der behandelten Zusammenhänge viel Geld und Zeit durch günstigere Untersuchungsprogramme sparen könnte, so hat ein rascher Fortschritt erhebliche volkswirtschaftliche Bedeutung für viele Länder. Hier dürfte eine dankbare Aufgabe für die junge Internationale Gesellschaft für Felsmechanik liegen. Es sei angeregt, zu prüfen, ob nicht durch Erhebungen über geplante Untersuchungen, gezielte Aufgabenverteilung und Steuerung von Grundlagenforschungsarbeiten die Entwicklung zum Nutzen aller rascher vorangetrieben werden kann. Vielleicht könnte das Thema dann zu einer Sonderfrage des nächsten Gesamtkongresses der Internationalen Gesellschaft für Felsmechanik (1970) gemacht werden.

Literatur

[1] Hughes, D. S., and J. L. Kelly: Variation of elastic wave velocity with saturation in sandstone. Geophysics *17,* p. 739—752, 1952.

[2] Linsser, H.: Anwendungsmöglichkeiten transversaler Wellen in der Untertage-Seismik. Z. f. Geophysik *20,* H. 3, S. 150—159, 1954.

[3] Rösler, R.: Experimentelle Untersuchungen zur Abhängigkeit der Schallgeschwindigkeit von der Druckbeanspruchung bei Gesteinen. Freiberger Forschungshefte C 12, Akademie-Verlag, Berlin 1954.

[4] Wyllie, M. R. J., A. R. Gregory, and L. W. Gardner: Elastic wave velocities in heterogeneous and porous media. Geophysics *21*, No. 1, p. 41—70, 1956.

[5] Molotova, L. V., and Y. I. Vassil'ev: Velocity ratio of longitudinal and transverse waves in rocks, I and II. Bull. (Izv.) Acad. Sci. USSR, Geophys. Ser., Nr. 7, p. 621 to 630, Nr. 8, p. 731—743, 1960.

[6] Link, H.: Über die Querdehnungszahl des Gebirges. Geologie und Bauwesen *26* H. 4, S. 246—257, 1961. — Zur Querdehnungszahl von Gestein und Gebirge. Geologie und Bauwesen *27*, H. 2, S. 89—100, 1962.

[7] Link, H.: Über die Unterschiede statisch, dynamisch und seismisch ermittelter Elastizitätsmoduln von Gestein und Gebirge. Geologie und Bauwesen *27*, H. 3/4, S. 131—145, 1962.

[8] Nikitin, N. V.: Über das Verhältnis des dynamischen zum statischen Elastizitätsmodul von Gesteinen. Razvedočnaja i promyslovaja geofizika, 45. Ausg., S. 36—41, Verlag Gostoptechizdat, Moskva 1962.

[9] Gregory, A. R.: Shear wave velocity measurements of sedimentary rock samples under compression. Proceed. 5th Symp. on Rock Mech. (Pergamon Press, New York 1963), p. 439—471, Minnesota 1962.

[10] Onodera, T. F.: Dynamic investigation of foundation rocks in situ. Proceed. 5th Symp. on Rock. Mech. (Pergamon Press, New York 1963), p. 517—533, Minnesota 1962.

[11] Nikitin, V. N. und Z. G. Yachtchenko: Opredelenie dinamicheskich modulei uprugosti pri iziskanijach deja Chirkeiskoi ges (Bestimmung der seismischen Elastizitätsmoduln bei Untersuchungen für das Tscherkeisk-Wasserkraft-Projekt). Gidrotechnitcheskoe stroitelstvo 1963, Nr. 4, S. 37/38. — Referat Géotechnique *14*, No. 2, p. 179, 180, 1964.

[12] Mayer, A.: Recent work in rock mechanics (Third Rankine Lecture). Géotechnique *13*, No. 6, p. 99—120, 1963.

[13] Koefoed, O., M. M. Oosterveld, and I. J. G. Alons: A laboratory investigation into the elastic properties of limestones. Geophysical Prospecting *11*, p. 300—312, 1963.

[14] Serafim, J. L.: Rock Mechanics considerations in the design of concrete dams. Proceed. Internat. Conf. State of Stress in the Earth's Crust, p. 611—645, Santa Monica, Calif., 1963.

[15] Meisser, O., H. Militzer und H. G. Thon: Ein Beitrag zur ingenieurgeophysikalischen Kennwertbestimmung an Felsgesteinen im Talsperrenbau. Bergakademie *16*, H. 4/5, S. 277—286, 1964.

[16] Rice, O. L.: In situ-testing of foundation and abutment rock for dams. Transact. VIII. Internat. Congress on Large Dams, R. 5/Q. 28, Vol. I, p. 87—101, Edinburgh 1964.

[17] Lane, R. G. T.: Rock foundation diagnose of mechanical properties and treatment. Transact. VIII. Internat. Congress on Large Dams, R. 8/Q. 28, Vol. I, p. 141—165, Edinburgh 1964.

[18] Kawabuchi, K.: A study of strain characteristics of a rock foundation. Transact. VIII. Internat. Congress on Large Dams, R. 11/Q. 28, Vol. I, p. 209—218, Edinburgh 1964.

[19] Masuda, H.: Utilization of elastic longitudinal wave velocity for determining the elastic property of dam foundation rocks. Transact. VIII. Internat. Congress on Large Dams, R. 13/Q. 28, Vol. I, p. 253—271, Edinburgh 1964.

[20] Groupe Français (Bourgin, Habib et al.): La déformabilité des massifs rocheux. Analyse et comparaison des résultats. Transact. VIII. Intern. Congress on Large Dams, R. 15/Q. 28, Vol. I, p. 287—312, Edinburgh 1964.

[21] Sarmento, G., and L. Vaz: Cambambe dam. Problems posed by the foundation ground and their solution. Transact. VIII. Internat. Congress on Large Dams, R. 23/Q. 28, Vol. I, p. 443—464, Edinburgh 1964.

[22] Lotti, C., and M. Beomonte: Execution and controls of consolidation works carried out in the foundation rock of an arch gravity dam. Transact. VIII. Internat. Congress on Large Dams, R. 37/Q. 28, Vol. I, p. 671—695, Edinburgh 1964.

[23] Link, H.: Evaluation of elasticity moduli of dam foundation rock determined seismically in comparison to those arrived at statically. Transact. VIII. Internat. Congress on Large Dams, R. 45/Q. 28, Vol. I, p. 833—858, Edinburgh 1964.

[24] Dvořák, A.: The relation between static and seismic elasticity modulus of rock and soils. Proceed. Sem. Soil Mech. Found. Engng., p. 153—164, Lodz, June 1964.

[25] Jaeger, Ch.: Reflections on the 8th Congress on Large Dams. Civil Engineering and Public Works Review *60,* Nr. 708/709, p. 1031—1035 and 1177—1179, 1965.

[26] Jaecklin, F. P.: Felsmechanische Großversuche. Schweiz. Bauztg. *83,* H. 15, S. 245—249, 1965 (betr. Verzasca).

[27] Langer, M.: Das Problem des Zusammenhanges zwischen dynamisch und statisch ermittelten Materialkennwerten in Anwendung auf den Felshohlbau. — Felsmechanik und Ingenieurgeologie, Suppl. II, S. 109—119, 1965.

[28] Pfisterer, E.: Die Bauarbeiten für die Unterstufe des Hotzenwaldwerkes. Wasserwirtschaft *55,* H. 9, S. 297—304, 1965.

[29] Parsons, R. C., and D. G. F. Hedley: The analysis of the viscous property of rocks for classification. Int. J. Rock Mech. Min. Sci. *3,* No. 4, p. 325—335, 1966.

[30] Bertacchi, P., E. Carabelli, and A. Sampaolo: A contribution to the use of the geophysical methods for investigation of rock masses. Proceed. I. Congr. Internat. Soc. Rock Mech., R. 1.10, Vol. I, p. 45—53, Lisboa 1966.

[31] Droszd, R., and B. Louma: The correlation of moduli of elasticity determined by microseismic measurements and static loading test. Proceed. I. Congr. Internat. Soc. Rock Mech., R. 3.11, Vol. I, p. 291—293, Lisboa 1966.

[32] Link, H.: Zur Querdehnungszahl von Gestein und Fels bei Beanspruchungen nahe der Bruchfestigkeit. Sitzungsber. I. Kongr. d. Intern. Ges. f. Felsm., Ber. 3.33, Bd. I, S. 425—431, Lisboa 1966.

[33] Ferratini, G.: Essais géosismiques et essais par vérin pour déterminer le module élastique de la roche de fondation du barrage de Tana Termini. Comptes Rendus I. Congrès Soc. Internat. Méc. Roches, R. 3.54, Vol. I, p. 549—557, Lisboa 1966.

[34] Kujundžić, B., and N. Grujić: Correlation between static and dynamic investigations of rock mass „in situ". Proceed. I. Congr. Internat. Soc. Rock Mech., R. 3.56, Vol. I, p. 565—570, Lisboa 1966.

[35] Ukhov, S. B., and N. A. Tsytovich: Some principles of mechanical properties of chloritic schists. Proceed. I. Congr. Internat. Soc. Rock Mech., R. 3.91, Vol. I, p. 781 to 786, Lisboa 1966.

[36] Lauffer, H. und G. Seeber: Die Messung der Felsnachgiebigkeit mit der TIWAG-Radialpresse und ihre Kontrolle durch Dehnungsmessungen an der Druckschachtpanzerung des Kaunertalkraftwerkes. Sitzungsber. I. Kongr. d. Intern. Ges. f. Felsmech., Ber. 7.22, Bd. II, S. 347—356, Lisboa 1966.

[37] Argüelles, H., P. Marinier, N. Navalon et I. M. Sanz Saracho: Amélioration des massifs rocheux cristallins par injections. Comptes Rendus I. Congr. Soc. Internat. Méc. Roches, R. 8.30, Vol. II, p. 675—679, Lisboa 1966.

[38] Boughton, N. O., and G. E. A. Hale: Foundation studies for Cethana arch dam. Transact. IX. Internat. Congress on Large Dams, R. 10/Q. 32, Vol. I, p. 143—163, Istanbul 1967.

[39] Lombardi, J.: Quelques problèmes de mécanique des roches étudiés lors de la construction du barrage de Contra (Verzasca). Comptes Rendus IX. Congr. Internat. Grands Barrages, R. 15/Q. 32, Vol. I, p. 235—252, Istanbul 1967.

[40] Bravo, G.: La fondation du barrage de Iznajar. Comptes Rendus IX. Congr. Internat. Grands Barrages, R. 35/Q. 32, Vol. I, p. 573—582, Istanbul 1967.

[41] Groupe Français (Bernaix et al.): Essais et calculs de mécanique des roches appliqués à l'étude de la sécurité des appuis d'un barrage-voûte. Exemple de Vouglans. Comptes Rendus IX. Congr. Internat. Grands Barrages, R. 49/Q. 32, Vol. I, p. 793—818, Istanbul 1967.

[42] Oberti, G., and A. Rebaudi: Bedrock stability behaviour with time at the Place Moulin arch-gravity dam. Transact. IX. Internat. Congress on Large Dams, R. 52/Q. 32, Vol. I, p. 849—872, Istanbul 1967.

Anschrift des Verfassers: Regierungsbaumeister a. D. Harald Link, Allgemeine Elektricitäts-Gesellschaft AEG-Telefunken, Abt. Bauwesen/Wasserkraftanlagen, D-6 Frankfurt a. M.; priv. Vogtstraße 82.

Felsmechanik u. Ingenieurgeol., Suppl. IV, 111—137 (1968)

Neuartige Tunnelmodellversuche - Ergebnisse und Folgerungen

Von

Konrad Sattler, Graz

Mit 30 Textabbildungen

(Eingegangen am 9. September 1967)

Zusammenfassung — Summary — Résumé

Neuartige Tunnelmodellversuche — Ergebnisse und Folgerungen. Es wird über ein neues Tunnelbelastungsgerät berichtet, mit dem weitgehend die natürlichen Verhältnisse beim Tunneleinbau im nachgiebigen Gebirge, wie Schiefer, Ton, Mergel, Sand, Schotter usw., nachgeahmt werden können.

Besondere Meßeinrichtungen erlauben die Messung der Gebirgsdrücke und Verformungen.

Es wird über eine Reihe von Versuchen berichtet, bei denen folgende maßgebliche Parameter untersucht wurden:

a) verschiedene Gebirgsarten, wie Ton, Sand und Schotter;
b) primärer und sekundärer Gebirgsdruck;
c) satt anliegendes Gebirge und Hohlraum zwischen Tunnelauskleidung und Gebirge;
d) verdichtetes und unverdichtetes Gebirge;
e) unbewehrte Betonauskleidung mit und ohne Gelenke;
f) erforderliche Stärke der Betonauskleidung;
g) Stahlauskleidung;
h) elastische und starre Auskleidung;
i) Auswirkung ungleichmäßiger Lastverteilung;
j) Bruchursache und Sicherheit;
k) Auswirkung eines örtlichen Versagens der Auskleidung;
l) erstmalige und Langzeitverformungen.

Beim Einbau mit unbewehrten Betonringen wurde folgendes festgestellt: Trotz ungleicher Radialpressungen mit Werten bis zu 6 kg/cm² sind bei sattem Anliegen des Gebirges nirgends irgendwelche praktischen Schäden aufgetreten. Dies ist durch ein völlig elastisches Anpassen des Betonringes an die Drucklinie begründet.

Durchmesserverkürzungen in der einen Richtung bewirken Verlängerungen in der dazu senkrechten Richtung.

Bei Hohlräumen hinter dem Ausbau treten bereits bei minimalen Gebirgsdrücken jeweils am Beginn des Hohlraumes Biegebrüche auf.

Diese müssen nicht zum sofortigen Zusammenbruch des Einbaues führen. Bei einem elastischen Einbau ist es gleichgültig, ob ein Vollring oder ein Gelenkring verwendet wird.

Bei sattem Anliegen des Gebirges an den Tunneleinbau besteht die einzige Möglichkeit eines Bruches in der des Schubbruches, wie an Hand von verschiedenen Beispielen gezeigt wurde.

Beim Einbau mit Wellblechstahlringen wurde folgendes festgestellt: Selbst bei Radialdrücken bis 12 kg/cm² und unter ungünstigsten Verhältnissen und selbst bei vorhandenen kleinen Hohlräumen hinter dem Ausbau wurden keinerlei Schäden, weder in den Stahlringen noch in den Verbindungen, festgestellt. Der sehr elastische Einbau hat den Vorzug, sich ganz an die Drucklinie anzupassen.

Die Versuche wurden gemeinsam mit Herrn Prof. Dr. techn. Dr. h.c. Veder und unter Beratung von Herrn Prof. Dr. techn. Dr. h.c. Rabcewicz an der Technischen Hochschule in Graz durchgeführt.

New Experiments on Tunnel Construction, their Results and Implications. The report deals with a new apparatus for loading models of tunnels by which the natural conditions of tunnel-constructions in a relaxing rock mass such as sand, slate, marl, gravel etc. can be imitated to a high degree.

Special instruments enable pressures and deformations to be measured. The report deals with series of experiments where the following essential parameters have been examined:

a) various rock masses such as clay, sand and gravel;
b) primary and secondary rock pressure;
c) rock masses closely connected with the linings and also seperated by gaps;
d) compressed and uncompressed rock masses;
e) lining of concrete without reinforcement, with and without hinges;
f) the necessary thickness of concrete linings;
g) steel linings;
h) elastic and rigid linings;
i) the effect of irregular load distribution;
j) the cause of rupture and safety of construction;
k) the effect of local rupture of the lining;
l) primary deformations and long time deformations.

At the lining of non-reinforced concrete the following statement could be made: In spite of an irregular load distribution with values up to 6 kg/cm^2 no damage was noticed, since the rock mass was intimately connected with the lining. This fact results from the complete elastic adaption of the lining to the rock mass.

Elongations of diameter in one direction result from a shortening of diameter in the perpendicular direction. As there are gaps behind the lining, ruptures due to flexure appear even with a minimum rock pressure applied directly at the edge of the gap. This fact does not lead to a sudden rupture of the whole lining.

At an elastic lining it is of no importance whether hinges are used or not. In case of complete contact between the lining and the rock mass the tests prove that rupture can only occur by shearing.

For linings which consist of materials such as metal sheets, the following facts were noticed: Even in the case of radial pressure up to 12 kg/cm^2 and under the most unfavourable conditions and also in the case of hollows behind the lining, no damage was observed neither in the metal sheet or in the joints. The highly elastic lining has the advantage of complete adaption to the line of pressure.

The tests were made in teamwork with Prof. Dr. Dr. h.c. Veder and in consultation with Prof. Dr. Dr. h.c. Rabcewicz at the Technical University at Graz.

Nouveaux essais sur modèles de revêtements de tunnels Résultats et conséquences. Le rapport traite d'un nouvel appareil de mise en charge des revêtements de tunnels. Avec cet appareil il est possible d'imiter le mieux possible les conditions réelles du revêtement des tunnels dans des formations géologiques comme les ardoises, les argiles, les marnes le sable, les cailloutis, etc.

Des instruments spéciaux permettent de mesurer les pressions et les déformations du massif rocheux.

Le rapport traite d'une série d'essais avec les nombreux paramètres essentiels suivants:
a) différentes formations géologiques, argile, sable et cailloutis;
b) pression du massif primaire et secondaire;
c) massif rocheux en contact étroit avec le revêtement ou laissant un espace libre.
d) massif compact ou non compact;
e) Revêtement en béton (non armé) avec et sans articulations;

f) épaisseur nécessaire du revêtement en béton;
g) blindage en acier;
h) revêtements élastiques et non élastiques;
i) effet d'une distribution non uniforme de la pression du massif;
j) causes de rupture et sécurité;
k) apparition d'une rupture locale du revêtement;
l) déformations instantanées et déformations de longue durée.

Pour le revêtement en béton, malgré des pressions distribuées non uniformément avec des valeurs jusqu'à 6 kg/cm² on n'a pas constaté de dommages notables si le massif rocheux était directement contiguë au revêtement, grâce à l'adaptation élastique du revêtement à la ligne de pression. Les déformations dans une direction (allongements) entraînent des déformations dans la direction perpendiculaire (raccourcissement).

S'il y a des cavités derrière le revêtement, des fissures de flexion se produisent dès les pressions minimales aux extrêmités des cavités. Mais ces fissures n'entraînent pas une rupture soudaine du revêtement.

Le revêtement élastique peut être exécuté avec ou sans articulations.

L'unique possibilité de rupture du revêtement est par cisaillement. On en donne plusieurs exemples.

Pour le blindage en tôle d'acier, même avec des pressions radiales jusqu'à 12 kg/cm² et sous des conditions défavorables, on n'a pas constaté de dommages, même s'il y a de petites cavités derrière le blindage, ni dans l'anneau ni aux joints.

Le revêtement élastique a l'avantage d'une adaptation complète à la ligne de pression.

Les essais ont été exécutés en collaboration avec M. le Prof. Dr. Dr. h. c. Veder à l'université technique de Graz.

L'auteur remercie M. le Prof. Dr. Dr. h. c. Rabcewicz pour ses très utiles conseils.

1. Einleitung

Im Jahre 1965 hat der Verfasser a. a. O. die statische Wirkungsweise und Bemessung von Tunnelausbauten behandelt[1]. Voraussetzung für die dortigen Überlegungen ist, daß das Gebirge dem Tunneleinbau satt anliegt und daß während des Einbringens desselben auf Grund der Bauweise keine größeren Gebirgsbewegungen möglich sind. Dies bedeutet, daß nur geringe örtliche Gebirgsverformungen, die sich aus den elastischen und plastischen Verformungen des Einbaues ergeben, möglich sind. Durch die Vermeidung jeder „unzulässigen Auflockerung" ist die Tatsache gegeben, daß hinter der Tunnelauskleidung stets ein räumlicher Spannungszustand vorhanden ist. Um Wiederholungen zu vermeiden, sei auf diese Arbeit verwiesen. Die Untersuchungen gelten für nachgiebiges Gebirge, wie Schiefer, Ton, Mergel, Sand, Schotter usw., aber nicht für Hartgesteinsfels. Die wesentliche Erkenntnis aus der aufgestellten Theorie war, daß bei dem zugrunde gelegten Gebirge und hohlraumlosem Einbau der Tunnelauskleidung kein Biegebruch des Einbaues möglich ist und daß die einzige Form des Bruches nur der Schubbruch sein kann. Diese theoretischen Überlegungen galt es durch Versuche zu stützen, um auch Zweifler von der Richtigkeit der Annahmen zu überzeugen.

An der Technischen Hochschule in Graz wurde in Zusammenarbeit mit den Herren Prof. Dr. techn. Dr. h. c. Rabcewicz und Prof. Dr. techn. Dr. h. c. Veder ein neues Tunnelbelastungsgerät entwickelt, das eine weitgehende Nachbildung der natürlichen Bedingungen ermöglichen sollte. Vom Österreichischen Forschungsrat wurden die Mittel für die Versuchseinrichtung und die erforderlichen Meßeinrichtungen zur Verfügung gestellt. Über diese Versuche wird nachfolgend berichtet. Auch sie wurden im engsten Einvernehmen mit Prof. Dr. Veder und Prof. Dr. Rabcewicz durchgeführt.

---

[1] „Die neue österreichische Tunnelbauweise". Bauingenieur 40 (1965) H. 8, S. 289—301

2. Versuchseinrichtung

Das Prüffeld besteht aus einer Scheibe von 3,0 × 3,0 × 0,28 m. Dies entspricht beim Modellmaßstab 1 : 10 einer Gebirgsscheibe von 30,0 × 30,0 × 2,8 m.

Die Tunnelröhre hat im Modell einen Durchmesser von 1 m; damit bleibt allseits eine mindeste Gebirgsmächtigkeit von 1 m bis zur Begrenzung des Prüffeldes

Abb. 1. Versuchseinrichtung für Tunnelbelastung
Apparatus for loading tunnels
Appareil de mise en charge des revêtements de tunnels

übrig. Dies entspricht ungefähr den wirklichen Randbedingungen, da die Verformungen aus dem Einfluß der örtlichen Druckumlagerung im Gebirge infolge des

Abb. 2. Wie Abb. 1 — See Fig. 1 — Comme Fig. 1

Tunneleinbaues etwa bis zu einem Abstand des Durchmessers im wesentlichen abgeklungen sind. Für einen Tunnel von 10 m Durchmesser und 20 cm Wandstärke — dies entspricht den Ausführungen von Straßentunneln — ergibt sich im Modellmaßstab 1 : 10 ein Durchmesser von 1 m und eine Wandstärke von 2 cm. Für einen Tunnel von 2 m Durchmesser und 4 cm Wandstärke (Probestollen Schwaikheim) ist der Modellmaßstab bei 1 m Durchmesser und 2 cm Wandstärke bereits 1:2.

Die obere und untere Abdeckung des Prüffeldes mit schweren Trägern (Abb. 1) entspricht einem in Tunnellängsrichtung völlig unnachgiebigen Gebirge. Damit wird ein ebener Verformungs- und räumlicher Spannungszustand erreicht, der der Natur entspricht. Die oberen und unteren Abdeckträger sind gegenseitig mit schweren Schrauben zum Kräfteausgleich verspannt. Die seitlichen schweren Abschlußlängsträger sind mit den Abdeckträgern verschraubt, so daß eine unnachgiebige seitliche Gebirgsstützung erzielt wird. Die beiden Querhäupter bestehen ebenfalls aus schwe-

Abb. 3. Wie Abb. 1 — See Fig. 1 — Comme Fig. 1

ren Trägern, die mit Pressen beiderseits in das Prüffeld gedrückt werden (Abb. 2). Die Pressen (Abb. 3) stützen sich gegen Querträger, die mit Zugstangen wieder den Kräfteausgleich zwischen den beiden Querhäuptern bewirken. Die Pressen haben Stellringe, so daß die Belastung auf unbegrenzte Zeit aufrechterhalten werden kann. Ein Kraftabfall kann dabei durch Nachpressen ausgeglichen werden. Die Anordnung des Prüffeldes mit eingebauter Auskleidung und abgehobenen oberen Abdeckträgern zeigt Abb. 4.

Zwischen den Abdeckträgern und dem Gebirge sind glatte Trovidurplatten eingelegt, die das Prüffeld dicht abschließen. Um die Reibungskräfte zwischen Trovidurplatten und Gebirge auf ein unbedeutendes Maß herabzudrücken, werden außerdem in doppelter Lage dünne Plastikfolien eingelegt und der Zwischenraum zwischen diesen mit Öl eingelassen.

Um über die Druckverteilung im Gebirge Aufschluß zu erhalten, wurden besondere Druckmeßdosen, System Racal, eingebaut, die einen Außendurchmesser von 12 cm haben und bis 25 kg/cm^2 Druck elektrisch anzeigen können. Es ist dies eine Entwicklung des Norwegischen Geodätischen Institutes in Oslo. Auf diese Weise konnten während der Versuche laufend die Drücke durch elektrische Anzeige verfolgt werden. Außerdem wurden besondere Meßgeräte eingebaut, die sowohl im Gebirge gegenseitige Entfernungsänderungen einzelner Punkt angeben können als auch die absoluten Verschiebungen von Punkten der Auskleidung. Auch diese Angaben wurden elektrisch registriert. Dieses Gerät wurde in der Forschungsanstalt von Prof. Dr. techn. Dr. h. c. List, Graz, gebaut und ermöglicht Verformungsmessungen von 14 mm.

Abb. 4. Armco-Ring C 2 b nach Belastung bis 140 t (Schotter), Hohlräume an der Sohle zwischen den Stößen

Armco tubbing C 2 b after loading up to 140 t (gravel); existence of gap

Revêtement Armco C 2 b après une pression de 140 t (cailloutis); espace libre derrière le revêtement

3. Versuch-Parameter

Die Versuche sind als Grundlagenforschung aufzufassen. Um den verschiedensten Bedingungen Rechnung zu tragen, wurden folgende maßgebliche Parameter variiert:

a) Bergarten, wie Ton, Sand, Schotter;
b) primärer und sekundärer Gebirgsdruck;
c) sattes Anliegen des Gebirges und Hohlräume zwischen Tunnelauskleidung und Gebirge;
d) verdichtetes und unverdichtetes Gebirge;
e) unbewehrte Betonauskleidung mit und ohne Gelenken;
f) Stärke der Betonauskleidung;
g) Stahlauskleidung;
h) elastische und starre Auskleidung;
i) Ungleichmäßigkeit der Lastverteilung.

Untersucht wurden:

1. Bruchursache und Sicherheit;
2. Auswirkung eines örtlichen Versagens der Auskleidung;
3. erstmalige (rasche) und Langzeit-Verformungen.

4. Ausbau mit unbewehrten Betonringen von 1 m Durchmesser

Um ungünstige Voraussetzungen für das allfällige Auftreten von Biegebrüchen zu schaffen, erhielten die Betonringe keine Zugbewehrung. Lediglich aus Gründen der Schwindspannungen und des Transportes wurde mittig ein Drahtgitter minimaler

Abmessungen (0,8 mm Stärke und 12,5 × 25 cm Maschenweite) eingelegt. Die einzelnen Segmente der Gruppe *A* wurden aus Spritzbeton im Felbertauerntunnel gefertigt, die übrigen Ringe der Versuche *B* und *M* in der Versuchsanstalt für Materialprüfung, Prof. Dr. Tschech, der Technischen Hochschule in Graz auf einem Rütteltisch. Bei Betonringen mit Gelenken wurde diese mit Rücksicht auf die großen Belastungen als Stahlliniengelenke ausgeführt.

4.1 Versuchsergebnisse

Gruppe A: Auskleidung mit kleinen Segmenten und Schließen der Fugen mittels Klebemörtels

Um die Verhältnisse bei einer Spritzbetonauskleidung und auch die Änderungen vom primären zum sekundären Gebirgsdruck weitgehend nachzuahmen, wurde nachfolgender Weg beschritten. Es wurden Tunnelsegmente von 15,8 cm Länge und 20 mm Stärke verwendet. Die Würfelfestigkeit des Betons betrug am Tage der Belastung $W = 660$ kg/cm². Die Segmente wurden mit einem Spielraum von rund 10 mm, der beiderseits durch Blechlaschen gesichert wurde, im Prüffeld eingebaut und das gesamte Prüffeld — innerhalb und außerhalb des Tunneleinbaues — mit gestampftem Sand gefüllt. Die Außenseiten der Segmente waren mit Klebemörtel

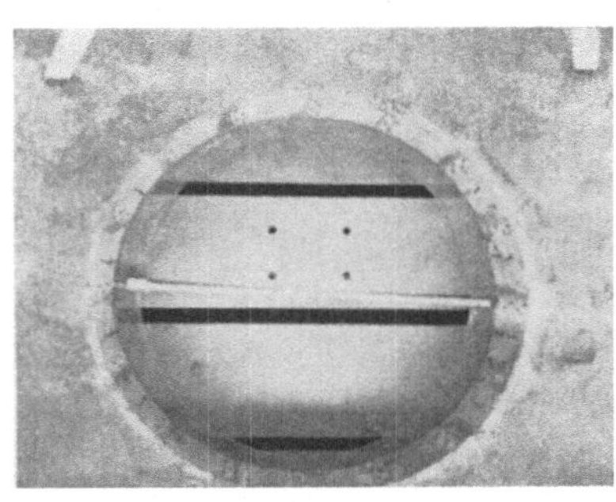

Abb. 5

Abb. 6

Abb. 5. 20-mm-Betonring aus Einzelteilen nach Belastung bis 100 t
20 mm tubbing of concrete elements after loading up to 100 t
Anneau de béton de 20 mm, formé de blocs élémentaires, après une pression de 100 t

Abb. 6. Wie Abb. 5 — See Fig. 5 — Comme Fig. 5

bestrichen, um diese rauh zu machen und um so die Verbindung zwischen Spritzbeton und Gebirge nachzuahmen. Auch wurden Stahlanker eingesetzt, die mit kleinen Blechplatten im Gebirge verankert waren.

Unmittelbar vor dem Schließen des Prüffeldes wurden die Fugen zwischen den Segmenten mit Klebemörtel (120 g Araldit GY 250, 80 g Härter X 11157/100, 5000 g Quarzsand) gefüllt und die Stahlbleche an den Fugen zum Gebirge gezogen, so daß auch im Fugenbereich eine innige Verbindung mit dem Gebirge vorhanden war. Nach einer Stunde waren alle Fugen gefüllt, so daß die oberen Abdeckträger aufgebracht werden konnten. Nach weiteren 1½ Stunden, solange der Kleber noch plastisch war, wurde bis 80 t (mittlerer Gebirgsdruck 9,5 kg/cm²) belastet. Damit wurde im gesamten Prüffeld — innerhalb und außerhalb des Tunneleinbaues — der primäre Gebirgsdruck erzeugt, ohne daß Beanspruchungen in den Betonsegmenten auftreten konnten. 20 Stunden später — nachdem der Kleber eine höhere Festigkeit

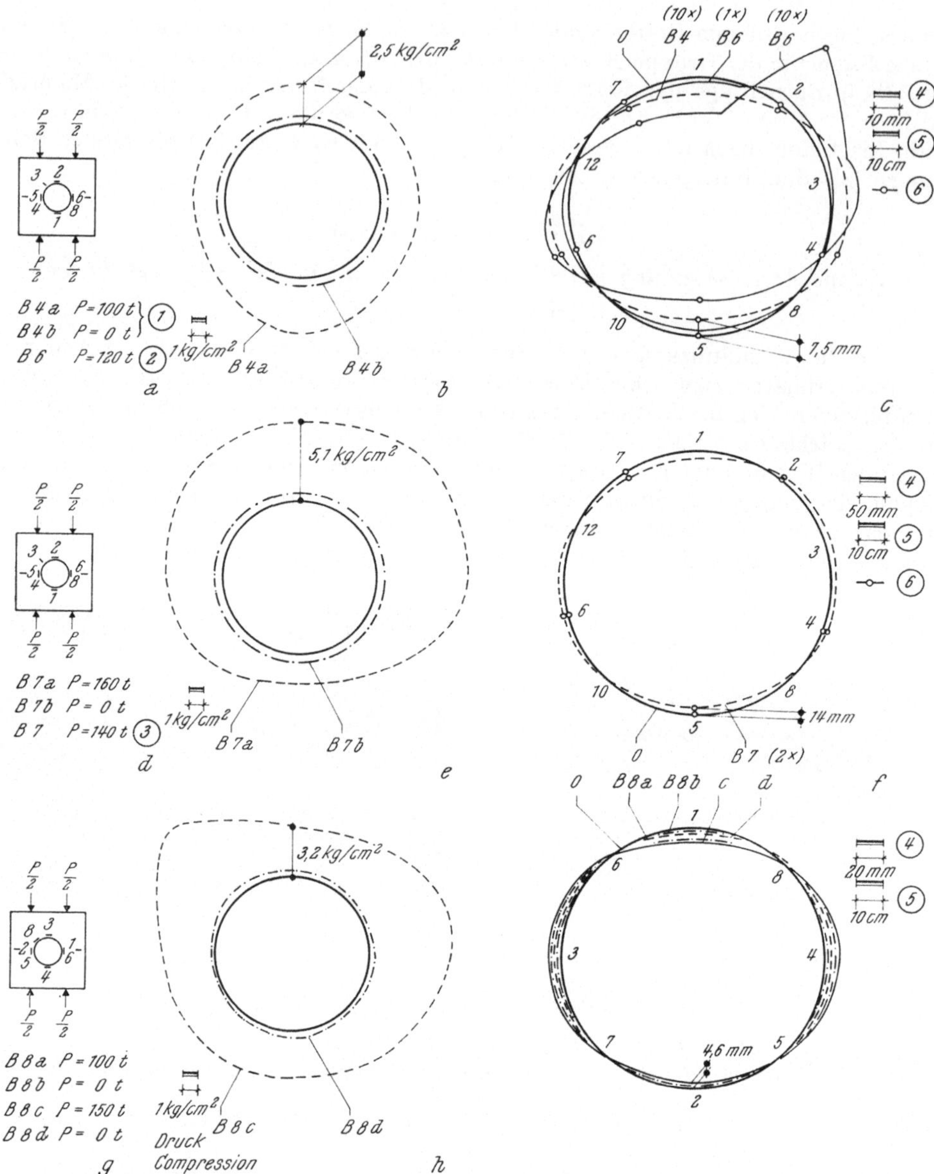

Abb. 7. Meßdosenanordnung (*a*, *d*, *g*) und Gebirgsdruckverteilung (*b*, *e*, *h*) für 20 mm (*a* bis *c*) und 16 mm (*d* bis *f*) starken Betonring mit Gelenken und für 16 mm starken Betonvollring (*g* bis *i*)

c, *f* plastischer Verformungen; *i* plastische und elastische Verformungen

Arrangement of pressure gauges (*a*, *d*, *g*) and distribution of rock pressure (*b*, *e*, *h*) for 20 mm (*a* to *c*) tubbing of concrete and 16 mm (*d* to *f*) with hinges and for 16 mm tubbing of concrete (*g* to *i*)

c, *f* plastic deformations; *i* plastic and elastic deformations

Arrangement des boîtes de mesure (*a*, *d*, *g*) et distribution des pressions (*b*, *e*, *h*) pour un anneau de béton de 20 mm avec articulations (*a* à *c*) et pour un même anneau de 16 mm (*d* à *f*), et pour un anneau de béton de 16 mm (*g* à *i*)

c, *f* déformations plastiques; *i* déformations plastiques et élastiques

als das Betonmaterial erreicht hatte — wurde der Innenraum des Tunnelausbaues unter Beibehaltung des Druckes auf das Prüffeld durch die nunmehr geöffneten Zwischenräume zwischen den Abdeckträgern vom Material freigemacht (Abb. 5). Damit konnte sich automatisch der sekundäre Gebirgsdruck einstellen.

Außer unbedeutenden Haarrissen traten keinerlei Beschädigungen der Tunnelauskleidung ein. Der Druck wurde durch drei Tage aufrechterhalten, dann wurde der mittlere Gebirgsdruck auf 12 kg/cm² (100 t) erhöht und während eines weiteren Monates ständig aufrechterhalten, ohne daß irgendwelche Schäden festgestellt werden konnten. Abb. 6 zeigt den Betonring nach dem Ausbau. Es waren keinerlei Biegerisse festzustellen.

Gruppe B und M: Betonringe mit und ohne Gelenke

Betonringe *B* 4 bis *B* 6. 20-mm-Gelenkring. Schotter

Versuch B 4: Die Zusammensetzung des Gebirges entspricht den Verhältnissen am Eingang des Bergisel-Tunnels im Modellmaßstab 1 : 10. Das gesamte Prüffeld — ohne Tunneleinbau — wurde mit dem Gebirge gefüllt, mit Stampfern verdichtet und nach dem Schließen mit 100 t belastet (mittlerer Gebirgsdruck 12 kg/cm²). In den Meßdosen, die parallel zu den Querhäuptern — normal zur Pressenwirkung — an verschiedenen Stellen des Gebirges angeordnet waren, wurden unterschiedliche Pressungen zwischen 6 und 20 kg/cm² abgelesen, was einer verständlichen, nicht gleichmäßigen Druckverteilung im Gebirge entspricht.

Nach Öffnen des Prüffeldes wurde das Gebirge in der Mitte auf einen Durchmesser von rd. 1,2 m entfernt und der Betonring eingesetzt. Die Würfelfestigkeit betrug $W_{39} = 303$ kg/cm². Die Biegezugfestigkeit $W_b = 67$ kg/cm². Um den Zwischenraum von etwa 8 cm zwischen Tunnelauskleidung und Gebirge beim Vorschieben des Schildes nachzuahmen, wurde eine Schaumgummischicht von rd. 20 mm Stärke um den Betonring eingebracht, der beim losen Füllen des rd. 10 cm starken Zwischenraumes zwischen Tunneleinbau und Gebirge auf rd. 8 mm zusammengedrückt wurde und später bei der Belastung auf Null zusammensank. Die 10 cm lockere Hinterfüllung entspricht einer Auflockerungszone von 1 m der Natur.

Die Belastung von 100 t (m. Gd. 12 kg/cm²) wurde während 24 Stunden aufrechterhalten. Es ergaben sich gemessene Radialpressungen zwischen 2,0 und 3,6 kg/cm², die nach Entlastung bis auf kleine Restwerte zurückgingen (Abb. 7 a, b).

Nach dem Öffnen des Prüffeldes wurden die plastischen Verformungen des Betonringes aufgenommen (Abb. 7 c). Die Durchmesseränderungen betrugen in Richtung First—Sohle (*1—5*) —15 mm und in Richtung der Ulmen +12 mm. Es wurden nur einige unbedeutende Haarrisse im Beton festgestellt.

Versuch B 5. In weiterer Verfolgung des Versuches *B* 4 wurde lediglich beiderseits des Gelenkes ein Hohlraum von insgesamt 58 cm Länge und 14 cm Weite geschaffen. Eine Spiegelablesung im Inneren der Tunnelöffnung ermöglichte die laufende Beobachtung der Tunnelwand während der Belastung. Bereits bei einer Belastung von 10 t (unter 1 kg/cm² m. Gd.) traten an beiden Enden des Hohlraumes Biegebrüche auf. Die zugehörigen Radialdruckbelastungen betrugen dabei nur rund 0,5 kg/cm².

Versuch B 6. Nach Öffnen des Versuchsfeldes *B 5* wurde der Hohlraum bei Gelenk 2 wieder lose mit Material gefüllt. Es wurde bis 120 t (14,5 kg/cm² m. Gd.) belastet, ohne daß eine weitere Schädigung der Tunnelwand gegenüber dem Zustand *B 5* eintrat. Die radialen Gebirgsdrücke schwankten dabei zwischen 2,0 und 3,9 kg/cm² (Abb. 8 a, b), die nach Entlastung fast vollständig zurückgingen. Die Meßdosendrücke während Be- und Entlastung zeigt Abb. 9. Die plastischen Durchmesseränderungen sind doppelt so groß wie im Fall *B* 5 und betrugen in Richtung First—Sohle (*1*—*5*) —30 mm (Abb. 7c). Diese großen Verformungen sind durch das Ausweichen in den Hohlraum bei Versuch *B* 5 verursacht.

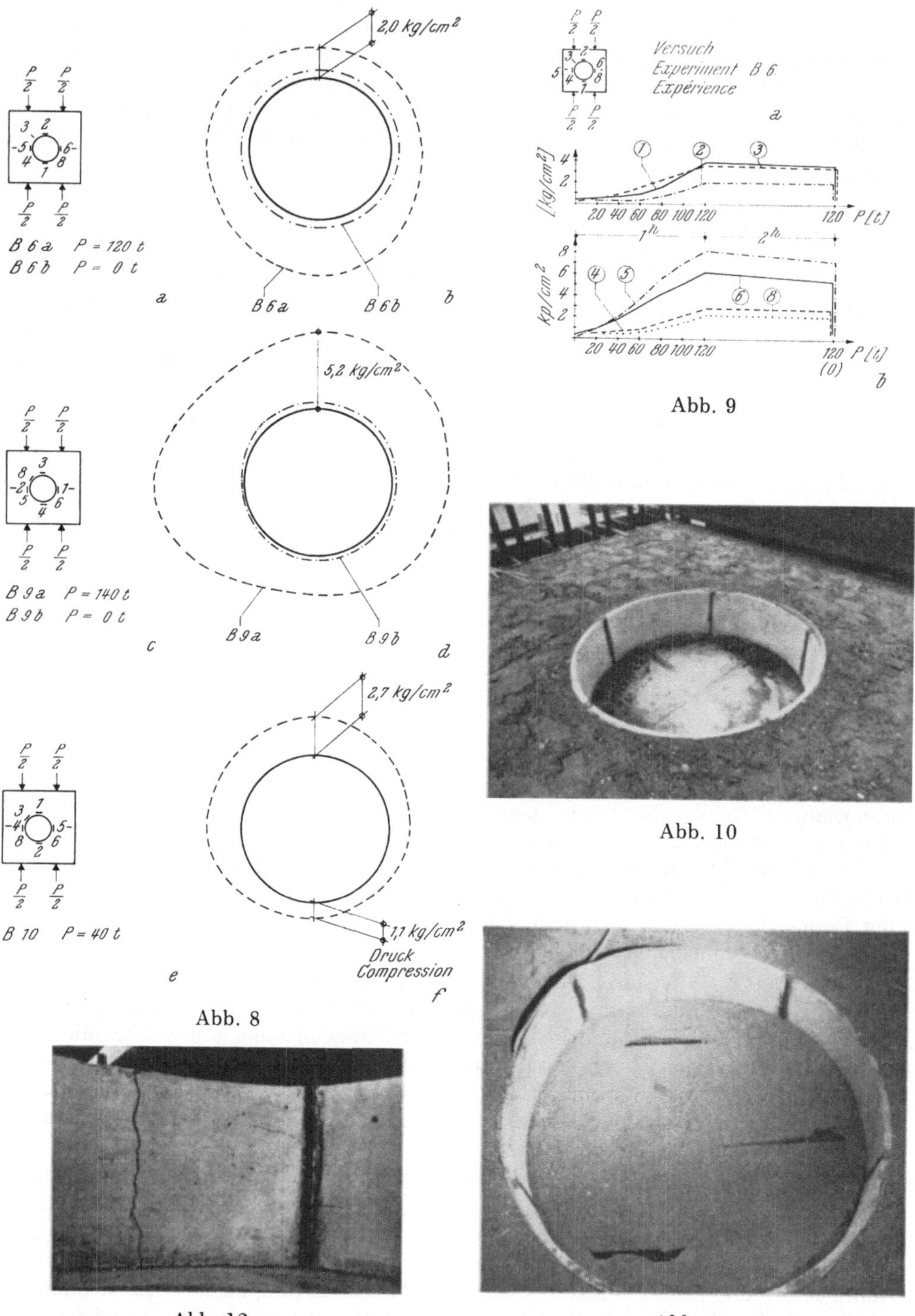

Abb. 8

Abb. 9

Abb. 10

Abb. 12

Abb. 11

Versuche *B* 1 bis *B* 3. 20-mm-Gelenkring. Sand

Versuche B 1 und B 2. Die Versuchsergebnisse entsprechen vollständig denen von Versuch *B 4*. Abb. 10 zeigt den Betonring mit den Gelenken vor der Belastung und vor der Schließung des Prüffeldes. Die Schaumgummimatte ist zu sehen.

Versuch B 3. Beim Gelenk 7 wurde ein Hohlraum von 25 cm Länge geschaffen und anschließend belastet. Obwohl bereits bei der kleinsten Belastung Biegerisse am Beginn und Ende des Hohlraumes eingetreten sind (Abb. 11), wurde die Belastung bis 120 t gesteigert, ohne daß ein Zusammenbruch eintrat. Der Biegeriß ist deutlich aus Abb. 12 ersichtlich. An anderen Stellen des Betonringes waren nur unbedeutende Haarrisse zu erkennen.

Versuch *B* 7. 16-mm-Gelenkring. Schotter

Nach dem Entfernen des Betonringes B *6* wurde in das bereits verdichtete Material der neue Betonring eingesetzt.

$$W_{20} = 247\ \mathrm{kg/cm^2};\quad W_b = 58{,}9\ \mathrm{kg/cm^2}.$$

Der Zwischenraum von rd. 10 cm zwischen Gebirge und Tunneleinbau wurde wieder mit dem vorhandenen Gebirgsmaterial gefüllt, und zwar ohne Schaumgummizwischenlage. Es wurde bis 100 t belastet (12 kg/cm² m. Gd.) und der Druck während

---

Abb. 8. Meßdosenanordnung (*a*, *c*, *e*), Gebirgsdruckverteilung (*b*, *d*, *f*) für Ton mit Plastikfolie (*a*, *b*), Schotter mit Plastikfolie ohne seitliche Hohlräume (*c*, *d*) und mit seitlichen Hohlräumen (*e*, *f*)

a, *b* 20 mm starker Betonring; *c*, *d*, *e*, *f* 12 mm starker Betonring mit Gelenken.

Arrangement of pressure gauges (*a*, *c*, *e*), distribution of rock pressure (*b*, *d*, *f*) for clay with plastic foil (*a*, *b*), gravel with plastic foil without caves at the side (*c*, *d*) and with caves at the side (*e*, *f*)

a, *b* 20 mm tubbing of concrete; *c*, *d*, *e*, *f* 12 mm tubbing of concrete with hinges

Arrangement des boîtes de mesure (*a*, *c*, *e*), distribution des pressions (*b*, *d*, *f*) pour de l'argile avec feuille de plastique (*a*, *b*), cailloutis avec feuille de plastique sans vides sur le côté (*c*, *d*) et avec vides sur le côté (*e*, *f*)

a, *b* anneau de béton de 20 mm; *c*, *d*, *e*, *f* anneau de béton de 12 mm avec articulations

Abb. 9. 20-mm-Betonring mit Gelenken, Gebirgsdruckverteilung
a) Meßdosenanordnung; b) Last-Spannungs-Diagramm

20 mm tubbing of concrete with hinges. Distribution of pressures
a) arrangement of pressure gauges; b) load-stress-diagram

Anneau de béton de 20 mm avec articulations. Distribution des pressions
a) arrangement des boîtes de mesure; b) diagramme charge-tension

Abb. 10. 20-mm-Betonring mit Gelenken B 2 vor Belastung (Sand)
20 mm tubbing of concrete with hinges B 2 before loading (sand)
Anneau de béton de 20 mm avec articulations B 2 avant chargement (sable)

Abb. 11. 20-mm-Beton-Gelenkring nach Belastung bis 120 t (Sand, Hohlraum)
20 mm tubbing of concrete with hinges after loading up to 120 t (sand, gap)
Anneau de béton de 20 mm avec articulation après pression de 120 t (sable, espace libre)

Abb. 12. Wie Abb. 11 — See Fig. 11 — Comme Fig. 11

17 Stunden aufrechterhalten. Anschließend wurde durch weitere 5 Tage immer wieder entlastet und sofort wieder auf 160 t (19 kg/cm² m. Gd.) belastet. Die Radialdrücke maßen zwischen 1,8 und 5,8 kg/cm² (Abb. 7 d, e) und gingen bei Entlastung wieder auf unbedeutende Werte zurück. Den zeitlichen Druckverlauf zeigt Abb. 13. In

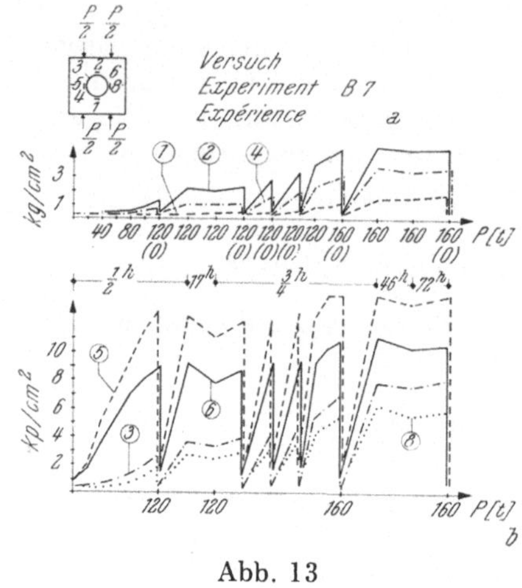

Abb. 13

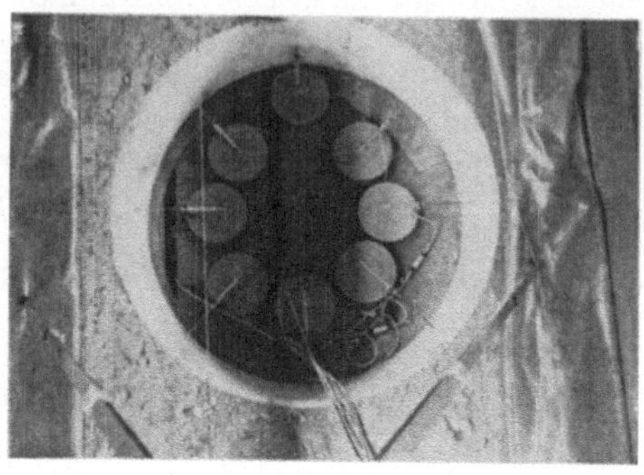

Abb. 14

Abb. 13. 16-mm-Betonring mit Gelenken. Gebirgsdruckverteilung
a) Meßdosenanordnung; b) Last-Spannungs-Diagramm

16 mm tubbing of concrete with hinges. Distribution of pressure
a) arrangement of pressure gauges; b) load-stress-diagram

Anneau de béton de 16 mm avec articulations. Distribution des pressions
a) arrangement des boîtes de mesure; b) diagramme charge-tension

Abb. 14. 16-mm-Betonvollring B 8 nach Belastung bis 150 t (Schotter)

16 mm tubbing of concrete B 8 after loading up to 150 t (gravel)

Anneau de béton de 16 mm B 8, après pression de 150 t (cailloutis). Chargement de longue durée

Abb. 7 f sind die plastischen Verformungen angegeben. Es ergaben sich Durchmesseränderungen in Richtung *1*—*5* von —28 mm, in Richtung der Ulmen von +17 mm. Nur wenige, feinste Haarrisse waren festzustellen.

Versuch *B* 8. 16-mm-Vollring. Schotter

$$W_{12} = 244 \text{ kg/cm}^2; \quad W_b = 57{,}6 \text{ kg/cm}^2.$$

Das Prüffeld wurde ohne Ring ganz mit Material gefüllt. Es wurden Entfernungsgeber im Gebirge in den Bereichen ohne späteren Tunneleinbau eingesetzt, und dann wurde bis 120 t belastet.

Nach Aushub des Gebirges auf den Durchmesser von 1,2 m wurde der Versuchsring eingebaut und der Zwischenraum von rd. 10 cm lose mit Material gefüllt. Bereits vor dem Einbau waren feine Haarrisse im Beton vorhanden. Erstmals wurden Geber zur direkten Bestimmung der Lageänderung einzelner Punkte des Betonringes eingebaut.

Es wurde bis 100 t belastet. Anschließend wurde durch 14 Tage immer wieder entlastet und sofort wieder belastet, zuletzt bis 150 t (18 kg/cm² m. Gd.). Es waren keinerlei Schäden im Betonring festzustellen. Die Verteilung der radialen Gebirgsdrücke um den Tunneleinbau zeigt Abb. 7 g, h. Diese Drücke gingen bei der Belastung auf geringe Werte zurück.

Die Verformungen während Be- und Entlastung sind in Abb. 7 i eingetragen. Hier konnten erstmalig elastische und plastische Verformungen gemessen werden. Man erkennt, daß es sich im wesentlichen um plastische Verformungen handelt und daß nur geringe elastische Verformungen während der Entlastung aufgetreten sind. Als gesamte Verformungen ergaben sich:

Richtung *1—2* bei 150 t —16,0 mm bzw. bei 0 t —14,7 mm
Richtung Ulmen bei 150 t +17,4 mm bzw. bei 0 t +15,5 mm

Nach dem Ausbau des Ringes (Abb. 14) wurden keinerlei Beschädigungen festgestellt. Lediglich einige feine Haarrisse waren erkennbar.

Mit den im Gebirge eingebauten Gebern wurden im Gebirgspfeiler seitlich des Tunnelringes auf die Höhe desselben Verformungsänderungen von —20 mm festgestellt, die nach der Belastung bestehen blieben.

Versuch *B* 9. 12-mm-Gelenkring. Schotter

$$W_{18} = 262 \text{ kg/cm}^2; \quad W_b = 61{,}7 \text{ kg/cm}^2.$$

In das bereits mit 150 t vorgepreßte Material des Versuches *B* 8 wurde nach Ausbau von *B* 8 der neue Betonring eingebaut, der Zwischenraum zwischen Betonring und Gebirge mit Material gefüllt und das neu eingebrachte Material gestampft.

Es wurde bis 100 t belastet und wieder entlastet. Anschließend wurde weiter belastet, wobei bei 150 t (18,5 kg/cm² m. Gd.) ein Schubriß auftrat und der Beton-

Abb. 15. 12-mm-Betongelenkring B 9 nach Belastung bis 150 t. Schotter-Schubbruch

12 mm tubbing of concrete B 9 with hinges, after loading up to 150 t
Gravel — shearing rupture

Anneau de béton de 12 mm avec articulations B 9, après pression de 150 t
Cailloutis — rupture au cisaillement

ring glatt durchgetrennt wurde. Aus Abb. 15 erkennt man, daß außer dem Schubbruch an keiner Stelle irgend ein Biegebruch aufgetreten ist. In Abb. 16 erkennt man den ganz flach verlaufenden Schubbruch.

Die Radialdrücke sind für 140 t Belastung in Abb. 8 c, d angegeben; sie schwanken zwischen 2,8 und 6,0 kg/cm² und gingen bei der Entlastung fast vollständig zurück.

Die Durchmesseränderungen sind, abhängig von Be- und Entlastung, in Abb. 17 ersichtlich. Beim Belastungszustand von 140 t ergaben sich Durchmesseränderungen in Richtung First—Sohle von $-8{,}2$ mm, in Richtung der Ulmen von

Abb. 16

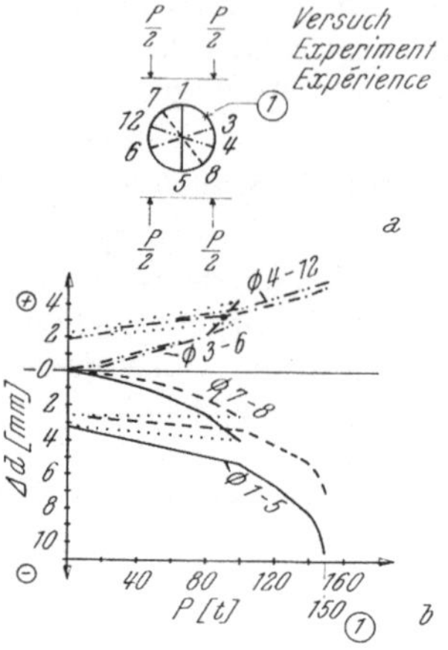

Abb. 17

Abb 16. Wie Abb. 15 — See Fig. 15 — Comme Fig. 15

Abb. 17. 12-mm-Betonring mit Gelenken. Ringverformungen
a) Lage der gemessenen Durchmesser; b) Last-Verformungs-Diagramm

12 mm tubbing of concrete with hinges. Deformations
a) situation of the diameters measured; b) load-deformation-diagram

Anneau de béton 12 mm avec articulations, distribution des pressions
a) situation des diamètres mesurés; b) diagramme charge-déformation

$+5$ mm. Die elastischen Verformungen waren gegenüber den plastischen bedeutungslos. Es ist dabei zu beachten, daß das zusammengedrückte Gebirge praktisch nur unbedeutend nachgeben kann, so daß der Ring nicht zurückfedern kann.

Versuch *B* 10. 10-mm-Vollring. Ton

$W_{20} = 177$ kg/cm²; $W_b = 45{,}7$ kg/cm².

Zuerst wurde das Prüffeld ohne Einbau ganz mit Ton gefüllt und oftmals bis 100 t be- und entlastet, damit der Ton genügend zusammengepreßt wurde. Nach dem Öffnen wurde der Ton auf einen Durchmesser von 1,2 m ausgehoben, der Betonring eingesetzt und der Zwischenraum mit feinstem Sand gefüllt. Bei 52 t Belastung trat wieder ein plötzlicher Schubbruch ohne irgendwelche Biegerisse auf.

Die Radialdruckverteilung bei 40 t Belastung ist aus Abb. 8e, f ersichtlich, die Radialdrücke schwanken zwischen 1,2 und 2,7 kg/cm². Die Bruchfläche war wieder ganz flach.

Versuch *M* 1. 10-mm-Vollring. Ton

$W_{169} = 219$ kg/cm²; $W_b = 64{,}5$ kg/cm².

Das Prüffeld wurde ganz mit dichtem Ton gefüllt. Während 10 Stunden wurde dauernd mit 12 kg/cm² m. Gd. belastet und kurz entlastet. Pro Tag betrug zwischen Ent- und Belastung die Setzung auf 3000 mm ungefähr 2 mm. Weitere 4 Tage wurde nicht mehr entlastet und nur an jedem Tag auf den vollen Druck nachgepreßt; hierbei trat jeweils eine weitere Setzung um 1 mm pro Tag ein.

Beim Einbau des Ringes wurde festgestellt, daß der Ton noch feucht war. Zwischen Ton und Betonring wurde eine feine Sandschicht von 10 bis 20 mm Stärke eingebaut, so daß der Betonring satt am Gebirge anlag. Die Tonproben zeigten einen Reibungswinkel von 25^0 und einen Kohäsionsbeiwert von 0,45 kg/cm^2.

Bei der Belastung auf 60 t (7,2 kg/cm^2 m. Gd.) ergaben sich Durchmesseränderungen $\Delta_v = -10{,}4$ mm und $\Delta_h = +10{,}6$ mm. Die Belastung wurde durch weitere 6 Tage aufrechterhalten, was durch tägliches Nachpressen erfolgte. Dabei ergaben sich weitere Durchmesseränderungen von $\Delta_v = -1{,}2$ mm und $\Delta_h = +1{,}5$ mm.

Bei der anschließenden Belastungssteigerung erfolgte bei 76 t (9,1 kg/cm^2 m. Gd.) wieder ein ganz flacher Schubbruch. Bei der weiteren Aufrechterhaltung des

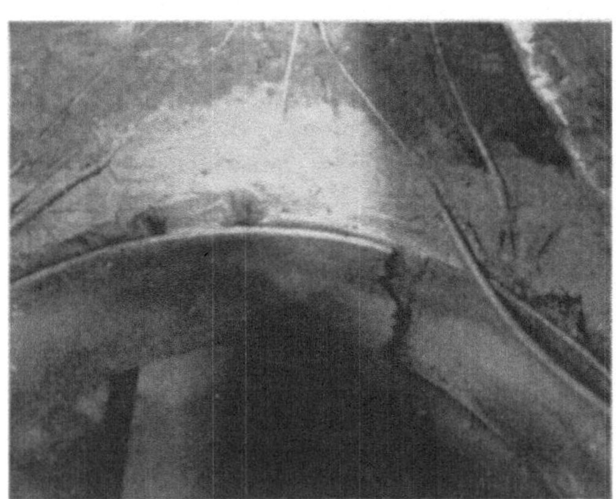

Abb. 18

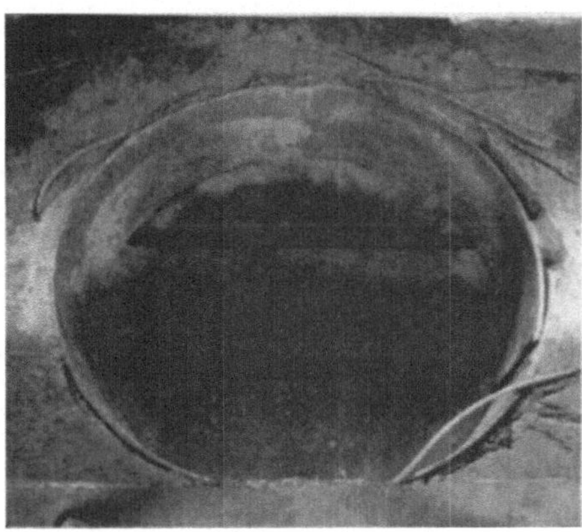

Abb. 19

Abb. 18. 10-mm-Betonvollring M 1 nach Belastung bis 76 t (Ton — Schubbruch)
10 mm tubbing M 1 after loading up to 76 t (clay — shearing ruptures)
Anneau de béton de 10 mm M 1, après pression de 76 t (argile — rupture de cisaillement)

Abb. 19. Wie Abb. 18 — See Fig. 18 — Comme Fig. 18

Druckes schob sich der Betonring an der Bruchstelle ineinander (Abb. 18). Dies hatte zur Folge, daß an einzelnen Stellen zwischen Betonring und Gebirge Hohlstellen auftraten. Nach dem Verschieben um 20 cm ergaben sich Durchmesseränderungen von $\Delta_v = \Delta_h = -6$ cm.

Auf dem gesamten übrigen Bereich des Betonringes (Abb. 19) waren keinerlei Biegerisse, aber auch keine Haarrisse festzustellen.

Versuch *M* 2. 20-mm-Vollring. Ton

Nach dem Ausbau des Versuches *M* 1 wurde der neue Ring eingesetzt.

Die Betonfestigkeiten betrugen $W_{53} = 337$ kg/cm^2; $W_b = 71{,}3$ kg/cm^2. Es wurde zuerst bis 60 t (7,1 kg/cm^2 m. Gd.) belastet, wobei Radialpressungen von 3 kg/cm^2 auftraten. Einschließlich zweier Ent- und Belastungen wurde eine Durchmesseränderung von $\Delta = 15$ mm festgestellt (Abb. 20). Anschließend wurde durch 23 Tage der Druck durch ständiges Nachpressen auf gleicher Höhe gehalten. Es ergaben sich dabei nur noch weitere Durchmesseränderungen $\Delta\Delta_{23} = 1{,}5$ mm. Während weiterer 16 Tage wurde nicht mehr nachgepreßt und festgestellt, daß keinerlei Druckabminderungen mehr eintraten. Die zugehörige zusätzliche Durchmesseränderung betrug überhaupt nur mehr $\Delta\Delta_{16} = 0{,}1$ mm. Der gesamte Belastungs- und Verformungszustand war somit vollständig stabilisiert, d. h. trotz Aufrechterhaltung der Belastung traten keine weiteren Verformungen auf (Abb. 20). Nunmehr wurde der Druck weiter bis auf 80, 100 und 120 t bei Ent- und Belastung gesteigert. Die gesamte Durchmesseränderung betrug vom Beginn des Versuches an insgesamt $\Delta = 40$ mm. Der Druck von 120 t entspricht einer mittleren Radialpressung von 7,5 kg/cm². Nach weiterer Belastungssteigerung bis auf 136 t trat wieder ein Schubbruch auf, ohne daß vorher irgendwelche Biegerisse festzustellen waren. Die zugehörige mittlere Radialpressung betrug 8,5 kg/cm².

4.2 Folgerungen aus den Versuchen

Versuch *A* entspricht im wesentlichen der Wirklichkeit, da der Ausbau in der Tunnelöffnung unter Druck erfolgte. Dadurch trat die Umlagerung vom primären zum sekundären Gebirgsdruck auf. Bei der Belastung von 100 t durch fast 2 Monate wurden keine Schäden festgestellt.

Die weiteren Versuche mit ganzen Ringen bzw. Gelenkringen, die in vorgepreßtes Gebirge eingesetzt wurden, zeigten mit Rücksicht auf die stärkere Druckaufnahme durch das vorgepreßte Gebirge gegenüber den elastischen Ringbereichen und Auf-

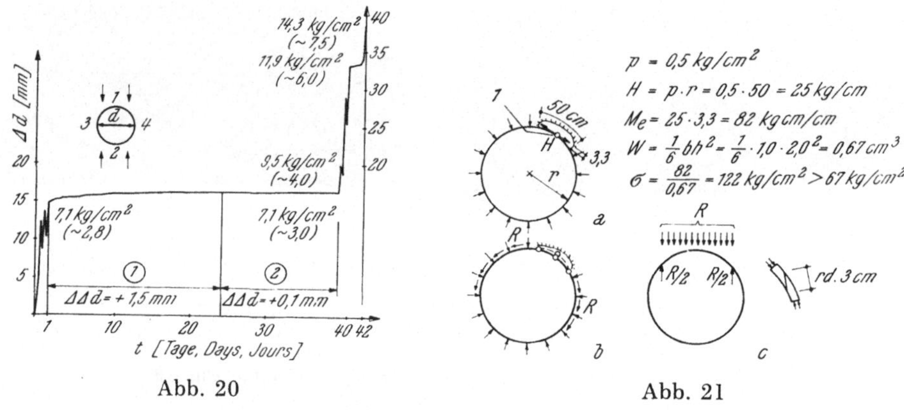

Abb. 20 Abb. 21

Abb. 20. 20-mm-Betonvollring, Dauerbelastung
1 Belastung 7,1 kg/cm² (nachgedrückt); *2* Belastung 7,1 kg/cm² (nicht nachgedrückt)

20 mm tubbing of concrete, long-time deformations
1 load 7.1 kg/cm² (re-compressed); *2* load 7.1 kg/cm² (not re-compressed)

Anneau de béton de 20 mm, déformations de longue durée
1 charge 7.1 kg/cm² (recomprimé); *2* charge 7.1 kg/cm² (pas recomprimé)

Abb. 21. Wirkung des Gebirgsdruckes mit und ohne Hohlraum im Gebirge
a) Gebirge mit Hohlraum *H*: Biegebruch bei geringster Belastung; *1* Gelenk. b) Wirkung der Reibungskräfte nach Biegebruch. c) Gebirge ohne Hohlraum: Schubbruch

Rock pressure with and without gaps
a) rock with gap *H*: bending rupture at smallest load; *1* hinge. b) action of the frictional forces after bending rupture. c) rock without gap: shearing rupture

Pressions de terrain avec et sans espace libre
a) roche avec espace libre *H:* rupture par flexion à plus petite charge; *1* articulation. b) action des forces au frottement après rupture par flexion. c) roche sans espace libre: rupture de cisaillement

lockerungszonen ganz ähnliche Erscheinungen. Durch die Inhomogenität des Gebirges bedingt, wechseln die Radialdrücke über den Umfang bei gegebenen Belastungen; zum Beispiel bei:

B_4 zwischen 2,0 und 3,6 kg/cm²
B_7 zwischen 1,8 und 5,8 kg/cm²
B_9 zwischen 2,8 und 6,0 kg/cm²
B_{10} zwischen 1,0 und 2,7 kg/cm²

Man kann daher nicht von einer gleichmäßigen Radialbelastung sprechen, was somit ungünstigen Versuchsbedingungen entspricht. Trotzdem sind bei sattem Anliegen des Gebirges nirgends irgendwelche Biegerisse aufgetreten.

Aus den Verformungsmessungen erkennt man das völlig elastische Anpassen des Betonringes an die Drucklinie — auf kleinste Bereiche — und an die örtlichen Belastungen, wobei Belastungsänderungen durch Tangentialspannungen am Umfang weitgehend ausgeglichen werden.

Mittlere Durchmesserverkürzungen in der einen Richtung bewirken automatisch Verlängerungen in der dazu normalen anderen Richtung. Die eingetretenen Verformungen sind im wesentlichen plastisch und daher nicht rückwandelbar.

Ganz anders liegen die Verhältnisse, wenn irgendwo ein Hohlraum im Gebirge auftritt. Dann treten bei den geringsten Belastungen am Anfang und Ende der Hohlräume sofort Biegebrüche auf. Zu bemerken ist dabei, daß auch diese Biegebrüche nicht zum sofortigen Zusammenbruch des gesamten Tunnelringes führen. Der Biegebruch beim Hohlraum ist wie folgt zu erklären:

Denkt man sich den Betonring auf den gesamten Bereich mit Ausnahme des Hohlraumes von 50 cm Länge z. B. gleichmäßig mit einem minimalen Radialdruck von nur 0,5 kg/cm² belastet (dies ist eine Belastung, die weit unter den tatsächlich festgestellten maximalen Radialdrücken liegt), so ergibt sich angenähert eine Bogenkraft von H = 25 kg/cm Höhe des Ringes. Aus Symmetriegründen und weil keine Spannung σ_τ im Hohlbereich vorhanden ist, kann diese Bogenkraft nur tangential im Gelenk wirken (Abb. 21 a). Damit ergibt sich bei einer Ringstärke von 2 cm nach Abb. 21 bereits eine Biegespannung von 122 kg/cm². Da die Normalspannung aus der Druckkraft $\sigma_d = 25{,}0/2{,}0 = -12{,}5$ kg/cm² beträgt, ergibt sich die größte Biegezugspannung mit +110 kg/cm². Bei der Biegezugfestigkeit von 67 kg/cm² (Versuch *B* 5) mußte somit bereits bei einer Radialbelastung von 0,3 kg/cm² der Biegebruch eintreten, was hier eindeutig beobachtet wurde.

Interessant ist, daß bei Versuch *B* 4, wo nach Auftreten des Biegebruches der Hohlraum wieder lose mit Gebirge gefüllt wurde, die Belastung ohne weitere Zerstörung des Einbaues bis 120 t gesteigert werden konnte. Die Biegebruchstellen stellten in diesem Fall Gelenke dar und zwischen ihnen bildete sich die Drucklinie wieder aus.

Besonders zu beachten ist auch der Versuch *B* 3, bei welchem ein Hohlraum vorhanden war und trotz des Auftretens von Biegerissen bei geringer Belastung die Belastung noch bis 120 t gesteigert werden konnte, ohne daß ein plötzlicher Zusammenbruch des Tunnelringes eintrat. Die Verformungen waren dabei natürlich schon unzulässig groß. Die Erklärung ergibt sich nach Abb. 21 b. In dem Augenblick, wo sich zusätzlich zum Gelenk g die weiteren Gelenke e einstellen, kann der nicht abgestützte Dreigelenkbogen — e—g—e — keinerlei Belastung aufnehmen. Der Betonring möchte sich zusammenschieben, was aber durch die nun aktivierten Reibungskräfte am Mantel desselben verhindert wird. Es bildet sich somit ein vorübergehender Gleichgewichtszustand aus, und eine weitere Belastung ist trotz des Biegebruches des Ringes noch möglich. Im Laufe der Zeit wird sich jedoch durch das Schwinden des Betonringes, Erschütterungen, Erdbewegungen usw. der Ring immer weiter zusammenschieben, bis der Zusammenbruch erfolgt. Der gleiche Fall tritt ein bei Tunnelausbauten ohne Sohlgewölbe, wo verschiedentlich die Zerstörungen der Tunnel durch das Aufsteigen des Gebirges von der Sohle aus den allmählichen Zusammenbruch oder schwere Schäden zur Folge haben.

Die Versuche *B* 9, *B* 10, *M* 1 und *M* 2 demonstrieren nun den einzig möglichen Bruch einer Auskleidung trotz elastischer Stützung durch das Gebirge. Wird das Gebirge so zusammengepreßt, daß praktisch keine Nachgiebigkeit mehr vorhanden ist, und übersteigt die Radialpressung ein gewisses Maß, so bleibt als einzig mögliche Bruchursache der Schubbruch (Abb. 21 c). Wenn die Resultierende *R* die doppelte Tragfähigkeit des Querschnittes auf Schub überschreitet, muß der Bruch erfolgen. Da gleichzeitig große Druckspannungen aus der Normalkraft im Tunnelring vorhanden sind, kann dieser Bruch nur in einer gegenüber der Tangente des Tunnelringes ganz flach geneigten Bruchlinie erfolgen. Beim Versuch *B* 9 war eine mittlere Druckkraft von $5 \times 50 = 250$ kg vorhanden, was bei einer Stärke von 12 mm einer Normalspannung von

$$\sigma_d = \frac{250}{1,2} = 208 \text{ kg/cm}^2$$

entspricht. Die Kraft $R/2$ beträgt etwa

$$\frac{R}{2} = 5,0 \cdot \frac{70}{2} = 175 \text{ kg/cm}.$$

Unter der Annahme eines flachen Schnittes von 3 cm Länge ergibt sich eine Schubbruchspannung von

$$\sigma_R = \frac{175}{3} = \text{ungefähr } 58 \text{ kg/cm}^2,$$

was einer Schubbruchspannung

$$\tau_{Br} = \text{ungefähr } 0,22\, W$$

entspricht.

Bei dem Versuch *B* 10 in Ton mit einer Biegezugfestigkeit des Lehms von 47 kg/cm² und einer Würfelfestigkeit von 177 kg/cm² ereignete sich der Bruch bei einer mittleren Radialpressung von

$$2,5\,\frac{52}{40} = 3,3 \text{ kg/cm}^2.$$

Bei 10 mm Wandstärke entspricht dies einer Normalspannung von

$$\sigma_d = \frac{3,3 \cdot 50}{1,0} = 165 \text{ kg/cm}^2.$$

Mit

$$\frac{R}{2} = 3,3 \cdot \frac{70}{2} = 111 \text{ kg/cm}^2$$

und einer Schubflächenbreite von rd. 2,5 cm wird

$$\tau_{Br} = \frac{111}{2,5} = 44 \text{ kg/cm}^2, \text{ ungefähr } 0,25\, W.$$

Bei dem Versuch *M* 1 *ergab* sich bei einer mittleren Radialpressung von 4,5 kg/cm² und einer Schnittbreite von 3 cm

$$\tau_{Br} = \frac{4,5 \cdot 70}{3 \cdot 2} = 52,5 \text{ kg/cm}^2, \text{ ungefähr } 0,24\, W.$$

Beim Versuch *M 2 ergab* sich mit den entsprechenden Werten 8,5 kg/cm² und 4,5 cm

$$\tau_{Br} = \frac{8{,}5 \cdot 70}{4{,}5 \cdot 2} = 65 \text{ kg/cm}^2\text{, ungefähr } 0{,}2\, W.$$

Festzustellen ist, daß die Versuche mit Sand, Schotter und Ton durchgeführt wurden und praktisch immer gleiche Ergebnisse erzielt wurden. Die Versuche zeigen weiter (z. B. *M* 1), daß die Verformungen nach der ersten Belastung bei Aufrechterhaltung derselben in gleicher Größe schnell abklingen.

Als Ergebnis der theoretischen Überlegungen und praktischen Versuche ist folgendes festzustellen:

a) Eine wesentliche Voraussetzung für den Bestand des Tunneleinbaues ist, daß das Gebirge lückenlos und ohne Spannung an die Tunnelauskleidung anschließt. Es ist dabei nicht von allzu großer Bedeutung, wie hoch der *E*-Modul des anschließenden Gebirges ist. Durch die Versuche, bei denen das Gebirge ohne Auflockerungszone, mit Auflockerungszone und sogar mit Schaumgummizwischenlage reproduziert war, ist dies eindeutig bewiesen worden.

b) Wird bei einem Schildvortrieb der Zwischenraum zwischen Betonringen und Gebirge nach dem Vorschieben des Schildes sofort mit Material gefüllt (es brauchen dies keine Injektionen mit Zementmörtel zu sein), so besteht keine Gefahr einer Zerstörung durch Biegebrüche.

c) Bei elastischem Einbau ist es gleichgültig, ob ein Vollring oder ein Einbau mit Gelenken erfolgt, wenn eine unmittelbare Verbindung zwischen Tübbingen und Gebirge ohne Hohlraum erfolgt. In bezug auf die Stabilität des Systems — was die Verformungen der Gelenkkette betrifft — bestehen bei unmittelbarem Anschluß des Gebirges an die Tübbinge keinerlei Bedenken gegen die Anordnung von Gelenken.

d) Treten bei einem elastischen Einbau durch örtliche Verformungen Biegerisse auf und ist eine unmittelbare Verbindung des Tunneleinbaues mit dem Gebirge gesichert, so wirkt ein solcher Biegeriß wie ein neues Gelenk, und es besteht keinerlei Gefahr eines Zusammenbruches des Gebirges.

e) Wie in der eingangs erwähnten Veröffentlichung des Verfassers (S. 297 ff.) nachgewiesen wurde, ist ein Biegebruch bei elastischer Tunnelauskleidung mit unmittelbarem Anschluß an das ungestörte Gebirge ohne Hohlraum nicht möglich. Die einzige Möglichkeit ist das Auftreten eines Schubbruches; dies ist durch die Versuche eindeutig bewiesen worden. Der zugehörige statische Nachweis ist in einfachster Weise zu führen. Wird hierfür die zulässige Schubspannung

$$\tau_{\text{zul}} = 0{,}1\, W$$

angenommen, ist eine große Sicherheit vorhanden.

f) Ist die Stärke des Tunnelausbaues so gering, daß ein Schubbruch auftreten kann, so stürzt der Tunnel infolge der im Augenblick des Bruches aktivierten tangentialen Reibungskräfte nicht sofort ein. Bei Andauern des Gebirgsdruckes wird jedoch der Ring immer weiter zusammengeschoben, wie der Versuch gezeigt hat und wie es auch in der Praxis beobachtet wird.

g) Unter diesen Gesichtspunkten und den oben geschilderten Voraussetzungen und unter Beachtung des Spannungszustandes im Gebirge ist es meines Erachtens unrichtig, beim Tunnelausbau umfangreiche Berechnungen auf Grund der normalen Biegetheorie durchzuführen. Noch so genaue elektronische Berechnungen können nicht darüber hinwegtäuschen, daß die aus der Biegetheorie erhaltenen Ergebnisse und Sicherheiten falsch sind, weil die Voraussetzungen der Berechnung nicht zutreffen.

h) Nach den ersten Verformungen (Durchmesseränderungen) beim Auftreten der Belastung erfolgt unmittelbar darauf eine weitgehende Stabilisierung der Gebirgsdrücke und Verformungen, so daß weiterhin nur mehr unbedeutende Verformungen nachfolgen.

5. Starrer Ausbau

Das in Abb. 22 dargestellte unbewehrte Eiprofil hat 100—200 mm Stärke. Bereits bei der geringsten Belastung, unter 1 kg/cm² m. Gd. (10 t), wurde der Ein-

Abb. 22. Starres Eiprofil, 10 bis 20 cm Stärke. Biegebrüche
Rigid egg-profile. Rupture of flexion
Profil ovoïde rigide. Fissures de flexion

bau durch Biegebrüche zerstört. Dies ist klar, da der Einbau nicht elastisch genug ist, um sich als Drucklinie auszubilden. Im Vergleich dazu hat das Kreisprofil mit 1,2 cm Wandstärke bis 150 t ausgehalten, bevor es zum Schubbruch kam.

Abb. 23. Meßdosenanordnung (*a, d, g*), Gebirgsdruckverteilung (*b, e, h*) und elastisch-plastische Verformungen (*c, f, i*) für Armco-Rohre

— Meßdose; *H* Hohlraum; *D* Druckmaßstab; *V* Verformungsmaßstab; *L* Längenmaßstab; *O* Ausgangslage. *a, b, c* Gebirge: Ton mit Plastikfolie; C 1 $a_{1,2}$ Gebirge ohne Hohlraum; C 1 b Gebirge mit Hohlraum; *d, e, f* Gebirge: Schotter mit Plastikfolie; C 2 $a_{1,2,3}$ Gebirge ohne Hohlraum; C 2 b Gebirge mit Hohlraum; *g, h, i* Gebirge: Schotter mit Plastikfolie und seitlichen Hohlräumen

Arrangement of pressure gauges (*a, d, g*), distribution of rock pressure (*b, e, h*) and elastic-plastic deformations (*c, f, i*) for Armco-tubbings

— Pressure gauge; *H* gap; *D* scale of compression; *V* scale of deformation; *L* length scale; *O* initial position. *a, b, c* rock: clay with plastic foil; C 1 $a_{1,2}$ rock without gap; C 1 b rock with gap; *d, e, f* rock: gravel with plastic foil; C 2 $a_{1,2,3}$ rock without gap; C 2 b rock with gap; *g, h, i* rock: gravel with plastic foil and gaps at the side

Arrangement des boîtes de mesure (*a, d, g*), distribution des pressions (*b, e, h*) et déformations élastiques-plastiques (*c, f, i*) pour des anneaux Armco

— Boîte de mesure; *H* espace libre; *D* échelle de pression; *V* échelle de déformation; *L* échelle de longueur; *O* situation initiale. *a, b, c* roche: argile avec feuille de plastique; C 1 $a_{1,2}$ roche sans espace libre; C 1 b Roche avec espace libre; *d, e, f* roche: cailloutis avec feuille de plastique; C 2 $a_{1,2,3}$ roche sans espace libre; C 2 b roche avec espace libre; *g, h, i* roche: cailloutis avec feuille de plastique et espaces libres sur la côté

Die Lehre daraus ist, daß es wesentlich zweckmäßiger sein kann, einen elastischen Einbau zu verwenden als einen starren.

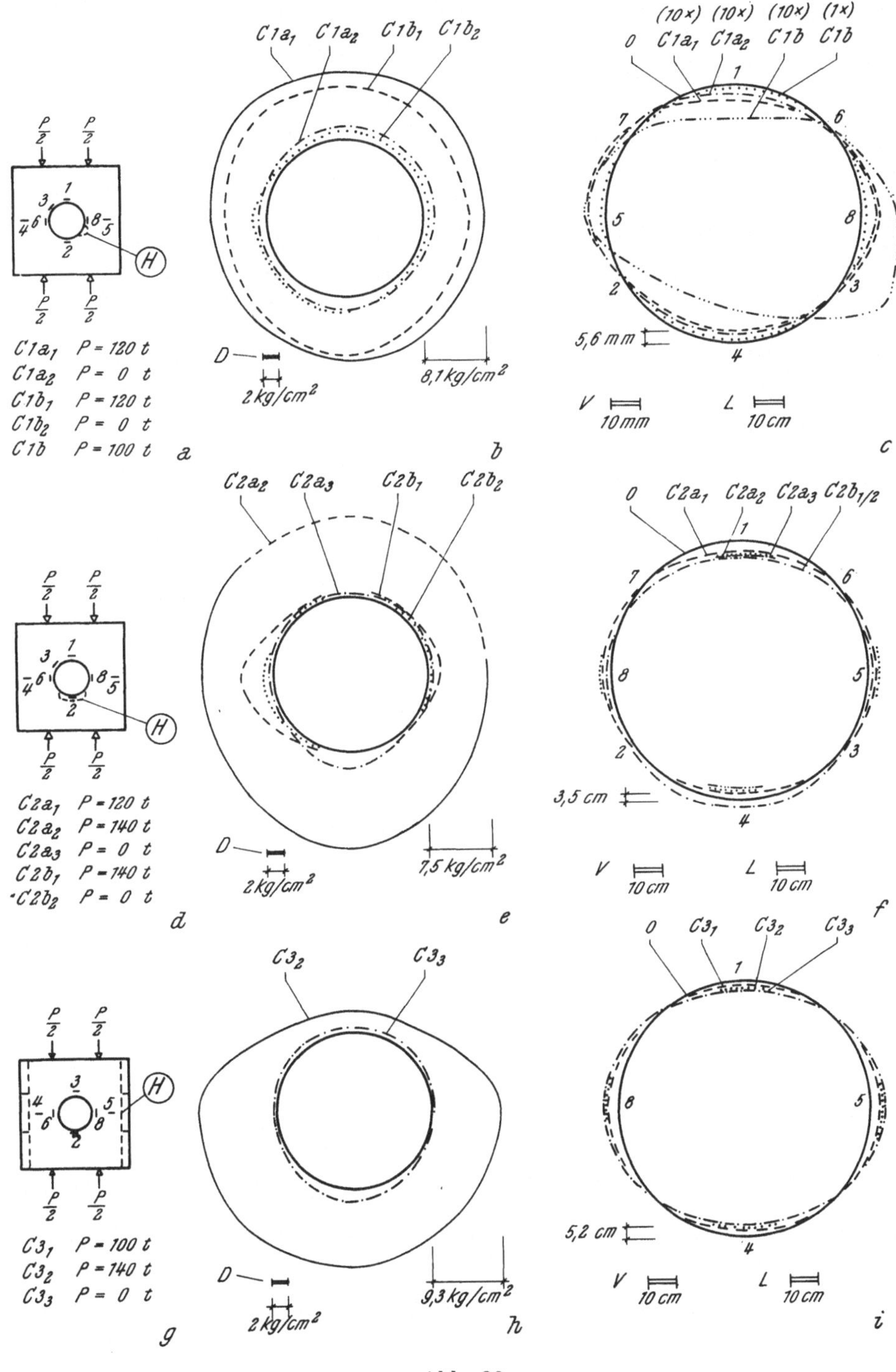

Abb. 23

6. Ausbau mit Armco-Wellblechringen von 1 m Durchmesser

Die Wellblechrohre von Armco sind im wesentlichen für Durchlässe bei Dämmen gedacht, wobei in der Regel Überschüttungshöhen von 1 bis 20 m in Frage kommen. Bei Durchlässen von 1 bis 3 m Durchmesser entspricht das 1-m-Modell immerhin Modellmaßstäben von 1 : 1 bis 1 : 3, so daß die Versuche ausgezeichnet der Wirklichkeit entsprechen. Als Einbau für die Versuche wurden Ringe aus der laufenden Fertigung genommen. Die Blechstärke beträgt 4 mm. Das Material entspricht einem St. 37. Es wurden drei Stöße üblicher Ausführung verwendet. Der Ring wurde auf die Länge des Stoßes nicht auf den Kreisradius gebogen, sondern gerade gelassen.

Abb. 24. Armco-Ring C 1 b vor dem Versuch (Ton, Hohlraum)

Armco tubbing C 1 b before loading (clay, gap)

Tube d'acier Armco C 1 b avant chargement (argile avec espace libre)

6.1 Versuchsergebnisse

Versuch C 1 a

Das Gebirge bestand aus Ton, der vor dem Einbau des Armco-Rohres auf 12 kg/cm² Gebirgsdruck vorgepreßt wurde (100 t). Anschließend wurde die Öffnung für das Armcorohr freigemacht und dieses eingebaut. Der geringe Zwischenraum zwischen Stahlrohr und Gebirge wurde mit feinem Sand gefüllt, so daß das Gebirge ganz dicht an das Stahlrohr anschloß. Es wurde bis 120 t (14,5 kg pro cm² m. Gd.) belastet, ohne daß irgendwelche Schäden im Stahlmaterial oder in der Verschraubung aufgetreten sind. Die Druckverteilung um die Auskleidung ist in Abb. 23 a, b (*C* 1 a) ersichtlich, die Verformungen sind in Abb. 23 c dargestellt. In vertikaler Richtung *1—4* (First—Sohle) sind demnach Durchmesseränderungen $\Delta_v = -12{,}6$ mm, in Richtung *5—8* (Ulmen) solche von $\Delta_h = +14{,}0$ mm aufgetreten. Diese Verformungen entsprechen bei dieser hohen Belastung nur einer maximalen Änderung des Durchmessers von 1,4 %.

Im Hinblick auf die innere Reibung im Gebirge ist es erklärlich, daß bei der Entlastung wohl die Drücke fast ganz abgebaut wurden, daß die Verformungen aber zum Teil erhalten blieben ($\Delta_v = -8$ mm, $\Delta_h = +13$ mm).

Versuch C 1 b

Nach der Entlastung von Versuch *C* 1 a wurde ein Hohlraum von 50 cm Länge und 18 cm Tiefe bei Punkt 3 (Stoß), symmetrisch zum Stoß, angeordnet (Abb. 24). Nach dem Schließen des Prüffeldes wurde wieder bis 120 t gedrückt. Der Hohlraum macht es erklärlich, daß durch Druckumlagerung auf die bestehenden Gebirgspfeiler die Radialdrücke nicht die Größe der früheren Werte, ohne Hohlraum, erreichten. Sie liegen in der Größenordnung von 6 bis 7 kg/cm² (Abb. 23 a, b) und gingen nach Entlastung wieder fast vollständig zurück. Die Verformungen waren mit Rücksicht auf den Hohlraum wesentlich größer (Abb. 23 c). Sie betrugen bei 100 t Belastung in Richtung *1—4* $\Delta_v = -28{,}5$, in Richtung *3—5* $\Delta_h = +30$ mm. Der Druck von 120 t wurde während 23 Stunden aufrechterhalten. Nach Öffnen des Prüffeldes wurde festgestellt, daß der Hohlraum praktisch wieder vollständig mit Ton gefüllt war.

Weder an der Stoßstelle 3 (Hohlraum) noch an irgendeiner anderen Stelle wurden Schäden im Stahlring festgestellt.

Versuch C 2 a

Um ungünstigste Verhältnisse bezüglich des umgebenden Gebirges zu erhalten, wurde der Stahlring in das Prüffeld gelegt und Schotter rundherum eingebracht, *ohne* ihn besonders zu verdichten. Es wurde bis 140 t belastet (17 kg/cm² mittlere Bela-

Abb. 25. Armco-Ring C 2 a nach Belastung bis 140 t (Schotter)
Armco tubbing C 2 a after loading up to 140 t (gravel)
Tube d'acier Armco C 2 a après pression de 140 t (cailloutis)

Abb. 26. Armco-Ring C 2 b vor Belastung (Schotter, Hohlraum)
Armco tubbing before loading (gravel, gap)
Tube d'acier Armco C 2 b avant chargement (cailloutis avec espace libre)

stung). Die Radialpressungen betrugen 7,5 bis 12,5 kg/cm² (Abb. 23 d, e), die nach Entlastung fast vollständig zurückgingen.

Die Durchmesseränderungen betrugen in Richtung *1—4* $\Delta_v = -95$ mm, in Richtung *8—5* $\Delta_h = +82$ mm (Abb. 23 f). Es ist selbstverständilch, daß bei dem nicht verdichteten Gebirge wesentlich größere Verformungen, rd. 10 % des Durchmessers, aufgetreten sind. Trotzdem wurde keinerlei Beschädigung im Stahlring und an den Stößen festgestellt (Abb. 25).

Versuch C 2b

Nach Beendigung des Versuches 2a wurde zwischen Stahlring und Gebirge ein Zwischenraum von 15 cm Stärke freigemacht, und zwar auf den ganzen unteren Bereich zwischen den Stößen zwischen den Punkten 2 und 3, jeweils bis 15 cm vor dem Stoß (Abb. 26). Anschließend wurde bis 140 t belastet. Es traten, wie aus

Abb. 27. Armco-Ring C 2b nach Belastung bis 140 t
Armco tubbing after loading up to 140 t
Tube d'acier Armco C 2b après pression de 140 t

Abb. 23d, e ersichtlich ist, nur an den Ulmen Radialdrücke bis 4 kg/cm² auf, die nach Entlastung fast vollständig verschwanden. Die geringen Gebirgsdrücke auf den Ausbau sind dadurch zu erklären, daß durch den Hohlraum eine weitgehende Druckumlagerung auf die ungestörten Gebirgsteile stattgefunden hat.

Aus Abb. 23f erkennt man, daß das Rohr mit großen Verformungen in den Hohlraum hineingezogen wurde. Gegenüber der Ausgangslage *C* 2a wurde das Rohr bei Punkt 4 um 70 mm in den Hohlraum gedrückt (entgegengesetzt der früheren Verformung), während es bei Punkt 1 um 30 mm nach innen gedrückt wurde. Dem Vorhandensein des Hohlraumes entsprechend wurden die Ulmen in Punkt 8 und 5 ebenfalls um rd. 25 mm nach innen gedrückt.

Bei dem vorliegenden Schottermaterial wurde der Hohlraum trotz der hohen Belastung von 140 t infolge Gebirgsdrucksumlagerungen nicht geschlossen, wie dies Abb. 27 zeigt, aus der auch die starken Verformungen des Rohres ersichtlich sind. Es sind keinerlei Beschädigungen im Rohr und an den Stößen aufgetreten. Hier kommt den tangentialen Reibungskräften eine große Bedeutung zu.

Versuch C 3

In dem von Versuch *C* 2b noch verdichteten Schottermaterial wurde ein neuer Stahlring eingebaut. An den beiden Längsseiten des Prüffeldes (Abb. 28) wurden zwischen Stahlträger und Gebirge Hohlräume von rd. 14 cm Stärke geschaffen. Durch diese Anordnung war eine starke Seitennachgiebigkeit des Gebirges gegeben, da auf den Bereich der Einbauhöhe keine seitliche Stützung gegen die Längsträger vorhanden war. Nach Schließen des Prüffeldes wurde bis 140 t (17 kg/cm² m. Gd.) belastet. Die Druckverteilung (Abb. 23 g, h) zeigt stark unterschiedliche Radialgebirgsdrücke von 3 bis 10 kg/cm², die nach Entlastung wieder fast vollständig zurückgingen.

Aus Abb. 23 i erkennt man die Größe der dabei aufgetretenen Verformungen. Die Durchmesseränderungen betragen in Richtung *1—3* $\Delta d_v = 105$ mm und in Richtung *5—8* $\Delta d_h = 120$ mm des Durchmessers. Die Durchmesseränderungen in der

Abb. 28. Armco-Ring C 3
Armco tubbing C 3
Tube d'acier Armco C 3

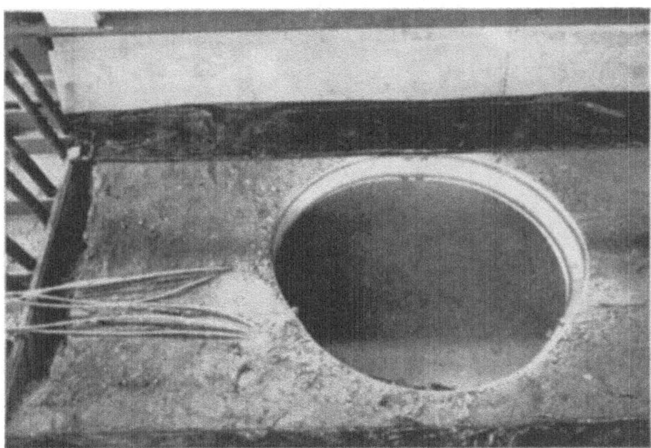

Abb. 29. Armco-Ring C 3 nach Belastung bis 140 t
Armco tubbing C 3 after loading up to 140 t
Tube d'acier Armco C 3 après chargement jusque 140 t

Größe von 12 % sind deutlich aus den Abb. 29 und 30 zu ersehen. Man sieht auch, daß der seitliche Hohlraum zwischen Gebirge und Längsträger durch die Belastung nicht geschlossen wurde.

6.2 Folgerungen aus den Versuchen

Die oben beschriebenen Versuche wurden unter den härtesten Bedingungen für die Stahlrohre durchgeführt. Als „Gebirge" wurde sowohl dichter Ton als auch Schotter verwendet, und zwar unverdichtet, bis 17 kg/cm² mittleren Gebirgsdruck vorgepreßt. In beiden Fällen wurde sowohl allseitig gleichmäßiges Material um den Stahlring vorgesehen als auch größere und kleinere Hohlräume zwischen Stahlring und Gebirge angeordnet.

Es wurden die Radialgebirgsdrücke auf das Rohr gemessen. Dabei ergeben sich bei verdichtetem Material ohne Hohlraum etwa gleichmäßige Druckverteilungen um den Stahlring. Immerhin traten Druckunterschiede zwischen einzelnen Stellen von 4 kg/cm² auf. Die Verformungen waren bei der außergewöhnlich hohen Belastung bis 12 kg/cm² in der Größenordnung von 1 % bei verdichtetem hohlraumlosen Material sehr gering. Bei Vorhandensein kleinerer Hohlräume am Umfang des Stahlringes waren die Radialdrücke etwas geringer als bei satt anschließender Hinterfüllung. Die Verformungen stiegen bis auf etwa 3 % des Durchmessers an.

Abb. 30. Wie Abb. 29 — See Fig. 29
Comme Fig. 29

Bei einem Hohlraum von einem Viertel des Umfanges waren infolge Gebirgsdruckumlagerung nur verhältnismäßig geringe Radialpressungen festzustellen, die zwischen 0 bis 4 kg/cm² schwankten. Örtliche Verformungen erreichten die Größe von 70 mm gegenüber der Ausgangslage.

Beim unverdichteten Material wurden Verformungen bis 10 % des Durchmessers erreicht.

Wenn eine seitliche Abstützung des Erdreiches fehlte, wurden sehr unterschiedliche Druckverteilungen um den Stahlring festgestellt. Dann traten Verformungen in der Größe von 12 % des Durchmessers auf.

Unter den oben geschilderten Bedingungen wurden bei keinem Stahlring, weder im normalen Bereich noch an den Stößen, irgendwelche Schäden festgestellt.

Der sehr elastische Einbau hat den Vorzug, sich entsprechend der Drucklinie einzustellen und die großen Belastungen (bis 120 m Wassersäule auf die Konstruktion) aufzunehmen. Hierbei spielt eine örtliche unterschiedliche Belastung keine allzu große Rolle.

Ist mit einem verdichteten Gebirgsmaterial zu rechnen, das überall satt an die Stahlauskleidung anschließt, so bleiben die Verformungen in geringen Grenzen und weit unter den von der Firma Armco angegebenen zulässigen Werten von 5 % des Durchmessers.

Bei Hohlräumen zwischen Stahlauskleidung und Gebirge können größere Verformungen auftreten. Man wird dies — zum Teil durch Setzungen bedingt — daher zu vermeiden versuchen. Eine unmittelbare Gefahr für den Einsturz besteht selbst dann nicht.

Voraussetzung für die obigen Angaben ist, daß das Material nicht sprödbruchsempfindlich ist oder durch Kaltverformung versprödet wird; denn bei diesem Einbau können immerhin dreiachsige Spannungszustände auftreten, die bei sprödbruchanfälligem Material zu Schäden führen würden.

Das verwendete Material und auch die Stoßausbildung haben sich bei den Versuchen einwandfrei bewährt.

7. Schlußwort

Ich habe versucht, über verhältnismäßig vielseitige Versuche zu berichten. Ich glaube, daß die Ergebnisse dafür sprechen, daß nicht mehr angebrachte Berechnungsverfahren und Konstruktionen aufgegeben werden sollten und daß die einen oder die anderen der mitgeteilten Ergebnisse als Anregung für weitere Arbeiten dienen können. Besonders zu danken ist neben den bereits genannten Professoren Rabcewicz und Veder auch den Herren Assistenten Dr. techn. Gsell, Dipl.-Ing. Gobiet, Dipl.-Ing. Matz, Dipl.-Ing. Passer und Dipl.-Ing. Widerhofer, die an der Durchführung der Versuche und an der Ausarbeitung der Versuchsergebnisse tatkräftig mitarbeiteten.

Anschrift des Verfassers: Dr. techn. h. c. Dr.-Ing. Konrad Sattler, Lehrkanzel für Baustatik an der Technischen Hochschule Graz, Rechbauerstraße 12, A-8010 Graz.

Felsmechanik u. Ingenieurgeol., Suppl. IV, 138—146 (1968)

Gedanken zu Modelluntersuchungen an Tunnelauskleidungen in Form einer dünnen, halbsteifen Schale

Von

L. v. Rabcewicz, Mauterndorf, und F. Pacher, Salzburg

Mit 8 Textabbildungen

(Eingegangen am 5. Januar 1968)

Zusammenfassung — Summary

Gedanken zu Modelluntersuchungen an Tunnelauskleidungen in Form einer dünnen, halbsteifen Schale. Die Auskleidung der meisten Tunnel ist überdimensioniert. Die Angst vor einem Biegebruch ist bei sachgemäßer Ausführung als dünne, halbsteife Schale unbegründet. Das wirkliche Kriterium ist der Scherbruch.

Diese von Rabcewicz bereits seit langem behauptete Tatsache haben die Versuche von Sattler erhärtet. Außerdem haben sie eine Reihe anderer wichtiger Erkenntnisse gebracht, auf welche im einzelnen eingegangen wird.

Model Experiments with Tunnel Linings, Simulated as Thin, Semirigid Shells. Tunnel linings are generally overdesigned. In the linings designed as thin shells tightly attaching the surrounding rock, bending strains are of no consequence, the only possible and decisive way of fracture being by shear.

This fundamental knowledge already stated long ago by Rabcewicz has now been proved by Sattler's model experiments. The latter have also brought forth several other important findings which are the subject of this paper.

Seit vielen Jahren unterstreicht die „Österreichische Schule der Felsmechanik" die Notwendigkeit des Großversuches und der Beobachtung der Vorgänge in der Natur durch Messung als entscheidende Grundlage einer jeden Erkenntnis im Felsbau und besonders im Tunnelbau. Die übliche Dimensionierung von Tunnelauskleidungen aufgrund sogenannter „Erfahrung" an älteren, unter ähnlichen Bedingungen ausgeführten Bauwerken ist ebenso abzulehnen wie der Versuch einer rein mathematischen, nicht entsprechend durch Versuchsergebnisse unterbauten Lösung.

Die Tatsache, daß ein Tunnel hält, ist noch lange kein Beweis dafür, daß er richtig dimensioniert ist. Zweifellos ist er überdimensioniert, denn seine Bemessung schließt einen Sicherheitsfaktor in sich. Solange wir aber den Grad der Überdimensionierung nicht kennen, bleibt unsere Erkenntnis mehr als dürftig. Da für die Auskleidung rund die Hälfte der Gesamtkosten anfallen, ist leicht auszurechnen, welch enorme Summen verschwendet werden, wenn man eine auch nur 30prozentige Überdimensionierung annimmt.

Wir stehen nicht allein mit dieser Auffassung. Bereits 1942 sagte Terzaghi[2]: „There is little doubt in my mind that the forces which act on the tunnel are very much smaller than those assumed by the designers ... In order to avoid the risk of failure in spite of our ignorance, the designers are obliged to assume the most unfavorable possibilities which can be imagined as a basis for their calculations of the required thickness of the lining of the tubes ... As a consequence the existing tunnel tubes are overdesigned, that is they are very much stronger than they need to be . . . The invertable shortcomings of pertinent theories in general should serve as a guide for judging to what extent the theoretical results can be depended upon. According to my opinion much steel could be saved by establishing a closer approximation between the assumption and reality. The real load and stress condition and the scattering of these conditions around the average will be disclosed by the pressure cell and extensometer observations."

Eine der grundlegendsten Voraussetzungen für die Erkenntnis des statischen Verhaltens einer Konstruktion ist, daß man weiß, wie sie unter gewissen Belastungen bricht. Ohne diese Erkenntnis ist es zwecklos, an den Versuch einer Dimensionierung überhaupt nur zu denken.

Was nun die Dimensionierung von Tunnelauskleidungen betrifft, so beherrscht das Gespenst der Biegespannung durch Jahrzehnte das einschlägige Schrifttum. Der entscheidende, die Verkleidung wirklich zerstörende Scherbruch wird kaum erwähnt.

Daß eine allseits hohlraumlos an das Gebirge anschließende Verkleidung nur durch Abscheren brechen kann, hat Rabcewicz[3] bereits 1961 in seinem Vortrag beim Salzburger Kolloquium gezeigt. Er hat den typischen Scherbruch wiederholt in der Praxis beobachtet. In der Folge kam es zu einem regen Gedankenaustausch mit Sattler, der dann den Entschluß faßte, diesen praktisch wiederholt beobachteten und theoretisch als richtig erkannten Vorgang durch Modellversuche zu erhärten.

Der Versuch, über den Sattler[1] eingehend berichtet, brachte neben dem Beweis der völligen Richtigkeit der Scherbruchtheorie auch eine Reihe anderer eminent wichtiger Erkenntnisse, auf die nachstehend eingegangen werden soll:

Diese Modellversuche bewiesen eindeutig, daß bei sattem Anliegen der Auskleidung Biegespannungen und Biegerisse bedeutungslos und für den endgültigen Bruch in keiner Weise entscheidend sind. Wiederholt wurde während der Versuche beobachtet, daß am Anfang des Belastungsvorganges Biegehaarrisse entstanden, die sich im weiteren Verlaufe wieder schlossen. Diese Biegerisse kommen also Gelenken gleich. Während sich solche Biegerisse während der Versuche weder durch Lautäußerungen anzeigten noch an den Meßgeräten bemerkbar machten, erfolgte der Scherbruch stets unter explosionsartigem Knall bei gleichzeitig schlagartigem Absinken der Meßgeräteanzeige auf Null. Woraus besteht denn der Einregelungsvorgang, das Anschmiegen der Schale an das Gebirge, mechanisch formuliert? Durch das Ausweichen gegen das Gebirge bzw. durch die Ausbildung von Gelenken wird die Exzentrizität abgebaut. Die Stützlinie wird in die Achse gezwungen und die Momente verschwinden.

Heftige Biegerisse bedeuten geringe Längskräfte. Beim Ansteigen der Längskräfte werden dann die Kanten der Druckseite zerstört, die Stützlinie wandert gegen die Mitte des so entstandenen Gelenkes; gleichzeitig werden die Risse auf der Zugseite kleiner. Es hat also keinen Zweck, die Entstehung von Biegerissen durch unnötige Versteifung zu verhindern; dementsprechend ist eine Bewehrung des Außengewölbes sinnlos und dem Grundsatz der Konstruktion wesensfremd. Wenn wir trotzdem im Zuge des Bauvorganges, vor allem im Firstbereich, Baustahlgewebe oder leichte Bögen einbauen, so dienen diese in erster Linie der Sicherheit der Belegschaft.

Die Versuche ergaben ferner eindeutig, daß eine möglichst dünne, nachgiebige Schale, die allseits hohlraumlos an das Gebirge anschließt, die günstigste und einzig richtige wirtschaftliche Auskleidung eines Hohlraumes ist: Bei den Versuchen mit einem starren Eiprofil ergaben sich Radialdrücke am Umfang in der Größenordnung von mehr als dem doppelten Pressendruck, also dem vier- bis fünffachen jener Radialdrücke, welche bei der nachgiebigen Schale auftraten, bei welcher die Radialdrücke nur etwas weniger als die Hälfte des Pressendruckes betrugen. Das starre Eiprofil zeigte daher schon bei geringer Pressenlast schwere Biegerisse und Abplatzungen. Unter gleicher Belastung waren am dünnen Querschnitt noch nicht die leisesten Anzeichen eines Haarrisses zu sehen.

Nur bei Hohlräumen hinter der Auskleidung trat Biegebruch auf. Ein solcher Bruch der Schale durch Ausweichen bzw. Einknicken in einen Hohlraum ist aber beim Stande unserer heutigen Baudurchführung kaum mehr denkbar, es sei denn, man unterläßt z. B. bei einem Betongewölbe die Füllinjektion in der Firste bzw. verzögert diese unmäßig. Derartig grobe Fehler sollten heute eigentlich nicht mehr ins Kalkül gezogen werden müssen.

Daß der Einregelungsvorgang des dünnen Außengewölbes mit entsprechenden Deformationen vor sich geht, gehört seit jeher als Grundkonzeption zu unserer neuen Bauweise und ist bereits in der Patentschrift der vor 17 Jahren patentierten Hilfsgewölbebauweise Rabcewicz' klar niedergelegt. Es heißt dort wörtlich: „Nach dem Ausbruch des Tunnels wird ein *nachgiebiges* Gewölbe *geringer Stärke* geschaffen, welches je nach dem Material des Gebirges in größerem oder geringerem Maße deformiert wird. Die Deformationen des nachgiebigen Hilfsgewölbes werden im allgemeinen einige Zentimeter betragen und sind meß- und kontrollierbar, so daß durch Messungen die Intensität des Gebirgsdruckes und das Eintreten des Gleichgewichtszustandes festgestellt und auf diese Weise die Bemessung des Traggewölbes sowie der Zeitpunkt des Einbaues desselben bestimmt werden kann."

Bei dem Vergleich der Versuchserfahrungen mit den Erfahrungen der Praxis ergeben sich einige Abweichungen, die eine Stellungnahme erforderlich machen:

Wollte man die Kräfteverhältnisse naturgetreu nachbilden, so müßte wahrscheinlich ein Gebirgskörper mit Abmessungen von vielleicht 10 Tunneldurchmessern D geschaffen werden. Dies hätte einen enormen Aufwand zur Folge. Es war von Anfang an klar, daß der gewählte Gebirgskörper mit 3 D sehr knapp bemessen war. Bei einem entsprechend großen Gebirgskörper und richtiger Verdichtung hätte sich herausgestellt, daß der Scherbruch nie primär durch Firstdruck, sondern immer sekundär durch den Ulmendruck des Umlagerungsvorganges erfolgt.

Immerhin ist es bereits in Modellversuchen gelungen, das nach der Theorie von Rabcewicz auftretende Überwiegen des Ulmendruckes darzustellen; dies beweisen die Versuche von Scheiblauer[4]. Im Zuge dieser Versuche ist es gelungen, das Kreisprofil ausreichend flexibler Rohre bei entsprechend hoher seitlicher Verdichtung unter vertikaler Belastung zu einer stehenden Ellipse zu verformen.

Den typischen Deformationsvorgang des Versuches: Verkürzung des vertikalen (in der Pressenrichtung verlaufenden) Durchmessers und Verlängerung des horizontalen, haben wir schon bei Versuchsstollen beobachtet; jedoch handelte es sich dabei um Deformationen in der Größe von $D \cdot 10^{-4}$ und stets nur um ganz geringe Überlagerungen von einigen D, ferner um die Anfangsperiode des Umlagerungsvorganges, bei welcher die vertikalen Kräfte vorherrschen. Man sollte den Ablauf, wie in Abb. 1 angedeutet, noch durch ein Stadium 0 ergänzen, bei welchem sich Firste und Sohle geringfügig nähern und die Ulmen ein wenig seitlich ausweichen.

Sobald dieses Stadium 0 im Umlagerungsvorgang abgelaufen ist, kommt die Horizontaldehnung zum Stillstand und es beginnt die Verkürzung, die in der Folge zum Scherbruch führt.

Unter der Voraussetzung, daß das Gebirge möglichst unmittelbar nach dem Ausbrechen eine schützende Verkleidung erhält, sind Deformationen, welche in der Natur gemessen werden, wesentlich kleiner als jene des Versuches. Dies liegt wohl vor allem daran, daß das Füllmaterial des Versuches wahrscheinlich nicht zu solcher Steifigkeit verdichtet war wie das Material der Natur, bei welchem die Steifigkeit (E-Werte) vom Ausbruchrand gegen das Gebirgsinnere rasch ansteigt; außerdem wirkt sich ja die Spannungsspitze der Schutzzone im Ulmenbereich in gleicher Richtung aus. Nie wurden größere Horizontaldehnungen als 1 bis 2 mm gemessen, entsprechend 10^{-4} D. Damit ergeben sich aber auch entsprechend geringere Vertikaldeformationen, d. h. die Setzungen in der Natur sind viel geringer als jene des Versuches.

Es ist vielleicht von Interesse, daß eine Auswertung des Zeit-Verformungs-Diagrammes des Versuches $M\,2$ im Ton dieselbe Verformungsgeschwindigkeit von

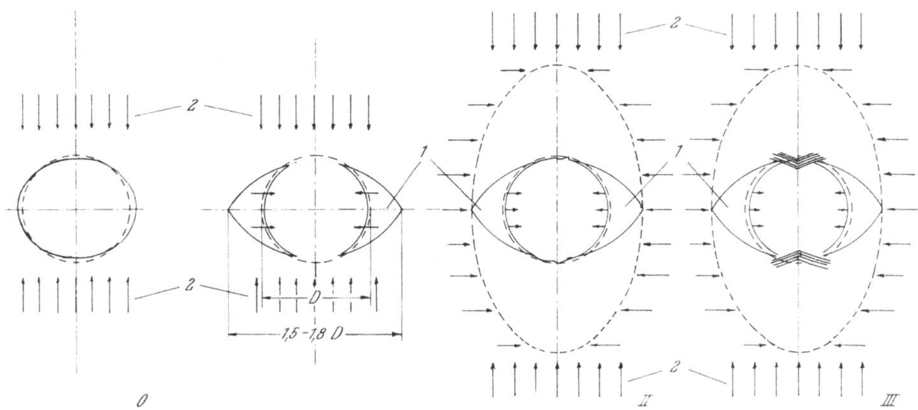

Abb. 1. Schematische Darstellung der Mechanik und des zeitlichen Ablaufes des Zerstörungsvorganges in der Umgebung eines bergmännischen Hohlraumes. Stadium I, II, III (nach Rabcewicz[3]), ergänzt durch Stadium 0, welches die Deformationen vor dem ersten Bruch veranschaulicht

1 Scherkeile; *2* Hauptdruckrichtung; gestrichelte Linie = ursprünglicher Querschnitt; volle Linie = deformierter Querschnitt.

Schematical presentation of the mechanical process and the timely sequence of failure around a cavity by rock pressure. Phases I, II, and III (acc. Rabcewicz[3]), completed by phase 0, showing the deformations before the first failure

1 shearing wedges; *2* direction of principal stress; dotted line = original cross-section; full line = deformed cross-section

$6 \cdot 10^{-5}$ D pro Tag ergeben hat, wie sie in Stollen mittlerer Größen im Salzton, aber auch in Mergelarten gemessen wurden.

Eine weitere Ursache der geringeren Deformationen in der Natur gegenüber dem Versuch liegt wohl auch in den absolut geringeren Radialdrücken und in dem Abfließen der Längskräfte der Verkleidung in das Gebirge infolge Reibung bzw. Verzahnung.

Die Betonschale des Versuches mit einer Druckfestigkeit $\sigma_D = 170$ bis $250\ \mathrm{kg/cm^2}$ ist in ihrer Längsrichtung nicht nennenswert kompressibel. Dies entspricht einer Verkleidung in Beton-Fertigteilen. Bei Ortbeton oder Spritzbeton kann und wird durch den Kriechvorgang gerade in der Zeit der entscheidenden ersten Druckwelle des Umlagerungsvorganges die Tangentialdeformation der Verkleidung größer sein und demzufolge auch zu einer bedeutenderen Verkürzung des Durchmessers in der Richtung der Radialdrücke führen.

Bei den Versuchen wurde die Wirkung der Reibung durch Einlegen einer Schaumgummifolie zwischen Betonschale und Füllmaterial erfolgreich ausgeschaltet. Es entstand dadurch eine nahezu gleichmäßige Verteilung der Radialspannungen um den Umfang.

Um ähnliche Verhältnisse in der Natur zu erreichen, muß man z. B. eine Tübbingverkleidung mit einem Hinterfüllungsmaterial ausführen, das die Reibung dauernd oder zumindest während der kritischen ersten Zeit des Umlagerungsvorganges ausschaltet. An dem in Abb. 2 gezeigten Beispiel[5] wird z. B. der Hohlraum hinter den Tübbingen in einem steilen Winkel mit Sand verfüllt. Inwieweit Sand diesen Bedingungen entspricht, müßte erst durch Messung erkundet werden.

Durch die Ausschaltung der Reibung wäre es unter Umständen möglich, örtliche Spannungsspitzen abzubauen und angenähert gleichmäßige Spannungszustände ent-

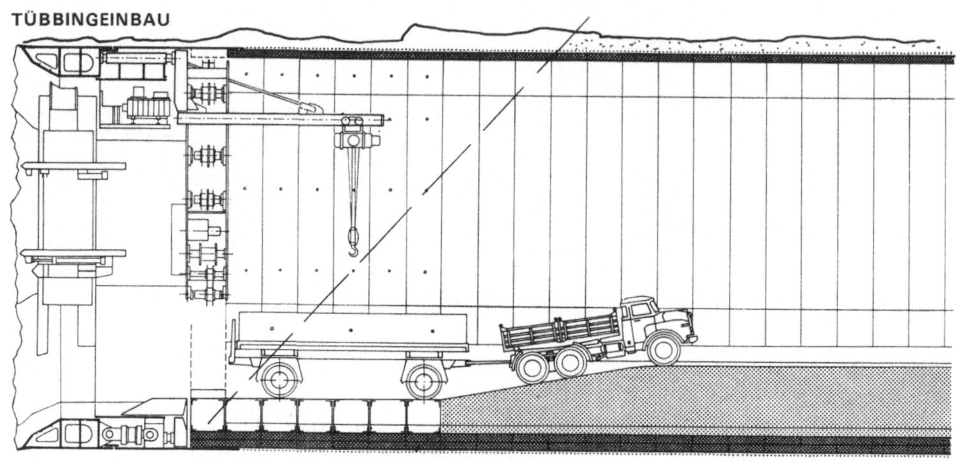

Abb. 2. Hinterfüllter Bereich beim Tübbing-Einbau im Bergisel-Tunnel (aus [5])
Rockfill behind the tubbings of the Bergisel tunnel (from [5])

lang des Umfanges zu erzielen. Die in dem Aufsatz von Biangardi[6] wiedergegebene Abbildung aus einer Veröffentlichung von Benda[7] (Abb. 3) zeigt links den unregelmäßigen Verlauf des Gebirgsdruckes nach herkömmlicher Verfüllungsmethode, rechts nach Durchführung von Füllinjektionen.

Ganz anders wird das Kräftebild, wenn man eine Verkleidung aus Spritzbeton oder Ortbeton auf das Gebirge aufbringt. Dann ist die Wirkung der Reibung stets so stark, daß die Längskräfte von der Kraftangriffsachse des Radialdruckes nach beiden Seiten rasch in das Gebirge abfließen. Die Radialdrücke nehmen daher rasch ab und sinken — auch bei Materialien mit sehr niederer innerer Reibung, wie z. B. Ton — bei einem Winkel von 90^0 oder weniger von der Angriffsachse nahezu auf Null ab.

Diese Ausführung hat den Vorteil, daß unterhalb des Bereiches $B-B$ so gut wie keine Radialspannungen herrschen, d. h. das Gebirge steht, wenigstens eine gewisse Zeit, ohne Verkleidung, woraus man bei der Ausführung entsprechende Vorteile ziehen kann. Diese Erkenntnis wurde bereits praktisch mit Erfolg verwertet.

Warum sind nun die dünnen Außengewölbe fast aller nach der neuen Baumethode ausgeführten Tunnel völlig rissefrei geblieben? Nach allem Gesagten und Gesehenen ist das sehr einfach zu beantworten, und zwar ohne eine ausgeklügelte, in diesem Falle abwegige Computerrechnung zu Hilfe nehmen zu müssen: Es handelt sich ja dabei ausnahmslos um Spritzbetonschalen, die meistens durch Perfoankerung und Stahlbögen verstärkt direkt nach dem Ausbrechen auf das Gebirge aufgebracht wurden. Die Schalen hatten immerhin Stärken von ca. 20 cm. Der Spritzbeton hatte Frühfestigkeiten von $\sigma_D = 50$ kg/cm^2 nach einem Tag und erreichte 250 bis 300 kg/cm^2 nach 28 Tagen.

Die *Bettungsziffer* des Gebirges war auch bei Tonen mit $\varphi = 25^0$ bis 30^0 ausreichend hoch, die angreifenden Kräfte relativ gering und sicher spielte das bruchlose Kriechverhalten des Spritzbetons bei den geringen Deformationsgrößen von $10^{-3} D$ eine wichtige Rolle. Wie die nachstehende einfache Rechnung (Abb. 5) nach

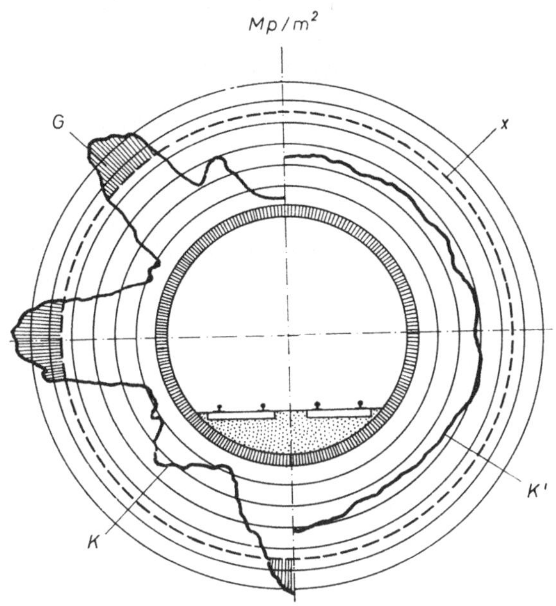

Abb. 3. Belastung eines ringförmigen Ausbaues ohne und mit Füllinjektion (nach Benda[7]; siehe auch Biangardi[6])

K unregelmäßiger Gebirgsdruck bei den herkömmlichen Verfüllungsmethoden; *G* Überschreitung der Tragfähigkeit des Ausbaues; *K'* Gebirgsdruck auf den Ausbau nach Füllinjektion

Radial stresses acting on a circular lining without and with using special grouting methods (acc. Benda[7]; cp. Biangardi[6])

K irregular rock pressure due to the conventional grouting methods; *G* exceeding of load capacity of the lining; *K'* rock pressure on the lining after grout filling

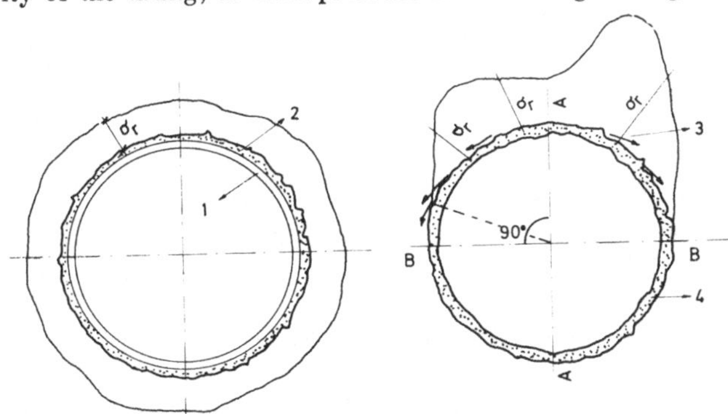

Abb. 4. Belastung einer dünnen, halbsteifen Schale mit und ohne Zwischenmittel

1 Tübbinge; *2* Füllmaterial; *3* Abfließen der Längskräfte im Gebirge; *4* Spritzbeton oder Ortbeton

Charging of a thin, semistiff lining with and without backfill

1 tubbings; *2* filling material; *3* flowing off of the longitudinal forces in the rock mass; *4* shotcrete or concrete

Sattler[8] zeigt, waren die Schalen zweifellos noch überdimensioniert; vom Scherbruch waren wir weit entfernt:

Bei einem Kreisquerschnitt mit $D = 10$ m, $d = 0{,}2$ m, verstärkt mit Stahlbögen von 25 kg/1,0 m erhält man – ohne die Wirkung von Ankern zu berücksichtigen – noch eine 3,6fache Sicherheit gegen Abscheren.

Was passiert nun bei einem Scherbruch? Stürzt der Tunnel ein und begräbt gegebenenfalls Menschen? Nichts dergleichen geschieht, wenn nicht völlig kohäsionsloses Gebirge vorliegt. Die Bruchränder der Verkleidung schieben sich an der

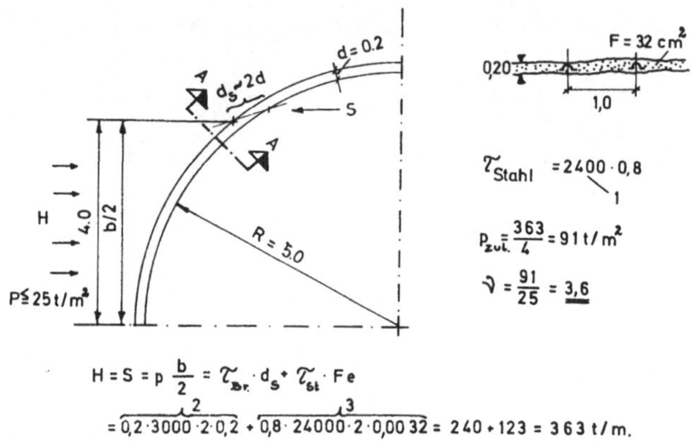

Abb. 5. Abschätzung der vorhandenen Sicherheit einer Spritzbetonschale
1 Fließgrenze; *2* Betonausbau; *3* Stahlausbau

Evaluation of actual margin of safety of a shotcrete shell
1 limit of flow; *2* concrete lining; *3* steal lining

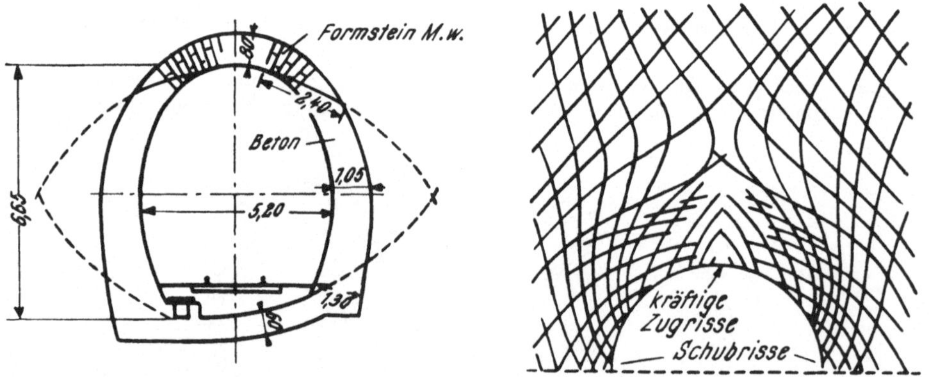

Abb. 6. Querschnitt des Kehrtunnels Nr. 36 der Transiranischen Eisenbahn, mit Grenzen des Scherbruches

Cross-section of tunnel 36 – roof arch, together with adjacent portion of rock failing along shear planes moving laterally towards cavity

äußerst flachen Bruchstelle übereinander und gleichzeitig sinkt der Radialdruck nahezu auf Null ab. Bei dem sich auf 200 m Länge erstreckenden, größtenteils beiderseits symmetrisch aufgetretenen Scherbruch beim Tunnel 36 der Nordlinie der Transiranischen Eisenbahn[3] in blähenden eozänen Blätterschiefern lief beispielsweise der Verkehr unbehindert durch viele Monate durch die beschädigte Strecke.

Bei dem Tunnel in Abb. 8 mit einem Durchmesser von 5 m wurde die 15 cm starke, sofort aufgebrachte Spritzbetonverkleidung in den stark tektonisch vorbelasteten quellenden Ton nach wenigen Stunden, wie man sieht, sehr dramatisch zerstört. Der Zustand blieb durch viele Monate bestehen, der Baubetrieb ging un-

Abb. 7. Typisches Hereinschieben des linken Widerlagers entlang von Scherflächen. Diese Zerstörung an einem amerikanischen Tunnel ist außerordentlich ähnlich jener des Tunnels in Abb. 6 (aus [10])

Deformation of the left abutment along typical shear planes in an American tunnel. Failure is almost alike to the case of tunnel 36, Fig. 6 (acc. [10])

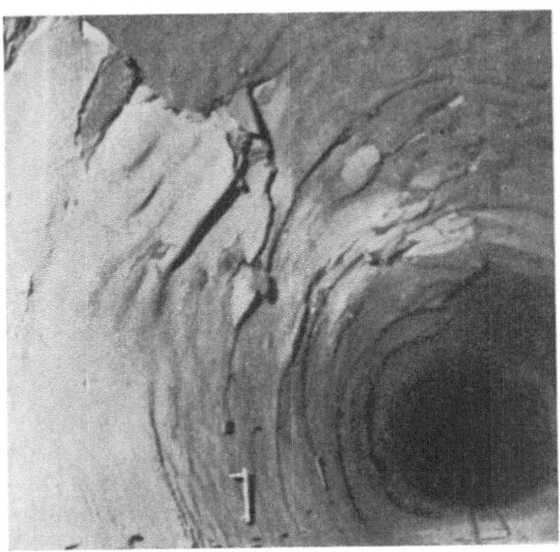

Abb. 8. Triebwasserstollen. Zerstörungen des Spritzbetons in der Tonstrecke

Nonpressure tunnel. Shear fractures of shotcrete lining in preloaded clay

gehindert durch die zerstörte Strecke. Messungen ergaben, daß die Deformationsgeschwindigkeit der nach der Zerstörung kritischen Horizontalbewegungen sogar auf Größenordnungen von $10^{-4}\,D$ pro Woche absank, ohne daß Sicherungsmaßnahmen getroffen wurden.

Der Scherbruch stellt also lediglich eine Entlastungsäußerung des Gebirges dar, welche keine sonstigen Nachteile oder Gefahren nach sich zieht. Diese bekannte und immer wieder beobachtete Tatsache legt den Gedanken nahe, dieses unbeabsichtigte „Großversuch"-Ergebnis bewußt zur empirischen Dimensionierung zu benützen.

Literatur

[1] Sattler, K.: Neuartige Tunnel-Modellversuche — Ergebnisse und Folgerungen. Felsm. u. Ingenieurgeologie, Suppl. IV, 1968.

[2] Terzaghi, K.: Shield Tunnels of the Chicago Subway. Joun. Boston Soc. Civil Engineers *29,* 1942.

[3] Rabcewicz, L. v.: Aus der Praxis des Tunnelbaues. Einige Erfahrungen über echten Gebirgsdruck. Geol. u. Bauw. *27,* H. 3-4, 1961.

[4] Scheiblauer, J.: Aus noch unveröffentlichten Untersuchungen.

[5] Universale-Schafir u. Mugglin: Der Bau des Tunnels durch den Berg Isel. Eigenverlag. Wien 1967.

[6] Biangardi, S.: Betonfertigteile, Betonformsteine und Spritzbeton als geschlossener ringförmiger Streckenausbau im Bergbau Mitterberg. Zschr. f. Erzbergbau u. Metallhüttenwesen, Bd. XX, H. 5, 1967.

[7] Benda, V.: Neue Methoden der Stabilitätserhöhung der Grubenbaue in druckhaftem Gebirge. Uhle 10, 1964.

[8] Rabcewicz, L. v. und K. Sattler: Die neue Österreichische Tunnelbauweise. Der Bauingenieur *40,* H. 8, 1965.

[9] Parzer, J.: Bauausführung. Festschrift der Kraftwerksgruppe Untere Sill. Herausgeber Stadtwerke Innsbruck.

[10] Proctor and White: Rock Tunneling with Steel Supports. Youngstown, Ohio, 1946.

Anschrift der Verfasser: Prof. Dr. techn. Dr. techn. h. c. Ladislaus v. Rabcewicz, A-5570 Mauterndorf, und Dipl.-Ing. Franz Pacher, Ingenieurkonsulent für Bauwesen, Franz-Josef-Straße 3, A-5020 Salzburg.

Felsmechanik u. Ingenieurgeol., Suppl. IV, 147—150 (1968)

Zur Modellmechanik längsgewellter, gebetteter Rohre

Von

Gerhard Sonntag, München

Mit 2 Textabbildungen

(Eingegangen am 15. Dezember 1967)

Zusammenfassung — Summary

Zur Modellmechanik längsgewellter, gebetteter Rohre. Für Durchlässe und Unterführungen werden Rohre, auch von nicht kreisförmigem Querschnitt, verwendet, die aus in Rohrlängsrichtung gewellten Blechen zusammengesetzt sind. Es besteht ein Bedürfnis, an Ausführungen der Praxis oder in Laboratoriumsversuchen gewonnene Erkenntnisse auf andere Ausführungen zu übertragen.

Unter üblichen längsgewellten Rohren ist eine Ähnlichkeit der Biegeverformung *und* Umfangsänderung unmöglich. Wenn ein Biegeproblem vorherrscht, wird man sich auf die Ähnlichkeit der Biegeverformung beschränken können. Aber auch dann sind der Übertragbarkeit von Meßergebnissen so enge Grenzen gesetzt, daß eine praktische Anwendung nur in Ausnahmefällen möglich ist.

Die Modellgesetze verlangen geänderte Querschnittsformen und Werkstoffe des Modellrohres gegenüber dem Prototyp und eine Schüttung bestimmter Bettungszahl. Als geeignet scheinen sich nichtgewellte Modellrohre (Araldtringe zur spannungsoptischen Messung der Beanspruchung des Rohrquerschnittes) in einer Stahlrollen-Schüttung (von gemischten Durchmessern) zu erweisen, wobei deren innere Reibung durch Ätzung der Rollen und die Bettungszahl an der Tunnelauskleidung durch Gummibeilagen variiert und damit den Forderungen der Modellgesetze angepaßt werden können.

Laws of Models Concerning Longitudinally Corrugated, Embedded Tubes. Corrugated metal pipes, also of non-circular cross-section, are used for tunnel lining of many types of underpasses and drainage structures. It would be desirable to transfer knowledge gained through measurements on existing pipes or as a result of laboratory experiments to similar structures of other span and wall-thicknesses, but a similarity in bending *and* in change of circumference is impossible among standard corrugated metal pipes.

Where bending is the principal problem, one may neglect all other problems of strain. However, even here, there are such narrow limits set for the transfer of results that practical application of them is only possible in exceptional cases.

The modelling laws require other materials as well as other cross-sections of the model tubes. Non-corrugated plastic tubes have proven to be particularly suitable (Araldite rings for photo-elastic measurements). Instead of a compacted fill of sand, the use of steel rollers (of mixed diameters to produce a quasi isotropic cohesionfree continuum) may be of advantage for model structures, whereby internal friction may be varied through roughening the rollers, and the modulus of foundation may be varied by means of rubber inserts around the model ring; in this way the requirements of the modelling laws may be met.

Die nachstehenden Ausführungen beziehen sich auf Modellversuche dünnwandiger Rohre, welche in Lockermassen eingebettet werden. Nachdem dünnwandige Hohlraumauskleidungen in neuerer Zeit auch im Tunnelbau sowohl in Fest- wie in Lockergesteinen, eine bedeutende Rolle zu spielen begonnen haben, sind die in diesem Aufsatz angestellten Betrachtungen auch für den Tunnelbau von Interesse. (Anm. d. Herausg.)

Abb. 1 zeigt eine Unterführung, deren Auskleidung aus in Rohrlängsrichtung gewellten Blechen besteht. An solchen in Sand gebetteten Rohren wurden an verschiedenen Instituten des In- und Auslandes Modellversuche unter Belastung der Oberfläche des Sandes durchgeführt. Hierbei wurde die hohe Standfestigkeit dünnwandiger Rohre erkannt; die Meßergebnisse können aber nicht ohne weiteres auf andere Abmessungen übertragen werden.

Abb. 2 a zeigt den Querschnitt einer Unterführung. Das Abmessungsverhältnis von zwei ähnlichen Ausführungen sei

$$\lambda = S/S'. \tag{1}$$

Striche an den Bezeichnungen kennzeichnen das Modell. Damit die Belastungen p der Tunnelauskleidung in Modell und Prototyp ähnlich sind, müssen auch die Überschüttungshöhen dem Modellmaßstab entsprechen. Die Umfangsstauchung der Tunnelröhre ist proportional $\sim p S^2/EF$ und ihrer Biegeverformung $\sim p S^4/EJ$.

Die Gesamtverformungen sind ähnlich, wenn das Verhältnis von Biegeverformung zur Umfangsstauchung für ähnliche Ausführungen gleich ist. Damit folgt mit Gl. (1)

$$J/F = \lambda^2 \, (J/F)' \tag{2}$$

Für übliche längsgewellte Rohre ist nicht nur die Querschnittfläche F, sondern auch das Trägheitsmoment J proportional der Blechdicke t. Demnach ist, unabhängig von der Blechdicke $J/F = J'/F'$ und damit $\lambda = 1$. Strenge Ähnlichkeit ist unmöglich. Bei niedriger Bettungszahl, oder wenn allgemein mehr ein Biege- als ein Durchschlagproblem vorliegt, wird man sich auf die Ähnlichkeit der Biegeverformung beschränken können, und Gl. (2) entfällt.

Abb. 1. Längsgewellte Auskleidung einer Unterführung

(Mit Genehmigung der Firma Armco-Thyssen Breitbandverarbeitung GmbH, Dinslaken)

Underpass. Structure of corrugated metal plates

(By permission of the Armco-Thyssen Breitbandverarbeitung GmbH, Dinslaken)

Als weitere Ähnlichkeitsbedingung müssen die Bettungskräfte den Proportionen der übrigen Belastungsanteile entsprechen. Damit folgt das Verhältnis eines für den elastisch gebetteten Balken typischen Kennwertes als zweite Hauptgleichung der Ähnlichkeit

$$\frac{k'}{k} = \lambda^4 \, \frac{(EJ)'}{EJ}. \tag{3}$$

Bei gleichen Böden ist die Bettungszahl umgekehrt proportional der Ausbauspannweite, und es folgt für obige Querschnitteigenschaften des Wellrohres bei gleichen E-Moduln die Bedingung

$$\lambda^3 = t/t'. \tag{4}$$

Bei längsgewellten Rohren sind Wanddicken von 0,25 bis 0,7 cm üblich. Damit folgt für Vergleiche zwischen Originalprofilen $t/t' \leqq 2{,}8$ und $\lambda \leqq 1{,}4$, was der Übertragbarkeit von Meßergebnissen zu enge Grenzen setzt.

Wir müssen deshalb die scheinbare Ähnlichkeit gewellter Rohre verlassen und ein geeigneteres Modell suchen. Wir lassen für das Modell andere Werkstoffe und Formen des Wandquerschnittes zu (nicht-gewelltes Vergleichsrohr der Wanddicke h'). Die Gesamtverformung dieses Modellrohres ist der des gewellten ähnlich, wenn Gl. (1) erfüllt wird, wenn also

$$h' = 6{,}05 \text{ cm}/\lambda \tag{5}$$

ist. Die Wanddicke h' des glatten Modellrohres wird hiernach nur vom Größenmaßstab λ und nicht mehr von der Wanddicke t des Wellrohres bestimmt. Gl. (4) besagt, daß z. B. für $\lambda = 20$ die Wanddicke h' des Modells 0,3 cm sein muß.

Um an einem Modell von etwa 20 cm Durchmesser und 3 mm Wanddicke eine elastische Biegung sichtbar und meßbar zu machen, ist ein steifer, metallischer Werk-

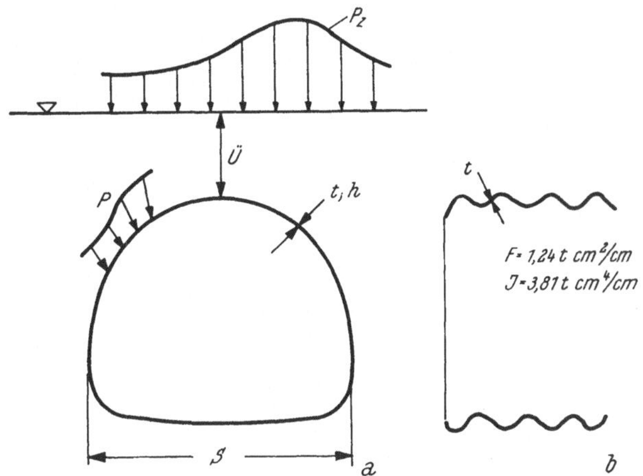

Abb. 2. Systemskizze eines Durchlasses aus gewellten Rohren

a) Querschnitt. S Ausbauspannweite; $\ddot{U}$ Überschüttungshöhe; p Belastung der Auskleidung von der Wanddicke h (nicht gewellt) oder t (in Rohrlängsrichtung gewellt); p_z zusätzliche Druckbelastung der Oberfläche. b) Längsschnitt. Querschnittswerte des längsgewellten Profiles; F Fläche; J Trägheitsmoment pro Längeneinheit

Diagramm of the system of an underpass

a) cross-section. S span; $\ddot{U}$ height of cover; p load on the tunnel lining of thickness h (non-corrugated) or t (corrugated); p_z additional surface load. b) Values for cross-sections of corrugated plated. F area; J moment of inertia per unit of length

stoff ungeeignet. Es bieten sich hierfür weichere Stoffe an, z. B. der Kunststoff Araldit. Dieser Kunststoff hat den weiteren Vorteil, daß man die Spannungen spannungsoptisch messen kann. Die noch zu erfüllende Bettungsbedingung Gl. (3) lautet bei strenger Verformungsähnlichkeit [mit Gl. (5) und $E/E' = 60$]

$$k'/k = 0{,}081 \text{ cm } \lambda/t. \tag{6}$$

Dieses Bettungsziffer-Verhältnis wird von einer scheinbar wirklichkeitsgetreuen Sandeinfüllung nicht erfüllt. Es empfiehlt sich, den Sand durch ein ideal reproduzierbares Schüttgut, z. B. eine Mischung von Walzen unterschiedlicher Durchmesser, zu ersetzen. Diese stellen ein ideales kohäsionsloses und nicht komprimierbares, quasi isotropes Kontinuum dar. Eine Komprimierbarkeit der Bettung des Rohres kann im Modell durch eine Ummantelung mit Gummi nachgeahmt werden. Diese Gummibeilage kann auch einer Auflockerungszone entsprechen, und es wird möglich, dem Modell eine Bettung von willkürlich bestimmbarer Bettungszahl zu geben.

Die Versuche sind zwischen entsprechenden Grenzwerten dieser definierten Bettung durchzuführen, was wegen der Unsicherheit in der Bestimmung der Bettungszahl bei der Großausführung ohnehin erforderlich ist.

Eine ausführliche Darstellung mit Beispiel erscheint in: Der Bauingenieur *43* (1968), S. 240–244, wo auch eine ausführliche Wiedergabe der mathematischen Ableitungen gegeben wird.

Anschrift des Verfassers: Professor Dr.-Ing. habil. Gerhard Sonntag, Technische Hochschule München, 8 München 2, Arcisstraße 21.

Felsmechanik u. Ingenieurgeol., Suppl. IV, 151—157 (1968)

Gebirgsdruck im Felbertauern-Straßentunnel

Von

Franz Kahler und Josef Wanderer, Klagenfurt

Mit 3 Textabbildungen

(Eingegangen am 15. Dezember 1967)

Zusammenfassung — Summary — Résumé

Gebirgsdruck im Felbertauern-Straßentunnel. Nach einer Schilderung der geologischen Verhältnisse des Tunnels, welcher Zentralgranit und die alte Schieferhülle durchfuhr, wird über den einseitig gerichteten Gebirgsdruck berichtet, der in einer etwa 1500 m langen Granitstrecke trotz einer relativ geringen, von 400 m auf 1000 m ansteigenden Überlagerung auftrat, während sich im Gebiet größter Überlagerung das angetroffene Gestein entspannt zeigte. Aber auch im spannungsreichen Gestein waren die Spannungszustände verschieden von Ort zu Ort. Ein ungewöhnlich starker Bergschlag trat beim Vollausbruch dort auf, wo der Richtstollen nur mäßigen Druck angetroffen hat.

Ground Pressure in the Felbertauern Highway Tunnel. The geological conditions of this tunnel of 5217 m length are first described. The tunnel penetrated the Central Granite and the old lower slate roof (Schieferhülle) of the Hohe Tauern mountain range. The authors then report on phenomena of asymmetrically directed ground pressure, which was observed over a distance of 1500 m in the Granite, not in the area of the thickest overburden but under an overburden of only 400 to 1000 m thickness. In the region of the thickest overburden the rock involved was quite destressed. In the area of high stresses the states of stress varied considerably from place to place. An extremly severe rock burst happened during the full face excavation exactly at a place where the pilot tunnel encountered a small ground pressure only.

The maximum temperature of the rock was 20° C. The fabrics of the rock favoured the occurrence of "Sargdeckel" (flat plated tending to fall down from the roof). Roof protection by rock bolts has proved to be a sufficient measure.

Pression de terrain dans le tunnel routier du Felbertauern. Les auteurs décrivent les conditions géologiques du tunnel qui traverse le socle granitique et la couverture de schistes anciens des Hohe Tauern. Une pression de terrain dissymétrique s'est manifestée dans le granite sur 1500 m de long, malgré une couverture relativement faible de 400 à 1000 m. Dans la region de plus forte couverture, le rocher était complètement détendu. Mais même dans les régions à forte pression, les contraintes variaient d'un endroit à l'autre. Un éclatement (Bergschlag) extraordinairement violent s'est produit pendant la perforation à pleine section dans un endroit où la galerie pilote n'avait trouvé qu'une pression insignifiante.

La température maximale du rocher était de 20° C. La structure du rocher favorisait le détachement de plaques à partir du toit ("couvercles de cercueil"). Le contrôle du toit par boulonnage s'est avéré efficace.

Der Felbertauern-Straßentunnel durchstößt den Hauptkamm der Hohen Tauern. Er ist im Amertal am Fuße von Steilwänden aus Granit angeschlagen und erreicht im Süden das Tauerntal in 1632 m Seehöhe.

Ursprünglich wollte man beim Südportal den Blick auf die prachtvolle Gletscherwelt des Großvenedigers gewinnen. Die geologischen Verhältnisse vereitelten leider diesen Plan. Die Untersuchungen hierfür wurden vom Ingenieurbüro Dr.-Ing. Leopold Müller – Dipl.-Ing. F. Pacher, Salzburg, unter Mitwirkung von Dr. H. Brandecker und Dr. Kahler durchgeführt. Es ergab sich, daß eine Anzahl von Varianten die Schieferhülle des Tauerngranits so schräg schnitt, daß eine genauere Voraussage der Gesteinsanteile im Stollen kaum möglich gewesen wäre. Dr. Müller und Dr. Kahler haben daraufhin eine weiter östlich gelegene und auch kürzere Trasse empfohlen, in deren Lage der Tunnel dann auch etwa gebaut wurde. Eine geologische Beurteilung der endgültigen Linie erfolgte nicht.

Der 5217 m lange Straßentunnel bleibt vom Nordportal bis 680 m vor dem Südportal in der Einheit des Zentralgranits (s. Abb. 1), wobei ziemlich grobe Augengneise einen sehr beträchtlichen Anteil stellen. Der darüber liegende Komplex der

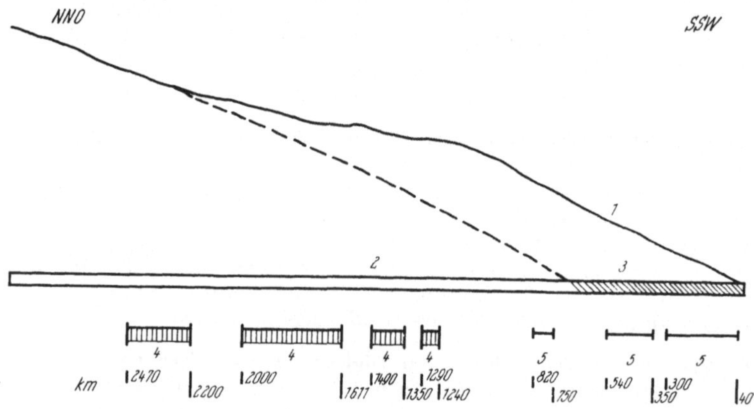

Abb. 1. Profil durch den Südabschnitt des Felbertauern-Straßentunnels
1 Tauerntal; *2* Granit; *3* Schieferhülle; *4* Gebirgsdruckzonen; *5* Zonen ohne Netzung und Ankerung im Richtstollen

Longitudinal section through the southern part of the Felbertauern highway tunnel
1 Tauern valley; *2* granite; *3* „Schieferhülle"; *4* zones of rock pressure; *5* zones without mesh reinforcement and bolting

Section longitudinale par la partie sud du tunnel routier du Felbertauern
1 Val du Tauern; *2* granite; *3* „Schieferhülle"; *4* zones de pression orogénique; *5* zones sans armature en treillis et sans ancrage

Alten Schieferhülle besteht aus Serpentingesteinen, Bänderamphiboliten und Aplitgneis. Letzterer bildet teilweise zahlreiche Lagen in den Bänderamphiboliten. An der Grenze Serpentingestein-Augengneis liegen Weiß-Schiefer, die eine stattgehabte stärkere Bewegung andeuten. Aplitgänge sind auch im Granitanteil des Tunnels, z. B. zwischen 1140 m und 1180 m, sehr häufig. Die geologischen Aufnahmen im sehr interessanten Südabschnitt des Richtstollens erfolgten durch Dr. W. Frisch im Auftrage der Arbeitsgemeinschaft Süd*. Hier im Süden fallen die Gesteine generell mit etwa 30^0 nach Süden, also gegen das Portal ein und queren damit die Stollenrichtung. Sie legen sich aber etwa im Scheitel des Tunnels nach einer Störung flach.

---

* Der Tunnel wurde im Auftrage der Felbertauern-Straßen-AG im Norden von der Arbeitsgemeinschaft Nord, bestehend aus den Firmen Stuag-Straßenbau AG, Rella & Co., im Süden von Arbeitsgemeinschaft Süd, bestehend aus den Firmen „Universale Hoch- und Tiefbau-AG", Soravia & Co., Isola & Lerchbaumer, Allgemeine Baugesellschaft A. Porr AG, vorgetrieben.

Man darf annehmen, daß ein Granitgewölbe in seinem Scheitel brach, wobei der Bruch etwa quer zur Tunnelachse verläuft.

Zunächst war ein etwa 18 m² großer Richtstollen aufzufahren gewesen, der ursprünglich für den ersten Verkehr gedacht war. Er lag exzentrisch zum endgültigen Tunnel von rund 70 m². Dadurch war es notwendig, auch am östlichen Ulm etwa 1 m nachzunehmen. Die von F. Kahler besonders gefürchteten Spannungsumlagerungen rings um einen Hohlraum konnten also auch am östlichen Ulm nicht vermieden werden.

Wir berichten nun von Erfahrungen des südlichen Vortriebes, der den Scheitel des Tunnels überschritt und bis 3540 m vom Südportal reichte. Die Vortriebsleistungen im Richtstollen steigerten sich im Gebiet um 1500 m von Süden auf die in Hinblick auf den Querschnitt ansehnlichen 360 m im Monat Juli 1963, sanken aber infolge einer schweren Druckzone im September und Oktober 1963 auf etwa 240 m ab.

Die Wasserführung beschränkte sich zunächst auf kleine Wassermengen in der Auflockerungszone des Südportals. Bei Station 865 m trat überraschend eine allerdings schwache Quelle von 21° Wasserwärme auf, dann aber blieb der Stollen trocken. Erst nach dem Scheitel und jenseits der Gebirgsdruck-Zone, aber in deren unmittelbarer Nähe, trat Wasser mit rund 14 Sekundenlitern und 21° Wärme auf. Es legte die bereits fallende Strecke kurzfristig still.

Das Auftreten von Wasser in diesem Gebiet konnte vorausgesehen werden. Das Gebiet war hier entspannt und es gab offene Klüfte. Südlich anschließend gab es im stark verspannten Gesteinsverband ja keine Auflockerung und damit kein Wasser. In einer Gebirgsdruckzone sind die Klüfte geschlossen; die Zone ist daher trocken.

Die Gesteinswärme blieb in mäßigen Grenzen. Sie wurde mit einem Spezialthermometer in 1 m tiefen Bohrlöchern bei Station 873 mit 14° gemessen und stieg bei Station 2311 bis auf 20°, fiel aber bei 2580 m wieder auf 18° ab. Diese Gesteinswärme reichte hin, um auch bei großer Winterkälte im Vollausbruch gewonnenes und rasch ausgefördertes Material durch die Brecher-Siebanlagen und die Betonmischer zu jagen, ohne den Zuschlagstoff erwärmen zu müssen. Diese Ausnützung der Gesteinswärme hat die Betonierung im Winter sehr erleichtert, machte es aber notwendig, den Vollausbruch auf die Betonierleistung abzustimmen. In dieser Betriebsperiode lag zwischen dem Vollausbruch und der Betonierung ein Zeitraum von ca. 180 Tagen. Der Vollausbruch stand, infolge dieser Ausnützung der Gebirgswärme, in diesem Zeitraum relativ lang, genetzt-geankert ohne Mauerung.

Sehr bedeutende Strecken des Richtstollens (45—330 m, 390—570 m, 780—850 m) standen frei, was bei seiner Breite von 5,20 m eine beachtliche Standfestigkeit darstellt. Wieder zeigte es sich, daß die alte Untere Schieferhülle im unmittelbaren Verband mit dem Zentralgranit eine für den Stollenvortrieb günstige Gesteinsgesellschaft darstellt. Allerdings können Bohrhärte und Gesteinszähigkeit von Amphiboliten und Serpentinen unangenehm werden.

Im Bereich der höchsten Überlagerung bei 3300 m vom Südportal lagen 1230 m auf dem Tunnel. Die hier auftretenden flach liegenden Granite der Scheitelzone eines Granitgewölbes waren entspannt. Es gab offene Klüfte mit Wasser und außerdem Kluftstreifen, die weißlich, wie Aplitadern, durch die Augengneise zogen. Wir konnten die Beobachtung nicht entsprechend fortsetzen, glauben aber folgendes annehmen zu dürfen: Es wäre möglich, daß wir es hier mit aufgerissenen einfachen Klüften zu tun haben, die auf ihren beiden Wänden je eine Entspannungszone aus sehr kleinen Entspannungsschalen hatten; sie füllten den Hohlraum der Kluft locker, aber im Verband der Entspannungsschalen. Dies würde bedeuten, daß auch dieser Gesteinskörper seinerzeit einen gewissen höheren Spannungszustand aufwies, wenigstens in den allerdings sehr großen Kluftkörpern. Ihre hellen Streifen setzten sich längs und quer zur Stollenachse durch und brachten die Gefahr von „Sargdeckeln". Durch Ankern über Kreuz wurde dieser Gefahr begegnet.

Es könnte sein, daß die Scheitelzone des Granits heute durch den außergewöhnlich steilen und tiefen Einschnitt des Amertales entspannt ist. Jedenfalls erwies sich in ihr die maximale Gesteinsüberlagerung von rund 1250 m als technisch belanglos. Umso gefährlicher war die Druckzone im südlich anschließenden, relativ flach nach Süden fallenden Granit, wobei die Überlagerung im Stollen nur etwa 600 m betrug.

Die ersten Anzeichen von Gebirgsdruck machten sich bereits bei 720 m bemerkbar, als der Richtstollen erst von knapp über 300 m Gestein überlagert war, dann bei 900 m und bei 1020 m. Etwa ab 1200 m wurde er sehr stark, nahm aber doch zwischendurch immer wieder ab. Bei etwa 2500 m war die Zone ärgsten Gebirgsdruckes durchörtert.

Die Aufzeichnungen der Bauleitung zeigen eindeutig, daß es auch innerhalb einer unter starken Spannungen stehenden Gesteinsscholle Zonen geringen Druckes gibt. Eine derselben liegt z. B. zwischen 2005 und 2065 m. Im Raum zwischen 1995 und 2045 m verzeichnet die geologische Aufnahme von Dr. Frisch etwa 16 bemerkenswerte Klüfte mit Harnischen — Klüfte, die steil und schräg über den Stollen streichen. Man kann sich vorstellen, daß es dadurch zu lokalen Entspannungen gekommen ist. Das ist sehr bemerkenswert. Der Richtstollen steht hier in ziemlich eintönigen grobkörnigen Augengneisen.

Demgegenüber sind in unmittelbarer Nachbarschaft die Wirkungen von Gebirgsdruck in einem Ausmaße zu beobachten gewesen, das bereits ein ungewöhnliches Vortriebshindernis darstellte. Aber auch in diesen Zonen wirkte der Gebirgsdruck verschieden stark.

Völlig eindeutig haben die Beobachtungen ergeben, daß wir es in dieser Granitscholle mit einem einseitigen, von schräg oben links, also von Westen, wirkenden Gebirsgdruck zu tun haben. Während der rechte, also östliche Ulm fast immer sehr ruhig blieb, kam es in der Firste, gegen den linken Kämpfer sich ausweitend, zu starken Ablösungen.

Im Richtstollen wurden sehr genaue Aufzeichnungen gemacht, wobei die einzelnen Streckenabschnitte je nach der Anzahl der notwendigen Anker nach vier Schwierigkeitsgraden beurteilt wurden. Es konnte daraus soweit auf den Vollausbruch geschlossen werden, daß die weiteren Arbeiten (Vollausbruch und Ausbau) mit einem Pauschalbetrag vergeben werden konnten.

In der Strecke mit schwerem Gebirgsdruck machten wir folgende Erfahrungen:

a) Der Richtstollen war mit 18 m² ungewöhnlich groß. Entspannungsschalen an Firste und linkem Ulm waren beim Vollausbruch deutlich zu beobachten. Die Entspannung reichte aber nicht hin, dem Gebirge in einem etwas größeren Umkreis den hohen Gebirgdruck zu nehmen. Der Vollausbruch hatte unter diesem daher ebenfalls sehr zu leiden.

b) Durch die eingebrachte Verankerung und durch das Baustahlgitter wurde der Gebirsdruck dennoch beherrscht. Es war allerdings notwendig, teilweise nachträglich noch weitere Anker zu setzen. Das Stahlnetz war häufig mit losen Gesteinstrümmern gefüllt. Eine eigene Arbeitergruppe war allein mit der Kontrolle und Nachsicherung beschäftigt. Tatsächlich ist es an vielen Stellen des Richtstollens, aber auch des Vollausbruchs zu solchen Nachsicherungen gekommen, wobei die Zeitdifferenz verschieden war. Jedenfalls haben mit dieser Methode Richtstollen und Vollausbruch die notwendige Standdauer gezeigt. Es gilt ja auch für den Granit, variiert durch den Gebirgsdruck, die Laufferсche Standzeit.

c) Mit Ausnahme einer sehr kurzen Zone, in der im Richtstollen Stahlbögen gestellt werden mußten, wurde nicht torkretiert. Wir glauben, daß es im Hartgestein hoher Elastizität, das unter bedeutendem Gebirgsdruck steht, besser ist, nur zu ankern und zu netzen. Ein solcher Ausbau gestattet das örtliche Nachgeben, wirkt also ebenfalls elastisch. Der Ingenieur kann ferner die Ablösungen hinter dem Netz und den Zustand der Anker gut beobachten.

d) Die etwa 80 cm tiefe Verankerung der Netzsicherung reichte in den Zonen starken Gebirgsdruckes im Vollprofil nicht aus. Diese Anker hielten zwar, weil die Entspannungsschalen durch die tiefe Felsverankerung gehalten wurden, aber sie

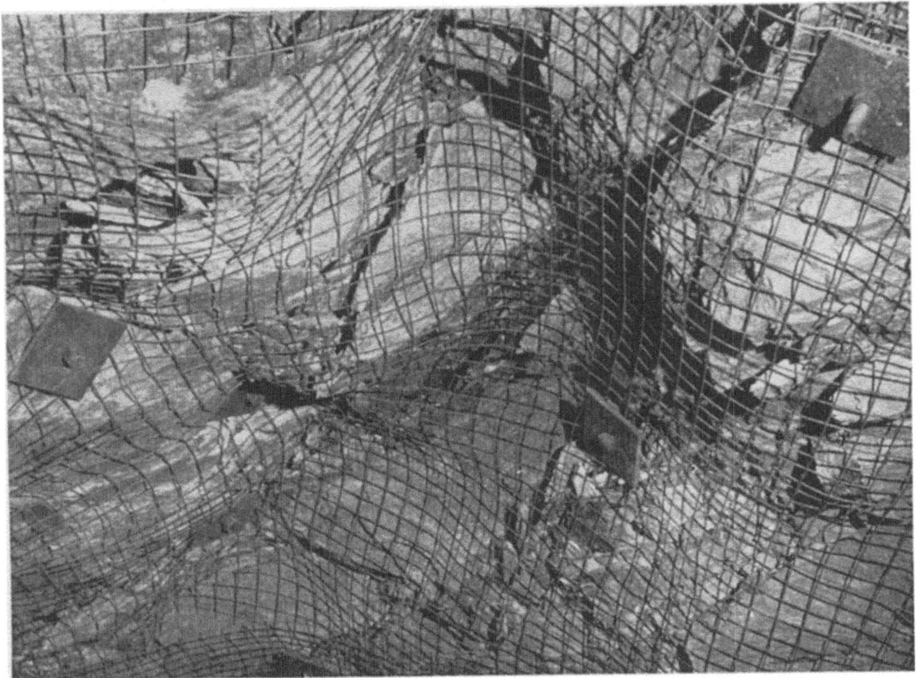

Abb. 2. Vollausbruch unter schwerem Gebirgsdruck. Abgeplatzte Schalen hinter dem Netz; die tiefen Sicherungsanker halten. Kurze Netzanker (Mitte rechts) verlieren ihre Wirksamkeit

Full-circle mining of tunnel heading at serious rock pressure conditions. Burst-off shells behind the mesh; the deep-seated securing anchors keep. Short mesh anchors (middle, on the right) loose their efficacy

Attaque en pleine section sous grave pression orogénique. Ecorces sautées derrière le treillis; l'ancrage de consolidation sont solides. Des ancres courtes (centre, à droite) perdent leur efficacité

standen im gelösten Gebirge (s. Abb. 2). Wir möchten ganz besonders auf diese Beobachtung aufmerksam machen, weil die Gefahr von Flächenverbrüchen ausgeschlossen werden muß.

e) Die Tiefe der Entspannung läßt sich mit Hilfe eines Bohrloches leicht erkennen. Der Bohrhammer findet in den Entspannungsschalen geringeren Widerstand.

f) Mit wenigen Ausnahmen mußte die Brust des Vollausbruchprofils nicht geankert werden. Rings um den Richtstollen jedoch bildete die Auflockerungszone, die am linken Ulm und in der Firste stark war, einen gefahrbringenden Gesteinskomplex.

g) In Zonen hohen Gebirgsdruckes wurden die einfachen Ankerplatten tulpenförmig aufgebogen und ihre Lochungen vergrößert oder ausgerissen. Ankerplatten mit einer glockenförmigen Verstärkung haben sich bewährt.

h) Der Vollausbruch hat eindeutig die Entspannungszone um den Richtstollen gezeigt. Das bedeutet, daß sich der Spannungszustand des Gesteins auf den Hohlraum des Richtstollens eingestellt hatte und daß er sich infolge der Sicherungsmaßnahmen stabilisierte. Der Vollausbruch zerstörte diesen eingespielten Zustand und schuf für eine wesentlich größere Tunnellaibung neue Spannungszustände. Ein Richtstollen hat natürlich den Vorteil der Erkundung der Gebirgsverhältnisse. Dafür genügt aber ein Lichtraum, der für den heute üblichen Bunkerzug rationell ist. Der 18 m² große Richtstollen im Felbertauern-Straßentunnel war ein Sonderfall.

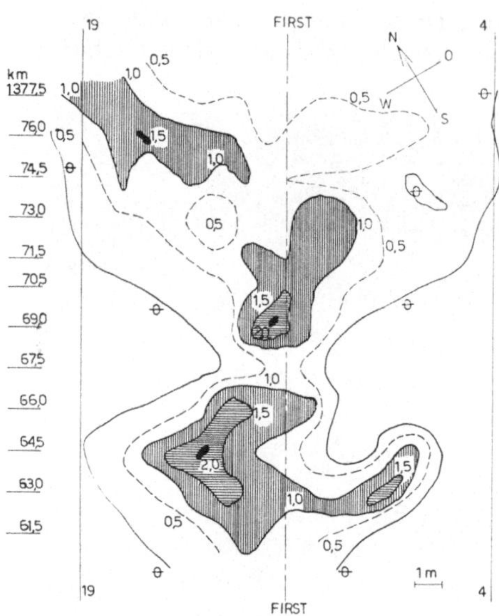

Abb. 3. Die Mächtigkeit der Zone von Spannungsschalen, gemessen mit Hilfe des Bohrwiderstandes des Hammers. Man erkennt die überwiegende Beanspruchung westlich der Firste, aber auch lokale gesteigerte Ablösungen, welche schwer erklärbar sind

The thickness of the zone of stress scaling measured by means of boring resistance of the hammer. The prevailing stress west of the roof, but also local increase of detachments which are hardly explicable, can be recognized

La puissance de la zone d'écorces de contraintes, mesurée au moyen de la résistance du marteau perforateur. L'effort prépondérant à l'ouest du faîte, mais aussi des détachements localement augmentés, qui ne sont guère expliquables, peuvent être reconnaissables

i) Im Bereiche starken Gebirgsdruckes war dieser in seiner Intensität in Richtstollen und Vollausbruch oft sehr verschieden. Man muß als wahrscheinlich annehmen, daß sich Verschiebungen der örtlichen Intensität im Zeitablauf ergeben. Es ist nämlich sonst schwer zu erklären, daß der Richtstollen anfangs Juli 1963 bei 1375 m nur leichten bis mäßigen Gebirgsdruck zeigte und sich 15 Monate später beim Vollausbruch ein schwerer Bergschlag als Ausdruck höchster Spannungsanreicherung ereignete. Dieser warf aus dem Bereich zwischen Scheitel und linkem Kämpfer etwa 9 t Gestein in maximal 60 cm Dicke fast waagrecht gegen das rechte Kämpfergebiet. Der Bergschlag ereignete sich rund zwei Stunden nach dem Abschlag im neuen Hohlraum, der noch nicht geankert war. Dem unvorhersehbaren Unfall fielen zwei Mineure zum Opfer. Der Bergschlag gehört eindeutig zu den stärksten, die bisher bekanntgeworden sind. Das Erschreckende hiebei war und ist, daß er sich in einer Zone ereignete, die der Richtstollen als relativ gutartig erkundet hatte: etwa 20 m vor einer im Richtstollen angetroffenen Zone starken Gebirgsdruckes.

Herr Oberingenieur Malina der „Universale Hoch- und Tiefbau AG" hat versucht, einen Verteilungsplan der Ablösungstiefen in der Entspannungszone des Vollausbruches zu zeichnen (Abb. 3). Die Beobachtungen der Bauleitung waren hiefür eine wertvolle Unterlage.

Man sieht eindeutig — aber durchaus schwer verständlich — Flächen mit sehr tiefen Ablösungen, die bis zu 2,50 m reichen. Im Ursprungsgebiet des schweren Bergschlages erfolgte nur mehr eine relativ geringe Auflockerung. Immerhin hat es auch hier noch nachträglich Entspannungen gegeben. Man erkennt außerdem, daß die Flächen starker Ablösungen vorwiegend westlich der Firste liegen.

Die Zeichnung (Abb. 3) sagt nichts über den zeitlichen Ablauf der Auflockerung aus. Die Beobachtungsgrundlage konnte erst nach Tagen gewonnen werden. Es hat den Anschein, als hätte sich das Gebiet heftigen Gebirgsdruckes trotz der starken Absicherung der Vollausbruchflächen um mindestens weitere 10 m, also insgesamt rund 30 m von der im Richtstollen angetroffenen Druckzone gegen Süden verlagert.

Auf diese anscheinend in kurzen Zeiträumen mögliche Verschiebung von Druckzonen innerhalb enger Bereiche möchten wir besonders hinweisen. Die exakte Erforschung dieser Erscheinungen ist nur unter günstigen Bedingungen, am ehesten durch einen Versuchsstollen mit nachfolgendem Vollausbruch, möglich.

j) Als brauchbare Maßnahme zum Schutz der Belegschaft vor Ort erwies sich die Anordnung schräg nach vorne getriebener Anker in Firste und westlicher Kämpferzone. Außerdem wurden die Ulm- und Firstkranz-Schußfächer kürzer gebohrt, so daß die Ortsbrust die Form einer allerdings nur schwach gewölbten Kugelkalotte erhielt. Beide Maßnahmen haben dazu beigetragen, daß die große Gebirgsdruckzone bis 2500 m ohne Schwierigkeiten und Zwischenfälle auch im Vollausbruch durchörtert wurde. Wir glauben, daß insbesondere die Umgestaltung der Ortsbrust zu einer Kugelkalotte einen brauchbaren Beitrag zur Sicherung des Vortriebes bildet.

Die Betonierung im Vollausbruch erfolgte mit Pumpbeton hinter einer modernen Gleitschalung. Wie Dipl.-Ing. Herbeck in den Porr-Nachrichten berichtet, konnte die Betonstärke im Gewölbe auf 40 cm herabgesetzt werden. Dies trotz der Gebirgsdruckerscheinungen, die nun allerdings bereits abgeklungen waren. Die Betonierung erfolgte ja verhältnismäßig spät nach dem Vollausbruch und es ist anzunehmen, daß sich der Spannungszustand rings um den Hohlraum bereits eingespielt hatte. Die Entspannungszone (Trompetersche Zone) mit der Netzung blieb hinter dem Beton und wurde nicht verpreßt. Jedenfalls liegt hinter der Betonmauer eine Entspannungszone des Granits, die sich mit Hilfe von Netz und Anker trägt und die sich vermutlich noch etwas, wenn auch geringfügig, vergrößert hat. Dadurch wurde wohl der vorhandene Raum zwischen dem intakten Granit und der Mauer etwas komprimiert.

Abschließend ist zu erörtern, ob es möglich ist, einen Gebirgsdruck vorauszusagen, der nur an einzelne Schollen gebunden ist. Der Felbertauern-Tunnel hatte hohen Gebirgsdruck in einem Raum mäßiger Überlagerung. Durch das tief eingeschnittene Amertal war anscheinend das Gebiet mit der höchsten Überlagerung entspannt.

Gebirgsdruck war erwartet worden. Es ist bemerkenswert, daß Prof. Müller im Vorgutachten als eine der wenigen möglichen Druckrichtungen auch jene angab, die wir erlebten.

Es scheint aber doch so zu sein, daß man zu einer detaillierten Voraussage nur dann kommen könnte, wenn der Gesamtraum hinsichtlich seines Baues, seiner Spannungszustände, insbesondere aber auch der Geschichte seiner Spannungsentwicklung erforscht ist. Das sind Aufgaben, die in Zonen künstlicher Spannungsanreicherungen (z. B. in Restpfeilern ausgebauter Kohlenflöze oder im Kohlenstreb) bereits untersucht werden, die aber in Gebieten komplizierter Tektonik und damit komplizierter Spannungsverteilung und Spannungsgeschichte noch zu bewältigen sein werden. Ihre Lösung wäre überaus interessant und zugleich wirtschaftlich wertvoll.

Anschrift der Verfasser: Professor Dr. Franz Kahler, Tarviser Straße 28, A-9020 Klagenfurt, und Dipl.-Ing. Josef Wanderer, Direktor der Universale Hoch- und Tiefbau AG, Gabelsberger Straße 62, A-9020 Klagenfurt.

Felsmechanik u. Ingenieurgeol., Suppl. IV, 158—180 (1968)

Verbrüche in Druckstollen

Von

Helmut Detzlhofer, Innsbruck

Mit 10 Textabbildungen

(Eingegangen am 11. Dezember 1967)

Zusammenfassung — Summary — Résumé

Verbrüche in Druckstollen. Es werden nicht die üblichen, schon beim Vortrieb auftretenden Verbrüche behandelt, sondern Verstürze, die erst während des Betriebes von Druckstollen bei verschiedenen Anlagen vorgekommen sind und durch Auflösen von Kluftfüllungen und örtlich begrenztes Zerfallen des Felsgefüges unter dem Einfluß wechselnden Wasserdruckes entstehen wenn das Wasser zum Gebirge Zutritt hat.

Die Anzeichen für die Möglichkeit solcher späterer Verbrüche sind während der Vortriebszeit oft sehr unauffällig. Ein Beispiel dieser Art bot der Kaunertal-Druckstollen in einem Schiefergneisabschnitt gelegentlich eines Abpreßversuches über eine noch unausgekleidete längere Strecke (geologischer Längsschnitt). Es werden die Beweggründe zu diesem Großversuch und der Versuchsablauf selbst erläutert (Diagramm für Druck und Wasserverlust). Die Ähnlichkeit der Beanspruchung beim Füllen, Druckaufbau und Druckhalten sowie beim Entleeren, mit der wechselnden Druckbelastung infolge Regelbetriebes des Kraftwerkes (Diagramm der Druckschwankungen im Wasserschloß), wird aufgezeigt. Versuchsbedingungen also ähnlich dem späteren Betrieb.

Es entstanden fünf größere Verbrüche (Längsschnitt des Verbruchsbereiches).

Sanierung des großen Verbruches V (schematische Darstellung der einzelnen Phasen) durch Vollbetonieren des ganzen Hohlraumes über einen Schrägschacht. Das restliche Verbruchshaufwerk diente dabei als Unterlage. Anschließend Durchörtern des Materials. Betonieren eines starken Außenringes und Ersatz des Materials zwischen Domfüllung und Gewölbe durch Beton, wobei die Abstützung des einsturzgefährdeten Nachbarbereiches auch vorübergehend nicht verlorengehen durfte. Keine Querschnittseinbuße.

Tabellarische Zusammenstellung gleichartiger Verbrüche des In- und Auslandes, welche z. T. nach mehrjährigem Betrieb eintraten.

Kemano Kitimat — 19 000 m^3 Verbruch, 50 m hoch, Bewältigung mittels starken Betongewölbes über dem Schutthaufen, darüber 1,5 m Schutzschicht aus Brechschotter. Stollenbeton an Schutzgewölbe anschließend. Großer Hohlraum blieb leer.

Tåsan — 3000 m^3, 30 m hoch, ebenfalls nur Teilausbaggerung, Hohlraum leer belassen. Durchörterung des Haufens unter dem Schutz waagrecht eingerammter Spundbohlen, stählerne Stützkonstruktion und Stahlbetonauskleidung bei Profileinschränkung.

Hemesdal. Montmorillonit als verbruchsförderndes Mineral.

Schlußfolgerungen: Bei erosionsgefährdetem geologischem Aufbau und hohem Gebirgswasserstand ist eine Auskleidung auch in „standfestem Fels" erforderlich und deren möglichste Rissefreiheit erwünscht, um ein Ausspülen von Fülltsoffen aus der Klüftung infolge Druckwechsels hintanzuhalten und damit den Zusammenhang des Felsgefüges aufrechtzuerhalten.

Rockfalls in Pressure Galleries. This paper does not deal with the usual rockfalls during tunnel heading but with those which only occurred afterwards during the operation of pressure galleries at various power plants, and which resulted from the decomposition of the fissure filling and from the local disintegration of the rock structure under the influence of the varying water pressure, when the gallery water got access to the rock.

The symptoms which indicate the possibility of such subsequent rockfall are often very inconspicuous during the heading period. A good example is given by a section of the Kauner Valley pressure gallery in schist gneiss on the occasion of a pressure test over a greater length, as yet unlined (see geological forecast for the longitudinal tunnel section, constructional time table). The reasons for such a large-scale pressure test and its execution are described (see pressure and water loss diagrams). The similarity between the stresses during the periods of tunnel filling, of building up and maintaining pressure as well as of tunnel draining on one hand and the varying pressure owing to the load control operation of the power plant on the other hand (see pressure variation diagram for the surge chamber) are shown. Thus the conditions of the test were similar to those during the subsequent operation.

Five major rockfalls have occurred (see longitudinal section of the rockfall zone).

The large rockfall V (see schematic representation of the individual stages of the repair work) was repaired in filling the entire cavern with concrete over an inclined shaft, the residual muck heap serving as a support. Then the muck was cut through, a strong concrete ring outside the gallery profile was installed and the muck between the concrete and the ring crest was replaced by concrete in such a way that the support of the adjacent zones exposed to caving was not lost, even temporarily. The gallery profile did not undergo any reduction.

Similar rockfalls, which have occurred in this country and abroad, partly after a several years' operation, are listed.

Kemano Kitimat — Rockfall 19 000 m^3 in volume and 50 m in height; repair with the aid of a strong concrete arch above the muck heap; above it a 1.5 m high protective cover of crushed stone; the tunnel concrete joining the protective arch; the large cavern remaining empty.

Tåsan — Rockfall 3000 m^3 in volume and 30 m in height; only partial excavation too; the cavern remaining empty; cutting through the muck heap under the protection of sheet piles horizontally rammed in; the supporting steel structure and the armed concrete lining resulting in a reduction of the gallery profile.

Hemesdal — Montmorillonite constituting the mineral promoting rockfall.

Conclusion: When the geological structure is exposed to erosion and the crack water level is high also an apparently "resistant rock" requires a tunnel lining, which is desired to be as free from fissures as possible in order to prevent the fissure filling from being washed out owing to the change in pressure, and therewith to preserve the coherence of the rock structure.

Éboulements dans les galeries en charge. Il ne s'agit pas des éboulements habituels pendant l'avancement mais de ceux qui se produisent pendant l'exploitation des galeries en charge de diverses usines. Ils prennent naissance à la faveur de l'altération des remplissages de fissures et de la ruine localisée de la structure rocheuse sous l'influence des variations de la pression intérieure lorsque l'eau peut accéder au massif rocheux.

Les symptômes de tels éboulements ultérieurs sont souvent presque imperceptibles lors de l'avancement. La galerie en charge du Kaunertal a offert un exemple de ce type dans des schistes gneissiques à l'occasion de l'essai de mise en charge d'un tronçon assez long non revêtu (voir profil en long géologique et programme d'exécution). Les raisons de cet essai à grande échelle et de son programme s'expliquent d'elles mêmes (voir graphique des pertes d'eau en fonction de la pression). On montre la ressemblance entre d'une part le remplissage, la montée en pression, le maintien sous charge constante et la vidange et d'autre part les variations de pression dues au fonctionnement de la centrale en réglage (voir graphique des variations de charge dans la cheminée d'équilibre). Les conditions d'essai ressemblent donc à celles du fonctionnement ultérieur.

Il s'est produit cinq éboulements principaux (voir profil en long des zones éboulées).

Pour réparer l'éboulement no. 5 (voir schéma des phases successives), on a rempli de béton la cavité entière, grâce à un puits incliné, en utilisant comme support la masse éboulée restée en place. On a bétonné ensuite un anneau robuste puis on a remplacé par du

Roter Schrofen
2704 m
Engadiner Fenster
Altkristallin
Faggenbach
Fenster Kample, 255 m lg.
1275 m Sohlh.
Fenster Burgschrofen
280 m lg.
Fenster
Feichten, 501 m lg.
Fenster See, 481 m lg.
Fenster Urfl, 438 m lg.
Inn
5.599 m
4.590 m
2.451 m
538 m
Lg. = 13.178 m , ϕ = 4.00 m
1000 m
a
I
II
III
IV
V

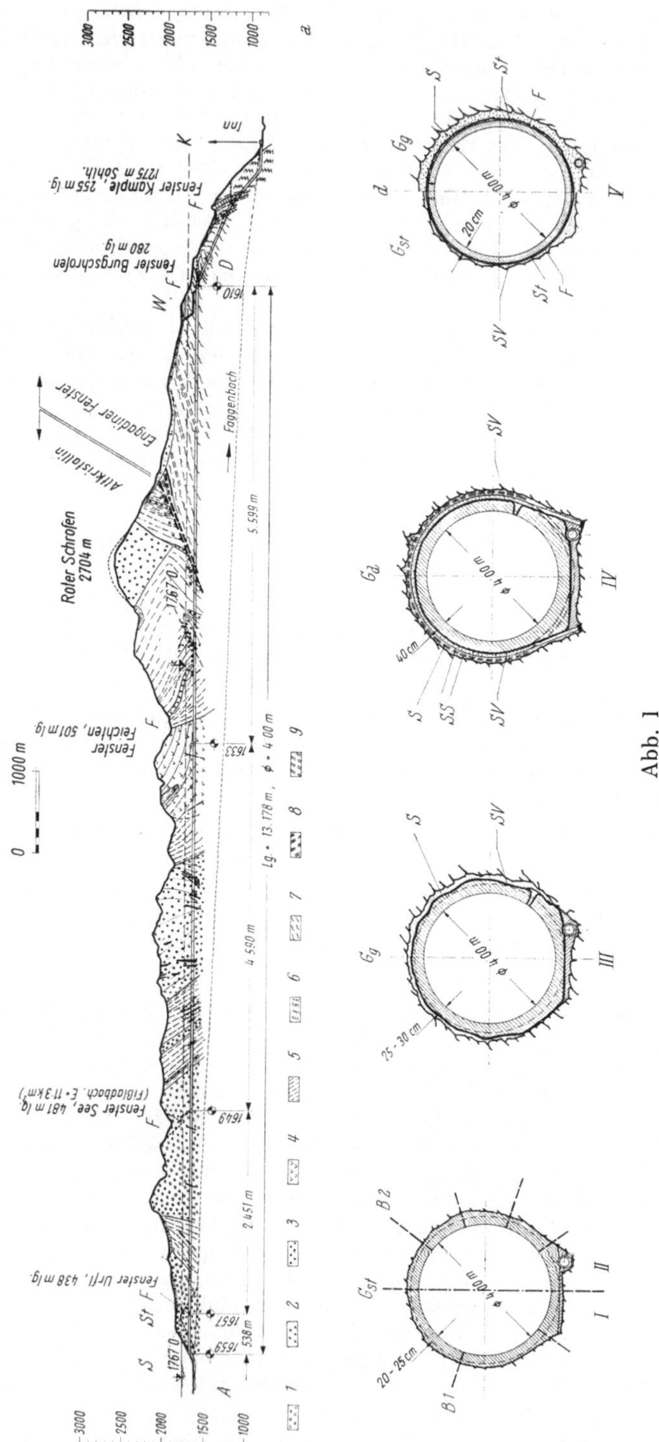

Abb. 1

béton les matériaux restant entre le remplissage supérieur et la voûte, sans jamais enlever l'appui des zones voisines menacées d'éboulement. Ceci, sans réduction de section.

Un tableau rassemble des éboulements similaires en Autriche et à l'étranger, survenus après plusieurs années d'exploitation.

Kemano Kitimat — Eboulement de 19 000 m³, 50 m de haut, surmonté grâce à une robuste voûte de béton sur les déblais. Une couche de 1.5 m de pierres protège ce béton qui est accordé au béton de la galerie. L'essentiel de la cavité demeure vide.

Tåsan — On a laissé vide également cette cavité de 3000 m³ et 30 m de haut après l'avoir partiellement curée. Le tas de déblais a été franchi sous la protection d'un enfilage de palplanches horizontales, par mise en place d'un soutènement métallique et d'un revêtement en béton armé réduisant la section de la galerie.

Hemesdal — La montmorillonite a favorisé l'éboulement.

Conclusions. Lorsque la structure géologique peut être détruite par l'érosion et lorsque le niveau piézométrique est élevé, même dans une "roche résistante", le revêtement est nécessaire et il soit être autant que possible dépourvu de fissures, afin d'empêcher le délavage des matériaux de remplissage hors des fissures lors des changements de pression et de conserver ainsi en état la cohésion du massif rocheux.

Schon beim Vortrieb von Stollen oder Schächten treten bei unerwartetem Anfahren von tektonischen Störungen, von geröll- oder schlammerfüllten wasserführenden Klüften oder bei Einsetzen von Gebirgsdruck manchmal Verbrüche ein, die aber, wenn die entsprechenden Kunstregeln befolgt werden, kaum größere Ausmaße annehmen sollten. Sie sind mit den bekannten Mitteln der Felssicherung beherrschbar, wenn man von seltenen Sonderfällen absieht, bei denen extrem hoher Druck des miteindringenden Wassers die Verbruchsbereinigung verhindert.

Solche, im Zuge des Vortriebes oder jedenfalls während der Bauzeit vorkommende Niederbrüche sollen aber hier nicht behandelt werden. Sie gehören in das Kapitel „Felssicherung".

Abb. 1. Druckstollen Kaunertal

a Höhenplan mit Geologie. *S* Speicher Gepatsch; *St* Staudamm Schieberkammer; *F* Fensterstollen; *W* Wasserschloß; *D* Druckschacht; *K* Krafthaus Prutz, Turbinenachse 872 m; *1* Augen-Flasergneis; *2* Mylonitzonen; *3* Biotitgranitgneise und Tonalitgneise; *4* Amphibolite; *5* Schiefergneise; *6* Kalkschiefer; *7* Graue Phyllite; *8* Serie des Burgschrofen (Grüne Serizitschiefer, Gips, Rauhwacken); *9* Randserie (Grüne Serizit- und Diabasschiefer, gr. Phyllite, Kalke und Dolomite); *1* bis *5* Altkristallin der Ötztaler und Silvretta-Decke; *6* bis *9* Engadiner Fenster. *b* Regelquerschnitte, Auskleidungstypen I bis V. G_{st} für standfestes Gebirge; G_g für gebräches Gebirge; G_d für druckhaftes Gebirge; *d* mit dünnwandiger Panzerung; *B* 1 Bohrlochinjektion (ein Durchgang); *B* 2 Bohrlochinjektion (zwei Durchgänge); *S* Sicherungsspritzbeton; *SV* Spaltinjektionen mit Vorspannung; *SS* Stahlstreckenbogen mit Stahlbretterverzug; *St* 5-mm-Stahlblech; *F* Füllmörtel

Pressure tunnel Kaunertal

a layered map with geology. *S* Gepatsch reservoir; *St* dam, valve chamber; *F* access tunnel; *W* surge tank; *D* pressure shaft; *K* power station Prutz, axis of turbine 872 m; *1* Augen-Flasergneiss; *2* mylonitic zones; *3* Biotite granite gneiss and Tonalit gneiss; *4* Amphibolites; *5* schistose gneiss; *6* calcareous schists; *7* grey phyllites; *8* series of the Burgschrofen (green serizite schists, gypsum, cellular dolomite); *9* border series (green serizitic and diabas schists, gr. phyllites, limestones and dolomite); *1* to *5* Paleocristalline of the Ötztaler and Silvretta nappe; *6* to *9* Engadin window. *b* typical cross sections, I to V types of lininig. G_{st} for stable rock mass; G_g for unstable rock mass; G_d for rock mass at earth pressure conditions; *d* with thin steel lining; *B* 1 borehole grouting (1 pass); *B* 2 borehole grouting (2 passes); *S* gunite concrete for protection; *SV* grouting of joints for pre-stressing; *SS* steel ribs and steel timbering; *St* sheet steel 5 mm; *F* filling mortar

A
B
C
D
E
F
G
H
I
J
K
L
M
N
O
P
Q
17.822 m³
6.362 m³
9.42 atü
10.9 atü
12.0 atü
8.9 atü
5.2 atü
6.0 atü
7.III.63
9.III.16h
14.III.14h
20.III.22h
23.III.7h
4.IV.18h
4.IV.63

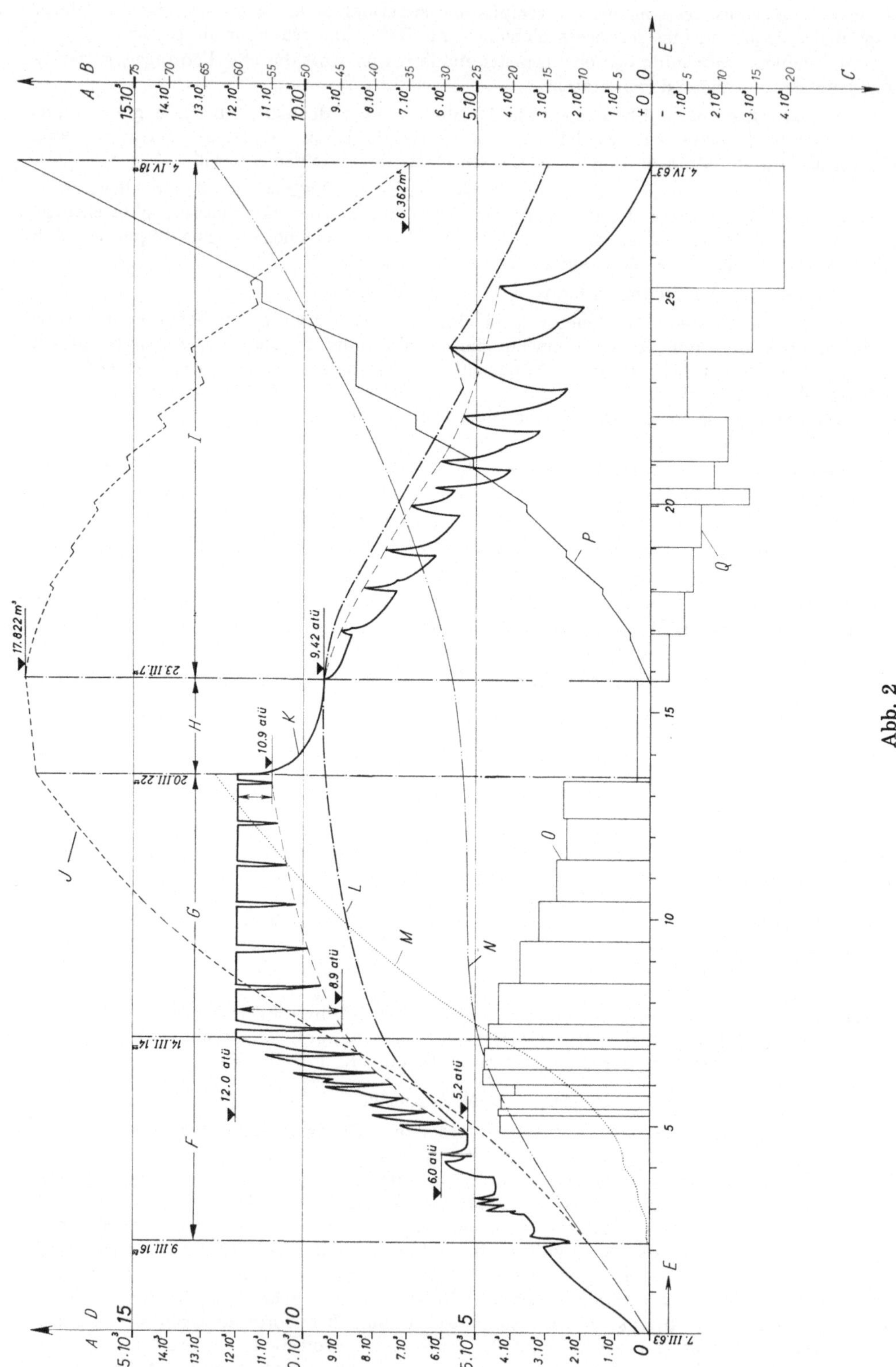

Abb. 2

Es sind jedoch auch bei in Betrieb stehenden Stollen große Verbrüche vorgekommen, deren geologische Ursachen während der Bauzeit im voraus kaum zu erkennen waren. Jedenfalls waren sie, ohne Kenntnis der späteren trüben Erfahrungen nicht auffallend genug, daß man ihnen durch technische Maßnahmen ausreichend begegnet wäre. Von einigen derartigen Beispielen möchte ich unter Auswertung eigener und fremder Erfahrungen berichten.

Verbrüche im Druckstollen des Kaunertal-Kraftwerkes

Die eigenen Erfahrungen betreffen, in ihrem Ausmaß unerwartete Verbrüche, die im Anschluß an einen groß angelegten Stollen-Abpreßversuch beim Bau des Kaunertal-Kraftwerkes eingetreten sind. Sie entstanden aus Beanspruchungen, wie sie grundsätzlich auch der Betrieb des Kraftwerkes bietet, weshalb dieses Beispiel hinsichtlich der Ursachen und Schlußfolgerungen ohne weiteres in die Reihe der während des Betriebes aufgetretenen Druckstollenverbrüche eingereiht werden darf.

Der Kaunertal-Druckstollen durchfährt, wie der geologische Längenschnitt (s. Abb. 1) zeigt, Augengneis, Schiefergneise, Biotit- und Muskowit-Granitgneise und Amphibolit, kommt im weiteren Verlauf in eine stark gestörte Schiefergneiszone großer Ausdehnung und verläuft schließlich nach Durchstoßen der Überschiebungsfläche in den Bündner Schiefern des Engadiner Fensters.

Der Querschnitt ist kreisförmig mit 4,0 m lichtem Durchmesser. Der Stollen wurde im Endzustand zur Gänze mit Rüttelbeton ohne Stahleinlagen, jedoch unter Vermeidung von Längsfugen ausgekleidet.

Wegen des hohen Betriebsinnendruckes von 12—17 atü waren Wasserverluste gerade in den standfesten Gebirgsbereichen zu befürchten, in denen Vorspann-Injektionen einerseits nicht notwendig und damals noch schwer durchführbar erschienen, Schwind- und Zugrisse aber dann doch nicht ausbleiben. Die Kenntnis der Wasserwegigkeit des Gebirges und die Lage des Gebirgswasserspiegels waren daher von größter Bedeutung.

Für die Strecken im nachgiebigen Mylonit und Bündner Schiefer sollte ohnedies mit Hilfe von besonderen Injektionsmaßnahmen ein Zerreißen der Betonauskleidung unbedingt verhindert werden.

Im standfesten Kristallin des hangparallelen Teiles mit nur rund 250—500 m Überlagerung gab es aber immerhin Zonen starker Klüftigkeit und mehrere quer zur Stollenachse gerichtete tektonische Störungen. Man hatte daher das Bedürfnis, das günstige Ergebnis der sehr eingehenden Untersuchungen Dr. Schmideggs,

---

Abb. 2. Diagramm des Druckverlaufes beim Abpreßversuch Baulos „See“

A Summe der Wassermengen in m³; *B* Wasserzugabe l/sec; *C* Wasserentnahme l/sec; *D* Druck atü; *E* Tage; *F* Druckaufbau (5 Tage); *G* Druckhalten (6 Tage); *H* Stillhalten (2 Tage); *I* Druckabbau (13 Tage); *J* Summe der gesamten Wasseraufnahme; *K* Stolleninnendruck; *L* Gebirgs-Wasserdruck; *M* Summenlinie des Pumpendurchflusses; *N* Summenlinie des natürlichen Zuflusses, Umläufigkeit abgezogen; *O* mittlere Durchflüsse der gesamten Wasserzugabe; *P* Summenlinie der Entleerung (negative Ordinaten); *Q* mittlerer Durchfluß der Entleerung (negative Ordinaten)

Diagram of the pressure during pressure test in Baulos "See"

A total volume of water in m³; *B* water supply l/sec; *C* water taken out l/sec; *D* pressure atm.; *E* days; *F* pressure increasing (5 days); *G* constant pressure (6 days); *H* rest (2 days); *I* pressure decrease (13 days); *J* total water supply; *K* internal pressure in the tunnnel; *L* rock water pressure; *M* summation curve of the pump discharge; *N* summation curve of the natural inflow, minus water passing by; *O* medium discharges of the total water supply; *P* summation curve of emptying (negative ordinates); *Q* medium discharge of epmtying (negative ordinates)

die eine hohe Lage des wahrscheinlichen Gebirgswasserspiegels und eine geringe Durchlässigkeit des Gebirges erwarten ließen, durch einen Großversuch bestätigt zu sehen.

Der Bauzeitplan, in welchem die Abpressung fast des gesamten fertig ausgekleideten und injizierten Stollens eingeplant war, gab besonders zwischen den beiden oberen Stollenfenstern die Möglichkeit, in einer noch unausgekleideten 1,4 km langen Strecke eine Druckprobe auszuführen, die deshalb von besonderem Interesse war, weil sie sich über drei geologisch sehr unterschiedliche, ungefähr gleich lange Abschnitte erstreckte: Einen sehr klüftigen, wasserführenden Augengneis in Fensterstollennähe, eine Schiefergneisstrecke mit einigen Störungen und vielen lettengefüllten schmalen Klüften und einen daran anschließenden kompakten unzerklüfteten Augengneisabschnitt.

Das Abpressen des noch unverkleideten Stollens versprach in der zur Verfügung stehenden relativ kurzen Zeit natürlich viel aufschlußreichere Ergebnisse über die Bergwasserverhältnisse als jeder Druckversuch in der fertiggestellten und bereits hinterpreßten Betonauskleidung.

Planung und Einrichtung des Versuches erfolgte unter Verwertung der bei den Abpreßversuchen der Anlage Grande Dixence gewonnenen Erfahrungen.

Nachdem die gestörten Zonen und auch die sichtbaren Lettenklüfte mit Spritzbeton und Baustahlgewebe zusätzlich gesichert worden waren, wurde die Druckversuchsstrecke durch Stahlkuppeln beiderseits abgeschlossen und die vorerwähnten drei verschiedenartigen Abschnitte mittels dichter Zwischenwände voneinander getrennt. Sämtliche Anzeigeinstrumente, wie Wasserzähler, Durchflußmengenanzeiger und Manometer waren in einer Meßkammer vor der oberstromseitigen Endkuppel untergebracht, wo auch die Durchflüsse durch die Trennwände abzulesen waren.

Das Füllen und unter Druck setzen besorgten zwei Hochdruckpumpen von je 60 l/sec Maximalleistung über eine Rohrleitung, deren Regulierschieber ebenfalls in der Meßkammer installiert war.

Der direkte natürliche Wasserzulauf aus dem Gebirge betrug rd. 10 l/sec.

Abb. 2 zeigt den Druckverlauf während des gesamten Versuches. Ferner sind auch die Wassersummenlinien, die eingebrachte Wassermenge und die wahrscheinliche jeweilige Lage des Gebirgswasserspiegels eingetragen.

Nach dem Füllen der Versuchsstrecke wurde zunächst einige Tage lang der Druckanstieg infolge des Gebirgswasserzulaufes allein beobachtet. Der Gebirgswasserspiegel, der sich während der Vortriebszeit im Stollenbereich vermutlich in Form eine Mulde abgesenkt hatte, begann hierbei wieder zu steigen. Dies ging natürlich sehr langsam.

Nach einem Druckanstieg auf 2,8 atü begann man daher mit dem Drucksteigern durch Pumpen. Das gewählte Limit war eine Druckerhöhung um 2 atü pro Tag.

Bei täglich regelmäßig eingelegten Pumpunterbrechungen zeigte das Manometer zuerst einen steilen Druckabfall an, der sich dann spontan verflachte. Der bei längerem Zuwarten dann konstant bleibende Druck entsprach zweifellos annähernd der jeweiligen Lage des Gebirgswasserspiegels über der Stollenachse. Er bildete nun vermutlich einen flachen Rücken in der breiten Absenkungsmulde.

Als der beabsichtigte Höchstdruck von 12 atü erreicht war, begann die Phase des Druckhaltens durch Pumpen. Hierbei wurde ebenfalls täglich einmal unterbrochen, um das weitere Ansteigen des Gebirgswasserspiegels verfolgen zu können. Der Druckabfall beim Abschalten der Pumpe bei 12 atü betrug anfangs etwas über 3 atü.

Die zur Druckhaltung nötige Pumpfließe nahm im Laufe einer Woche von 21 l/sec auf 15 l/sec ab, womit auch die Drosselbarkeit der Pumpe erreicht war. Der Gebirgswasserspiegel stieg während der Druckhaltung langsam von 8,9 auf

10,9 atü an. Wahrscheinlich wäre bei längerer Dauer das Gebirgswasser auf den vollen Druck von 12 atü angestiegen und die zur Druckhaltung notwendige Pumpfließe auf 0 abgesunken.

Man hielt den Stollen zunächst ohne künstlichen Zufluß noch geschlossen und beobachtete 3 Tage lang das überaus langsame Absinken des Druckes, das wohl auf die seitliche Ausbreitung des Gebirgswassers in die noch vorhandene Absenkungsmulde zurückzuführen ist.

Bei 9,42 atü wurde durch teilweises Öffnen des Entleerungsschiebers mit dem Druckabbau um täglich 1 atü begonnen.

Auch dieser gedrosselte Abfluß wurde täglich einmal unterbrochen, wobei der Druck jeweils bis zur mittleren Kluftwasserspiegellage anstieg, analog dem umgekehrten Vorgang während des Drucksteigerns.

Nach Absenkung bis zur Stollenfirste an der oberstromseitig liegenden Meßkammer erfolgte die Entleerung der Versuchsstrecke.

Der Verlauf der Drucklinie während des Versuches zeigt wegen der vielen beabsichtigten und auch teilweise unbeabsichtigten Unterbrechungen beim Pumpen und Entleeren ein ständiges Auf und Ab. Im Prinzip ähnlich, wenn auch viel rascher und um größere Beträge wechselnd, verläuft auch die Drucklinie bei Regelbetrieb des Kraftwerkes.

Am oberen Band des Diagrammes (Abb. 3) ist der Gang der erzeugten elektrischen Leistung eines Tages dargestellt (die Zeit läuft in dieser Darstellung von rechts nach links).

Das untere Band zeigt den dazugehörigen Druckverlauf im Stollen.

Die Ergebnisse des Druckversuches waren hinsichtlich des raschen Aufbaues eines hohen Gebirgswasserspiegels und der guten Dichtheit des Gebirges überaus zufriedenstellend, so daß man sich mit den üblichen einfachen Bohrlochinjektionen begnügen konnte.

Die Auswirkungen der oftmaligen Druckänderungen auf den unausgekleideten, nur örtlich durch Spritzbeton gesicherten Stollen erwiesen sich hingegen in der Schiefergneiszone als überraschend unangenehm.

Das schnelle Absinken der Entleerungsmenge an der unterstromseitigen Endkuppel bei offenem Schieber ließ schon auf einen Niederbruch schließen. Auch die Durchflußanzeiger der Trennwände stellten plötzlich ihre Anzeige ein.

Abb. 4 ist ein maßstabgetreuer Längsschnitt des Verbruchsbereiches. Nur zwischen den Verbrüchen III und IV liegt eine 150 m lange unversehrte Strecke, die im Bild zwischen der oberen und unteren Hälfte herausgenommen ist.

Das Vordringen in die Versuchsstrecke von beiden Seiten gestaltete sich recht zeitraubend und lehrreich.

Die beiden Augengneisstrecken waren unverändert. Die nördliche war kompakt, sie bot dem Wasser daher keine Schwächen. Die südliche war wohl durch zahlreiche, sehr steil einfallende und quer zum Stollen streichende Klüfte geringer Weite zerhackt und zerschert. Da jedoch die Klüfte in dieser Zone nicht mit Zerreibsel gefüllt, sondern offen und leer waren, konnte das darin pulsierende Wasser die Standfestigkeit nicht beeinträchtigen.

Aber schon am nördlichen Übergang zum Schiefergneis, noch vor der Zwischenwand, sperrte ein bis zur Firste reichender Verbruchshaufen den Weitermarsch. Dieser Verbruch, der auch die Ulmen mit erfaßte — im gezeigten Längsschnitt mit I bezeichnet —, war zwischen zwei gegeneinander geneigten, quer zum Stollen streichenden Lettenklüften infolge Auflösung der Füllungen herausgefallen. Der Abriß erfolgte 5 m über der Stollenfirste an Ablösungsflächen, die annähernd eine flache Kuppel bildeten.

Das Sichern des 280 m³ Verbruches und die vollständige Verfüllung mit Beton bot weiter keine Probleme.

Währenddessen fand der Versuch, von der Südseite her in die Schiefergneisstrecke vorzudringen mit einer Schlauchbootfahrt in Richtung stromab bis zur Ursache des Staues, einem weiteren völligen Verschluß des Stollenquerschnittes,

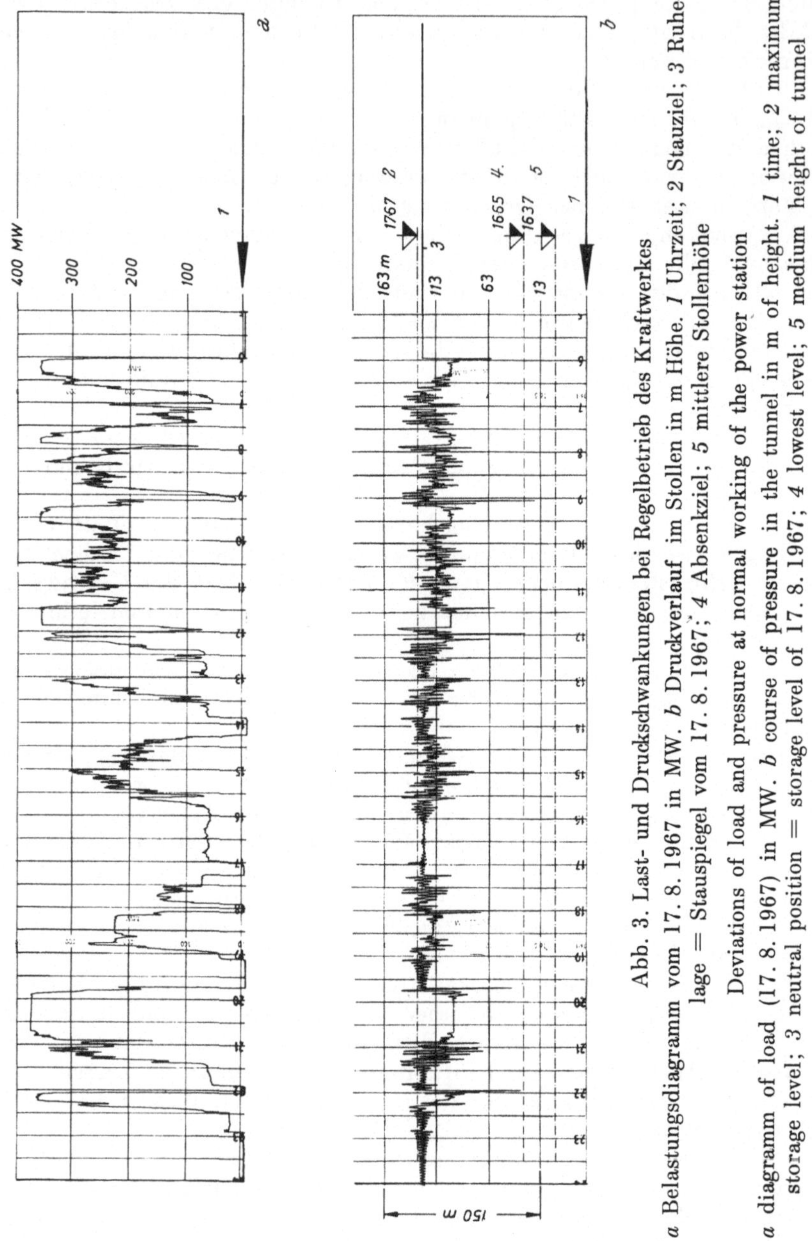

Abb. 3. Last- und Druckschwankungen bei Regelbetrieb des Kraftwerkes

a Belastungsdiagramm vom 17. 8. 1967 in MW. *b* Druckverlauf im Stollen in m Höhe. *1* Uhrzeit; *2* Stauziel; *3* Ruhelage = Stauspiegel vom 17. 8. 1967; *4* Absenkziel; *5* mittlere Stollenhöhe

Deviations of load and pressure at normal working of the power station

a diagramm of load (17. 8. 1967) in MW. *b* course of pressure in the tunnel in m of height. *1* time; *2* maximum storage level; *3* neutral position = storage level of 17. 8. 1967; *4* lowest level; *5* medium height of tunnel

sein Ende. Wie sich dann herausstellte, war dies der weitaus größte, mit V bezeichnete Verbruch, über den später noch einiges zu sagen sein wird.

Vom Norden her gelangten wir sodann über den Verbruch I zu weiteren 3 Verbrüchen II, III und IV, nachdem die dazwischenliegenden Stauseen durch Ausbaggern des Materials nacheinander zum Abfließen gebracht worden waren.

Diese 3 Verbrüche im Ausmaß von 90—300 m³ waren in ihrer Art sehr ähnlich. Sie hatten die Form schmaler, schräger 10—20 m hoch hinaufreichender Schächte. Das Gestein war zwischen je zwei in der Schieferung liegenden, nur wenige Millimeter

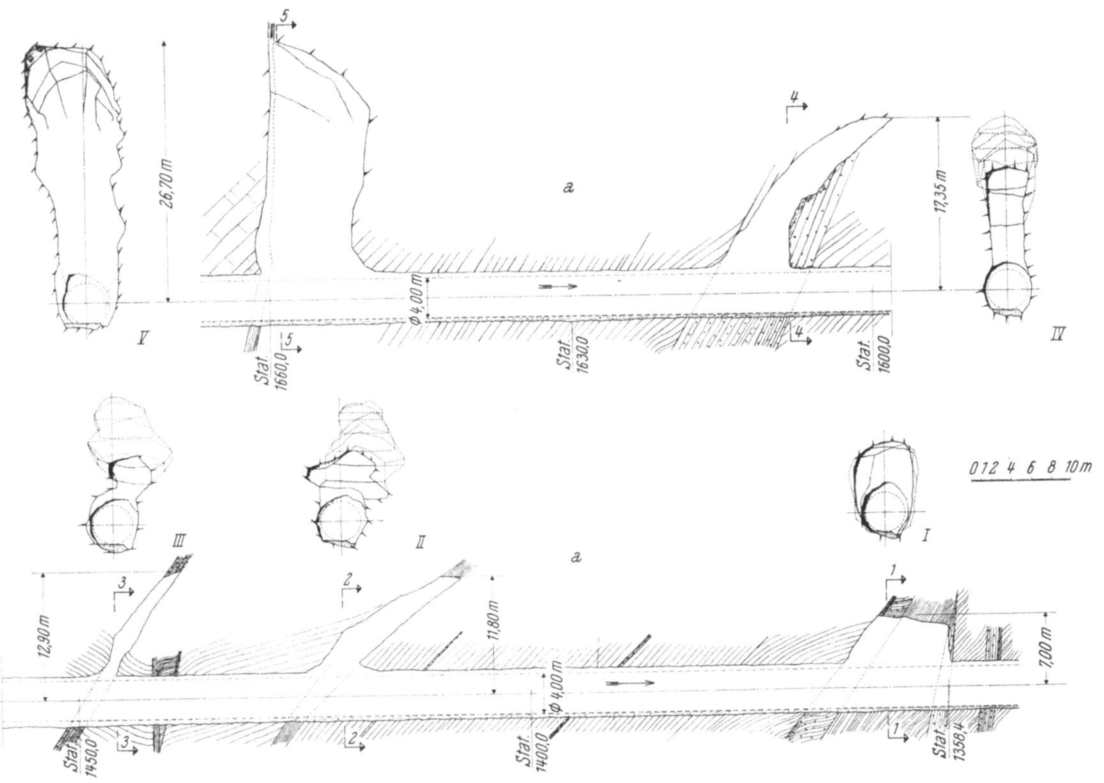

Abb. 4. Druckstollen Kaunertal

a Längsschnitt des Verbruchbereiches in der Abpreßstrecke. *I* bis *V* Verbrüche in den Querschnitten 1—1 bis 5—5

Pressure tunnel Kaunertal

a longitudinal section of the collapsed zone in the pressure test section. *I* to *V* rockfalls in the cross sections 1—1 to 5—5

bis 1 cm starken und mit Letten gefüllten Klüften abgerutscht, und zwar an solchen Stellen, an denen auch nahezu stollenparallele Klüfte der zweiten Hauptkluftrichtung im Bereich der Ulmen vorhanden waren.

Die Verbruchsursache war auch hier ohne Zweifel das Ausspülen der dünnen Kluftfüllungen infolge des wechselnden Wasserdruckes. Die Innenflächen der Verbruchschächte wurden mit einer Spritzbetonhaut versehen, zusätzlich ausgesteift und später in Etappen zubetoniert.

Mittlerweile war es endlich möglich geworden, von Norden, wo man alle Hilfsmittel zur Verfügung hatte, an den Verbruch V heranzukommen, der die Hauptschwierigkeiten bereitete. Der Gesteinshaufen wurde zunächst beim Ausbaggern mittels Stollen-Schaufellader nicht kleiner, da ständig Material aus der Verbruchskaverne wie aus einer Siloschnauze nachgerutscht kam. Doch endlich wurde ein schmaler Schlitz frei und erlaubte einen Blick in einen riesigen, kaum ausleuchtbaren hohen Dom. Seine nördliche Begrenzung war ein senkrechter, von zerriebenem Pyrit schwarz spiegelnder Harnisch. Die Ulmen waren schalenförmig mit eingestürzt.

Die Grundrißabmessungen in Höhe der Stollenfirste betrugen 12 m in der Länge und 6 m in der Breite. Dieser Bereich und weitere 12 m in Richtung Süden, also über den Harnisch hinweg, zeigten seinerzeit beim Vortrieb eine enge Scharung von geschlossenen lettigen Feinklüften beider Hauptrichtungen. Der quer durchlaufende Harnisch war die südliche Begrenzung einer mehrere Dezimeter mächtigen, mit Mylonit gefüllten Kluft.

Zur Felssicherung brachte man damals einige Abschläge hinter der jeweiligen Ortsbrust etwa 5—7 cm Spritzbeton auf, der vor dem Abpreßversuch auf ein statisch wirksameres Profil ergänzt und im engeren Bereich der Lettenkluft unter Verwendung von Baustahlgewebe verstärkt wurde.

Es ist zu vermuten, daß das Wasser trotzdem einen Weg zur Mylonitfüllung fand und diese auszuspülen begann. Der nördlich anschließende, feinklüftige, durchfeuchtete Fels verlor hierdurch seine Einspannung und gab seinen Verband auf. Damit war nach Zerstörung der Spritzbetonauskleidung dem raschen totalen Zusammenbruch nichts mehr im Wege.

Aus den Durchflußanzeigen an den Trennwänden kann man entnehmen, daß der Niederbruch bei Freiwerden des Wasserspiegels eingetreten ist. Zu dieser Zeit war noch viel Restwasser im Gebirge, d. h. der Gebirgswasserspiegel lag noch weit über der Stollenfirste. Der Strömungsdruck dieser Wasserlast war dann wohl das auslösende Moment.

Ein quellendes Mineral, welches den Spritzbeton zum Abplatzen gebracht haben könnte, war in den Kluftfüllungen nicht zu finden, wohl aber ein Chloritanteil, der besonders zur Auflösung neigt.

Die von Dr. Mignon besorgte Röntgenanalyse der Mylonite aus den Klüften der vorliegenden Schiefergneiszone ergab, ähnlich wie bei den anderenorts angetroffenen Myloniten, einen sehr hohen Gehalt von zerriebenem Muskovit bzw. Serizit (50 bis 60 %) als Umwandlungsprodukt des bis auf 8—15 % verschwundenen Feldspates. Der Biotit hatte sich in Chlorit umgewandelt.

In das lettige Glimmer-Feinmaterial war der vorhandene Quarz und der restlich verbliebene Feldspat körnig eingebettet. Diese Zusammensetzung ist nun aber für die Auflösung durch fluktuierendes Wasser sehr geeignet, da die festen Einlagerungen bei ihrem Herausfallen aus der aufgeweichten lettigen Umgebung das tiefere Eindringen des Wassers stark fördern.

An anderen Stellen, wo nichts einstürzte, waren solche Kluftauswaschungen bis über 1 m Tiefe zu sehen. Als Folge einer Füllung und Entleerung mit insgesamt nur etwa 60 ausgeprägten Lastwechseln bzw. Lastumkehrungen, ist dies eine unerwartet schnelle Arbeit. Die Klüfte selbst führten kein Gebirgswasser.

Die grundsätzlichen Vorgänge bei der bautechnischen Bereinigung dieses Verbruches sind schematisch in Abb. 5 dargestellt.

Es war nicht daran zu denken, mit irgendeinem noch so schweren Einbau unter dem Dom einen gesicherten Arbeitsbereich schaffen zu können, so daß dann etwa die Herstellung eines massiven Schutzgewölbes möglich gewesen wäre, denn in unregelmäßigen Zeitabständen stürzten weitere Nachbrüche in Blöcken von Kubikmeter-Größe und darüber im freien Fall eindrucksvoll auf die vorhandene Materialböschung ab.

Die Höhe der Verbruchsfirste konnte mit Hilfe des Entfernungsmessers einer Kamera mit Tele-Optik halbwegs ausgemessen werden. Sie betrug zuerst rund 23 m über der Stollensohle.

Wegen der weitergreifenden Nachbrüche und im Hinblick auf den späteren hohen Innendruck bei Kraftwerksbetrieb, war eine vollständige Füllung des Hohlraumes mit Beton jeder anderen Konstruktion vorzuziehen und in den Ausmaßen gerade noch erträglich. Beton bringt man am besten von oben ein. Also versuchten wir den Hohlraum mit einem kleinen Schrägschacht knapp unter der Verbruchsfirste zu erschließen.

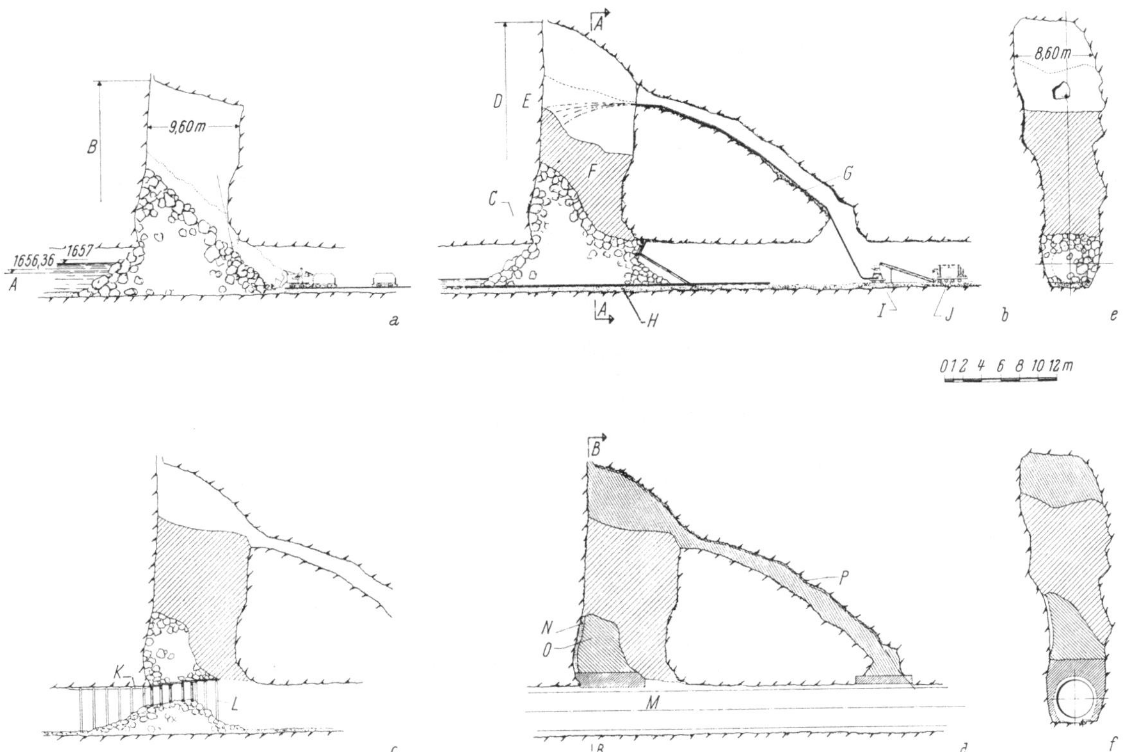

Abb. 5. Kaunertal, Verbruch V, Arbeitsvorgänge

a Phase I, Versuch des Ausschutterns, Messen der Verbruchhöhe. *A* Achshöhe; *B* 20,50 m von Achse. *b* Phase II, Schachtaufbruch, Einebnen des Verbruchhaufwerkes mit Druckwasser, Betoneinbringung. *C* gebrächer Fels vermutet; *D* 26,70 m von Achse; *E* Harnisch; *F* Beton; *G* Pumpleitung; *H* Wasser läuft durch gesprengte Preßluftleitung ab; *I* „Placy"-Gerät; *J* 2-m³-Transportmischer. *c* Phase III, Verbruchraum bis über Schachtende zubetoniert, neuerlicher Vortrieb; *K* Absichern des Verbruchrandes mit Stahlbögen und Spritzbeton; *L* Stahlbögen mit Verzug. *d* Phase IV, Ausweiten des Stollenprofiles, Ausräumen des restlichen Verbruchraumes und Betonieren eines Schutzgewölbes, Ausbetonieren des restlichen Hohlraumes, Zubetonieren des Verbruchfirstes und -schachtes, Betonieren der Stollenauskleidung, Injektion. *M* Gewölbe; *N* restlicher Hohlraum mit Spritzbeton gesichert; *O* später ausbetoniert; *P* $^3/_4$"-Injektionsleitung. *e* Schnitt *A*—*A*. *f* Schnitt *B*—*B*

Kaunertal, collapsed zone V, working operations

a phase I, attempt of mucking, measuring of height of the collapse cave. *A* height in the axis; *B* in 20.50 m distance from axis. *b* phase II, shaft heading, levelling of muck by pressure water, placing of concrete. *C* unstable rock assumed; *D* 26.70 m distance from axis; *E* slickenside; *F* concrete; *G* pumping pipe; *H* dewatering through blasted pipe for compressed air; *I* "Placy"-equipment; *J* 2-m³-truck-mixer. *c* phase III, collapsed cave, filled with concrete, new heading. *K* supporting of the border zone by steel ribs and gunited concrete; *L* steel ribs and timbering. *d* phase IV, enlarging of the profile, excavating of the remaining space and concreting of a temporary lining, concreting of the remaining cave, closing of the roof and shaft, lining of the tunnel, grouting. *M* arch; *N* remaining cave, lined by gunite concrete; *O* afterwards concreted; *P* grouting pipe $^3/_4$". *e* section *A*—*A* *f* section *B*—*B*

Als man nach wenigen Tagen Schrägschachtvortrieb von oben in die Höhlenkalotte schauen konnte, war diese schon wieder 5 m höher geworden und lag nun 28 m über der Sohle. Eine balkonartige Felsbank war an der Eintrittstelle des Schrägschachtes entstanden.

In der Folge wurde also der unten entstandene bereits erwähnte Schlitz zwischen Haufwerk und Verbruchsende mit einer Holzpölzung verschlossen, die darüber befindliche Haufwerksböschung so gut es ging mittels Druckwasser von oben etwas abgeflacht und dann über eine Rohrleitung einige Tage lang Beton hineingeschossen, bis die ganze Höhle gefüllt war.

Der oberste Teil wurde später mit Zwischenabschalungen ausbetoniert und dann auch der Schrägschacht mit Beton verfüllt. Es sollte keinerlei Hohlraum hinter-

Abb. 6. Blick in den ausgebaggerten und gesicherten Verbruch I
View into the excavated and protected collapse cave I

bleiben. Ein solcher hätte sich anläßlich der späteren Hochdruckhinterpressung des Stollens wahrscheinlich mit teurem Zementstein gefüllt.

Nun hätte man das Verbruchshaufwerk einfach wegbaggern können, wenn nicht zu befürchten gewesen wäre, daß die hinter dem Harnisch anschließende gebräche Zone dann auch noch einstürzt, wenn man diese senkrechte Wand ihrer horizontalen und vertikalen Abstützung am Materialhaufen beraubt. Man mußte diesen Bereich daher vorher mit Stahlbogen und einer starken Spritzbetonvorauskleidung unterstützen.

Um dazuzukommen, wurde ein kleinerer Firststollen mit hölzerner Getriebezimmerung durch den blockigen Gesteinshaufen hindurchgetrieben. Der dahinter

Abb. 7. So sah bei Ankunft der Verbruch II aus, als das Haufwerk von I noch einen kleinen Stau verursachte

First view of the collapse cave II, when the muck of collapse I originated a small storage

befindliche Stausee konnte mittlerweile durch die Preßluftleitung abfließen, welche man zu diesem Zweck mittels eingeschobener Ladung gesprengt hatte.

Nach erfolgter Sicherung dieses nicht eingestürzten, aber höchst gefährdeten Stollenteiles war es endlich möglich, mit fortschreitender Baggerung, dem vollen Ausbruchsquerschnitt entsprechende stählerne Ausbauringe zu stellen und hinter einer rohen Schalung abschnittsweise einen Betonaußenring einzubringen, der das entstandene Überprofil der Ulmen füllte und im Scheitel ein 1,0 m starkes Gewölbe bildete. Im Zuge dieser Arbeit ließen die Mineure das noch darüber befindliche Material etappenweise herunter und sicherten die langsam freiwerdende Felswand jeweils sofort mit Spritzbeton.

Der restliche, nun leer gewordene Raum über dem Gewölbe konnte dann leicht über vorher eingebaute Rohre mit Beton verfüllt werden. Die noch verbliebenen

Spalten zwischen den Betonabschnitten wurden bei allen fünf Verbrüchen mit Mörtel verpreßt.

(Selbstverständlich wurde überall das nötige Profil freigehalten, so daß die Betonierung des Stollen-Innenringes nachher ungehindert alle Verbruchstellen durchlaufen konnte, wie in normalen Strecken.)

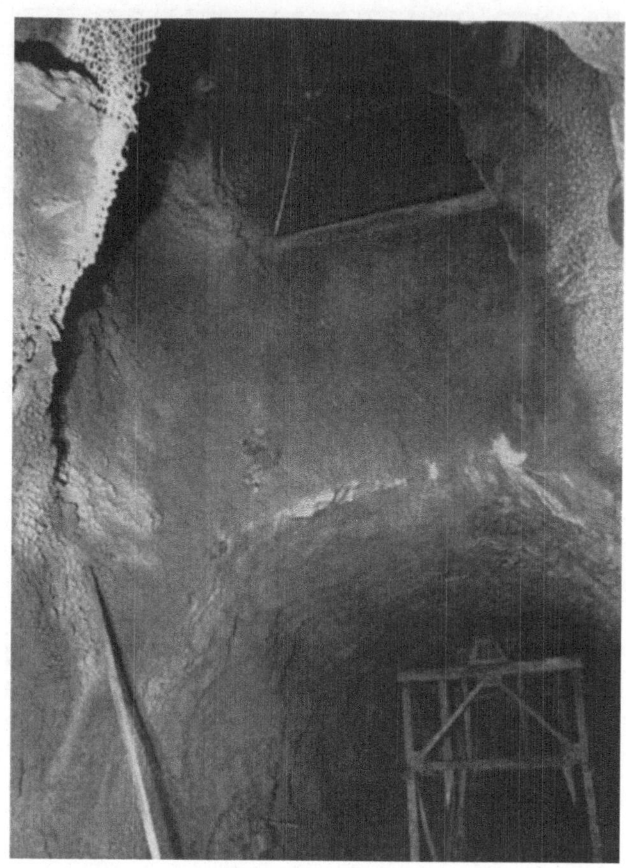

Abb. 8. Verbruch IV
Collapse IV

Die Beseitigung aller 5 Verbrüche dauerte $2^1/_2$ Monate. Einige Abbildungen (Abb. 6, 7, 8) mögen das bisher Mitgeteilte illustrieren.

Verbrüche bei anderen Kraftwerksbauten

Brachte der mitgeteilte Abpreßversuch in seinem Gefolge auch, zumindest für die damit Befaßten, eindrucksvolle Demonstrationen der erodierenden Wirkung des unter wechselndem Druck stehenden Wassers, so wurde der zuletzt beschriebene Großverbruch von rund 1600 m³ noch weit übertroffen durch einige Schadensfälle, die sich in schon in Betrieb stehenden Druckstollen ereigneten.

Zum Vergleich und zum Zwecke der allgemein zu ziehenden Schlußfolgerungen sollen in der Folge unter Auswertung der diesbezüglichen Veröffentlichungen die beiden größten Verbruchsereignisse genauer beschrieben und einige weitere wegen ihrer ähnlich gearteten Ursachen angeführt werden.

Die Tab. 1 enthält drei große, nach Betriebsaufnahme in Kraftwerksstollen aufgetretene Verbrüche im Vergleich zu denen des Kaunertalstollens.

Kemano-Kitimat

Das Kemano-Kraftwerk ist an der Küste Britisch-Columbiens, 400 Meilen nordwestlich Vancouver, in einer gebirgigen, sonst kaum bewohnten Gegend gelegen und versorgt ausschließlich das Aluminiumwerk Kitimat. Die vorläufige Ausbauleistung beträgt 800 MW.

Der hufeisenförmige, 16 km lange Druckstollen steht im Betrieb unter 2,3 bis 4,1 atü Innendruck und hat die Abmessungen 7,5 · 7,5 m. Nur ein Drittel seiner Länge war mit Beton ausgekleidet, ein weiteres Drittel unausgekleidet belassen. Die restlichen Strecken trugen einen nur 2—3 cm starken unbewehrten Spritzbetonüberzug.

An Gesteinsarten gibt es im Kemano-Stollen: Schiefer, Quarzit, Amphibolit, Diorit und Grünstein.

Nach Betriebsaufnahme im Jahre 1954 stellte sich ab 1956 mit zunehmender Durchflußwassermenge, infolge Inbetriebnahme weiterer Generatoren, starker Druckabfall und erheblicher Sanddurchgang durch die Turbinen ein. Zusätzlich angestellte Reflexionswellenuntersuchungen und sonstige Tests ließen große Verbrüche in einem bestimmten Abschnitt vermuten, so daß man sich 1961 zur Reparatur entschlossen hat.

Nach gründlichen Vorbereitungen wurde im Juni 1961 der Stollen langsam entleert.

Was die Erkundungstrupps bei ihrem mühsamen Vordringen über Gesteinshaufen und dazwischenliegende Stollenseen vorfanden, übertraf bei weitem alle Befürchtungen. Neben einer Anzahl von teilweise stattlichen Verbrüchen war es besonders eine Verbruchskaverne, deren Ausmaß über jede Vorstellung ging.

Abb. 9 zeigt in vereinfachter Darstellung ihre Abmessungen und läßt die technische Bewältigung dieser ungewöhnlichen Aufgabe in den Grundzügen erkennen.

Der Bildmaßstab ist der gleiche wie bei der Darstellung des Verbruches V im Kaunertal.

In Stollenrichtung 20—21 m lang, weitet sich diese Höhle unter Beibehaltung eines annähernd rechteckigen Grundrisses oben auf 25—30 m Breite. Darüber wölbte sich unregelmäßig ein drohendes Dach, dessen Scheitel 50 m über der Stollensohle hing.

Das niederbrechende Gestein im Ausmaß von 19 000 m³ war vom Triebwasser weitergeschleppt worden und blieb, den halben Stollenquerschnitt füllend, über eine Länge von 800 m liegen, nachdem die Anreicherung von großen Blöcken eine Oberflächenbefestigung gebildet hatte. Unter dem Verbruch selbst häuften sich gewaltige, in kleinstückigeres Material eingeschlemmte Blöcke bis einige Meter über die ursprüngliche Stollenfirste.

Der Durchflußquerschnitt wurde an den Kavernenenden dadurch stark eingeengt, nur unterwasserseitig hatte sich eine 4,5 m tiefe Erosionsrinne ausgebildet.

Dieser Riesenverbruch liegt in einer Quarz-Diorit-Zone. Eine quer zur Stollenachse streichende Störungszone enthält fast vertikal einfallende, mit Mylonit und gröberem Zerreibsel gefüllte Klüfte von wenigen Millimetern bis zu 5 cm Mächtigkeit. Der angrenzende Fels ist an einigen Stellen chloritisiert und beiderseits der Störung über etwa 10 m Länge noch von feineren Klüften durchsetzt, die untereinander 1,2 bis 2,0 m Abstand haben und über Querklüfte verbunden sind.

Es war auch hier wegen der immer öfter eintretenden Nachbrüche nicht möglich, mit einem schweren Stahleinbau oder ähnlichem hindurchzugehen. Abgesehen von

Tabelle 1. Nach Betriebsaufnahme aufgetretene

		Kemano-Kitimat		Tåsan (Winterspeicherkraftwerk)	
	Anlage	**Kemano-Kitimat**		**Tåsan** (Winterspeicherkraftwerk)	
	Land	Britisch-Columbien		Schweden	
	Bauherr	Aluminium Comp. of Canada		?	
	Leistung	z. Z. 320 MW (Erweiterung möglich auf 800 MW bzw. mit Parallelstollen auf 16000 MW)		35 MW	
Kraftwerksstollen	Durchfluß	50 (135) m^3/s		17 m^3/s	
				OW-Stollen	UW-Stollen
	Betriebsweise	Druckstollen		Druckstollen	?
	Überdruck	2,3 bis 4,1 atü		1 bis 1,5 atü	?
	Länge	16,0 km		6,7 km	3,7 km
	Geologie	a) Greenstone, Schiefer Quarzit, Amphibolit b) Diorit, Greenstone		Granit Gneis Grünstein	Gneis Granit Glimmerschiefer
	Profilform	Hufeisen		Rechteck mit flacher Kalotte	
	B × H bzw. F	7,6 × 7,6 m		17 m^2	
	Auskleidung	vor der Reparatur: 28% Betonauskleidung; 39% Spritzbeton, 33% ohne Auskleidung (mit Betonsohle)		ohne Auskleidung spätere Betonauskleidung möglich	
Verbruch	zeitlicher Verlauf	Betriebsaufnahme 1954, Durchfluß max. 28 m^3/s Verbrüche seit 1956 bei max. 50 m^3/s 1. Entleerung und Reparatur 1961		Betriebsaufnahme 1953 Verbrüche haupts. 1957 Reparatur 1957 u. 1958, jew. im Sommer	
		Hauptverbruch	**Sonstige Verbrüche**	**Hauptverbruch**	**Sonstige Verbrüche**
	Geologie	Quarzit-Diorit Störung quer zum Stollen	Bes. bei Kreuzungen von Klüften mit Mylonit	Gneis stark gepreßt	?
	Auskleidung	Spritzbeton 2 cm	z. T. Spritzbeton z. T. ohne Auskleidung	ohne Auskleidung	?
	L × B × H	20 × 30 × 40 m	zahlreiche kleinere und mittlere Verbrüche und Auswaschungen	10 × 10 × 30 m	kleinere Verbrüche sowohl im Druckstollen wie im Ablaufstollen
	Felsmasse loses Material	? 19 000 m^3	? 5800 m^3	Ausbaggerung nach Abfuhr von 1200 m^3 eingestellt	
Wiederherstellung	Hohlraum	keine Maßnahmen	Betonausfüllung	keine Maßnahmen	Betonausfüllung
	Stollenröhre	Betonschutzgewölbe 2—3 m stark über dem Schutthaufen, darüber 1,5 m Brechschotter als Schutzschicht. Anschließend loses Material unter dem Schutzgewölbe durch Beton ersetzt	Betonauskleidung und bewehrter Spritzbeton	Durchörterung des Verbruches im Schutze von waagrecht eingerammten Spundbohlen, Betonauskleidung Profil auf 8 m^2 verkleinert	Fertigbeton und Ortsbeton
	Materialbedarf und Zeitbedarf	3800 m^3 Normalbeton 1000 m^3 Spritzbeton 3 Monate		1957, 104 lfm Betonierung, 4 Monate 1958, 220 lfm Betonierung, 5 Monate 75 lfm Spritzbeton	
	Kosten	55 Mio S ohne Energieverlust			
Literatur		The Engineering Journal, Montreal 1962, August Engineering News Rec. 1962, Nr. 14 Walter Power 1963, Nr. 1		Svenska Vattenkraftföreningens Publikationer, 1960 : 6 Medd. 161	

der Unmöglichkeit, in solch unfreundlicher Gegend zu arbeiten, wäre natürlich hier ebenfalls keine Einbaukonstruktion den dynamischen Beanspruchungen gewachsen gewesen.

Es kam dann zu der im Bild skizzierten Lösung:

Durch Abrunden des Haufwerks mittels Scraper und Einblasen von Kies, gelang es, unter dem Hohlraum einen flachen Hügel zu erzielen, in den ein Holzkasten als Ventilationsverbindung eingebettet wurde.

Darüber konnte man nun mittels Placy-Gerät in kontinuierlichem Arbeitsgang rund 800 m^3 weichplastischen Beton einbringen, der auf dieser Unterlage etwas ähnliches wie ein 2—3 m starkes Gewölbe ergab. Die Ulmen boten infolge ihrer Schrägstellung gute Widerlager und wurden sogar gewaschen.

Verbrüche in Kraftwerksstollen

bei Hemesdal	Kaunertal		
Norwegen	Tirol		
?	TIWAG		
?	390 MW		
?	50 m³		
Druckstollen	Druckstollen		
rd. 1 atü	12—17 atü		
13 km	13,2 km		
Caledonisches Gebirge	Schiefergneis, Augengneis Biotitgranitgneis Amphibolit, Bündnerschiefer		
Rechteck mit flacher Kalotte	kreisförmig		
12 m²	12,6 m²		
z. T. ohne Auskleidung	Betonauskleidung z. Zt. der Verbrüche unausgekleidet		
Verbruch nach einjährigem Betrieb	Abpreßversuch im unausgekleideten Stollen Februar—April 1963 Verbrüche bei der Entleerung (nach dem Druckabbau)		
	Hauptverbruch	**3 kaminartige Verbrüche** (schräg)	**Zylinderförmiger Verbruch**
querlaufende Störungszone beiderseits durch Klüfte mit Montmorillonitfüllung begrenzt	Schiefergneis Störung quer zum Stollen mit Harnisch mylonitisches Kleinkluftgefüge im Verbruchsbereich	Schiefergneis Verbrüche zwischen Schichtungsflächen schachtelartig herausgefallen	Übergang vom Schiefergneis zum Augengneis Kreuzung von Klüften, mylonitisch
ohne Auskleidung	Spritzbeton mit Baustahlgitter 5 mm		Spritzbeton
3 × 12 × 10 m	10 × (6—8) × 23	(1—4) × (4—6) × (12—20)	11 × 5 × 5
? 200 m³	1550 m³	180 m³ + 90 m³ + 300 m³	280 m³
Betonausfüllung	Voll ausbetoniert (Placy) auf dem mit Druckwasser abgeflachten Verbruchshaufwerk Betonschutzgewölbe nach Durchörterung des Haufens mittels Alpinebogen (voraus kleiner Firststollen mit Holzzimmerung) anschließend loses Material zwischen Hohlraumbeton und Schutzgewölbe, ebenfalls durch Beton ersetzt	In Abschnitten voll ausbetoniert	In Abschnitten voll ausbetoniert
	2000 m³ Normalbeton, 350 m³ Spritzbeton, 63 m³ Füllmörtel, 2 1/2 Monate, 7,26 Mio S — für alle 5 Verbrüche zusammen		

Felsmechanik und Ingenieurgeologie (früher Geologie und Bauwesen), 1963, H 1, S 26

Über den noch frischen Beton folgte sofort ebenfalls auf pneumatischem Wege ein zuerst nur 90 cm dicker Kiespolster, der bald auf 1,50 m und später auf 3,0 m verstärkt wurde. Die große darüber befindliche Höhle blieb ihrem Schicksal überlassen.

Unter dem Schutz des Gewölbes konnte man jetzt das Verbruchsmaterial ungefährdet entfernen, den geplanten Peinerträgereinbau montieren, gegen das Gewölbe absteifen und schließlich in die endgültige Stollenauskleidung einbetonieren, wobei ein satter Anschluß an den Beton des Schutzgewölbes angestrebt wurde.

Bei diesen Arbeiten konnte man noch oft die nachbrechenden Felstrümmer gedämpft auf das Gewölbe hämmern hören. Der verbliebene Firstspalt zwischen Innenring und Schutzgewölbe wurde sorgfältig mit Mörtel ausgepreßt.

Das Durchflußprofil der Betonauskleidung, welche einschließlich Stahlkonstruktion über die beiden Verbruchsenden hinaus bis zum gesunden, unzerklüfteten Fels verlängert wurde, erhielt ebenfalls wie der unverkleidete Stollen Hufeisenform, jedoch mit den reduzierten Abmessungen 5,15 · 6,45 m.

Der Festigkeitsnachweis der Gesamtkonstruktion, welche dann eher eine Scheibe als ein Gewölbe war, wurde neben dem Silobodendruck bei vollständigem Versturz u. a. auch für die dynamische Beanspruchung durch einen 20-t-Block bei freiem Fall aus 30 m Höhe geführt.

Außer diesem „Superverbruch" gabe es eine ganze Anzahl von kleineren Verbrüchen und noch einen ganz ansehnlichen Doppelverbruch, der immerhin fast 2000 m³ Haufwerk lieferte.

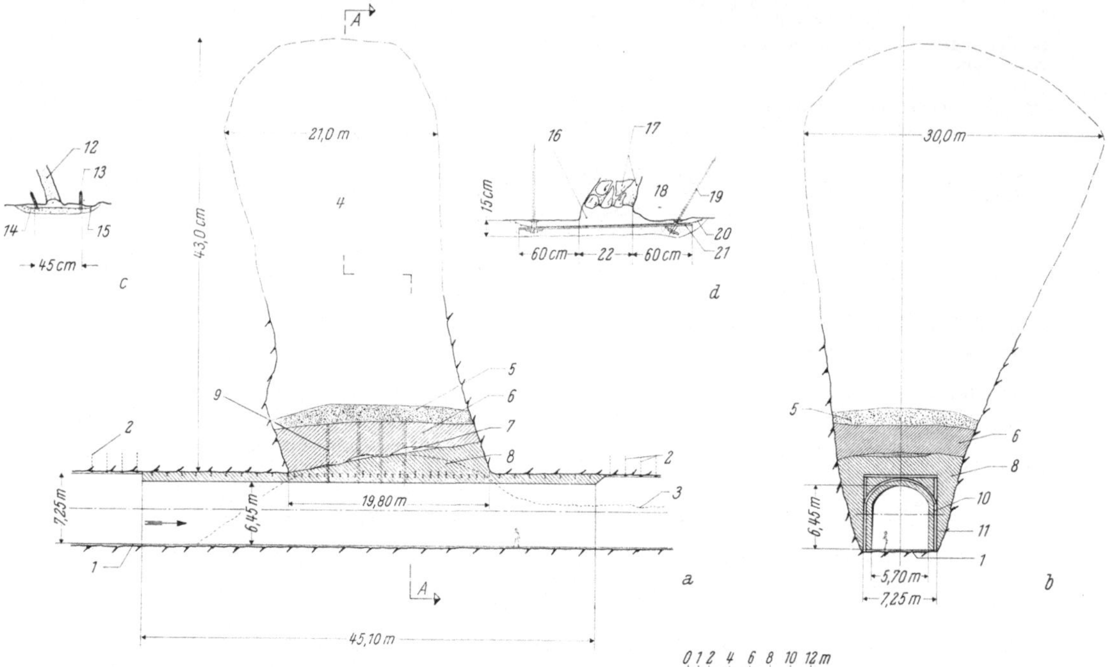

Abb. 9. Verbruch im Druckstollen von Kemano-Kitimat (Brit. Col.)

a Längsschnitt. *1* betonierte Sohle; *2* Felsanker; *3* Verbruchhaufwerk; *4* Hohlraum, ungesichert belassen; *5* Kiespolster; *6* erste Lage Beton als provisorisches Schutzgewölbe; *7* Spalt zwischen erster und zweiter Lage, mit Mörtel verpreßt; *8* zweite Lage Beton; *9* 13 Drainagebohrungen, ⌀ 34 mm. *b* Querschnitt *A—A*. *1*, *5*, *6*, *8* wie bei *a*; *10* Stahlbögen ~*IP* 30—60 kg/lfm mit oder ohne aufgesetztem Rahmen; *11* Stahlbeton. *c* Absichern einer schmalen Kluft. *12* Kluft; *13* Bolzen mit Bleidübel; *14* Baustahlgitter; *15* Spritzbeton. *d* Absichern einer großen Kluft. *16* weiches Material, auf etwa 15 cm Tiefe ausgeräumt; *17* Gesteinstrümmer mit Letten; *18* klüftiger Fels; *19* Felsanker; *20* Baustahlgitter; *21* Stahldiele; *22* Kluftbreite

Collapse in the pressure tunnel of Kemano-Kitimat (Brit. Col.)

a longitudinal section. *1* concreted bottom; *2* rock bolts; *3* muck of the collapse; *4* cavity left without protection; *5* gravel pad; *6* first concrete layer as temporary protecting arch; *7* crack between layers one and two, grouted with mortar; *8* second concrete layer; *9* 13 drainage boreholes, ⌀ 34 mm. *b* cross section *A—A*. *1*, *5*, *6*, *8* like *a*; *10* stell ribs ~*IP* 30—60 kg/m with or without superimposed frames; *11* reinforced concrete. *c* protecting a narrow joint fissure. *12* joint fissure; *13* bolts with leaden dowels; *14* lattice of structural steel; *15* gunite concrete. *d* protecting a large joint fissure. *16* soft material, removed to a depht of 15 cm; *17* rock debris with loam; *18* jointed rock; *19* rock bolts; *20* lattice of structural steel; *21* steel timber; *22* width of the joint fissure

In allen diesen Fällen war stets die Auflösung von mylonitischen Störungszonen infolge der Spülwirkung des Wassers die Ursache. Während der Bauzeit haben solche Störungen die Standfestigkeit anscheinend nicht herabgesetzt und fielen weiter nicht auf.

Die Geologen haben über 100 weitere ausgewaschene Klüfte auf ihre allfällige Gefährlichkeit für den Bestand des Stollens untersucht und hierbei die Beobachtung gemacht, daß Kluftfüllungen, die allein aus feinen und daher dichten Letten, oder nur aus gröberem Zerreibseln bestanden, der Auswaschung wesentlich besser standhielten als gemischtkörnige. Auch Calzit im Verein mit einem der beiden genannten Füllstoffe zusammen hat zu tiefen Auswaschungen geführt.

Eine über 3 km lange, vollständig unausgekleidete Strecke ohne Störungen und ohne Klüfte war übrigens gänzlich unversehrt geblieben. Hingegen bildete nur 2 cm dünner Spritzbeton keinen wirkungsvollen Schutz. Oft nur geringe Abbröckelungen der Spritzbetonhaut leiten die Auflösung der Kluftfüllungen ein. In solchen Strekken mußten praktisch alle Kluftstellen repariert werden.

Die noch nicht ausgewaschenen Klüfte in weiterhin unverkleidet belassenen Strecken deckte man mit baustahlbewehrtem Spritzbeton ab, der beiderseits im Fels verankert wurde.

Bei breiteren Klüften verwendete man zusätzlich noch Stahldielen.

Kraftwerk Tåsan

Nicht so attraktiv, aber wegen der völlig anderen Arbeitsmethode von Interesse sind die Schäden im Druckstollen des Kraftwerkes Tåsan in Schweden mit einem Großverbruch von rund 3000 m^3 (Abb. 10).

Das Werk mit 35-MW-Leistung ist zu Neujahr 1953 in Betrieb genommen worden. Es diente wegen seines großen Speicherraumes der Winterstromerzeugung, während es im Sommer stillstand.

Der Druckstollen hat 17 m^2 Rechteck-Querschnitt mit flach gewölbter Kalotte. Er durchfährt Granit, Gneis und Grünstein.

Der Vortrieb bot mit Ausnahme von zwei Deckeneinstürzen keine Schwierigkeiten. Man hatte die Absicht, einige Strecken zu sichern, unterließ diese Arbeit aber aus Zeitnot, um nicht die Winterperiode 1953 zu verlieren. Der Stollen war ja jeden Sommer zugänglich. Bei den Revisionen im Sommer 1953 und 1954 waren nur geringe Ausbrüche festzustellen, worauf man glaubte, daß sich die schwachen Stellen stabilisiert hätten.

Bei einer weiteren Begehung im Jahre 1957 war der Stollen an einer Stelle gänzlich eingestürzt. Da es keinerlei Betriebsstörungen gegeben hatte, muß angenommen werden, daß der Einsturz mit dem Entleeren eingetreten war.

Weitere kleinere Verbrüche waren den mit II, III und IV bezeichneten Verbrüchen im Kaunertal sehr ähnlich. Sie hatten die Form schmaler Schlitze, Schachteln oder Kamine und reichten 10—15 m hoch hinauf.

Überdies waren über längere Strecken Verstärkungen bzw. Auskleidungen notwendig.

Der Hauptverbruch liegt in einer stark geschieferten, gepreßten Gneiszone. Wie die schwedische Veröffentlichung bekanntgibt, setzte dieses Gestein der herauslösenden Eigenschaft des Wassers geringen Widerstand entgegen. Außerdem trugen die Steinblöcke des in Form einer 30 m langen Stufe in den Stollen eingedrungenen Haufwerkes einen feinen Lehmüberzug, so daß man — wie berichtet wird — darauf ging, wie auf Hartgummi. Man muß daraus schließen, daß ebenfalls feine Kluftfüllungen vorhanden waren.

Die Grundrißabmessungen der Kaverne betrugen 10 · 10 m. Ihre Höhe wurde, als beim Baggern ein Loch frei wurde, mit 30 m geschätzt.

Im Bereich unter der Verbruchsöffnung versuchte man es noch eine Zeitlang mit einem Schrapper. Unter dem Eindruck von Nachbrüchen, deren einer das Ausmaß von 100 m³ hatte, gab man jedoch nach Abfuhr von insgesamt 1200 m³ das Ausbaggern auf, weil man jetz die schlechte Qualität des durchfeuchteten Gebirges

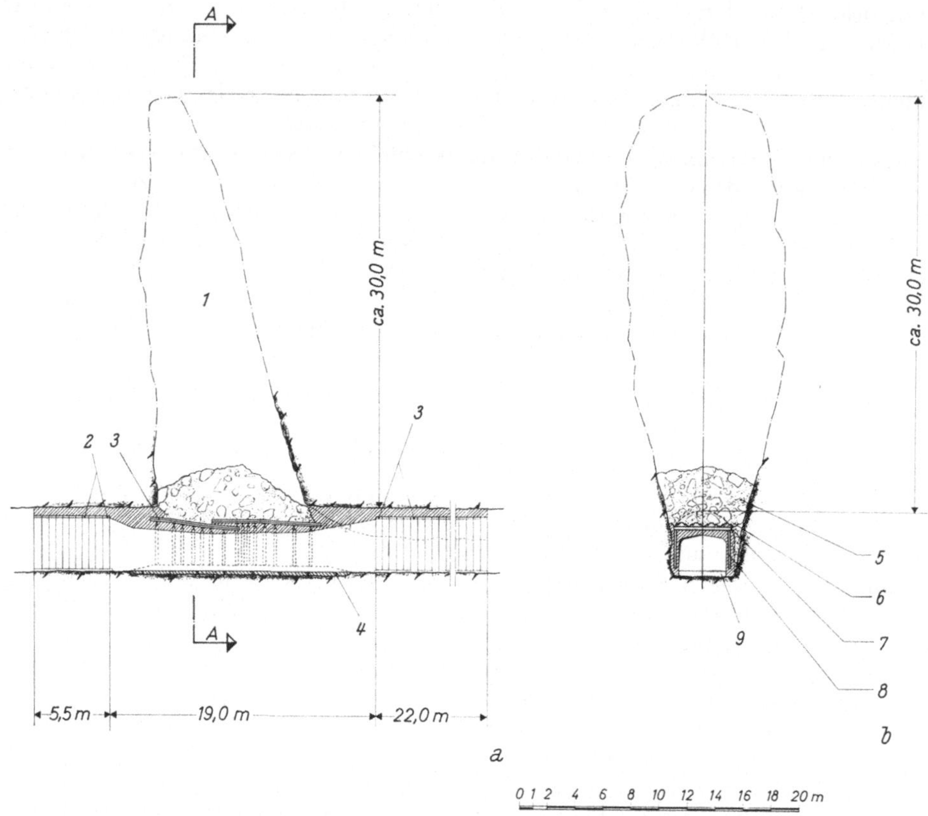

Abb. 10. Verbruch im Triebwasserstollen des Kraftwerkes Tåsan, Schweden

a Längsschnitt. *1* Hohlraum, ungesichert belassen; *2* Spundbohlen „Larssen II"; *3* Beton-Fertigteilbögen; *4* I-Profil 16. *b* Querschnitt *A—A*. *5* Verbruchmasse; *6* Spundbohlen „Larssen II"; *7* I-Profil 28; *8* I-Profil 16; *9* Stahlbeton

Collapse in the pressure tunnel of the power plant Tåsan, Sweden

a longitudinal section. *1* cavity left without protection; *2* sheet pile "Larssen II"; *3* prefabricated concrete arches; *4* I-profile No. 16. *b* cross section *A—A*. *5* mass of collapsed rock; *6* sheet pile "Larssen II"; *7* I-profile No. 28; *8* I-profile No. 16; *9* reinforced concrete

erkannte und um den Bestand der oberstromseitig anschließenden Felspartien fürchtete, welche mit ihrer Kante noch vom darunter liegenden Haufwerk unterstützt waren. Ebenfalls eine Parallele zum Kaunertal.

Man wählte nun in Tåsan eine andere Methode, den Druckstollen wieder instandzusetzen. Da noch genügend Material im Verbruchsraum über der Stollenfirste vorhanden war bzw. infolge der Nachstürze sogar zunahm, stand ein natürlicher Bremspolster zur Verfügung. Es wurden Spundbohlen der Größe Larssen II als Firstverzug über Walzprofiljochen in zwei Etappen durch den Verbruchshaufen hindurch vorgetrieben und mit Zwischenjochen zusätzlich unterstellt.

Für das Einschlagen stand ein 400 kg Luftrammbär zur Verfügung. Als Seitenverzug waren Eisenbahnschienen notwendig, da sonst das weich gewordene Material seitlich ausgeflossen wäre.

Die so erhaltene Stützkonstruktion, die nichts anderes als eine starke, weitausholende Getriebezimmerung aus Stahl darstellt, wurde noch durch eine kräftige Bewehrung ergänzt und unter Verwendung einer konventionellen Schalung in die endgültige Betonauskleidung einbetoniert.

Der Durchflußquerschnitt beträgt nun allerdings an der engsten Stelle nur noch 8,2 m² und erweitert sich nach beiden Seiten, wo die Stahlbetonauskleidung bis in die Bereiche gesunden Gebirges geführt worden war.

Zur vorübergehenden Sicherung des 2,5 km langen Arbeitsweges und zur Unterstellung der bruchgefährdeten Strecken verwendete man Halbbogen-Betonfertigteile, die, im Scheitel miteinander verbunden, Rahmen bildeten, Der notwendige satte Anschluß an den Fels wurde mittels Spritzbeton herbeigeführt.

Die Arbeiten an den Verbrüchen und die Herstellung von Beton- und Spritzbetonauskleidungen füllten zwei Sommer aus.

Zuletzt muß noch eine mineralbedingte Ursache für späte, also erst nach der Vortriebszeit auftretende Stollenschäden genannt werden, die besonders in Norwegen zu einigen Schwierigkeiten geführt hat, nämlich das Vorkommen von Montmorillonit.

Dieses Material, das den wirksamen Bestandteil des Bentonits darstellt, hat bekanntlich die Eigenschaft, Wasser in sein Kristallgitter aufzunehmen und hierdurch zu quellen.

Montmorillonit kommt in Norwegen in lettengefüllten Zerrüttungszonen vor. Er tritt jedoch leider nicht nur als Füllung, sondern auch als gesteinsbildendes Mineral neben solchen Störungen und Klüften auf. Schon bei Vorhandensein kleiner Mengen führt dieses Umwandlungsprodukt des Feldspates oder des Glimmers zur Auflösung des Gebirges, wenn ihm Überschußwasser zugeführt wird.

Das norwegische Geotechnische Institut und auch die geologische Abteilung der Technischen Hochschule haben zahlreiche Untersuchungen von Kluftfüllungen vieler Stollen durchgeführt und fast überall dort Montmorillonit nachgewiesen, wo es infolge von Quellen und Auswaschen zu Verbrüchen gekommen ist. Nur in wenigen Lehmproben war die Identifizierung nicht mit Bestimmtheit möglich. (Wie wir gesehen haben, können Kluftfüllungen ja auch ohne Mitwirkung von Montmorillonit ausgewaschen werden.)

Druckstollen Hemesdal

Ein Musterbeispiel eines Verbruches infolge Montmorillonit ist der vorhin in der Tabelle mit angeführte Schaden im teilweise unausgekleideten Druckstollen bei Hemesdal.

Der Niederbruch erfolgte schon nach einem Betriebsjahr im Ausmaß von 200 m³. Er ist durch 2 parallele, Montmorillonit führende Klüfte von 2,5 m Abstand begrenzt, welche der Hauptklüftung angehören und saiger quer zum Stollen stehen. Der dazwischenliegende Fels ist von feinen, Chlorit führenden Rissen durchzogen. Der Bereich war vollkommen trocken und standfest. Man kam damals durch keinerlei Anzeichen auf den Gedanken, diese Stelle in die betonausgekleideten Strecken mit einzubeziehen.

Das obere Ende der Verbruchskaverne entspricht der Druckhöhe des Triebwassers.

Die vorgebrachten Beispiele könnten den Eindruck erwecken, als ob nur unausgekleidete Stollen gefährdet wären, wenn das Wasser durch unmittelbaren Zutritt Gelegenheit bekommt, Kluftfüllungen herauszulösen und dadurch den Verband zu zerstören.

Es sind aber auch Fälle bekannt, bei denen eine Wasserzirkulation durch die Auskleidung hindurch, sei es durch absichtlich angebrachte Drainagelöcher oder durch aufgetretene Risse, im Laufe der Zeit ähnliche Auswaschungen und auch beachtliche Zerstörungen zustandegebracht hat.

Schlußfolgerungen

Zusammenfassend wird man also in der Hauptsache zwei Schlußfolgerungen aus allen diesen kostspieligen Schadensereignissen ziehen müssen:

1. Dem allfälligen Entschluß, einen Wasserstollen unausgekleidet zu belassen, muß Meter für Meter eine genaueste ingenieurmäßige und geologische Untersuchung des Felsgefüges vorausgehen. Bei Vorhandensein von Klüften wird eine mineralogisch-technologische Untersuchung der Füllungsmaterialien zur Beurteilung der dauerden Standfestigkeit im Wasser zusätzlich notwendig sein.

2. Man sollte trachten, in Betonauskleidungen von Druckstollen das Entstehen von Rissen möglichst zu vermeiden, und zwar nicht nur in Strecken weichen, nachgiebigen Gebirges, sondern eben auch in standfesten kristallinen Zonen, soferne diese erosionsgefährdete Störungen und Klüfte enthalten. Ein langsames Ausspülen von Feinmaterial durch offene Risse der Betonauskleidung hindurch ist durchaus denkbar. Erhöhte Aufmerksamkeit scheint der Schiefergneis zu verlangen.

Alle diese Erscheinungen und daraus folgenden Notwendigkeiten bekommen besondere Schärfe, wenn es sich um hoch beanspruchte Druckstollen handelt. Stehen sie auch von außen noch unter hohem Gebirgswasserdruck, so tritt bei den oftmaligen Druckschwankungen infolge wechselnder Kraftwerksbelastung ein Aus- und Einströmen des Wassers ein, wenn durchlässige Stellen vorhanden sind.

Die großen Verbrüche in unausgekleideten Druckstollen haben sichtbar gemacht, in welchen Ausmaßen das Felsgefüge gelöst und zerstört werden kann, wenn bewegtes Wasser darin arbeitet und in der Lage ist, die herausgelösten Feinteile abzutransportieren.

Literatur

Cooke, J. B., J. W. Libby, and J. T. Madill: Kemano Tunnel, Operation and Maintenance. The Engineering Journal, Montreal 1962, August. Auszugsweise in: Engineering News Rec. Vol. 169, Nr. 14 vom 4. 10. 1962. Water Power 1963, Nr. 1.

Jarlås, Jan. E.: Redogörelse för tunnelras i Tåsans Kraftwerk. Svenska Vattenkraftföreningens Publikationer, 1960/6 Medd. 161.

Bjerrum, L., T. L. Brekke, J. Moum und R. Selmer-Olsen: Studien des norwegischen Geotechnischen Institutes an quellfähigen Materialien in Felsklüften. Felsmechanik und Ingenieurgeologie, Vol. I/1, 1963 (Geologie und Bauwesen, Jg. 28/2).

Anschrift des Verfassers: Dipl.-Ing. Helmut Detzlhofer, Oberingenieur der Tiroler Wasserkraftwerke AG, Landhausplatz 2, A-6010 Innsbruck.

Felsmechanik u. Ingenieurgeol., Suppl. IV, 181—186 (1968)

Überwachung von Rißbildungen im Fels*

Von

Rudolf Kvapil, z. Z. Stockholm

Mit 8 Textabbildungen

(Eingegangen am 23. Oktober 1967)

Zusammenfassung — Summary — Résumé

Überwachung von Rißbildungen im Fels. Die Überwachung der Rißbildung in unterirdischen Hohlräumen ist in vielen Stabilitäts- und Sicherheitsfragen der Felsmechanik wichtig. Die Überwachung von Zugrissen kann man leicht und billig mit Hilfe eines Zinkstreifens durchführen. Der Zinkstreifen wird an das Gebirge gespritzt (Abb. 1). Durch Risse wird die Leitfähigkeit des Streifens unterbrochen. Kombination eines Zinkstreifens mit einem Kabel (s. Abb. 6) ermöglicht es, die Position der Risse zu bestimmen und die Überwachung aus einer bestimmten Meßstelle durchzuführen. Als Meßgerät können verschiedene Instrumente angewendet werden, vom einfachen Ohmmeter bis zum vollautomatischen Warnsystem. Der leitende Streifen kann auch in ganz anderen Arbeitsbereichen als Geber von Überwachungssystemen angewendet werden (s. Abb. 8).

Control of the Origin of Cracks in Rock. The control of cracks appearing in underground cavities is an important task involving many questions of safety and stability in rock mechanics. For tensile cracks the use of bands of zinc is a simple and cheap method. The band of zinc is sprayed on the rock (Fig. 1). Ordinary electric wires may be used in combination with the band of zinc to locate the crack (Fig. 6). With this arrangement it is also possible to centralize all readings on one panel. Many types of instruments can be used for the readings: from a simple ohm-meter to an automatic signal system. Conductive bands also have a wide application for other purposes as gauges for control systems (Fig. 8).

Le contrôle de la formation de fissures dans la roche. Le contrôle de la formation de fissures dans les cavités souterraines est important pour de nombreuses questions dc stabilité et de sécurité. Les fractures par traction peuvent être contrôlées simplement et à peu de frais à l'aide d'une bande de zinc. La bande de zinc est appliquée, liquide, sur le rocher (Fig. 1). Par fracture la conductibilité de la bande métallique se trouve interrompue. Un système combiné de bandes de zinc et de cables (voir Fig. 6) permet de déceler la position des fissures et de rassembler tout le contrôler sur un tableau. Comme dispositif de mesure il est posible d'utiliser différents appareils depuis le simple ohm-mètre jusqu'aux appareils de signalisation automatique. La bande conductrice peut également être utilisée dans d'autres domaines comme capteur dans des systèmes de contrôle (Fig. 8).

Überwachung von Rißbildungen ist ein wichtiges Hilfsmittel zur Bewältigung vieler felsmechanischer Probleme. Der heutige Stand der Instrumententechnik ermöglicht eine Durchführung von Messungen aller Art mit fast beliebiger Genauigkeit; speziell dann, wenn man höhere Kosten in Kauf nehmen kann. — Bei den unterirdischen (Untertage-)Arbeiten ist man bestrebt, die Messungen einfach und billig zu gestalten.

---

* Dieses Referat konnte beim Kolloquium aus Zeitmangel nicht vorgetragen werden.

In der Zinkgrube der Gesellschaft Vieille Montagne in Åmmeberg (Schweden), für welche gebirgsmechanische Untersuchungen durchgeführt werden, wendet man neuerdings Metallspritzung verschiedener Konstruktionsteile als Schutz gegen Rost und Korrosion an. Mit dieser Einrichtung kann man verschiedene Arten von Metallen

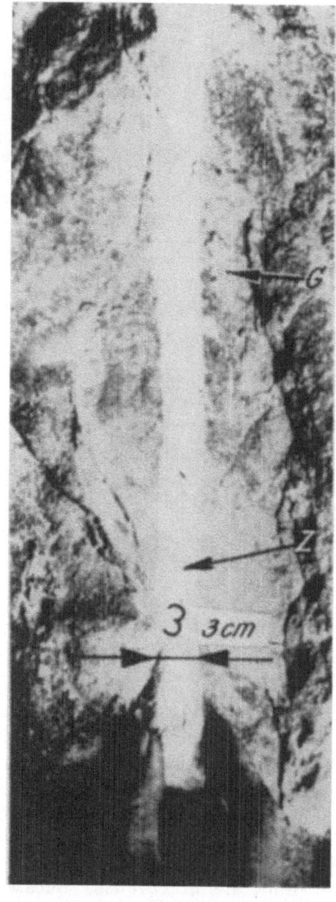

Abb. 1

Abb. 2

Abb. 3

Abb. 1. An das Gebirge (*G*) gespritzter Zinkstreifen (*Z*)
A band of zinc (*Z*) sprayed on the rock (*G*)
Bande de zinc (*Z*) appliqué sur le rocher (*G*)

Abb. 2. Widerstand ≈ 0 — Resistance ≈ 0 — Résistance ≈ 0

Abb. 3. Widerstand $\approx \infty$ — Resistance $\approx \infty$ — Résistance $\approx \infty$

aufspritzen; in der Zinkgrube verwendet man natürlich Zink. Es wird dabei eine ganz dünne Zinkschicht aufgetragen (wobei 1 m^2 ca. 18 schwedische Kronen kostet).

Diese dünne Zinkschicht leitet sehr gut elektrischen Strom und geht eine innige Verbindung mit ihrer Unterlage ein. Schon die ersten Prüfungen haben gezeigt, daß die Metallspritzung auch ganz fest am Gebirge haftet, und zwar sogar dann, wenn das Gebirge eine natürliche Feuchtigkeit hat.

Man kann also ohne Schwierigkeiten einen Zinkstreifen an das Gebirge aufspritzen, wie es aus der Abb. 1 ersichtlich ist.

Der Streifen leitet gut, denn sein Widerstand — gemessen mit einem Ohmmeter (siehe Abb. 2) — ist praktisch gleich Null. Wenn ein Kontakt den Streifen nicht berührt, oder wenn zwischen den beiden Kontakten ein Riß entsteht, dann wird der Widerstand praktisch unendlich groß, wie es in Abb. 3 gezeigt wird.

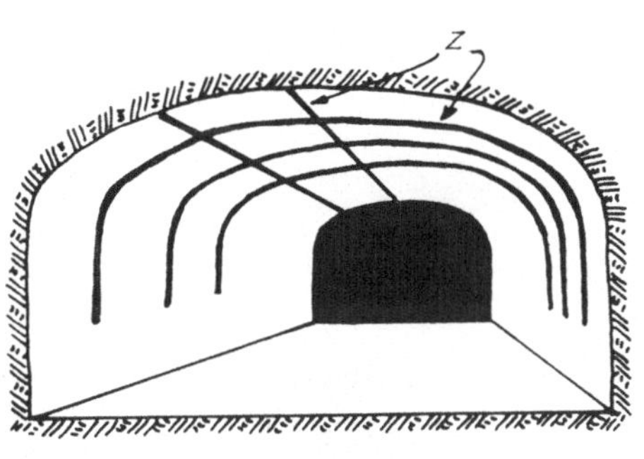

Abb. 4. Anwendung von Zinkstreifen (Z); a) im Tunnel und b) am Pfeiler; M = Meßstelle
Use of bands of zinc (Z); a) in a tunnel, b) on a pillar; M = place of measurement
Application des bandes de zinc (Z); a) dans un tunnel, b) pour un pilier; M = place de mesure

Mit Hilfe eines angespritzten Metallstreifens kann man also leicht Rißbildungen überwachen. Das Meßgerät kann dabei verschiedenartig sein: von den einfachsten bis zur vollautomatischen Warneinrichtung.

Der leitende Metallstreifen läßt sich gut bei der Überwachung von Fällen anwenden, bei welchen es sich um lange Meßstrecken oder schwer zugängliche Punkte handelt. Als Beispiele der Anwendung dienen Abb. 4 a und 4 b.

An den Zinkstreifen kann man leicht einen Draht oder beliebige Kontakte anlöten, wie es aus der Abb. 5 hervorgeht.

Eine Kombination des leitenden Streifens mit einem Vieldrahtkabel im Sinne der Abb. 6 ermöglicht uns, die Position eines Risses (z. B. zwischen Kontakten B—C) an einer bestimmten Meßstelle zu ermitteln.

Wenn ein Riß schon entstanden ist (siehe Abb. 7 a), dann kann man über ihn die Detailmessungen (Abb. 7 b) mit verschiedenen Meßgeräten durchführen.

Es ist selbstverständlich, daß man den leitenden Metallstreifen auch an allen Beton- und Eisenbetonkonstruktionen anwenden kann.

Bei einer Dicke von ca. 0,2 mm zerreißt der Zinkstreifen, wenn die Breite des Risses ca. 0,3 mm übersteigt. Die Empfindlichkeit des Streifens genügt in den

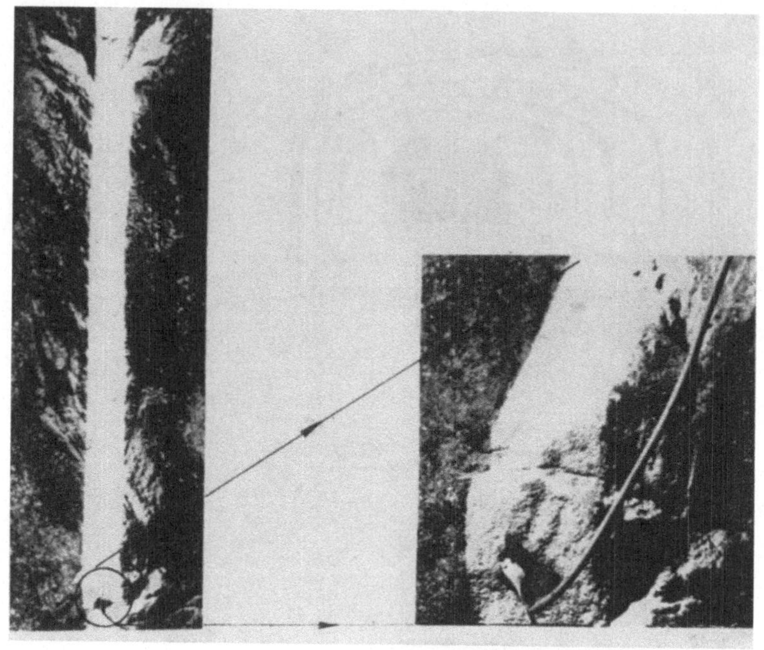

Abb. 5

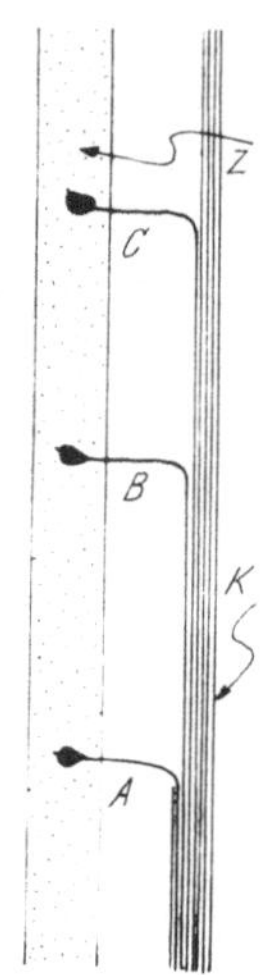

Abb. 6

Abb. 5. Kontakte am Zinkstreifen angelötet
A contact soldered on a band of zinc
Contact sondé à la bande de zinc

Abb. 6. Zinkstreifen (Z) mit angelöteten Drähten in einem Parallelkabel (K) ermöglicht die Bestimmung der Rißentstehung zwischen Kontakten A–B, B–C usw.
It is possible to indicate tensile cracks between the contacts A–B, B–C etc. by using a band of zinc (Z) with some electric wires (K) soldered to it
Bande de zinc (Z) avec de cable sondés à une cable (K) parallelè permettant de déceler la formation d'une fissure entre les contacts A–B, B–C etc.

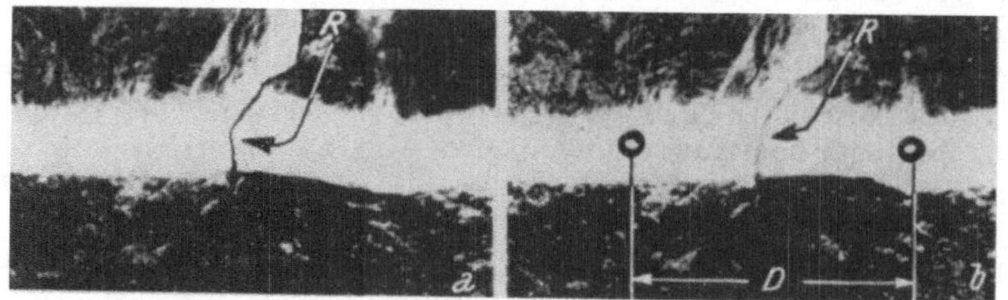

Abb. 7. Riß (R); Detail-Kontrollmessungen (D)
Crack (R); detailed checking (D)
Fissure (R); detail des mesures de contrôle (D)

meisten Fällen, in welchen es sich um die Überwachung von Zugrissen handelt. Der leitende Streifen soll normal zu den voraussichtlichen Rissen plaziert werden.

Wenn das Wasser einen niedrigen pH-Wert hat, dann funktioniert der Zinkstreifen auch unter Wasser.

Bei Beton- und Eisenbetonkonstruktionen braucht der Metallstreifen nicht an der Oberfläche plaziert zu werden. Er kann auch im Inneren eingebaut werden, wie es in Abb. 8 b zu sehen ist. Bei speziellen Anforderungen kann man Stangen oder

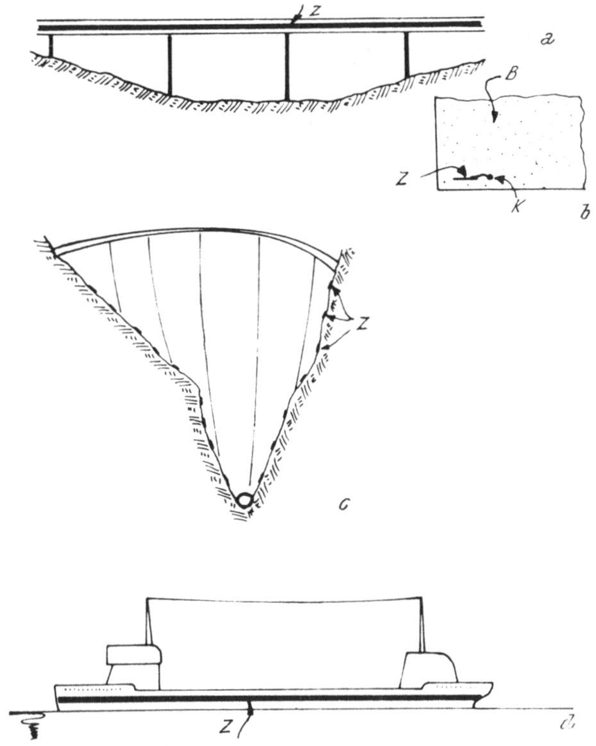

Abb. 8. Anwendungsmöglichkeiten des Zinkstreifens

a) bei Brücken- und Fundamentbauten — Zinkstreifen (Z) kann einbetoniert werden (*K* = Kabel, *B* = Beton); b) bei Talsperren; c) als Geber Überwachungssysteme an Schiffen

Possible applications for bands of zinc

a) on bridges and fundaments (*K* = cable, *B* = concrete); b) on dams (the bands of zinc [Z] can also be placed into concrete); c) as gauges to the control systems on ships

Possibilité d'application des bandes de zinc

a) pour des points et des fondations — La bande de zinc (Z) peut être betonnée — (*K* = cable, *B* = béton); b) pour des barrages; c) comme capteur pour un système de contrôle sur des bateaux

Prismen aus einem entsprechend spröden Material in den Beton einzementieren. Für spezielle Testkörper kann man die gesamte Oberfläche mit einer Metallschicht überziehen. Prinzipiell ist es dasselbe wie mit dem leitenden Streifen.

Als Beispiel der Anwendung des Zinkstreifens dienen die Abb. 8 a, 8 b und 8 c. Nach gewisser Behandlung kann man den leitenden Streifen auch als Überwachungseinrichtung für Schiffe verwenden.

Den leitenden Streifen aus gespritztem Metall kann man also als eine primitive — und dadurch sichere und billige Überwachungsmethode der Rißbildung in der Gebirgsmechanik ausnützen, z. B. in Tunnels, Schächten, Transportstrecken, in unterirdischen Hohlräumen aller Art, an Grubenpfeilern, Fundamenten, Felssicherungen, Stützmauern, Brücken, Talsperren usw. Der leitende Metallstreifen braucht keine Pflege über beliebig lange Zeit.

Das Prinzip des leitenden Streifens kann auch bei anderen Fragen angewendet werden, u.a. auch bei den Experimenten an Modellen aus äquivalenten Stoffen.

Anschrift des Verfassers: Dr.-Ing. Rudolf Kvapil, Mining with Mine Surveying, The Royal Institute of Technology, Stockholm 70, Schweden.

Felsmechanik u. Ingenieurgeol., Suppl. IV, 187—191 (1968)

Zur Frage der Überdeckung von Druckstollen

Von

Fritz Hautum, München

Mit 3 Textabbildungen

(Eingegangen am 30. November 1967)

Zusammenfassung — Summary — Résumé

Zur Frage der Überdeckung von Druckstollen. Einer Anregung von Professor Müller folgend werden anhand eines Beispiels mit besonderen Voraussetzungen (Reisachstollen der Pumpspeicherwerksgruppe Jansen in der bayrischen Oberpfalz) einige Betrachtungen über die Gebirgsdeformationen in der nächsten Umgebung eines Druckstollens mit hohem Innendruck (18 atü) angestellt. Da die Betriebssicherheit der Stollen Rissefreiheit der Auskleidung verlangt, dürfen diese Deformationen nur geringfügig sein und sich infolgedessen nur über einen kleinen Teil der Überdeckung erstrecken.

Considerations on the Overburden of Pressure Tunnels. Following an idea of Professor Müller the author has studied rock deformations in the close vicinity of pressure tunnels subjected to high internal pressures (18 atmospheres) using a specific example under particular conditions („Reisach“-tunnel of the Jansen water power plant system in the Bavarian Oberpfalz). These deformations must be very small only and may occur only in a small part of the cover, since the operational safety in the tunnel requires that the lining be free of fissures.

Remarques concernant la question de la couverture des galeries en charge. Suivant une idée évoquée par Monsieur le professeur Müller, nous faisons, à l'aide d'un exemple précis et de ses conditions spéciales (notamment la galerie „Reisach“ de la station d'accumulation par pompage Jansen dans le Haut-Palatinat en Bavière), quelques réflexions sur les déformations du massif rocheux dans le plus proche entourage de la galerie en charge avec une haute pression intérieure (18 atm.). Comme la sécurité d'exploitation de la galerie en charge exige un revêtement sans fissures, ces déformations ne peuvent être que de peu d'importance, et par conséquent, le domaine où elles apparaissent ne concernera qu'une petite partie de la couverture.

Die folgenden Überlegungen kann ich auf zwei in ihrer Art nicht unbeachtlich praktischen Beispiele von Druckstollen abstützen. Beide Stollen weisen hohe Innendrücke auf, beide sind unbewehrte Betonstollen im Gneisgebirge von wechselndem Verwitterungsgrad und bei beiden bleibt die Überdeckung der unteren Abschnitte beträchtlich unter der Walchschen Regel, nach der die Überdeckungshöhe mindestens gleich der Innendruckhöhe sein soll:

$$H_{\ddot{u}}\,(\mathrm{m}) = \frac{p_i\,(\mathrm{t/m^2})}{\gamma\,(\mathrm{t/m^3})}, \ \mathrm{mit}\ \gamma = 2{,}0\ (\mathrm{t/m^3}).$$

Abb. 1 zeigt einen unverzerrten Längsschnitt durch den untersten Abschnitt des Reisachstollens; er gehört zur Pumpspeicherwerksgruppe Jansen in der bayrischen Oberpfalz. Der Stollen steht seit über 12 Jahren in Betrieb, er hat sich in allen

Teilen bei mehrfachen Leerungen und Besichtigungen als ganz einwandfrei und zuverlässig erwiesen. In der gleichen Werksgruppe arbeitet der Weinbergstollen seit 7 Jahren ebenso klaglos; die Beanspruchungen sind zwar in diesem Stollen etwas geringer als im Reisachstollen, halten sich aber doch im vergleichbaren Rahmen, so daß er hier als zweites Beispiel angeführt werden kann.

An der Stelle, wo die Panzerung des Reisachstollens endet und der unbewehrte Betonstollen beginnt, beträgt die Höhe der Überdeckung knapp 65 m und der statische Innendruck 18 atü. Bei dynamischen Beanspruchungen kann der maximale positive Druckstoß über 20 %, der maximale negative beim Abschalten der Pumpen 40 % des statischen Innendruckes erreichen. Der lichte Stollendurchmesser ist fast 5 m, die Betonauskleidung im Mittel 0,40 m stark. Reisach- und Weinbergstollen stehen hydraulisch miteinander in Verbindung; ihre gesamte Laibungsfläche beträgt rund 40 000 m².

Die nun folgende Betrachtung geht auf eine Anregung von Herrn Professor Müller zurück, der beim Bau dieser Stollen geologischer Berater war. Er hat schon vor Jahren darauf hingewiesen, daß man bei der Beurteilung der Stabilität geringer Überdeckungen nicht immer nur von der Höhe und den Eigenschaften der Überlagerung ausgehen sollte; bei so hohen Innendrücken könnte ja die Betonauskleidung kaum andere Funktionen als die der Abdichtung übernehmen. Die Defor-

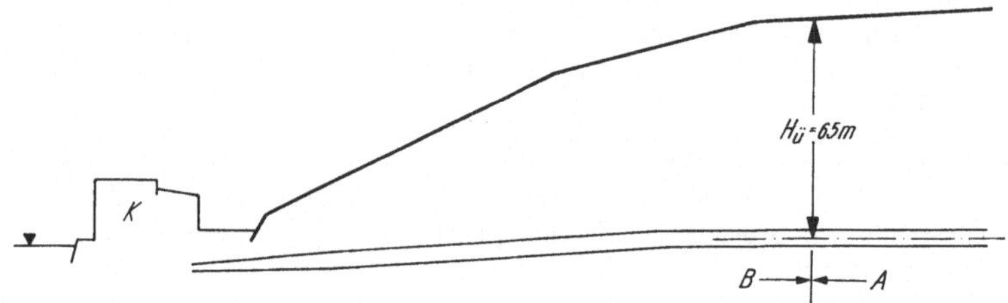

Abb. 1. Schematischer Längsschnitt durch den untersten Abschnitt des Reisachstollens (Pumpspeicherwerk Reisach — Rabenleite)

A unbewehrter Betonstollen, Durchmesser 4,9 m; *B* gepanzerter Stollen; *K* Kaverne

Schematic longitudinal section through the lowest part of the Reisach tunnel

A not reinforced concrete tunnel, diameter 4.9 m; *B* armoured tunnel; *K* underground excavation

mationen seien, bevor sich die ersten feinen Risse öffnen, nur sehr gering und würden innerhalb eines recht beschränkten Umkreises im Gebirge ausklingen. Wenn jedoch erst einmal ein Bruchvorgang im Überdeckungskeil begonnen hätte und sich am Ende bis zur Geländeoberfläche ausbilden würde, wäre die Betriebssicherheit des Stollens längst überschritten, weshalb es so weit erst gar nicht kommen darf.

Ausgehend von diesen Anregungen leite ich die notwendigen Voraussetzungen zur Sicherheit eines Druckstollens an Hand der beiden praktischen Beispiele ab. Als erste Voraussetzung muß eine praktisch völlige Dichtigkeit des Stollens gewährleistet sein. Jeder Wasseraustritt würde ja unter Umständen gewisse Bereiche des umgebenden Gebirges in den Einflußbereich des Stolleninnendruckes bringen und damit die Stabilitätsbedingungen mehr oder weniger nachhaltig verändern. Daß diese wichtige Voraussetzung beim Reisach- und Weinbergstollen erfüllt ist, geht aus dem Gesamtsickerverlust hervor: Er betrug, im gemeinsamen Vertikalschacht gemessen, auf 40 000 m² Laibungsfläche nur 1 l/sec.

In mehreren Veröffentlichungen[1—3] sind die beim Bau der Stollen angewendeten konstruktiven und handwerklichen Praktiken eingehend beschrieben worden: Die Art, wie alle Fugen gedichtet, alle beim Bau enstandenen Risse geschlossen, vor allem aber, in welcher Weise die Gebirgsinjektionen nach vorhergehenden Durchspülungen der Bohrlöcher ausgeführt wurden. Angesichts der recht unterschiedlichen Beschaffenheit des anstehenden Gebirges müssen die Injektionen als die Vorbedingung des Erfolges bezeichnet werden.

Die zweite Voraussetzung baut auf eine hinreichende Festigkeit des Gebirges, besser gesagt, auf in eine dem Innendruck entsprechende Festigkeit; wo sie von Natur aus fehlt, muß sie durch Injektionen gewonnen werden. Ich nehme an, daß sich die Gebirgsvergütung über die Grenze hinaus erstrecken muß, bis zu der sich die Deformationen noch im elastischen Bereich abspielen. Daß darüber hinaus in Reisach eine bedeutende Druckvorspannung in die Auskleidung und in den unmittelbar umschließenden Gebirgsbereich aufgebracht wurde, soll hier, wo es sich um die Frage der Gebirgsüberdeckung handelt, nicht zur Sprache kommen. Als Maß der erzielten Gebirgsfestigkeit seien die Elastizitätsmoduln genannt: Der dynamisch aus der Fortpflanzungsgeschwindigkeit der Druckstöße beim Abschalten der Maschine ermittelte lag um 240 000 kp/cm², der statisch mit Hilfe der Probefüllung des Weinbergstollens aus der Weitung des gesamten Stollenvolumens[4] errechnete um 180 000 kp/cm².

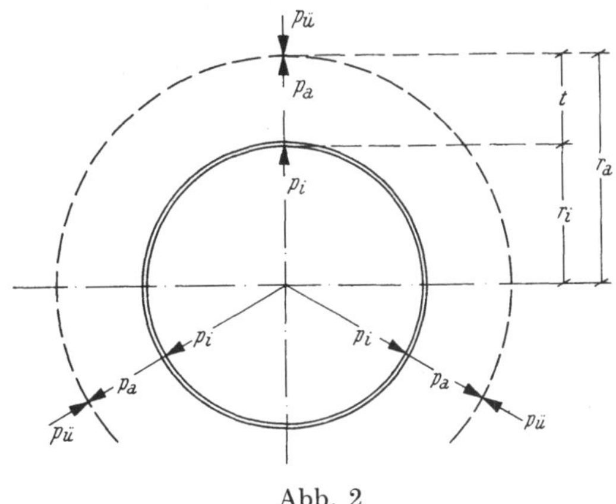

Abb. 2

$$p_a = p_i \cdot \frac{r_i}{r_a} = p_{ü}$$ (Voraussetzungen s. Text)

$$p_a = p_i \cdot \frac{r_i}{r_a} = p_{ü}$$ (assumptions in the paper)

Die Feststellung hoher Festigkeit allein wird aber wohl noch nicht genügen; als dritte Voraussetzung muß gefordert werden, daß das Gebirge durch die Injektionen derart gegen die Auskleidung gepreßt ist, daß die Deformationen der Auskleidung sozusagen ohne toten Gang gegen den Widerstand des Gebirges treffen und dadurch eine allseitig gleiche Lastübernahme durch das Gebirge gewährleistet ist.

Wenn diese drei Voraussetzungen, die ja bautechnisch miteinander in Zusammenhang stehen, zutreffen, darf man, wie ich annehme, in weitgehender Vereinfachung des wirklichen Vorganges, gleichsam als Idealvorstellung, das Problem so darstellen, wie es Abb. 2 andeutet: Die Radialbelastung infolge Innendruckes p_i nimmt außerhalb der Laibung linear mit dem Halbmesser R ab, sie sei p_a genannt. An der Peripherie ihres Einflußbereiches wird der abgebaute Druck p_a gleich dem Druck aus der Überdeckung $p_{ü}$. An dieser Peripherie endet mithin der Einfluß des Stolleninnendruckes oder mit anderen Worten, nur im Bereich t zwischen Laibung und Peripherie erfolgen überhaupt Deformationen, hervorgerufen durch den Innendruck, vermindert um den Betrag der Überdeckungslast, also Deformationen infolge der Druckdifferenz $p_i - p_{ü}$. Alle Deformationen aus $p_{ü}$ selbst sind ja bereits vorweggenommen bzw. durch die Injektionen wiederhergestellt.

Es kann daher nicht überraschen, daß diese Restdeformationen dementsprechend klein ausfallen. Im Falle Reisach bewegen sie sich zum Beispiel um etwa 1/30 mm und verlieren sich bereits im Abstand von etwa 1 m hinter der Stollenlaibung. Dabei ist übrigens das Einheitsgewicht der Überdeckung vorsorglich zu nur 2 t/m³ angenommen.

Gemäß der dritten Voraussetzung treten diese Deformationen gleichmäßig auf. Natürlich ist diese Annahme eine sehr simplifizierte Betrachtung, weder ist die in

Wirklichkeit uneinheitlich gelungene Gebirgsvergütung berücksichtigt, noch die Stärke der Auskleidung in die Rechnung eingeführt, noch die an der Firste und der Sohle verschieden hohen Beanspruchungen beachtet. Aber es hat keinen Wert, diffizile Berechnungen anzustellen, wenn so unklare und unbekannte Ausgangsgrundlagen vorliegen.

Das Größtmaß der radialen Deformation ε_r tritt unmittelbar an der Laibung auf; multipliziert mit 2π ergibt sich daher die effektive Weitung der Stollenröhre infolge Innendrucks zu $2\pi \cdot \varepsilon_r$. Daraus kann man bei bekanntem Elastizitätsmodul des Betons – hier 300 000 bis 350 000 kp/cm² – ohne weiteres auf die Betonzugspannung schließen, die jeweils in der Auskleidung entsteht[5]. Stellt man dann die zu erwartenden Betonzugspannungen σ_b in Abhängigkeit von der Überdeckungshöhe $H_ü$ dar, dann ergibt sich das in Abb. 3 skizzierte Diagramm. Einigermaßen überraschend wirkt dabei der rasche Abfall der Kurve; er gestattet, unschwer den

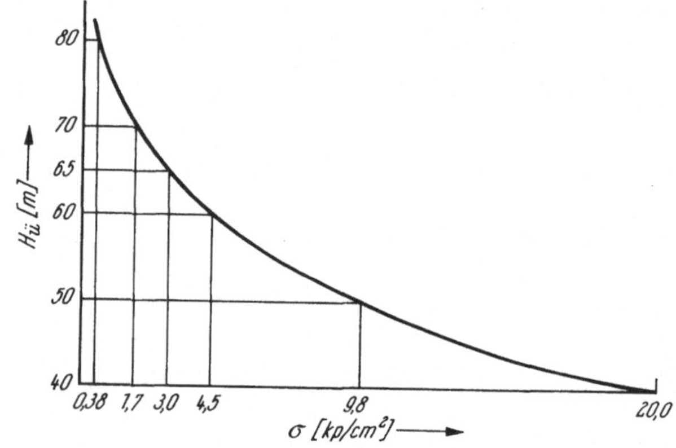

Abb. 3. Betonzugspannungen σ_b der Auskleidung in Abhängigkeit von der Überdeckungshöhe $H_ü$, wenn $\gamma_g = 2{,}0$ t/m³

Tensile stresses σ_b in the concrete of the lining, versus the height of overburden $H_ü$, if $\gamma_g = 2.0$ t/m³

Punkt herauszugreifen, an dem die geringe Höhe der Überdeckung in den sichtlichen Gefahrenbereich übergehen wird. Es läßt sich aus dem Kurvenverlauf auch die Beteiligung der Panzerung an der Lastaufnahme einigermaßen abgrenzen. Es handelt sich ja hier nur um einen Versuch, sich an die tatsächlichen Verhältnisse heranzutasten, wobei man die Ausgangswerte beliebig variieren kann.

Es wurde mehrfach betont, daß umfassende und nachdrückliche Gebirgsinjektionen eine der Voraussetzungen dieser einfachen Überlegung darstellen. Gebirgsinjektionen sind auch heute noch eine Maßnahme, die sich mehr oder weniger im handwerklichen Bereich abspielt. Man kann aus der Aufnahmefähigkeit und dem Druckaufbau in Verbindung mit der geologischen Beurteilung einige Schlüsse auf die Eindringungstiefe und -verteilung des Injektionsgutes ziehen, von sicherem Wissen ist man aber noch ziemlich weit entfernt. Offene Aufschlüsse zur Überprüfung der Injektion sind naturgemäß sehr selten; vielleicht könnten mittels Isotopen Beobachtungen versucht werden oder sind schon da und dort versucht worden. Jedenfalls tut sich da ein Feld für die felsmechanische Forschung auf; daß es schon in Angriff genommen wurde, haben die gerade begonnenen Arbeiten von C. Louis und W. Wittke gezeigt. Es wird allerdings noch ein weiter Weg vor den Forschern liegen, und es wird nicht leicht sein, die Praktiker allein mit subtilen Berechnungen überzeugen zu wollen; man will über anschauliches Material verfügen, wenn man vor verantwortungsschweren Entscheidungen steht.

Zur Grundlagenforschung und zu eventuellen Laborversuchen an Blockmodellen sollte eine möglichst umfassende Statistik über Aufnahmefähigkeit und Verhalten verschiedenster Gebirgsarten hinzukommen, für die die Bauherren und Bauunternehmungen aus dem Schatz ihrer Erfahrungen das Material nach einheitlichen Richtlinien und nach einer allgemein anerkannten Gebirgsklassifizierung liefern sollten. Von den hier angeführten Beispielen ausgehend würde ich es für besonders wichtig halten, nachzuforschen, unter welchen Voraussetzungen und durch welche Spülmittel man die Aufnahmefähigkeit von Injektionsgut in tongefüllten Klüften steigern kann.

Literatur

[1] Energieversorgung Ostbayern AG: Das Pumpspeicherwerk Reisach-Rabenleite. Das Pumpspeicherwerk Tanzmühle. Selbstverlag der Energieversorgung Ostbayern AG, Regensburg 1961.

[2] Naber, G.: The Jansen Pumped Storage Scheme. Water Power, Juli und August 1960.

[3] Hautum, F. Die Pumpspeicherwerksgruppe Jansen. Die Wasserwirtschaft, H. 2, 1963.

[4] Hautum, F. und G. Naber: Beobachtungen beim erstmaligen Füllen von Druckstollen mit hohem Innendruck. Schweiz. Bauzeitg. *76,* H. 6, 1960.

[5] Hautum, F.: High Pressure Tunnels. Water Power, H. Juni 1967.

Anschrift des Verfassers: Dipl.-Ing. Fritz Hautum, Makartstraße 36, D-8 München 71.

Felsmechanik u. Ingenieurgeol., Suppl. IV, 192—200 (1968)

Über die gegenseitige Beeinflussung von zwei benachbarten Druckrohrleitungen sowie die notwendige Gebirgsüberdeckung

Von

W. Förster und **T. Döring**, Freiberg

Mit 8 Textabbildungen

(Eingegangen am 18. Dezember 1967)

Zusammenfassung — Summary — Résumé

Über die gegenseitige Beeinflussung von zwei benachbarten Druckrohrleitungen sowie die notwendige Gebirgsüberdeckung. Auf der Grundlage ebener elastizitätstheoretischer Untersuchungen werden Ergebnisse mitgeteilt, nach denen Abschätzungen über den notwendigen Rohrabstand zwischen zwei benachbarten Druckrohrleitungen sowie die notwendige Gebirgsüberdeckung durchzuführen sind. Als wesentliches Kriterium wird in beiden Fällen die Zugbeanspruchung des Gebirges angesehen.

Considerations about the Interaction between two Adjoining Pressure Tunnels and the Necessary Overburden. In this paper the authors give results for estimating a necessary distance between two neighbouring pressure tunnels and their necessary depth, based on the theory of elasticity. The tensile strength of the rock will be used as a critical bound in both cases.

The stress distribution in the neighbourhood of two pressure tunnels has been studied for three cases, with varying water filling and steel lining. The overburden of rock was determined as a function of the portion of internal pressure absorbed by the rock mass. A linear-elastic, homogeneous isotropic rock was assumed. In the case of a small distance between the tunnels high tensile stresses occur which, however, decrease quickly with increasing distance. It can be concluded that the most appropriate distance between the tunnels is ten times their radius.

Sur l'influence réciproque de deux conduites en charge voisines l'une de l'autre et sur le recouvrement rocheux nécessaire. Cet article rapporte des résultats de travaux basés sur la théorie de l'élasticité portant sur détermination de la distance devant séparée deux conduites en charge et sur l'épaisseur nécessaire du recouvrement rocheux. Dans les deux cas l'effort de traction dans le rocher constitue le critère essentiel.

1. Aufgabenstellung

Bei der Projektierung von Druckstollen und der Bemessung der Stollenauskleidung sind unter anderem folgende Faktoren von Bedeutung:

1. Die gegenseitige Beeinflussung der in mehreren Strängen geführten Rohrleitungen;

2. die Höhe der Gebirgsüberdeckung als Voraussetzung für einen vom Gebirge zu übernehmenden Druckanteil.

Die Bemessung der Stollenauskleidung auf Innendruck wurde grundsätzlich in einer Arbeit von Lauffer und Seeber[1] behandelt, wobei das Auskleidungsrohr und das Gebirge als gemeinsam wirkende Tragelemente berücksichtigt werden.

Von den Verfassern des vorliegenden Beitrages wurden dagegen Untersuchungen zu den beiden oben genannten Fragen durchgeführt[2,3], wobei die Betrachtungen zum ersten Punkt auf das Vorhandensein zweier Leitungsstränge beschränkt wurden. Über die eingeschlagenen Lösungswege und deren Ergebnisse soll im folgenden berichtet werden.

In Hinblick auf die gegenseitige Beeinflussung zweier benachbarter Druckrohrleitungen ist zum Beispiel die Beantwortung der folgenden Frage von Interesse: Wie ist die Spannungsverteilung in der Umgebung beider Hohlräume und damit die Beanspruchung des Gebirges, wenn

a) ein Rohrstrang wassergefüllt, der andere leer und noch nicht gepanzert ist;

b) beide Sträge gepanzert sind, wobei der eine wassergefüllt und der andere leer ist;

c) beide Stränge gepanzert und wassergefüllt sind?

Die Untersuchung und Beantwortung dieser Fragen sollte dabei zum Ziele haben, einen Mindestabstand zwischen beiden Druckrohrleitungen anzugeben, der als „notwendiger Rohrabstand" garantiert, daß zwischen beiden Stollen keine unzulässigen Zusatzbeanspruchungen auftreten.

Nach der Lösung dieser Aufgabe und der Kenntnis des jeweils „notwendigen Rohrabstandes" läßt sich in vereinfachter Form das Problem der notwendigen Gebirgsüberdeckung untersuchen, indem nur noch der Einfluß eines einzelnen Druckstollens berücksichtigt und betrachtet wird. Die damit zu behandelnde Aufgabe kann wie folgt formuliert werden:

Welche Überdeckungshöhe des Gebirges bzw. welche Teufe der Druckrohrleitung ist mindestens erforderlich, wenn dem Gebirge ein vorgegebener Druckanteil p_G zugewiesen werden soll?

2. Lösungsweg und Voraussetzungen

Die genannten Probleme lassen sich theoretisch nur unter vereinfachenden Annahmen hinsichtlich der Gebirgseigenschaften behandeln. Bei der Lösung der gestellten Aufgaben wurde daher ein linear-elastisches, homogenes und isotropes Idealgebirge vorausgesetzt, das im Hinblick auf die in der Regel im Realgebirge vorhandenen Inhomogenitäten und Anisotropien zweifellos eine starke Vereinfachung darstellt. Auf der anderen Seite sind die realen Formen der Inhomogenität und Anisotropie des Gebirgsverbandes aber lokal unterschiedlich und darum auch nicht allgemeingültig. Jede theoretische Abschätzung hätte deshalb von vornherein auch dann keinen allgemeinen Charakter, wenn sie gewisse Annahmen hinsichtlich der realen Gebirgseigenschaften treffen würde. Man kann somit die Ergebnisse des vorgesehenen Lösungsweges insofern als allgemeingültig bezeichnen, als sie zumindest eine Teileigenschaft des Gebirges berücksichtigen und dadurch in erster Näherung eine quantitative Abschätzung der Beanspruchungen ermöglichen. Eine Modifikation dieser Ergebnisse ist je nach dem Grad der zu erwartenden Abweichungen von den lokal gegebenen Eigenschaften des Gebirges abhängig und betrifft dann im wesentlichen die Größenordnung der in den abgeleiteten Beziehungen auftretenden Parameter und Sicherheitskoeffizienten.

3. Untersuchungsergebnisse

3.1 Notwendiger Rohrabstand

Zur Lösung der gestellten Aufgabe wurde eine unendliche, elastische Scheibe mit zwei Kreislöchern bei verschiedenen Lastannahmen betrachtet (Abb. 1). Zur Formulierung definierter Verschiebungsbedingungen wurde die Hohlraumauskleidung dabei als starr vorausgesetzt. Auf der Grundlage eines für diese Zwecke entwickelten Iterationsverfahrens, dessen Grundsätze in [3] beschrieben sind, wurden mit Hilfe einer elektronischen Rechenanlage die folgenden Aufgaben numerisch untersucht:

a) Ein Stollen ist nicht ausgebaut, der zweite steht unter radialsymmetrischem Innendruck;

b) beide Stollen sind ausgebaut, wobei ein Rohr unter Innendruck steht;

c) beide ausgebauten Stollen werden gleichzeitig unter Innendruck gesetzt.

Die zugehörigen Spannungszustände lassen sich im wesentlichen aus zwei Lastfällen mit den folgenden Randbedingungen aufbauen:

1. Ein Lochrand wird radialsymmetrisch innen belastet, der zweite ist ein freier Rand;

2. Ein Lochrand ist radialsymmetrisch innen belastet, der zweite Rand ist unverschieblich.

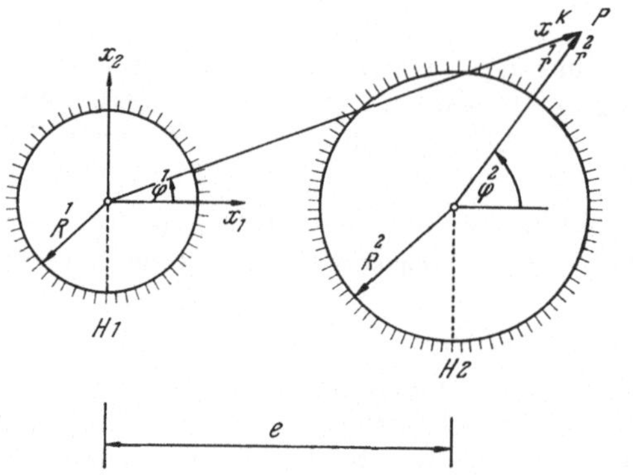

Abb. 1. Geometrische Verhältnisse des Problems. H_1, H_2 Hohlräume 1 und 2

Geometry of the problem. H_1, H_2 cavities 1 and 2

Données géométriques du problème. H_1, H_2 vides 1 et 2

Da die maximalen Beanspruchungen jeweils an den Lochrändern auftreten und mit der Entfernung von diesen hyperbolisch abklingen, ist es ausreichend, die Spannungen nur an den Lochrändern zu berechnen.

Durch Einführen einer dimensionslosen Kenngröße $\lambda = \frac{R}{e}$ ($\overset{1}{R} = \overset{2}{R} = R$ Lochradius; e Lochabstand) und durch Einführung auf die Innenbelastung p_G bezogener Spannungswerte

$$\overset{1}{S}_\varphi = \frac{\overset{1}{\sigma}_\varphi}{p_G}; \quad \overset{2}{S}_\varphi = \frac{\overset{1}{\sigma}_\varphi}{p_G}; \quad S_r^2 = \frac{\overset{1}{\sigma}_\varphi}{p_G}$$

(σ_φ^2 Tangentialspannungen am unbelasteten, σ_r^2 Radialspannungen am unbelasteten, σ_φ^1 Tangentialspannungen am belasteten Lochrand) sind die im folgenden angegebenen Ergebnisse leicht auf beliebige analoge Verhältnisse übertragbar.

Die nachstehenden Abbildungen verdeutlichen diese Ergebnisse. Abb. 2 zeigt den Spannungsverlauf an den Hohlraumrändern. Danach treten am freien Lochrand (S_φ^2) zum Teil beachtliche Zugspannungen auf, wenn die beiden Hohlräume eng nebeneinander liegen; die Beträge dieser Spannungen nehmen jedoch mit zunehmendem Lochabstand relativ rasch ab (Abb. 3 und 4). Das gleiche gilt für den ausgebauten Hohlraum (Abb. 5 und 6), wobei die Darstellung der erhaltenen Extremwerte die Grenzen verdeutlicht, in denen die Spannungen variieren. Stellt man der zu erwartenden Zugbeanspruchung des Gebirges dessen generell geringe Zugfestigkeit gegenüber, so sollte der Rohrabstand so festgelegt werden, daß als Folge der gegenseitigen Beeinflussung beider Hohlräume praktisch keine zusätzliche Zugbeanspruchung mehr zu erwarten ist. Die Ergebnisse weisen aus, daß im ungünstigsten Lastfall für $\lambda = \frac{R}{e} = \frac{1}{10}$ dieser Zustand erreicht ist, wobei eine Spannung von 5 %, bezogen auf p_G, als zu vernachlässigender Grenzwert angesehen wird. Bei einem Lochradius von 3 m sollte danach der Abstand e zwischen beiden Lochmittelpunkten beispielsweise wenigstens 30 m betragen.

3.2 Notwendige Gebirgsüberdeckung

Infolge der getroffenen Festlegung, den notwendigen Rohrabstand so zu wählen, daß praktisch zwischen beiden Druckrohrleitungen keine Beeinflussung mehr eintritt, erscheint es gerechtfertigt, im folgenden nur noch einen Rohrstrang zu berücksichtigen.

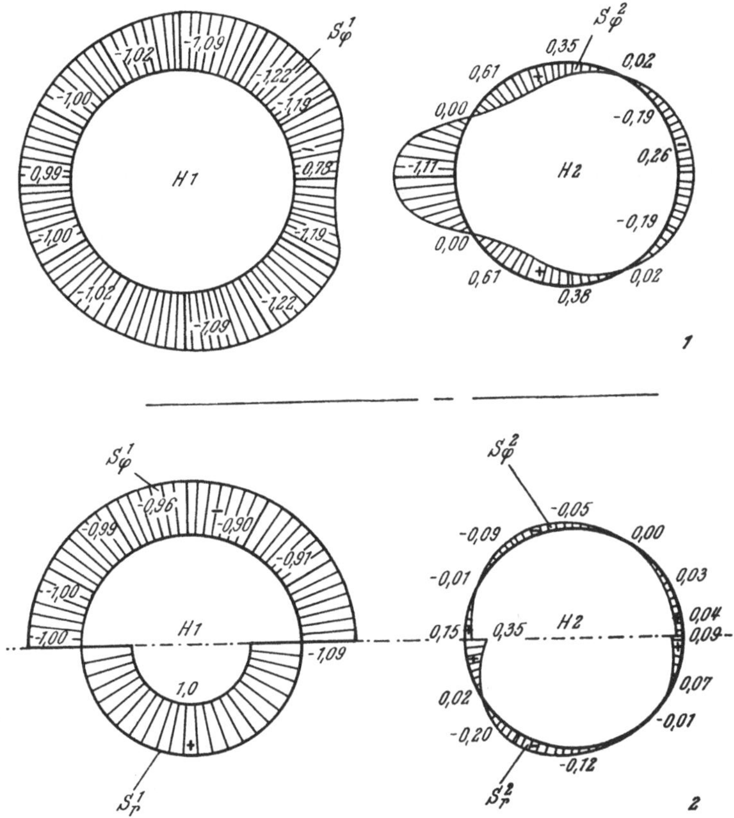

Abb. 2. Fall 1: Verlauf der Ringspannungen (S_φ) für $1/\lambda = 3$

Fall 2: Verlauf von Ring- (S_φ) und Radialspannungen (S_r) für $1/\lambda = 3$

Case 1: Tangential stresses (S_φ) around the hole in case of $1/\lambda = 3$

Case 2: Tangential stresses (S_φ) and radial stresses (S_r) in case of $1/\lambda = 3$

Cas 1: Repartition des contraintes tangentielles (S_φ) pour $1/\lambda = 3$

Cas 2: Repartition des contraintes tangentielles (S_φ) et normales (S_r) pour $1/\lambda = 3$

Bei der Frage nach der Mindestüberdeckungshöhe lassen sich zwei prinzipiell unterschiedliche Kriterien formulieren:

a) Der Spannungszustand soll in der Umgebung des Druckstollens so sein, daß das Gebirge im Betriebszustand nicht reißt, wodurch unter Umständen unkontrollierbare zusätzliche Dehnungen der Auskleidung und damit auch eine Überbelastung derselben eintreten könnten. Es soll also ständig eine elastische Tragwirkung des Gebirges gewährleistet sein.

b) Auf der Grundlage bestimmter Voraussetzungen wird zusätzlich ein Bruchzustand des Gebirges untersucht und gegen dessen Eintreten eine ausreichende Sicherheit verlangt.

In bezug auf das erste Kriterium sind in der Umgebung des Druckstollens zwei Spannungszustände zu betrachten, die sich

1. aus dem auf das Gebirge zu übertragenden Druckanteil p_G und
2. aus dem Eigengewicht des Gebirges ergeben.

Bekanntlich erzeugt der radialsymmetrische Innendruck p_G tangentiale Zugspannungen. Es läßt sich zeigen, daß für

$$\frac{R}{h} < 0{,}581$$

deren Größtwerte stets am Hohlraumrand auftreten, so daß dort im Hinblick auf eine eventuelle Rißbildung die gefährdeten Zonen liegen. Andererseits bewirkt das

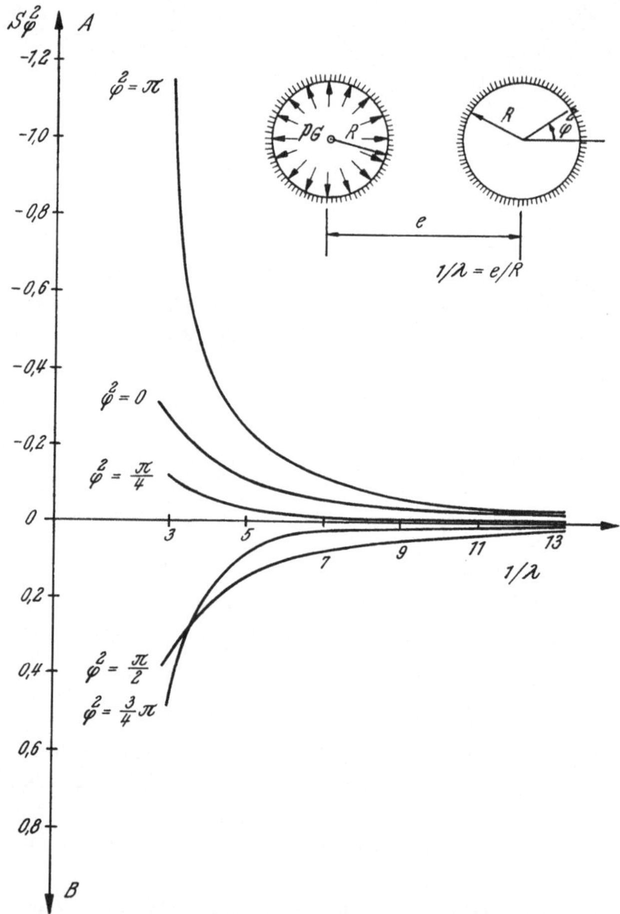

Abb. 3. Ringspannungen am unbelasteten Hohlraum bei freiem Rand
A Zug; *B* Druck

Tangential stresses at the unloaded opening in the case of a free boundary
A tension; *B* pressure

Contraintes tangentielles pour une cavité non chargée sans revêtement
A tension; *B* pression

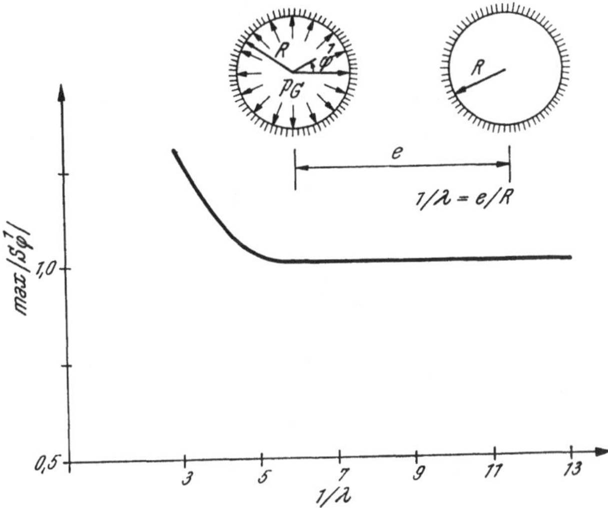

Abb. 4. Maximale Ringspannungen am belasteten Hohlraum bei freiem Rand des anderen Stollens
Tangential stresses at the loaded opening in the case of a free boundary at the other hole
Contraintes tangentielles pour une cavité en charge, l'autre galerie étant sans revêtement

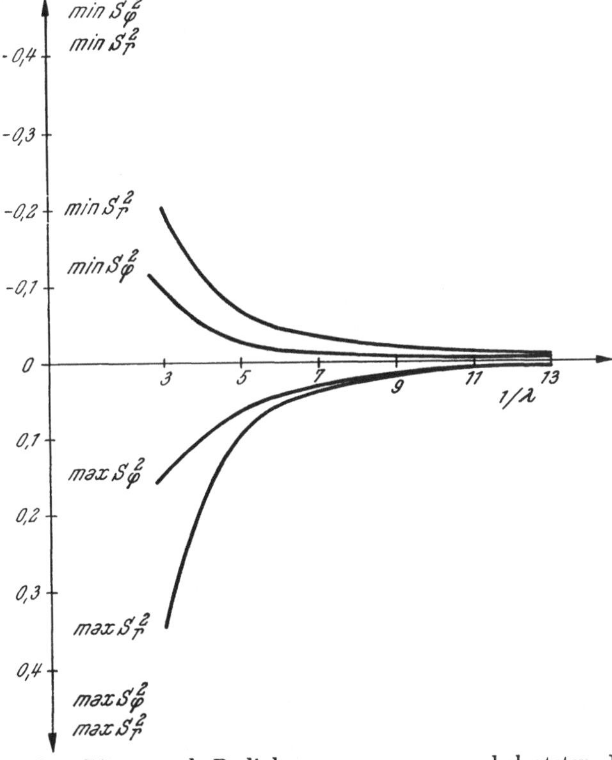

Abb. 5. Extremwerte der Ring- und Radialspannungen am unbelasteten Hohlraum bei Ausbau des zweiten Stollens
Extreme values of the radial stresses and the tangential stresses at the unloaded opening in case the other is supported
Valeurs extrêmes des contraintes radiales et tangentielles pour une cavité non chargée lors de l'abattage de l'autre galerie

Eigengewicht des Gebirges in der Hohlraumumgebung zusätzliche tangentiale Druckspannungen. Man erkennt somit leicht, daß für einen vorgegebenen Druck p_G, den das Gebirge übernehmen soll, eine gewisse Mindestteufe vorhanden sein muß, wenn die Zugspannungen am Hohlraumrand eine bestimmte Grenze nicht überschreiten sollen. Bei der Festlegung dieser notwendigen Gebirgsüberdeckung gehen wir also davon aus, daß

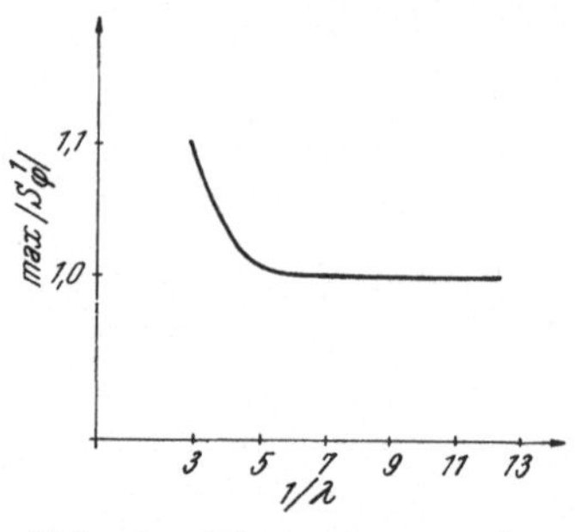

Abb. 6. Maximalwerte der Ringspannungen am gestützten Hohlraum

Extreme values of the tangential stresses at the supported opening

Valeur maximale des contraintes tangentielles pour une cavité avec soutènement

$$\max \sigma_{z,\,\text{vorh}} < \sigma_{z,\,\text{zul}}$$

sein soll, wenn $\max \sigma_{z,\,\text{vorh}}$ die auftretende maximale Zugspannung bezeichnet. Wegen der Unsicherheiten in den Annahmen und der Streuung der verwendeten Parameter werden gewisse Sicherheitsfaktoren wie folgt berücksichtigt:

S_z = Sicherheitsfaktor für die Festigkeit des Gebirges;

S_γ = Sicherheitsfaktor für das Raumgewicht des Gebirges;

S_p = Sicherheitsfaktor für den Innendruck p_G.

Da die Extremwerte der Spannungen für $R/h \ll 1$ etwa bei $\varphi = 0$ und $\varphi = \pi/2$ auftreten, lassen sich in bezug auf diese Randpunkte schließlich folgende Kriterien für die notwendige Gebirgsüberdeckung angeben[2] (Abb. 7):

$$\overset{1}{h} = S_\gamma S_p \frac{p_G - \dfrac{\sigma_{z,\,\text{zul}}}{S_z \cdot S_p}}{\gamma (3 - \lambda_0)}; \quad \varphi = 0 \tag{1}$$

$$\overset{2}{h} = S_\gamma S_p \frac{p_G - \dfrac{\sigma_{z,\,\text{zul}}}{S_z \cdot S_p} + \dfrac{1}{2} R \gamma \dfrac{S_\gamma}{S_p} \dfrac{4 \lambda_0 (1 - \nu) - 1}{1 - \nu}}{\gamma (3 \lambda_0 - 1)}; \quad \varphi = \frac{\pi}{2}. \tag{2}$$

Im Hinblick auf die vorhandene Überdeckungshöhe h_{vorh} ist zu fordern:

$$h_{\text{vorh}} \geqq \overset{\infty}{h}, \ (\alpha = 1, 2). \tag{3}$$

Es gelten die Abkürzungen:

ν = Querdehnungszahl des Gebirges;

γ = Wichte des Gebirges;

λ_0 = Seitendruckziffer des primären Spannungszustandes.

In [3] werden Untersuchungen darüber angestellt, bis zu welchen Überdeckungshöhen überhaupt mit einem elastischen Verhalten des Gebirges ohne plastische Zonen gerechnet werden kann. Die numerische Auswertung zeigt, daß dies — von Hochgebirgsverhältnissen abgesehen — wohl stets anzunehmen ist.

Den bisher genannten Untersuchungen liegt entsprechend den Voraussetzungen des ersten Kriteriums ein ungerissenes Gebirge zugrunde, das zur Erhaltung der elastischen Tragwirkung des Kontinuums gefordert wurde. Im Hinblick auf ein dennoch denkbares lokales Versagen der Auskleidung ist es dagegen von Interesse, zu wissen, ob man in diesem Fall bei der vorhandenen Überdeckungshöhe und dem dann voll auf das Gebirge wirkenden Innenwasserdruck $\bar{p}_G > p_G$ z. B. mit einer plötzlichen Gefährdung der übertage befindlichen Einrichtungen zu rechnen hat.

Zur Untersuchung eines solchen Bruchzustandes wurde die Annahme eingeführt, daß vom Stollen nach übertage Bruchflächen verlaufen, für die als Kriterium eine

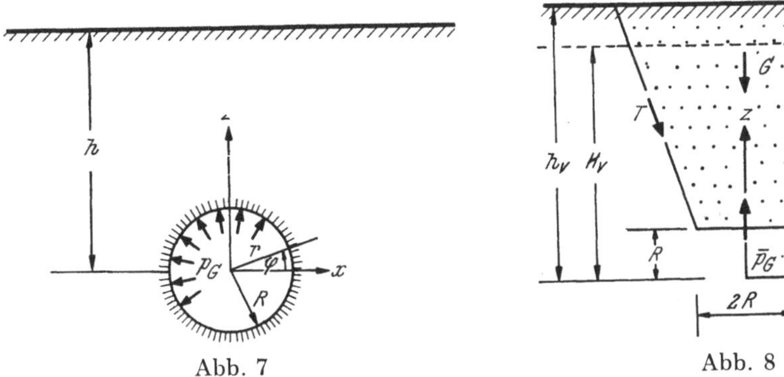

Abb. 7. Gebirgsüberdeckung für den Fall a)
Rock overburden in case a)
Recouvrement rocheux dans le cas a)

Abb. 8. Gebirgsüberdeckung für den Fall b)
Rock overburden in case b)
Recouvrement rocheux dans le cas b)

Mohrsche Grenzgerade gilt. Unter der Annahme einer ungünstigen, aber kinematisch möglichen Bruchflächenrichtung von $\alpha = \frac{\pi}{2}$ (Abb. 8) läßt sich auf diesem Wege eine Beziehung ableiten[2], nach der abzuschätzen ist, wie groß der vom Gebirge im Bruchzustand aufnehmbare Druck p_G noch sein kann, bei dessen Überschreiten schließlich ein vollständiges Versagen des Gebirges eintritt.

$$\bar{p}_G = \frac{\gamma \cdot h_v}{S_\gamma} + \frac{1}{S_\tau}\left[\tau \frac{H_v}{R} + \gamma \frac{h_v}{S_\gamma} \cdot \tan \varrho \cdot \left(1 - \frac{1}{2}\frac{H_v}{h_v}\right)\frac{H_v}{R}\lambda_0\right] \tag{4}$$

τ = Schubfestigkeit;
ϱ = Winkel der inneren Reibung;
S_τ = Sicherheitsfaktor für die Schubfestigkeit;
H_v = Mächtigkeit des festen (unverwitterten) Gebirges;
h_v = vorhandene Gebirgsüberdeckung.

Die numerische Auswertung verschiedener Zahlenbeispiele läßt erkennen, daß von allen genannten Kriterien im allgemeinen die Beziehungen (1) bzw. (2) die ungünstigsten Bedingungen ergeben und so für die notwendige Gebirgsüberdeckung bestimmend sind. Einen entscheidenden Einfluß üben besonders der Parameter λ_0 sowie die eingeführten Sicherheitskoeffizienten aus.

Generell kann man bemerken, daß die gewählten Kriterien (1) bzw. (2) insofern relativ streng sind, als sie die Forderung nach Rißfreiheit überhaupt beinhalten. Man wird von einer solchen Forderung jedoch aus verschiedenen Gründen nicht ohne weiteres abgehen können; beispielsweise sind die Auswirkungen einer eventuellen Rißbildung nur schwer zu überschauen, und es muß unter Umständen mit Ungleichmäßigkeiten sowohl durch einen zusätzlichen Außendruck infolge der Auflockerung als auch mit einem ungleichmäßigen Bettungswiderstand des Gebirges gerechnet werden. Dabei werden diese Auswirkungen umso weniger ins Gewicht fallen, je größer die Nachgiebigkeit der Stollenauskleidung im Verhältnis zur Nachgiebigkeit des Gebirges ist bzw. je geringer die Elastizitätsunterschiede zwischen Ausbau und Gebirge sind. Weitere Untersuchungen sollten sich daher besonders in Verbindung mit der Größe der jeweils zu wählenden Sicherheitskoeffizienten auch diesen Fragen zuwenden.

Literatur

[1] Lauffer, H. und G. Seeber: Die Bemessung von Druckstollen und Druckschachtauskleidungen für Innendruck auf Grund von Felsdehnungsmessungen. Österr. Ing.-Zeitschr. *5*, Nr. 2, 37–48.

[2] Förster, W. und T. Döring: Spannungszustand in der Umgebung stahlgepanzerter Druckrohrleitungen und notwendige Gebirgsüberdeckung. Wasserwirtschaft-Wassertechnik *16*, Nr. 10, 354–359.

[3] Förster, W. und T. Döring: Spannungen in der durch zwei Kreislöcher geschwächten Ebene bei Belastung eines Lochrandes. Bergakademie *19*, Nr. 7, 389–395.

Anschrift der Verfasser: Dr. rer. nat. Wolfgang Förster und Dr.-Ing. Tilo Döring, Institut für Bergbau und Geomechanik, Bergakademie, Agricolastraße 1, Freiberg/Sa., DDR.

Felsmechanik u. Ingenieurgeol., Suppl. IV, 201—206 (1968)

Die zulässige Inanspruchnahme des Gebirges bei Druckstollen geringer Überlagerung

Von

Franz Pacher, Salzburg

Mit 5 Textabbildungen

(Eingegangen am 28. November 1967)

Zusammenfassumg — Summary

Die zulässige Inanspruchnahme des Gebirges bei Druckstollen geringer Überlagerung. Der Festlegung der zulässigen Mitwirkung des Gebirges kommt — wenn die Überlagerungshöhen im Vergleich zum Innendruck gering sind — aus wirtschaftlichen Gründen erhöhte Bedeutung zu.

Förster und Döring haben auf Grund theoretischer Überlegungen über die Spannungsverteilung um den Hohlraum und unter Einbeziehung der Gebirgsfestigkeiten neue Formeln für die zulässige Inanspruchnahme des Gebirges aufgestellt. Neben einer vergleichenden Betrachtung dieser neuen Kriterien mit den bisher üblichen wurde versucht, die Voraussetzungen und Auswirkungen der erhöhten Inanspruchnahme aufzuzeigen. Daraus ableitbare Grenzen für die Inanspruchnahme der Gebirgsfestigkeit sind in Großversuchen zu prüfen.

The Permissible Stress in Rock around Pressure Tunnels at Very Shallow Depths. It is of great importance economically to determine the support role of the rock mass for cases where the overburden pressure produced by the thickness of the overlying strata is small compared with the internal pressure in the tunnel.

Based on theoretical considerations of the stress distribution around subsurface excavations, and considering the strength of the rock mass, Förster and Döring have established new formulae for the permissible stress in the rock around pressure tunnels. In addition to comparing these new criteria with those used previously the author tries to clear up the assumed and actual effects of an increased stress. It is necessary to perform large scale in situ tests to determine the extent to which the rock strength follows the behaviour predicted from these considerations.

Einleitung

Das Problem ungenügender Überdeckungshöhe tritt bei Führung von Triebwasserleitungen in verhältnismäßig flachen Geländeformen auf. Solche Situationen zwingen zu theoretischen Untersuchungen über die Grenze, bis zu welcher das Gebirge zur Übernahme des Innendruckes herangezogen werden kann. Im folgenden wird versucht, die von Förster und Döring[1] aufgestellten Ansätze in ihren Auswirkungen mit den bisher üblichen Erfahrungsregeln zu vergleichen.

Die Auskleidung eines Triebwasserstollens hat allgemein folgende Bedingungen zu erfüllen:

sie muß den Gebirgsdruck während der Bauarbeiten und später übernehmen;

sie muß, wenn der Betriebsdruck größer ist als der Bergwasserdruck, bei verschiedenen Betriebszuständen, aber auch über längere Zeiträume hinweg, dicht sein, vor allem auch wegen der Beeinflussung des Gebirges;

sie muß bei entleertem Rohr dem äußeren Bergwasserdruck widerstehen und dabei dicht bleiben;

sie muß den Innendruck (Hydrostatischen Druck und Druckstoß) übernehmen, d. h. die Beanspruchung infolge der verschiedenen Betriebszustände darf nicht zu einer Zerstörung der Auskleidung oder Auflockerung des Gebirges und damit zu Wasseraustritten führen.

Im folgenden wird nur auf den Einfluß des Innendruckes eingegangen.

Innendruck und Wasserdichtheit

Nach Stini ist „die Walchsche[2] Grenze bekanntlich der erste tagnahe Punkt unter der Erdoberfläche, an welchem der Gegendruck des Bergwassers bereits dem Druck des aus den Stollen austretenden Triebwassers das Gleichgewicht hält" (Linie 1 in Abb. 1).

Terzaghi[3] leitet die Bedingung ab, daß der Innendruck nicht größer sein darf als das Gewicht des darüber lastenden Felsens: „Die wasserdichte Auskleidung in allen jenen Teilen von Druckstollen vorzusehen, über welchen die Höhe der Überlagerung kleiner ist als $\frac{p_i}{2}$, ist daher eine allgemein geübte Praxis geworden. Diese Faustregel beinhaltet einen Minimalsicherheitsfaktor von $S = 1{,}3$ in bezug auf die Hebung des Felsens" (Linie 2). Terzaghi führt weiter aus, „daß in allen

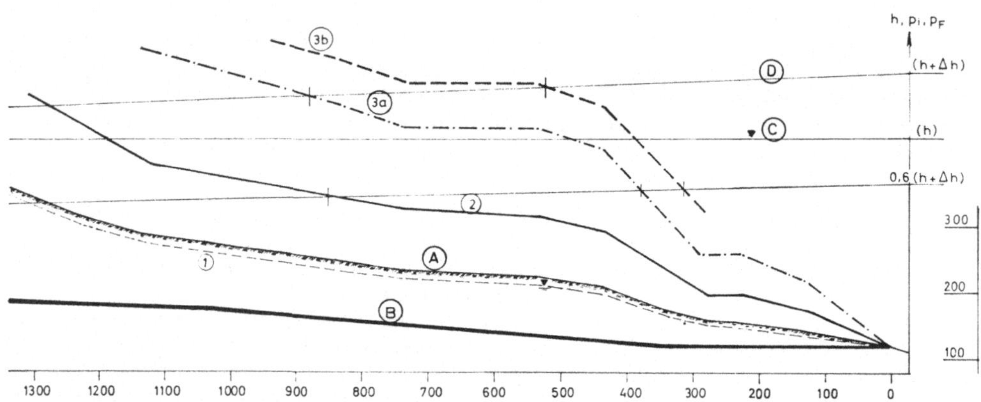

Abb. 1. Grenzbedingungen für die wasserdichte Auskleidung von Druckstollen für einen angenommenen Geländeverlauf, nach verschiedenen Autoren

A Geländeoberkante; *B* Triebleitung; *C* Ruhewasserspiegel; *D*: wie *C* + 30 % Zuschlag für Druckstoß. *1* (Walch) angenommener Grundwasserspiegel; *3 a* (Förster-Döring) ohne Zugfestigkeit; *3 b* (Förster-Döring) mit Zugfestigkeit

Limit conditions for watertight lining of pressure tunnels according to different authors, for an assumed ground surface

A upper ground surface; *B* pressure pipe; *C* water level at rest; *D*: *C* + 30 % addition for pressure push. *1* (Walch) ground water level assumed; *3 a* (Förster-Döring) without tensile strength; *3 b* (Förster-Döring) with tensile strength

Beispielen von Felsrutschungen infolge Wasseraustritt aus Druckstollen, welche dem Autor bekannt sind, die Stollen über die ganze Länge L, innerhalb welcher die Höhe der Überlagerung kleiner als $h_c = \frac{p_i}{\gamma F}$, ausgekleidet waren und die Wasseraustritte aus dem Stollen durch Risse in der Auskleidung, welche als wasserdicht betrachtet wurde, kamen".

Die Wasserdichtheit und die Erhaltung derselben ist daher ein wesentliches Kriterium.

Nach den Entwurfgrundsätzen von Lauffer und Seeber[4] wird bei Ausführung einer Stahlpanzerung die zulässige Gebirgsbelastung p_F (mittragende Wirkung des Gebirges) mit 60 % der sich aus dem Bemessungsdiagramm ergebenden

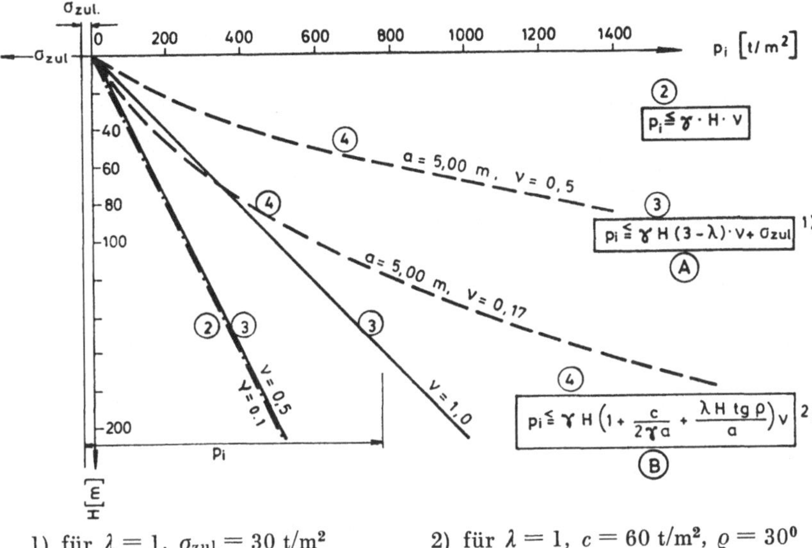

1) für $\lambda = 1$, $\sigma_{zul} = 30$ t/m² 2) für $\lambda = 1$, $c = 60$ t/m², $\varrho = 30^0$

Abb. 2. Abhängigkeit des ohne wasserdichte Auskleidung zulässigen Innendruckes p_i von der Überlagerungshöhe H für $\gamma = 2{,}5$ t/m³

3 gegen Überschreiten der Zugfestigkeit (Förster-Döring); *4* gegen Bruch (Förster-Döring)

Intern pressure p_i permissible in case of no watertight lining, versus thickness H of the overburden; $\gamma = 2.5$ t/m³

3 against exceeding of tensile stress; *4* against rupture

maximalen Gebirgsbelastung eingesetzt, um auch im Falle des Versagens des Gebirges noch eine wasserdichte Auskleidung in Form der bis zum Bruch beanspruchten Stahlpanzerung zu besitzen.

Diese aus den Modulverhältnissen von Beton, Fels und Stahl abgeleitete und auf eine Stahlspannung bezogene *Gebirgsmitwirkung* muß — sobald $p_F \geqq \gamma_F \cdot H$ wird — ein weiteres Kriterium erfüllen. Dieses besteht in der Bedingung, daß die Verbandfestigkeit in unmittelbarer Umgebung des Hohlraumes nicht überschritten wird (Zugrisse, Plastifizierung). Bei anderer Auskleidung mit dichtender Innenhaut dürfen außerdem die Deformationen mit Rücksicht auf die Erhaltung der Dichtheit nicht unzulässig groß werden. Dafür können die Bemessungsformeln von Förster und Döring in Anwendung gebracht werden.

Die erste der abgeleiteten Bedingungen entspricht der einfachen Überlegung, daß die tangentiellen Zugspannungen am Innenrand aus dem Innendruck nicht größer sein dürfen als die tangentiellen Druckspannungen aus der Gebirgsbelastung (Linie 3 a).

Besitzt das Gebirge eine namhafte Zugfestigkeit und will man auch diese ausnützen, so kann der Innendruck noch etwas vergrößert werden (Linie 3 b). Die Sicherheit muß jedoch durch einen entsprechenden Minderungskoeffizienten gewahrt bleiben. Die Wahl der Sicherheitszuschläge hängt von der Erfahrung und von der Güte der Festigkeitsuntersuchungen usw. ab.

Letztlich steht noch das von Förster und Döring abgeleitete Kriterium des Ausscherens eines Keiles bzw. des Bruches zur Debatte. Dieses darf von vornherein nur unter Bedachtnahme auf mögliche Auswirkungen des über geöffnete Klüfte ins Gebirge eindringenden Druckwassers in Ansatz gebracht werden (hydraulischer Grundbruch) (s. auch [5] und [6]).

Vergleich

Die folgenden Diagramme zeigen die Größe der nach den verschiedenen Kriterien ermittelten Gebirgsmitwirkung p_F in Abhängigkeit von der Tiefe H und den in den Gleichungen gegebenen Parametern.

Linie 2 in Abb. 2 entspricht der von Terzaghi empfohlenen Bedingung [Gl. (2)]. Als Linien 3 und 4 sind die nach den Ansätzen von Förster und Döring [Gln. (3) und (4)] unter vereinfachten Bedingungen ermittelten Werte aufgetragen.

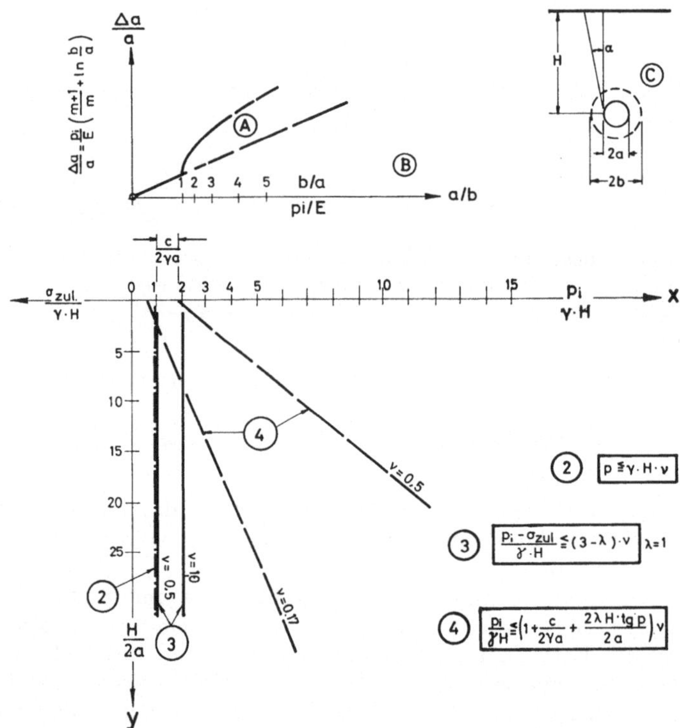

Abb. 3. Wie Abb. 2; Darstellung jedoch in dimensionslosen Maßstäben
A Anteil aus gerissener Zugzone; *B* Ausweitung der gerissenen Zugzone; *C* Schutzzone

Like Fig. 2, but in a dimensionless scale
A part of torn tension zone; *B* widening of torn tension zone; *C* protection zone

Die p_i-Werte nach Gln. (2) und (3) wachsen linear mit zunehmender Tiefe; bei Berücksichtigung der Zugfestigkeit unter entsprechender Abminderung verschieben sich die Linien 3 um einen entsprechenden Betrag parallel nach rechts. Die mittragende Wirkung wird von der Größe des Durchmessers bzw. vom Verhältnis $H : 2a$

nicht beeinflußt. Die Berechnung gegen Keilbruch [Gl. (4)] gibt natürlich mit zunehmender Tiefe wesentlich höhere, anteilig mit H^2 wachsende Werte*.

Noch deutlicher werden die Unterschiede, wenn man, wie in Abb. 3 geschehen, auf der Abszisse $\frac{p^F}{\gamma \cdot H}$ und auf der Ordinate $\frac{H}{2a}$ als dimensionslose Größen aufträgt.

Folgerungen und Ausblick

Wo liegt nun die zulässige Grenze, oberhalb derer eine wasserdichte Stollenauskleidung nicht mehr erforderlich ist? Aufgrund von theoretischen Überlegungen kommt man zu folgendem Schluß: Betrachtet man die Spannungsverteilung im

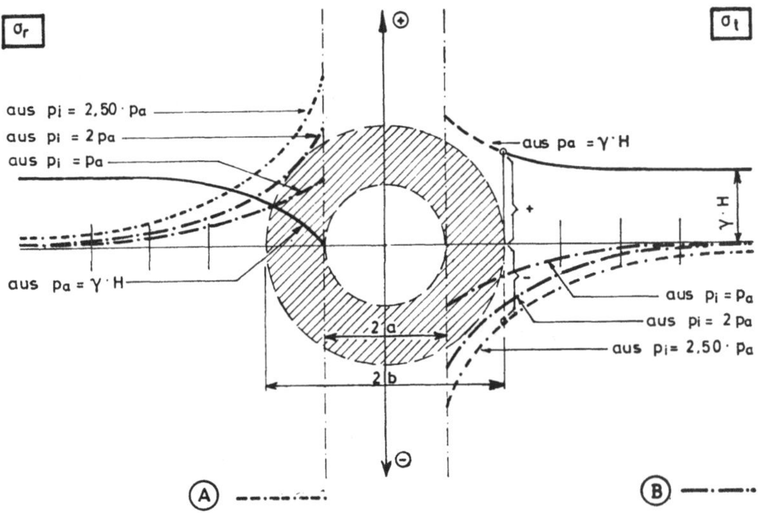

Abb. 4. Spannungsverteilung in der Umgebung eines kreiszylindrischen Hohlraumes für verschiedene Verhältnisse $p_i : p_a$

A mit gerissener Zugzone; *B* ohne gerissene Zugzone

Stress distribution around a circular cylindrical hole for different ratios $p_i : p_a$

A with torn tension zone; *B* without torn tension zone

Gebirge infolge sich überlagernder Wirkungen aus Gewicht (radialsymmetrische Verteilung vorausgesetzt) und Innendruck, dann scheint es durchaus zulässig, die Tangentialzugspannung aus p_i auf die durch Sicherheitskoeffizienten reduzierte Höhe der vorhandenen tangentialen Druckspannung aus p_a zu bringen.

Geht man über die tangentiale Druckspannung hinaus, so nimmt man die Zugfestigkeit des Gebirges in Anspruch. Dieses Stadium birgt bereits das Risiko in sich, daß sich bei einem plötzlichen Dehnungssprung der Riß in den Beton und in die Dichtungsschicht fortsetzt.

Nimmt man dagegen die Zugzone als gerissen an, so stellt sich das Gleichgewicht zwischen den tangentialen Spannungen erst weiter innen im Gebirge ein und es ist theoretisch solange kein Abheben oder Schaden zu befürchten, als die Risse nicht

* Siehe diesbezüglich jedoch den Beitrag Hautum in diesem Heft (Anmerkung des Herausgebers).

zu tief reichen und — vor allem — die dichtende Schicht nicht außer Funktion kommt, so daß der Kluftwasserdruck nicht vom Stolleninnendruck p_i beeinflußt wird. Das zulässige Verhältnis von $b:a$ bedarf ebenso einer Festlegung wie das der Mindestüberdeckungshöhe $H:2a$, innerhalb welcher die Gleichungen angewendet werden dürfen.

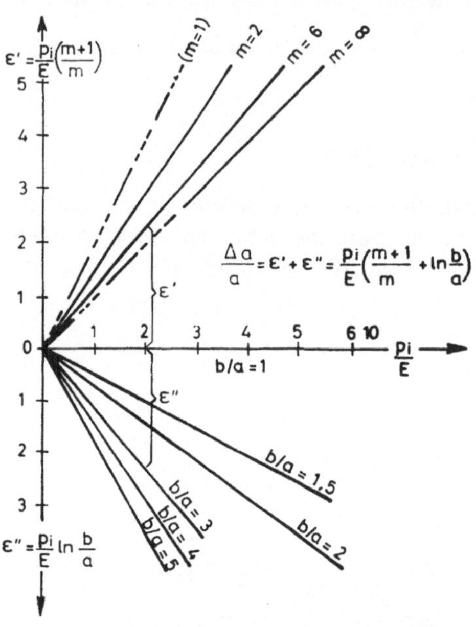

Abb. 5. Relative Durchmesseränderung ($\Delta a/a$) in Abhängigkeit von m und b/a
Relative variation of diameter ($\Delta a/a$) versus m and b/a

Zu der elastischen Deformation kommt noch zusätzlich die Deformation aus der gerissenen Zone hinzu, wie dies in Abb. 3 oben schematisch angedeutet wurde.

Solange man sich auf der Linie 2 der Abb. 1 bewegt, befindet man sich auf der sicheren Seite; es werden bei $\lambda = 1$ weder die tangentialen Druckspannungen überschritten noch die Zugfestigkeit in Anspruch genommen. Geht man bis zur Linie 3 a vor, so muß die Reserve in der Zugfestigkeit liegen.

Will man auch die Gebirgszugfestigkeit — die allgemein der vorhandenen Klüftung wegen nur gering einzuschätzen sein wird — ausnützen, so muß man meines Erachtens vorher das Gebirgsverhalten hinter der Tunnellaibung in einem in-situ-Versuch im Maßstab 1 : 1 prüfen, wobei ferner noch ein Nachweis geführt werden müßte, daß die Dichtung auch bei erhöhter Deformation nicht beschädigt oder beeinträchtigt wird. Versuche an Modellkörpern bekannter Festigkeit könnten die Verhältnisse weitgehend vorklären.

Literatur

[1] Förster, W. und T. Döring: Spannungszustand in der Umgebung stahlgepanzerter Druckrohrleitungen und notwendige Gebirgsüberlagerung. WWT *16*, H. 10, 1966.

[2] Walch, O.: Die Auskleidung von Druckstollen und Druckschächten. Berlin: Springer-Verlag, 1960.

[3] Terzaghi, K.: Stability of steep slopes on hard unweathered rock. Géotechnique *12*, No. 4, 1962.

[4] Lauffer, H. und G. Seeber: Die Bemessung von Druckstollen und Druckschachtauskleidungen für Innendruck auf Grund von Felsdehnungsmessungen. Österr. Ing.-Zschr. 5, H. 2, 1962.

[5] Jaeger, Ch.: Der heutige Stand der Mechanik des Felsens und ihre Beziehungen zum Wasserkraftwerkbau. Die Bautechnik, H. 3, 1962.

[6] Petzny, H.: Hydrostatic Effects in Jointed Rock. 8th Int. Congr. on Large Dams, Qu. 28, Edinburgh 1964.

Anschrift des Verfassers: Dipl.-Ing. Franz Pacher, Ingenieurkonsulent für Bauwesen, Franz-Josef-Straße 3, A-5020 Salzburg.

Felsmechanik u. Ingenieurgeol., Suppl. IV, 207—208 (1968)

Vorspanninjektionen für Druckstollen*

Kurzfassung des Vortrages von

H. Lauffer, Innsbruck

(Eingegangen am 28. März 1968)

Vorspanninjektionen für Druckstollen. Einfache Betonauskleidungen wurden bereits für 20 atü und mehr Innendruck ausgeführt. Wenn in solchen Fällen eine dichte und rissefreie Auskleidung erforderlich ist, haben sich gegen das Gebirge vorgespannte Betonauskleidungen als besonders wirtschaftlich erwiesen, die auch bei ungünstigen Gebirgsverhältnissen anwendbar sind. Die Vorspannung wurde bisher entweder durch Auspressen eines eigens freigehaltenen, die Betonauskleidung ringförmig umschließenden Hohlraumes oder durch wiederholte gruppenweise Bohrlochinjektionen herbeigeführt.

Für den hochbeanspruchten Druckstollen des Kaunertalkraftwerkes wurde ein neues Vorspannverfahren entwickelt, bei dem die Einpressung über ein vor der Betonierung der Auskleidung in der Umfangskontaktfuge verlegtes Injektionssystem erfolgt. Durch das eingepreßte Injektionsgut wird die Umfangsfuge aufgerissen und aufgeweitet, was durch einen haftmindernden Anstrich erleichtert wird. Als Injektionssystem dienen Kunststoffschläuche mit ventilartigen Auslässen, die in etwa 2 bis 3 m Abstand ringförmig an der Stollenwandung befestigt sind. Durch eine flachliegende Umhüllung der Schläuche mit Folien wird die zur Einleitung der Spaltbildung notwendige Druckausbreitung erreicht.

Die Einpressung erfolgt kontinuierlich, wobei gleichzeitig zwei bis drei Schläuche an leistungsfähige Einpreßpumpen angeschlossen und mit dicker Zementmilch beschickt werden. Der entstehende Umfangsspalt und die von diesem ausgehenden Risse und Fugen des Gebirges werden infolgedessen nicht durch einen in kurzer Zeit abbindenden Mörtel gefüllt, sondern durch Absetzen und Ausfiltern des Zementes aus der unter hohem Druck eingepreßten Zementmilch. Das überschüssige Wasser verdünnt, soweit es nicht in das Gebirge und die Auskleidung eindringt, die in der Umfangsfuge weit vorausgedrückte Zementmilch und begünstigt so die Spaltbildung.

Beim Bau des 13 km langen Druckstollens des Kaunertalkraftwerkes mit 4,0 m ⌀ und nahezu 20 atü Überdruck wurden die im Phyllit und mylonitisierten Gneis liegenden Strekken (4,3 km) nach diesem Verfahren vorgespannt, wobei eine mittlere Zementaufnahme von rd. 500 kg/m bei 40 atü Einpreßdruck erreicht wurde. Diese Abschnitte haben sich sowohl bei einer längeren Druckprobe als auch nach dreijähriger Betriebszeit als praktisch rissefrei erwiesen.

Das Spaltinjektionsverfahren der TIWAG zur Vorspannung von Druckstollenauskleidungen, das inzwischen auch auf anderen Baustellen zur Anwendung gekommen ist, wurde auch mit Erfolg für die Hinterpressung der Stahlauskleidung von gepanzerten Druckstollen und Druckschächten verwendet.

Grouting Method for Prestressing the Lining of Pressure Tunnels. Simple concrete linings for pressure galleries have been carried out for internal pressures exceeding 20 atm. (300 p. s. i.). If in such cases an impermeable and fissure-free lining is required the prestressing of the lining against the rock has proved particularly economical and can also be used under unfavourable rock conditions. Prestress has hitherto brought about through grouting an annular space kept free for this purpose around the concrete lining or through repeated groupewise bore-hole injections.

For the highly stressed pressure tunnel of the Kaunertal plant a new prestress method was developed, in which the grouting is carried out by means of a grouting system

---

* Eine ausführliche Fassung des Vortrages erscheint in: Der Bauingenieur *43* (1968), Heft 7.

mounted in the peripherical joint before placing the lining. The grout forced in under high pressure splits up and expands the peripherical joint and this process is facilitated by a coating reducing adhesion. The grouting installation consists of plastic pipes (1/2″) equipped with valve-like outlets and fixed to the tunnel walls in rings spaced from one another by 2 to 3 m. The pressure spread required for initiating the splitting up of the joint is obtained by a flat foil cover of the grout pipes.

The grouting is done continuously, 2 to 3 pipes being connected with efficient injection pumps at a time and being fed with thick water-cement-grout. As a consequence the peripherical joint thus expanded and the fissures and seams of the rock originating at this joint are not filled with mortar of short setting time but with pure cement, deposited and filtered out of the grout injected under high pressure. The excess water which does not penetrate the rock and the lining dilutes the grout forced far ahead into the peripherical joint, thus favouring its splitting up.

At the construction of the pressure tunnel of the Kaunertal plant, 13 km in length, 4 m in diameter and for a service pressure of 20 atm. (300 p. s. i.), the tunnel sections in phyllite and mylonitized gneiss (4.3 km) were prestressed according to this method, the cement absorption averaging app. 500 kg/m at an injection pressure of 40 atm. (600 p. s. i.). These sections have proved practically fissure-free during a long-time pressure test as well as during a 3 years service.

The "splitting up and grouting" method developed by the TIWAG for the prestressing of tunnel linings, which in the meantime has also been applied at other sites, has also been used successfully for filling the voids between the steel shell and the backfill of steel-lined pressure tunnels and pressure shafts.

Injections de précontrainte pour le revêtement de galeries en charge. On a déjà exécuté des revêtements bétonnés simples pour une pression intérieure dépassant 20 atm. Si dans de tels cas un revêtement étanche et sans fissures est nécessaire, des revêtements précontraints en béton se sont montrés particulièrement économiques et applicables également en cas de conditions défavorables de la roche. Jusqu'alors on a obtenu la précontrainte en injectant du mortier dans un vide annulaire entourant le revêtement et laissé libre dans ce but, ou par des injections repétées de groupes de forages.

Pour la galerie d'amenée en forte charge de la centrale de Kaunertal on a développé une méthode nouvelle de précontrainte dans laquelle l'injection se fait au moyen d'un système d'injection placé dans le joint de contact périphérique avant le bétonnage du revêtement. Le coulis forcé dedans ouvre et élargit celui-ci, ce qui est facilité par une peinture réduisant l'adhérence. Le système d'injection est formé de tuyaux synthétiques 1/2″ garnis de sorties à clapets et montés en forme d'anneaux à la paroi de la galerie avec un espacement régulier de 2 à 3 m. Sur ces tuyaux une enveloppe plate constituée par des feuilles rend possible la propagation de pression nécessaire pour ouvrir le joint.

L'injection se fait de manière continue, 2 à 3 tuyaux étant raccordés simultanément à des pompes d'injection à haute puissance, alimentés avec un lait de ciment consistant. En conséquence l'espace annulaire résultant et les fissures et les fentes de la roche qui en partent se remplissent non pas d'un mortier faisant prise en peu de temps, mais par dépôt et du filtrage du ciment à partir du coulis de ciment injecté sous haute pression. L'eau en excés, en tant qu'elle ne pénètre pas dans la roche ni dans le revêtement, dilue le coulis injecté dans le joint périphérique sur une grande distance.

Pendant la construction de la galerie en charge de l'aménagement du Kaunertal de 13 km de long, 4 m de diamètre, et pour une charge d'à peu près 20 atm., on à précontraint les sections dans les phyllites et dans le gneiss mylonitisé (4.3 km) selon cette méthode et on a obtenu une absorption de ciment moyenne d'environ 500 kg/m à une pression d'injection de 40 atm. Ces sections de galerie se sont montrées pratiquement exemptes de fissures non seulement à l'occasion d'un essai de pression de longue durée, mais encore pendant 3 années d'exploitation.

La méthode d'injection du joint périphérique pour la précontrainte du revêtement des galeries mise au point par la TIWAG, a été employée aussi sur d'autres chantiers. Elle a été appliquée aussi avec succès pour l'injection des vides derrière les revêtements en acier des galeries et puits blindés.

Anschrift des Verfassers: Dipl.-Ing. Dr. techn. Harald Lauffer, Vorstandsmitglied der Tiroler Wasserkraftwerke AG, Landhausplatz 2, A-6010 Innsbruck.

Felsmechanik u. Ingenieurgeol., Suppl. IV, 209—215 (1968)

Mechanischer Stollenvortrieb im Hartgestein

Von

Gerhard Naber, Stuttgart

Mit 6 Textabbildungen

(Eingegangen am 15. Dezember 1967)

Zusammenfassung — Summary

Mechanischer Stollenvortrieb im Hartgestein. Beim Kolloquium wurde ein Film gezeigt, welcher den Einsatz einer DEMAG-Tunnelvortriebsmaschine für den vollmechanisierten Ausbruch in hartem Fels zeigte. Neben dem großen, 24 km langen Albstollen sollen einige kleinere, stahlgepanzerte Druckstollen im Süden von Stuttgart für den Ausbau der Bodensee-Wasserversorgung zu einer Kapazität von etwa 7500 l/s gebaut werden. Konstruktion und Arbeitsweise der Vortriebsmaschine wurden an den Beispielen des Ghaiberg- und Kirchberg-Tunnels gezeigt, wo die größte Vortriebsleistung mehr als 20 m pro Tag oder 250 m pro Monat betrug. Der erste Tunnel ist bereits mit einigem technischen und finanziellen Erfolg fertiggestellt. Es besteht daher kein Zweifel, daß auch in härteren Felsformationen mechanisch vorgetrieben werden kann.

Mechanized Tunnel Heading in Hard Rock. At the Salzburg Colloquium in October 1967 a film was shown which dealt with a DEMAG tunnelling machine for the fully-mechanized heading of tunnels in hard rock formations. Besides the large 24 km long "Alb-tunnel" some smaller, steel-lined high-pressure tunnels are to be built south of Stuttgart for the extension of the Lake of Constance Water Supply Scheme to a capacity of about 7500 liters per second. Construction and working of the tunnelling machine was described when heading the Ghaiberg and the Kirchberg tunnel, the maximum advance rate at site being more than 20 m per day or 250 m per month.

The robust constructed DEMAG tunnelling machine comprises the machine body with jacking pads, and a tender which takes the drive, operator's seat, hydraulic unit, the indicating device for visual navigation, and the built-in conveyor which transfers the rubble to the rearward conveying facilities. The installed power of the machine is 220 kW. Without changing the main body of the cutting head, the boring diameter can be altered from 1.98 m to 2.30 m by adjusting the roller cutters. The stroke of 0.8 m needs 25 to 45 minutes.

The first tunnel is already completed with some technical and financial success. Therefore also harder rock formations can be headed mechanically.

Beim XVII. Geomechanischen Kolloquium in Salzburg wurde ein von der DEMAG hergestellter Industriefilm gezeigt, der eine jener Stollenvortriebsmaschinen vorstellt, die beim Bau der zweiten Fernleitung der Bodensee-Wasserversorgung eingesetzt sind.

Der Zweckverband Bodensee-Wasserversorgung führt derzeit umfangreiche Baumaßnahmen zur notwendigen Vergrößerung seiner Lieferkapazität um 150 % auf 7,5 m^3/sec durch. Hiezu wird u. a. auch der Bau einer zweiten Trinkwasserfernleitung erforderlich. Während die erste, seit 1958 betriebene und 164 km lange Hauptleitung in weitem Bogen um die Schwäbische Alb herumgeführt wurde und zwischen Schwarzwald und Alb, dann den Albtrauf entlang den dortigen Wassermangelräumen folgt, stößt die neue, größere Leitung von der Gewinnungs- und Aufbereitungsstelle am Überlinger See nahezu in der Vogelfluglinie in die Schwerpunkte

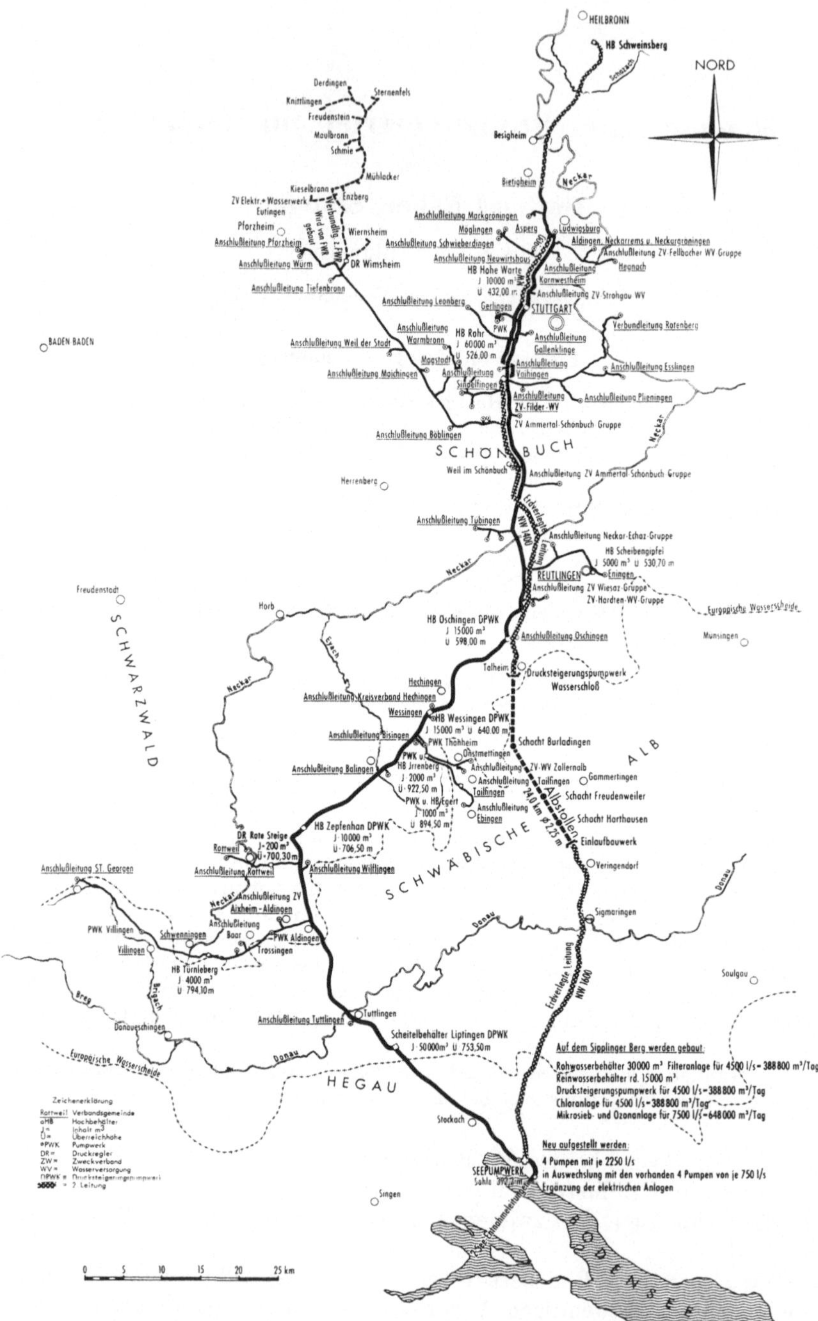

Abb. 1. Lageplan der bestehenden und neuen Anlagen der Bodensee-Wasserversorgung
General Map of the Lake of Constance Water Supply Scheme with extension and second pipe line

des Verbrauches im mittelwürttembergischen Wirtschaftsraum. Sie wird dadurch nahezu 24 km kürzer, muß aber, bei Vermeidung zusätzlicher Hebung des Wassers, das Gebirgsmassiv der Schwäbischen Alb unterfahren. Neben dem Bau des 24 km langen Albstollens ist im Raum nördlich von Sigmaringen die Erstellung mehrerer kleinerer Stollen, zum Teil aus hydraulischen Gründen, unumgänglich. Diese Stollen durchfahren das harte Gestein des oberen Weißen Jura. Soweit diese Schichten die Trasse des nördlich anschließenden großen Albstollens begleiten, werden sie der geohydrologischen und geologischen Verhältnisse halber in herkömmlicher Sprengbauweise durchörtert. Dort finden sich nämlich verkarstete, stark wasserführende Gebirgsbereiche mit dem seismisch noch schwach aktiven Hohenzollerngraben. Etwa $2^1/_2$ km sind im Südtrum des Albstollens bis jetzt dem Berg abgerungen. Die weicheren Gebirgsarten im Albstollen — auf nahezu zwei Drittel der Gesamtlänge steht die oberste Lage des Braunen Jura, der Ornatenton und die mergelige unterste Lage des Weißen Jura an — eignen sich sehr gut für maschinelle Auffahrung. Bis jetzt wurden in diesem Bereich von Norden her mit einer von Krupp gebauten, nach dem Schrämprinzip arbeitenden Maschine ca. 4000 lfd. m vorgetrieben. Dabei erreichte man maximale Tagesleistungen von über 60 m und monatliche Leistungen bis über 750 m (November 1967) bei 2,90 m Abbaudurchmesser.

Während beim Bau des Albstollens infolge der großen Länge zwangsläufig die Vortriebsgeschwindigkeit im Vordergrund steht, geht es bei den sogenannten Südstollen darum, den zwar spröden, jedoch sehr harten Massenkalk durch eine Stollenbohrmaschine zu bezwingen. Die später unter hohem Innendruck stehenden Stollen durch den Ghaiberg (600 m), Kirchberg (750 m), Kachelstein (650 m) und Zollerhof (150 m) werden bei Gesteinsfestigkeiten bis 2000 kp/cm^2 mit einem Durchmesser von 2,14 m aufgebohrt und mit einem zentrisch eingebauten Stahlrohr NW 1600 gepanzert, wobei der verbleibende Ringraum zwischen Gebirge und Stahlschale satt hinterbetoniert und verpreßt wird. Die Innenkonservierung erfolgt durch nachträgliche Ausschleuderung mit Zementmörtel. Diese Bauweise wurde gewagt gegenüber der herkömmlichen Lösung mit Auffahrung eines begehbaren, wesentlich größeren Rohrstollens. Es kann heute schon gesagt werden, daß sie im vorliegenden Fall von technischem und wirtschaftlichem Erfolg begleitet ist: Die Stollensicherung kann durch die schonende Gebirgsbehandlung beim Auffahren nahezu zur Gänze entfallen, Mehrausbruch selbst in schlechteren Gebirgszonen unterbleibt; auch ist eine spätere betriebliche Wartung des Stollens und der Rohrleitung nicht mehr notwendig.

Die besonders kräftig gebaute Vortriebsmaschine, die in den Südstollen eingesetzt ist, besteht im wesentlichen aus dem Maschinenkörper mit Bohrkopf, vorderer und hinterer Abspannung, Vorschubzylinder und Verteilergetriebe, dem Schlepptender mit Antriebsmotoren, Kupplungen, Planetengetriebe, Fahrerstand, Hydraulikstation, Transformator und Schützenschrank sowie einem Nachläufer mit Übergabeförderband (Abb. 3). Die in der Maschine installierte Leistung von 220 kW wird mittels eines besonders gesicherten, im Stollen verlegten zugfesten Kabels, das unter 6000 V Spannung steht, angespeist. Der mitlaufende Trafo 6 kV/380 V erspart den Ausbruch besonderer Nischen. Der konische Aufbau des Bohrkopfes, welcher nach Verspannung der Maschine an die aufgebohrten Stollenleibungen mit etwa 120 t angedrückt wird und sich mit 14 U/min dreht, ist aus Abb. 4 deutlich erkennbar. Die äußeren Meißelrollen sind verstellbar gelagert, so daß der Bohrdurchmesser innerhalb einer Grenze von ca. 30 cm (ϕ 2,00 bis 2,30 m) variabel gehalten werden kann. Der Bohrhub beträgt 80 cm; je nach Gesteinshärte benötigt die Maschine bei ihrem jetzigen Einsatz hiefür 25 bis 45 Minuten. Zum Nachziehen des hinteren Maschinenteils mit dem Förderbandausleger werden nach jedem Bohrhub breitfüßige Hilfsstützen ausgefahren und die großflächige Verspannung in den beiden Ebenen gelöst, die dann erst in der neuen Lage wieder an die Stollenwandung hydraulisch angepreßt wird. Das Bohrklein wird von am Bohrkopf mitdrehenden Schaufeln einem

Horizont 300,00 m ü.NN
L = 46,1 km
Ø 2,25 m L = 24,1 km
L = 40,5 km
111,0 km
Mahlspurer Aach
Tertiär
Ablach
Donau
Malm
Dogger
Lias
Neckar
Keuper
Kettenförderer chain conveyor convoyeur

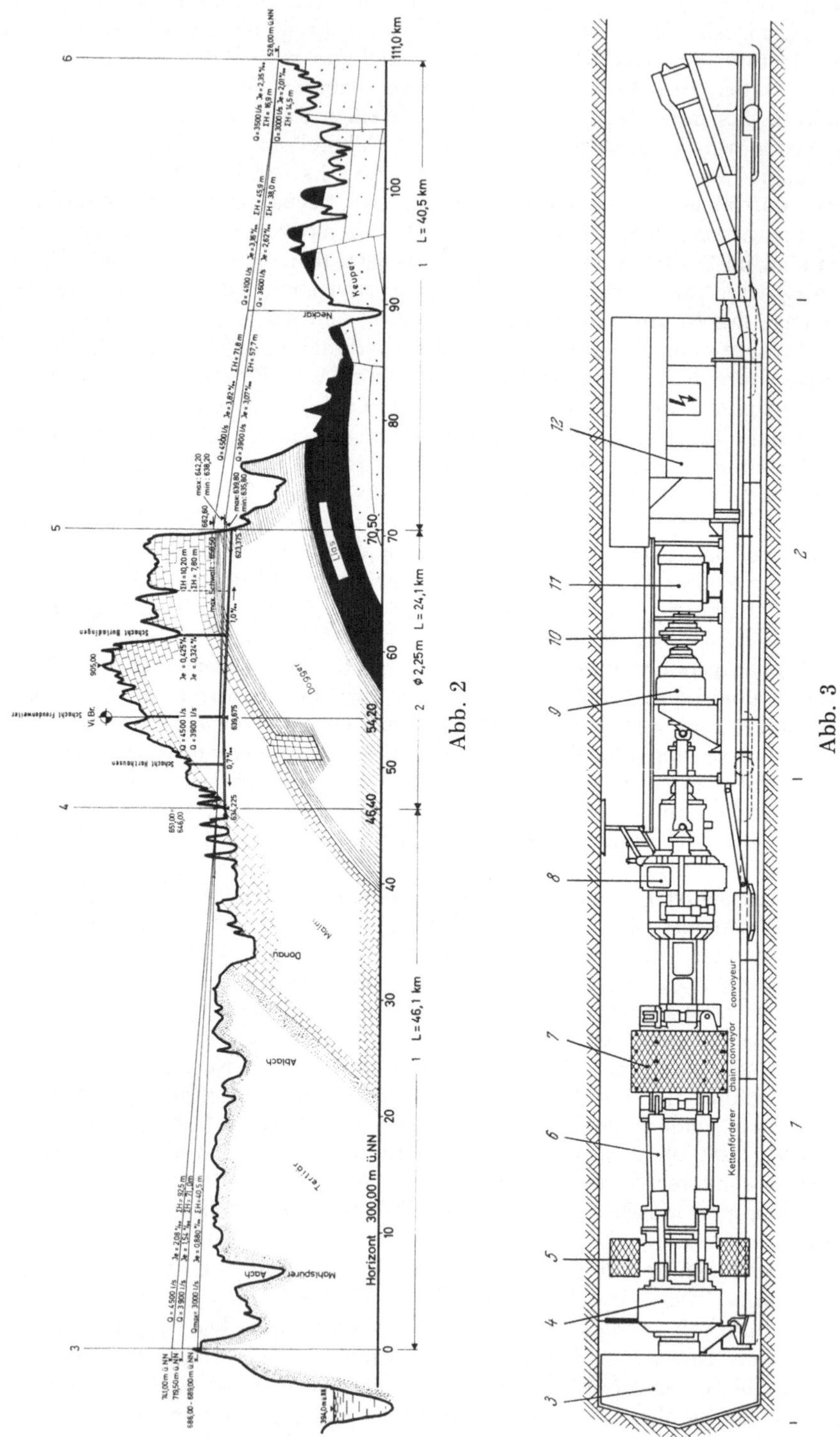

Abb. 2

Abb. 3

Panzerkettenförderer aufgegeben, von diesem durch die Maschine nach hinten gefördert, schließlich auf ein Austrageförderband überladen, unter das der Schutterzug aus Stollenhunden mit Überladeblechen geschoben wird. Das Bohrgut fällt im Massenkalk als stark mit Staub durchsetzter Feinschotter an, der gut für den Wegebau

Abb. 4. DEMAG-Vortriebsmaschine (Werkphoto DEMAG)
DEMAG-machine

brauchbar ist. Um die Staubbelästigung beim Bohren vor allem für den Maschinenführer hintanzuhalten, wird der Bohrraum mittels eines Staubschildes abgeschlossen. Eine Wasserdüse kühlt laufend die dann wenig verschleißenden Rollenmeißel und schlägt den Staub gleich beim Entstehen nieder. Die so entstehende dünne Schmierschicht verringert die Reibung des Panzerkettenförderers ganz beträchtlich.

Abb. 2. Geologisches und hydraulisches Längenprofil der zweiten Fernleitung der Bodensee-Wasserversorgung

1 erdverlegte Leitung; *2* Albstollen; *3* Sipplinger Berg mit Reinwasserbehälter und Drucksteigerungspumpwerk; *4* Einlaufbauwerk; *5* Schachtwasserschloß und Drucksteigerungspumpwerk; *6* Hochbehälter Rohr

Geological and Hydraulic Longitudinal Section of the Extension of the Lake of Constance Scheme

1 underground pipe; *2* Alb tunnel; *3* "Sipplinger Berg" with clear water reservoir and pump for pressure heightening; *4* inlet structure; *5* shaft surge tank and pump for pressure heightening; *6* clear water reservoir "Rohr"

Abb. 3. Schemazeichnung der DEMAG-Vortriebsmaschine (Werkzeichnung DEMAG)

1 Maschinenkörper; *2* Schlepptender; *3* Bohrkopf; *4* Traverse; *5* vordere Abspannung; *6* Vorschubzylinder; *7* hintere Abspannung; *8* Verteilergetriebe; *9* Planetengetriebe; *10* Turbokupplungen; *11* Antriebsmotoren; *12* Fahrerstand mit Hydraulikstation und Schützenschrank

DEMAG-machine, developed for heading hard rock formations

1 machine body; *2* tender; *3* cutting head; *4* traverse; *5* front clamping unit; *6* crowding cylinders; *7* rear clamping unit; *8* transmission gearing; *9* planetary gearing; *10* turbo coupling; *11* drive motors; *12* control stand with hydraulic station and contactor cabinet

Das Zwischenschalten eines Gelenkes ermöglicht sogar das Auffahren von Kurven bis zu einem Radius von 80 m. Diese Einrichtung wird bei den geraden Südstollen der zweiten Bodenseefernleitung jedoch nicht benötigt.

Die Steuerung der Maschine wird durch einen Laserstrahl sehr erleichtert.

Obgleich der Bohrdurchmesser mit 2,14 m als sehr gering angesehen werden muß, erlaubt die in die Länge auseinandergezogene Maschine — insgesamt 17 m

Abb. 5. Durchschlag des Ghaibergstollens mit der Vortriebsmaschine (Werkphoto DEMAG)
Successful finish of heading the hard-rock formations of Ghaiberg tunnel by the DEMAG-machine

Abb. 6. Steuerung der Maschine beim Vortrieb mittels Laserstrahl (Werkphoto DEMAG)
Gearing of the heading-machine by Laser

— doch ein rasches Herankommen an alle Teile, auch an den Bohrkopf selbst. Besonders wurde darauf Bedacht genommen, daß die Maschine in Gebirgszonen mit Lehmadern noch einsatzfähig und vor allem steuerbar bleibt. In nicht standfesten Zonen ist auch eine Kombination des Maschineneinsatzes mit händischem Vortrieb möglich. Der Panzerkettenförderer mit dem Nachläufer dient dabei als Abförder- und Ladegerät. Es soll aber nicht verschwiegen werden, daß die sichere Abspannung und die davon abhängige Richtungshaltung in verlehmten Zonen, wie sie im oberen Weißjura ab und zu angetroffen werden, dem Maschinenvortrieb sehr gravierende Hindernisse in den Weg stellen. Indes sind solche Erschwernisse durch unermüdlichen Einsatz der Beteiligten bis jetzt immer wieder rasch überwunden worden.

Das harte Massenkalkgebirge des Ghaibergs wurde am 25. Juli 1967 mit der beschriebenen Stollenbohrmaschine durchgeschlagen. Dieses Ereignis fand in der Fachwelt und in der Öffentlichkeit ein weltweites Echo. Mittlerweile ist dieser Stollen ausgebaut; die Vortriebsmaschine bohrt bereits durch die Kalkgesteine am Kirchberg. Auch dort erzielte sie Tagesleistungen von mehr als 20 m; die bis jetzt erreichte höchste monatliche Leistung lag bei 250 m (Oktober 1967).

Es besteht somit kein Zweifel, daß dem mechanischen Stollenvortrieb auch in härteren und harten Gebirgen die Zukunft gehört.

Anschrift des Verfassers: Dr.-Ing. Gerhard Naber, im Zweckverband Bodensee-Wasserversorgung, Hauptstraße 163, D-7 Stuttgart-Vaihingen.

Felsmechanik u. Ingenieurgeol., Suppl. IV, 216—253 (1968)

Erfahrungen beim Ausbau der Kavernenzentrale Veytaux mit Spritzbeton und Felsankern*

Von

Othmar J. Rescher, Lausanne

Mit 34 Textabbildungen

(Eingegangen am 29. Januar 1968)

Zusammenfassung — Summary — Résumé

Erfahrungen beim Ausbau der Kavernenzentrale Veytaux mit Spritzbeton und Felsankern. Es wird über die Bauweise und Erfahrungen bei der Anwendung von Spritzbeton und Felsankern in einem weitgehend zerrütteten Gebirge zur Sicherung des Hohlraumes der Kavernenzentrale *Veytaux* des Pumpspeicherwerkes Hongrin-Léman, Schweiz, berichtet.

Die Länge zwischen den Stirnwänden des im Querschnitt annähernd kreisförmigen Hohlraumes von 30,50 m Durchmesser beträgt auf Höhe des Maschinenbodens 137,50 m.

Das Gebirge besteht im wesentlichen aus Kalkmergel und Kalkschiefer, ist etwas gewellt, aber annähernd horizontal geschichtet und von mehreren Kluftsystemen in vertikaler Stellung durchörtert. Die Überlagerungshöhe beträgt an der äußeren Stirnwand des Hohlraumes 65 m, an der inneren 150 m.

Die äußerst kurzen Bau- und Montagetermine gaben Anregung, nach einer raschen und wirtschaftlichen Methode für den Ausbruch und die Sicherung des Hohlraumes zu suchen. Voruntersuchungen und Modellversuche boten die Möglichkeit, die Sicherung des Hohlraumes durch Felsanker und Spritzbeton vorzusehen.

Der gewählte Bauvorgang ist gekennzeichnet durch einen etappenweise hergestellten halbringförmigen Längsausbruch an der Leibung des Hohlraumes und dessen Sofortsicherung durch Ankerung und Spritzbeton, so daß auf eine Abstützung von unten verzichtet werden konnte. Der Ausbruch des Kerns konnte dann im Schutze des abgesicherten Gewölbes in einem Zuge mit großen Tagesleistungen durchgeführt werden (Methode des Abschlags im Steinbruch). Im Hinblick auf den Abtransport des Ausbruchmaterials erwies es sich als vorteilhaft, den Kern in zwei Abschnitten auszubrechen. Dem Ausbruch folgte unmittelbar die Sicherung der Seitenwände durch Felsanker. Auf den Spritzbeton konnte im Hinblick auf die im Anschluß folgende Betonierung der Seitenwände verzichtet werden.

Die äußerst kurze Zeit von siebzehn Monaten für den Vollausbruch und dessen Sicherung wäre infolge der geringen Standfestigkeit des Gebirges mit keiner anderen Unterstützungsmethode von unten einzuhalten gewesen. Das Überprofil betrug ungefähr 4,6 %. Die Betonierung eines Traggewölbes in Beton von einer theoretischen Stärke von etwa 1,50 m hätte an mehreren Stellen eine Dicke von 4,0 m erreicht.

Die Wirtschaftlichkeit der beschriebenen Bauweise kommt im besonderen darin zum Ausdruck, daß sie den Vortrieb wesentlich erleichtert und eine bedeutende Vereinfachung der Bauausführung und Zeitersparnis mit sich bringt.

Das Verhalten des Gebirges oberhalb des Maschinenbodens wird fortlaufend durch Meßgeräte (Telerocmeter und Meßanker) überprüft.

Rock Reinforcement of the Cavern at Veytaux by Rock Anchors and Pneumatically Applied Concrete. This paper deals with the methods used and experience gained during

* Dieser Vortrag konnte beim Kolloquium aus Zeitmangel nur in Kurzform vorgetragen werden.

the installation of rock anchors and application of pneumatically applied concrete to stabilize the rather badly fractured rock, forming the roof and walls of the *Veytaux* Power-House (pumping and generating station), which is part of the Hongrin-Léman Hydro-Electric Development in Switzerland.

The cavern has a length of 137.50 metres (~450 ft) and a cross-section of excavation closely approximating a circle of 30.50 metres (100 ft) diameter.

Marly limestone and limestone-schist are the principal components of the rock mass, and while the stratification is almost horizontal, the strata are undulating, and have several groups of fractures cutting through them in a vertical direction. The entrance to the power-house is 65 metres (214 ft) and the far end is 150 metres (492 ft) below the ground surface.

From the outset, the scheduling of the project indicated that only a comparatively short time would be permitted for carrying out the work, and with this in mind a very comprehensive study was made to find a rapid and economical method of excavating and stabilizing the cavern. Early in this investigation, following model tests, the use of rock anchors and sprayed-on concrete for stabilizing the walls and roof showed up as a very practical solution of the problem, and this method was subsequently adopted.

The working method chosen was to excavate, in successive stages, a section at the periphery of the cavern in the form of a half-ring, and to immediately stabilize the exposed rock face by installating rock anchors and sprayed-on concrete. By using this method, the installation of a temporary supporting structure was eliminated.

The excavation of the core was then carried out in complete safety, using normal quarrying methods, which enabled a very high daily rate of removal to be maintained. In order to facilitate the removal of the broken rock, it was advantageous to break out the core in two phases, and for practical reasons, the demarcation line between the two was chosen at the machine room floor level. Following the removal of the upper-core, the lower part was broken out as a complete unit. Immediately after excavation, the stabilization of the side-walls, by means of rock anchors, was carried out, followed by concreting in situ. For these side-walls it was not necessary to use sprayed-on concrete, also the number of rock anchors required was not so great as in the roof. The end walls, however, had to be stabilized with rock anchors and sprayed-on concrete.

Excavation of the cavern was started in November 1965. Injections for water-proofing and consolidating the rock below the cavern took two months, while the excavation of the half-ring at the periphery of the roof, was completed in September 1966 (volume excavated, 17 000 cubic metres / ~22 000 cubic yards). The upper core (38 500 cubic metres / ~50 000 cubic yards) was then excavated in twelve weeks and the lower core (22 500 cubic metres / ~29 400 cubic yards) in nine weeks. The whole of the excavation, a total of 78 000 cubic metres (~101 400 cubic yards), was finished in 17 months.

After the excavation was finished, in March 1967, concreting and equipment installation started and at the time of writing (February 1968) is still in progress.

Conventional methods of excavation using falsework to support the roof would never have permitted the removal of such quantities of rock in so short a time, especially considering the poor characteristics of the rock. The volume of overbreak was only about 4.6 % of the calculated total volume of excavation, as against a normal in-situ concrete roof, which, with a design thickness of 1.5 metres, would have in many places an actual thickness of 4.0 metres.

The principle used of driving a support ring into the rock following the periphery of a cavern is not new. However, this is the first time that it has been used under such difficult conditions for a cavern of such large dimensions. The simplified descriptions of how certain problems, encountered during the design and during the actual work, were overcome should not be taken to mean that these problems were of minor nature.

The financial savings involved show up particularly in the cost of excavation, which became quite easy, and also in various other work methods which were greatly simplified. The saving in time was considerable, with similar reductions in administration costs and machinery rentals.

The behaviour of the rock mass surrounding the cavern is under constant observation by means of a complete system of measuring devices (telerocmeters and special measuring anchors).

Soutènement de la centrale en caverne de Veytaux par tirants en rocher et béton projeté. Le présent article expose la méthode d'exécution et les expériences faites lors des travaux de soutènement à l'aide de tirants en rocher et du béton projeté dans une roche très fracturée de la Centrale souterraine de *Veytaux* de l'aménagement hydroélectrique (turbinage-pompage) Hongrin-Léman, Suisse.

La longueur entre les deux tympans de la caverne est, au niveau du plancher des machines, de 137.50 m; la section transversale de l'excavation est à peu près circulaire, d'un diamètre de 30.50 m

Le massif rocheux est composé principalement de calcaires et de schistes argilo-calcaires; la stratification est subhorizontale, les couches sont ondulées et plusieurs faisceaux de fractures découpent la roche dans le sens vertical. La hauteur de recouvrement à l'entrée de la Centrale est de 65 m et au fond de 150 m.

Les délais d'exécution et de montage très courts nécessitaient de recourir à une méthode rapide et économique pour l'excavation et le soutènement de la caverne. Des travaux préliminaires, des investigations et des essais sur modèles ont montré la possibilité de prévoir le soutènement de la caverne au moyen de tirants en rocher et de béton projeté.

La méthode d'exécution choisie est caractérisée par l'excavation en étapes successives d'un demi-anneau situé sur le pourtour de la caverne et par le soutènement immédiat à l'aide de tirants en rocher et du béton projeté; de cette manière, il n'est pas nécessaire de recourir à un étaiement par en dessous. L'excavation du noyau se fait en toute sécurité et de façon continue et utilisant la méthode d'abattage des carrières; ainsi, de grands volumes journaliers d'excavation peuvent être réalisés. Afin de faciliter le transport des matériaux excavés, il s'est relevé avantageux d'abattre le noyau en deux phases. Pour des raisons pratiques, le plancher de travail du noyau supérieur a été choisi au voisinage du niveau du plancher des machines; dans la phase suivante, le noyau inférieur a été excavé en une fois. Après l'excavation, on a procédé immédiatement au soutènement des parois au moyen des tirants en rocher; le bétonnage des parois, ayant suivi immédiatement ces travaux d'ancrage, a permis de renoncer à l'application du béton projeté et de réduire le nombre des tirants en rocher dans cette partie de l'ouvrage. Le soutènement des tympans a été effectué au moyen des tirants en rocher et du béton projeté.

Les travaux d'excavation en caverne ont débuté en novembre 1965. Les injections destinées à l'étanchement et à la consolidation du rocher de la partie inférieure de la caverne ont nécessité 2 mois; l'excavation du demi-anneau destiné au soutènement de la voûte a été terminée en septembre 1966 (volume d'excavation 17 000 m^3). Le noyau supérieur (38 500 m^3) a été excavé en 12 semaines, le noyau inférieur (22 500 m^3) en 9 semaines et le volume total de 78 000 m^3 en 17 mois.

Après l'excavation qui s'est achevée en mars 1967, les travaux de bétonnage et de montage ont commencé et sont encore en cours.

La durée très courte des travaux d'excavation n'aurait pas pu être réalisée en recourant à une méthode d'étaiement par en dessous, étant donné la mauvaise tenue de la roche à excaver. Le volume de horsprofil représentait environ le 4.6 % du volume théorique total. Le bétonnage d'une voûte en béton d'une épaisseur théorique de 1.50 m aurait atteint en plusieurs endroits une épaisseur réelle de 4.00 m.

Le principe d'une réalisation d'un anneau porteur dans la roche d'une caverne n'est pas nouveau. Il a toutefois été réalisé pour la première fois, dans le cas présent, pour une caverne de dimensions importantes et dans des conditions difficiles. Malgré la description simplifiée de certains problèmes rencontrés au cours de l'établissement du projet et pendant le déroulement des travaux, leur importance n'est pas à minimiser.

La rentabilité du procédé décrit s'exprime dans la facilité de l'avancement des travaux d'excavation et le gain de temps considérable (diminution des frais d'administration et de location de machines).

Le comportement du massif rocheux entourant la caverne est constamment surveillé à l'aide d'un dispositif d'appareils de mesure (télérocmètres et ancrages témoins).

1. Einleitung

Verschiedene Gründe, im besonderen Anliegen zur Erhaltung des Landschaftsbildes[3, 8], führten dazu, die Zentrale des ersten bedeutenden Pumpspeicherwerkes der Schweiz (Aménagement Hongrin-Léman) als Kavernenkraftwerk auszuführen.

Auf Grund der vorliegenden topographischen und geologischen Verhältnisse wurde hierfür der Abfall der Waadtländischen Voralpen zum Lac Léman (Genfer See) in der Nähe des Château de Chillon ins Auge gefaßt.

Die Anordnung der Kaverne und des Stollensystems ist in Abb. 1 ersichtlich. Die Gesamtlänge der Kaverne beträgt auf Höhe des Maschinenbodens 137,5 m, die

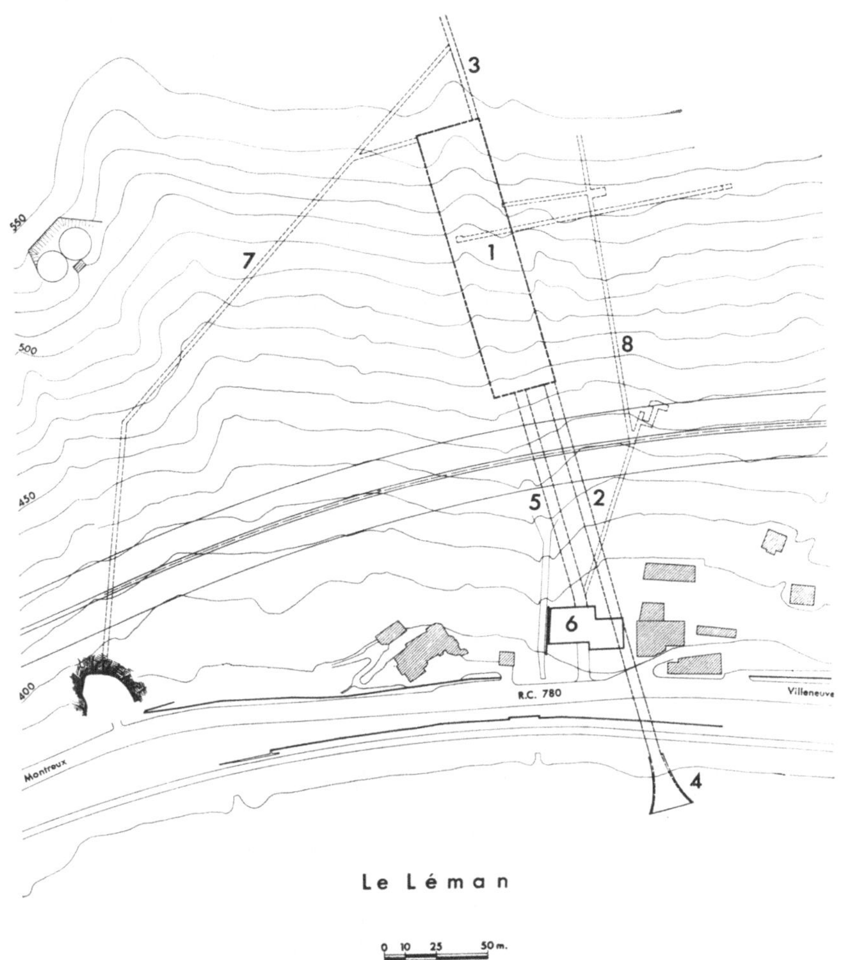

Abb. 1. Gesamtlageplan der Zentrale

1 Zentrale; *2* Unterwasserstollen; *3* Druckstollen; *4* Rückgabebauwerk mit Kegelstrahlschieber für Entlastung; *5* Zufahrtstollen; *6* Betriebsgebäude; *7* Fensterstollen; *8* Sondierstollen

Regional plan of the underground station

1 power house; *2* discharge tunnel; *3* pressure shaft; *4* restitution and dewatering valve; *5* access tunnel; *6* service building; *7* access gallery; *8* prospecting gallery

Plan de la région de la Centrale

1 centrale; *2* canal de fuite; *3* puits blindé; *4* restitution et vanne de vidange; *5* galerie d'accès; *6* bâtiment de service; *7* fenêtre d'attaque; *8* galerie de sondage

nutzbare Länge 135,0 m (Abb. 2). Die Breite ist 30,5 m und die größte Höhe 26,85 m. Die Hohlraumform über dem Maschinenboden ist beinahe kreisförmig.

Die Gesamtausbruchmassen betragen 90 000 m³. Für den Ausbruch der Kaverne, die späteren Beton- und Montagearbeiten sowie für den Unterwasserstollen wurde ein Zufahrtstollen mit einem Querschnitt von 5,5 m auf 4,9 m erstellt. Die Ausbrucharbeiten für den Oberwasserdruckschacht wurden unabhängig vom Zufahrtstollen der Kaverne von einem Fensterstollen vorgenommen.

Die Ergebnisse der vom Sondierstollen aus durchgeführten geologischen und geoseismischen Vorarbeiten sowie Untersuchungen der Gesteinsfestigkeit ergaben die

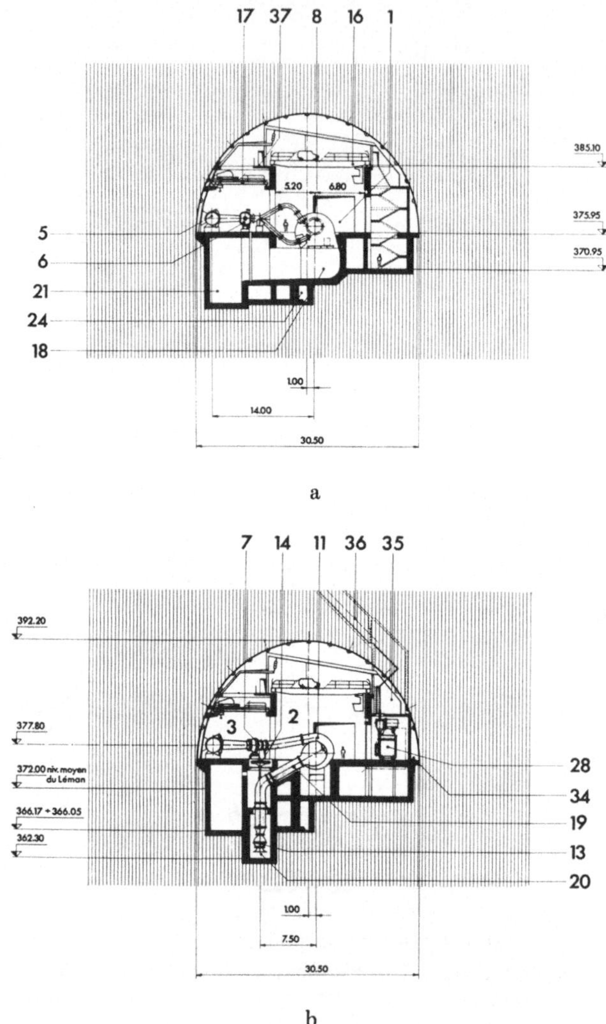

Abb. 2. a) Turbinenquerschnitt; b) Pumpenquerschnitt

a) Turbine cross-section; b) Pump cross-section

a) Coupe au droit d'une turbine; b) Coupe au droit d'une pompe

Möglichkeit für den Ausbau einer Kaverne. Vom Sondierstollen aus wurde auch das Streichen und Fallen der Klüfte aufgenommen, um für den Vollausbruch den günstigsten Verlauf der Kavernenachse festlegen zu können. Aus diesem Grund wurde auch die Richtung des Sondierstollens während des Ausbruchs mehrmals geändert.

Über den bisherigen Baufortschritt, die Vorarbeiten, die Überlegungen, Untersuchungen und Modellversuche, welche den Ausbrucharbeiten vorangingen, und über diese selbst soll im folgenden berichtet werden.

2. Geologische Verhältnisse

Das Gebirge der Waadtländischen Voralpen ist im Bereich der Kaverne im wesentlichen aus Kalkmergel und Kalkschiefer aus dem Dogger (Stufe Bathonien) zusammengesetzt. Die Kaverne befindet sich in der Tiefenlinie einer Geosynklinale.

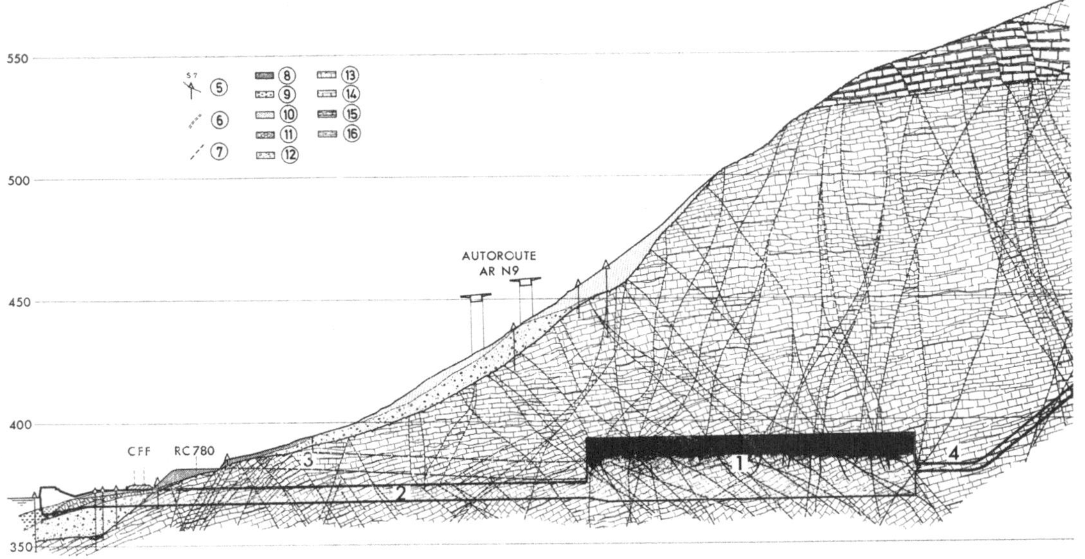

Abb. 3. Geologisches Längenprofil (nach J. Norbert, Geologe, Lausanne)

1 Zentrale; *2* Unterwasserstollen; *3* Zufahrtstollen; *4* Druckstollen; *5* Bohrloch; *6* beobachtete, *7* angenommene Störung; *8–12* Lockergestein; *8* Anschüttung; *9* Torf; *10* Hangschutt; *11* Blockschutt; *12* Moräne; *13–16* anstehender Fels; *13* Malm; *14* Callovo-Oxfordien; *15* Bathonien; *16* Bajocien

Geological longitudinal section

1 power house; *2* discharge tunnel; *3* access gallery; *4* pressure shaft; *5* bore hole; *6* fault observed; *7* fault supposed; *8–12* soils; *8* deposit; *9* peat; *10* talus deposit; *11* blocks; *12* moraine; *13–16* in-situ rock; *13* Malm; *14* Callovo-Oxfordien; *15* Bathonien; *16* Bajocien

Profil en long géologique

1 centrale; *2* canal de fuite; *3* galerie d'accès; *4* puits blindé; *5* forage; *6* faille observée; *7* faille supposée; *8–12* terrains meubles; *8* remblai; *9* vase; *10* éboulis; *11* blocs: *12* moraine; *13–16* roche en place; *13* Malm; *14* Callovo-Oxfordien; *15* Bathonien; *16* Bajocien

Die Schichtung des Gebirges ist annähernd horizontal. Der Kalkschiefer bildet den Hauptanteil des Gesteins (80 bis 90 %). Die Schichtdicke bewegt sich zwischen 0,2 und 1,0 m; ausnahmsweise beträgt sie 1,5 m. Abb. 3 zeigt ein geologisches Längenprofil im Bereich des Hohlraums.

Drei Hauptkluftscharen, auf Abb. 4 dargestellt, konnten festgestellt werden: $A\,1 + A\,2$, $B\,1 + B\,2$, $C\,1 + C\,2$. Stellung und Häufigkeit dieser Hauptkluftscharen geht aus den Kluftrosen hervor. Die Kluftschar $A\,1 + A\,2$ spielt im Hinblick auf die Standfestigkeit des Felsen eine nur untergeordnete Rolle. Das System

$B\,1 + B\,2$, obwohl ziemlich dicht (Auftreten von mylonitischem Füllmaterial), ist infolge seiner Orientierung zur Kavernenachse und seines schiefen Einfallwinkels ebenfalls weniger störend als die Kluftschar $C\,1 + C\,2$; diese verläuft mehr oder weniger parallel zur Kavernenachse, fällt meist vertikal ein und enthält ohne Zweifel die unangenehmsten potentiellen Gleitflächen. Nach ihnen ist das Gebirge ziemlich stark zerhackt.

Während des Aushubes konnte kein Felsbereich erkannt werden, in welchem das eine oder andere Kluftsystem nicht vertreten gewesen wäre. In diesem Sinne

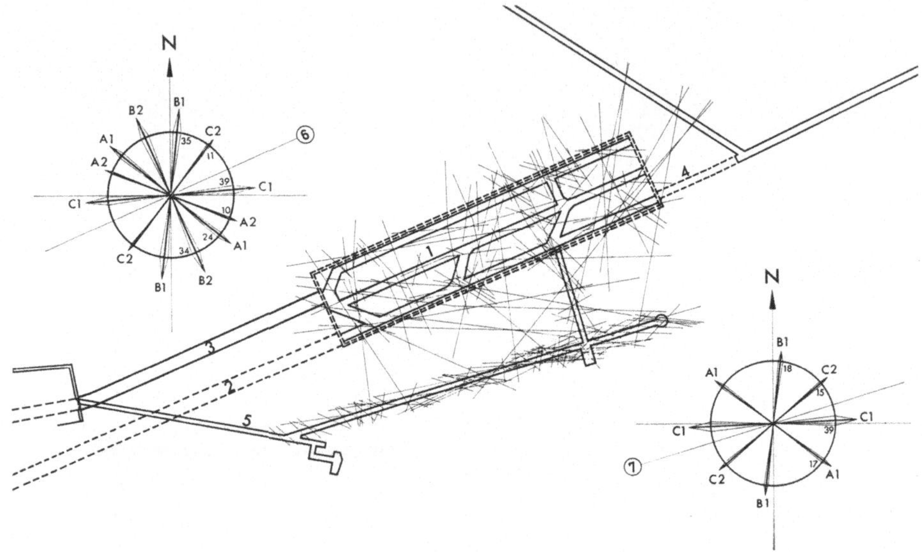

Abb. 4. Lageplan für Kluftsysteme (Kluftrosen) (nach J. Norbert)

1–4 wie Abb. 3; *5* Sondierstollen; *6* Kavernenrichtung; *7* Richtung des Sondierstollens

Site plan showing rock joints

1–4 see Fig. 3; *5* exploratory gallery; *6* power house axis; *7* axis of exploratory gallery

Plan de situation avec indication de la fracturation de la roche

1–4 comme Fig. 3; *5* galerie de reconnaissance; *6* axe centrale; *7* axe galerie de reconnaissance

darf das Gebirge von Veytaux als gleichförmig geklüftet angesehen und als Mehrkörper (nach Müller[13]) bezeichnet werden (Abb. 5).

Auf Grund der geologischen Aufschlüsse ergab sich folgendes Bild für die tunnelbautechnische Beurteilung des Gebirges:

Annähernd horizontal geschichteter Fels, stark von Klüften und Sprüngen durchsetzt, chemisch unverändert, gesund; Vorhandensein von zermalmten Zonen. Zusammenhang des Gebirges in den Schichtflächen gut. Durchsetzung des Gebirges durch mehr oder weniger vertikale Klüfte und Sprünge, die teils mit lehmigem oder mylonitischem Material gefüllt waren, weit weniger günstig, von schwachem Zusammenhalt. Mit geringen Ausnahmen konnte damit gerechnet werden, daß die vertikalen Trennflächen gekrümmt und unstetig verlaufen. Somit konnte für bestimmte theoretische Untersuchungen des Gebirgskörpers anstatt der Realstruktur ein Ersatzmedium mit einem schematischen Kluftsystem, welches einem geschichteten Trockenmauerwerk „Voll auf Fug“ entspricht, herangezogen werden (Abb. 6). Die durchschnittliche Schichthöhe desselben beträgt etwa 1,0 m.

Abb. 5. Stirnwand Bergseite nach Abbau des oberen Kerns (Photo Charpie, Lausanne). Rechts oben: Öffnung für Kühlwasserkammer; rechts unten: Öffnung für Druckschacht

View of end wall after the excavation of the upper core. Upper right: opening for cooling water tunnel; lower right: opening for pressure shaft

Vue du tympan côté montagne après excavation du noyau supérieur. A droite, en haut: ouverture pour réservoir d'eau de réfrigération; à droite, en bas: ouverture pour puits blindé

3. Konzeption der Sicherung des Ausbruches

Die Erfahrungen beim Ausbau von neuzeitlichen Kavernen haben gezeigt, daß es vorteilhaft ist, alle hydraulischen und elektromechanischen Teile einer Zentrale möglichst weitgehend unter einem Kavernengewölbe unterzubringen, um eine übermäßige Durchlöcherung des Gebirges durch parallel zur Kavernenlängsachse verlaufende Stollen zu vermeiden. Dieser Bedingung kann bei horizontaler Anordnung der Maschinengruppe am ehesten entsprochen werden[12]. Für diese ergibt sich bei einer günstigen Austeilung des Innenraumes bei ihr ein beinahe kreisförmiger Hohlraumquerschnitt. Die Überlagerungshöhe an der Stirnwand beträgt beim Zufahrtsstollen 65,0 m, an der Stirnfläche des oberwasserseitigen Druckschrägschachtes 150,0 m (Abb. 3).

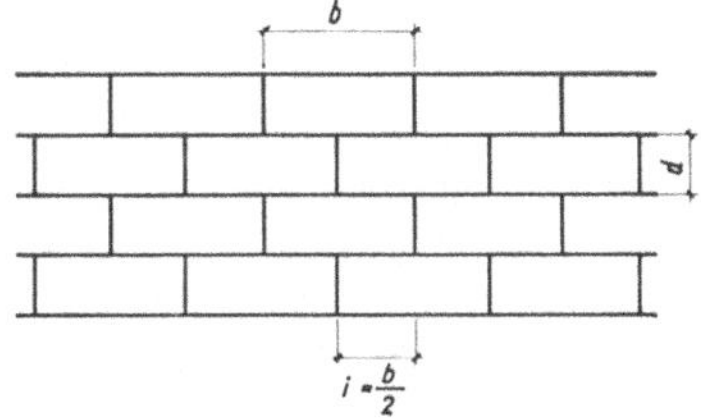

Abb. 6. Schematisches Kluftsystem für Ersatzmedium

Joint pattern of rock mass

Schéma du réseau de diaclases du milieu remplaçant

Für das Gewölbe und die Stirnwände über dem Maschinenboden war ursprünglich eine Auskleidung in Beton in der Stärke von 1,50 bis 2,00 m, je nach Felsbeschaffenheit, vorgesehen. Die Bau- und Montagetermine waren äußerst kurz bemessen. Diese Forderung gab die Anregung dazu, für den Ausbruch nach einer rascheren und womöglich wirtschaftlicheren Methode im Vergleich zur herkömmlichen zu suchen. Aus diesem Grunde

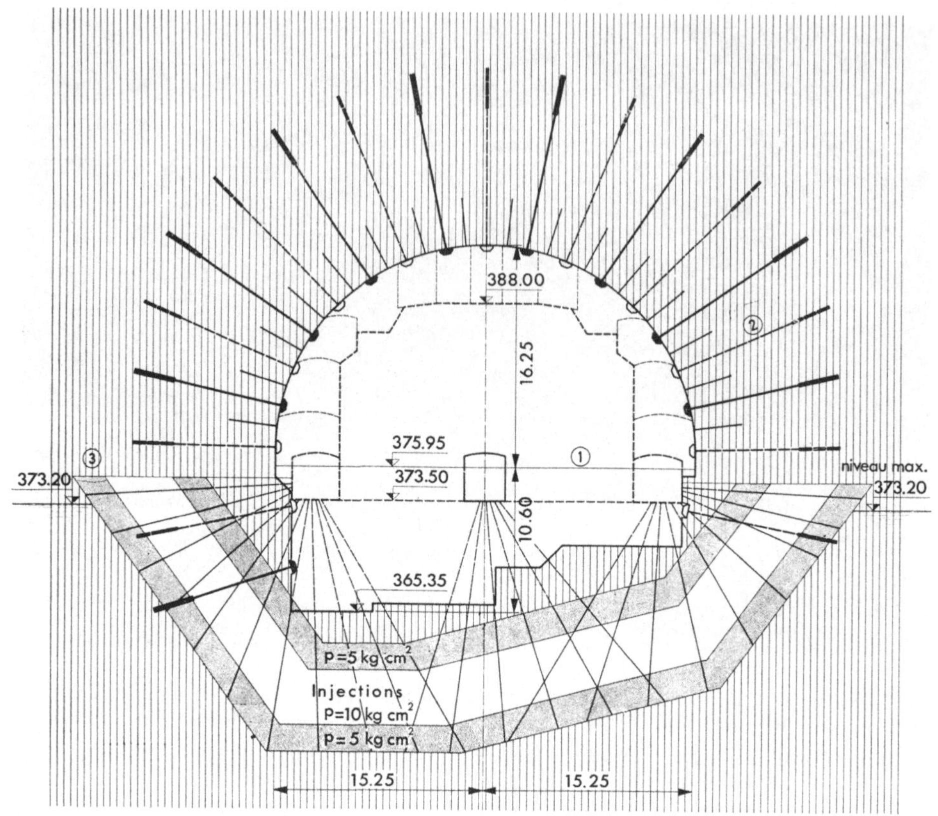

Abb. 7 a

wurde die Möglichkeit der Sicherung der profilgebundenen Hohlraumform durch Felsanker und Spritzbeton untersucht.

Der Grundgedanke für eine solche Löung geht von der Voraussetzung aus, durch Ankerung einen natürlichen, ringförmigen Tragkörper um den Hohlraum zu schaffen. Die Anschauung, das Gebirge als das eigentliche tragende Material zu betrachten und einen vergüteten Gebirgsring auszubilden, wurde schon von Rabcewicz[18-20, 22] und von Talobre[27] hervorgehoben. Die Entstehung dieses Traggewölbes durch Ankerung wurde von Rabcewicz auch experimentell nachgewiesen[21]. Durch Vorspannen der Anker entstehen über dem gewölbten Raum Druckkräfte in radialer und – durch Behinderung der Formänderungen, im besonderen durch das Gebirge oberhalb der inneren Abstützung der Anker – in tangentialer Richtung und damit ein tragender Gewölbering.

In Gebirgsarten mit langer Standzeit kam die Ankerung bei einigen unterirdischen Kraftwerksbauten zur vorübergehenden oder dauernden Sicherung der Decke oder des ganzen Hohlraumes bereits zur Anwendung. Erwähnt seien die Kavernenzentralen *Braz,* Österreich (Spannweite 18 m), *Harsprånget,* Schweden (Deckensicherung, Spannweite 18 m), *Tumut,* Australien (Deckensicherung, Spannweite 18 m), *Puente Bibey,* Spanien (Decken- und Wandsicherung, Spannweite 16 m), und *Morrow-Point,* Colorado/USA (dauernde Decken- und Wandsicherung, Spannweite 18 m).

Trotz der kurzen Standzeit des vorliegenden Gebirges für Stollen und Schlitze breiter als 3,5 m (Querschnitt 15 bis 20 m^2) schienen die gebirgsmechanischen Vor-

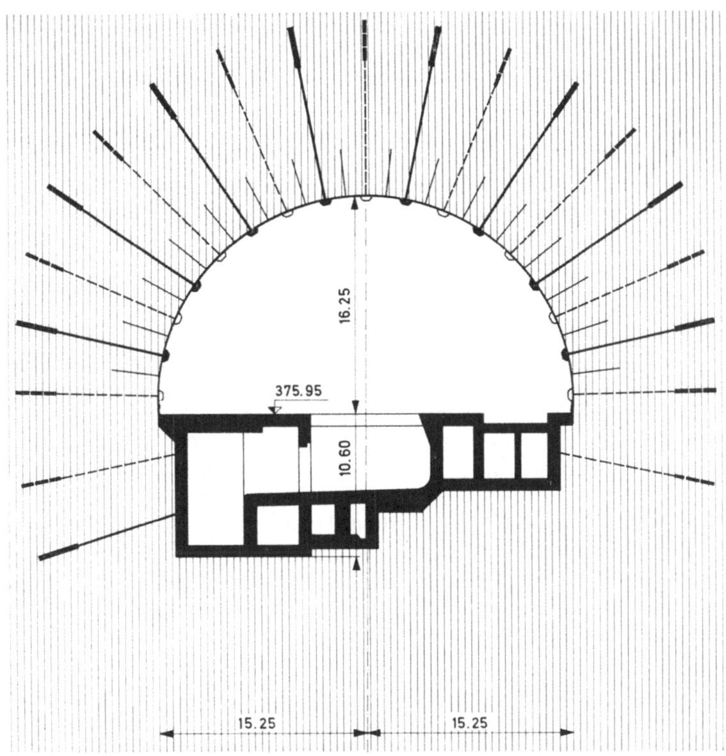

Abb. 7 b

Abb. 7. Querschnitte mit Anordnung der Felsanker

a) Nach Vollausbruch (Bauzustand); *1* Maschinenboden; *2* Felsanker; *3* Bergwasserspiegel. b) Nach Ausbau bis auf Höhe des Maschinenbodens (Endzustand)

Cross sections showing positioning of the rock anchors

a) After excavation; *1* machine level; *2* rock bolt; *3* phreatic line. b) After concreting to machine floor level

Coupes transversales avec disposition des tirants en rocher

a) Etat après l'excavation complète; *1* plancher des machines; *2* tirant en rocher; *3* nappe phréatique. b) Etat définitif

aussetzungen für den Ausbau des Hohlraumes mit Ankerung und Spritzbeton gegeben. Es drängten sich jedoch für die Verwirklichung einer solchen Lösung infolge der bedeutenden Abmessungen des beinahe kreisförmigen Hohlraumes (Spannweite 30,5 m) Fragen auf, die einer Klärung bedurften.

Bekanntlich zeigen theoretische Untersuchungen, daß für unverkleidete Hohlräume die elliptische Form anzustreben ist, um die unter dem Einfluß des Gewichtes der Überlagerung entstehenden Zugspannungen im Scheitel des Traggewölbes und in der Sohle weitgehendst zu vermeiden. Bei normalen Verhältnissen beträgt für den Fall des gänzlichen Ausschlusses von Zugspannungen das Verhältnis der großen (vertikalen) Achse zur kleinen (horizontalen) 3 : 2; in unserem Fall beträgt dieses Verhältnis etwa 1 : 1. Um nicht sämtliche wirtschaftlichen Vorteile einer konzentrierten Anordnung der Maschinengruppe und der elektrischen Zu- und Ableitungen zu verlieren, war an eine Änderung der Hohlraumform aus statischen Günden nicht zu denken. Außerdem erschien die Kreisform des Querschnitts für ein vorgespanntes Gewölbe keineswegs nachteilig.

Bei dieser Ausgangslage galt es, folgende grundsätzliche Fragen zu beurteilen:

— Besitzt das Gebirge hinreichende Festigkeitseigenschaften, kann eine unnachgiebige Verankerung im Fels mittels Beton verwirklicht werden?
— Auf welche Art und Weise kann ein tragendes Gewölbe bei den gegebenen Verhältnissen durch Felsanker am besten geschaffen werden?
— Erforderliche Länge und Abstand der Felsanker.
— Wie kann die Oberfläche zwischen den Ankerköpfen am besten abgesichert werden, um Kaminbildungen (Abfließen des Materials) zu vermeiden?
— In welcher Weise lassen sich Ausbruch- und Sicherungsarbeiten bei weitgehender Risikoverminderung am vorteilhaftesten verbinden?
— Dauerhaftigkeit der Vorspannung im Hinblick auf die Korrosionsgefahr durch Einwirkung des Bergwassers.

Eine vergleichende Voruntersuchung über die Wirtschaftlichkeit einer solchen Lösung mit einer herkömmlichen, gekennzeichnet durch Unterstützung von unten und Ausbildung eines Betongewölbes, ergab mit den Preisen der Ausschreibung,

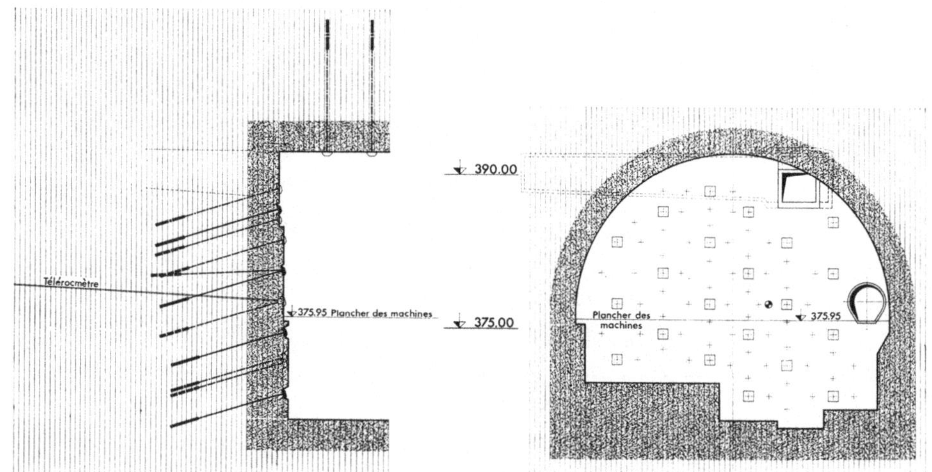

Abb. 8. Stirnwand Bergseite mit Anordnung der Felsanker
1 Maschinenboden; *2* Telerocmeter

End wall of the cavern showing location of prestressed rock anchors
1 machine level; *2* telerocmeter

Tympan côté montagne. Disposition de tirants précontraints
1 plancher des machines; *2* télérocmètre

die für letztere bereits erfolgt war, keine bedeutende Kosteneinsparung. Jedoch zeigte sich, daß die Ankerung wesentlich rascher ist als jede andere Einbaumethode und die Sicherung des Ausbruches wesentlich rascher erfolgen konnte. Die Einhaltung der Bau- und Montagetermine erschien somit weit besser gesichert, und es konnte mit Einsparungen an Administrationskosten und Gerätemieten gerechnet werden.

Die geologischen Verhältnisse und tunneltechnischen Eigenschaften des Gebirges ließen infolge der Unregelmäßigkeiten in seinem Aufbau eine radiale Anordnung der Felsanker über den Umfang des Gewölbes als angebracht erscheinen. Die Durchführung der Arbeiten haben die Richtigkeit dieser Anordnung bestätigt (Abb. 7).

Bei der Projektierung für die notwendigen Einbauten oberhalb des Maschinenbodens wurde von einer Verbindung derselben mit der Auskleidung in Spritzbeton

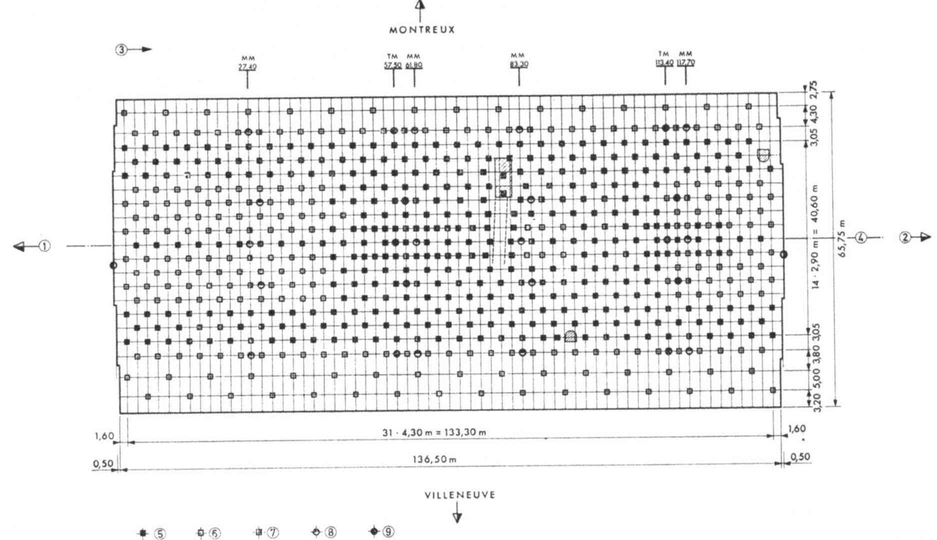

Abb. 9. Abgewickelte Kalotte und Seitenwände mit Disposition von Felsankern, Meßankern und Telerocmetern

1 Seeseite; *2* Bergseite; *3* Meßquerschnitt; *4* Kavernenlängsachse; *5* Felsanker VSL 170 R; *6* Felsanker VSL 125 L; *7* Témoin-Anker; *8* und *9* Telerocmeter MM bzw. TM

Developed plan of cavern roof and side walls. Position of rock anchors, measuring points and telerocmeters

1 seawards; *2* mountainwards; *3* measuring section; *4* longitudinal axis of the power house; *5* rock bolt VSL 170 R; *6* rock bolt VSL 125 L; *7* rock bolt, system Témoin; *8* and *9* telerocmeters MM or TM resp.

Voûte et parois développées. Disposition des tirants en rocher, tirants témoins et télérocmètres

1 côté lac; *2* côté montagne; *3* stations de mesure; *4* axe longitudinal de la centrale; *5* tirant VSL 170 R; *6* tirant VSL 125 L; *7* tirant Témoin; *8* télérocmètre MM; *9* télérocmètre TM

Abstand genommen. Auch die Stirnwände der Kaverne wurden mit Felsankern gesichert (Abb. 8).

Statische Betrachtungen, theoretische Untersuchungen mit Hilfe der Kontinuumsmechanik (Methode der finiten Elemente)[29], Erkenntnisse aus Modellversuchen und Erfahrungen aus der Literatur führten zu der in Abb. 9 im Grundriß des abgewickelten Gewölbes dargestellten Aufteilung der Felsanker. Versetzt wurden je nach Gebirgsbeschaffenheit und Ort Felsanker von 170 t und 135 t Tragkraft. Im unteren Teil des Hohlraumes, unterhalb des Maschinenbodens, der nach dem Vollausbruch durch eine Betonstruktur ausgesteift wird, kamen nur 135-t-Felsanker in weniger dichter Anordnung zur Anwendung.

Untersuchungen von mehreren Proben des Bergwassers während eines Jahres ergaben, daß die chemische Zusammensetzung desselben für den Spannstahl und für das die Verankerung umhüllende Injektionsgut nicht gefährlich ist. Ferner wurde an zwei im Sondierstollen versetzten Versuchsankern festgestellt, daß — gleichbleibende Gebirgsverhältnisse vorausgesetzt — Verluste in der Vorspannkraft nur am Anfang zu verzeichnen sind, so daß mit einer dauerhaften Vorspannung gerechnet werden kann.

4. Statische Berechnung und Modellversuche

Statische Berechnungen, auch solche mit Hilfe von programmgesteuerten Rechenautomaten, und Modellversuche können bei tunneltechnischen Problemen nicht den

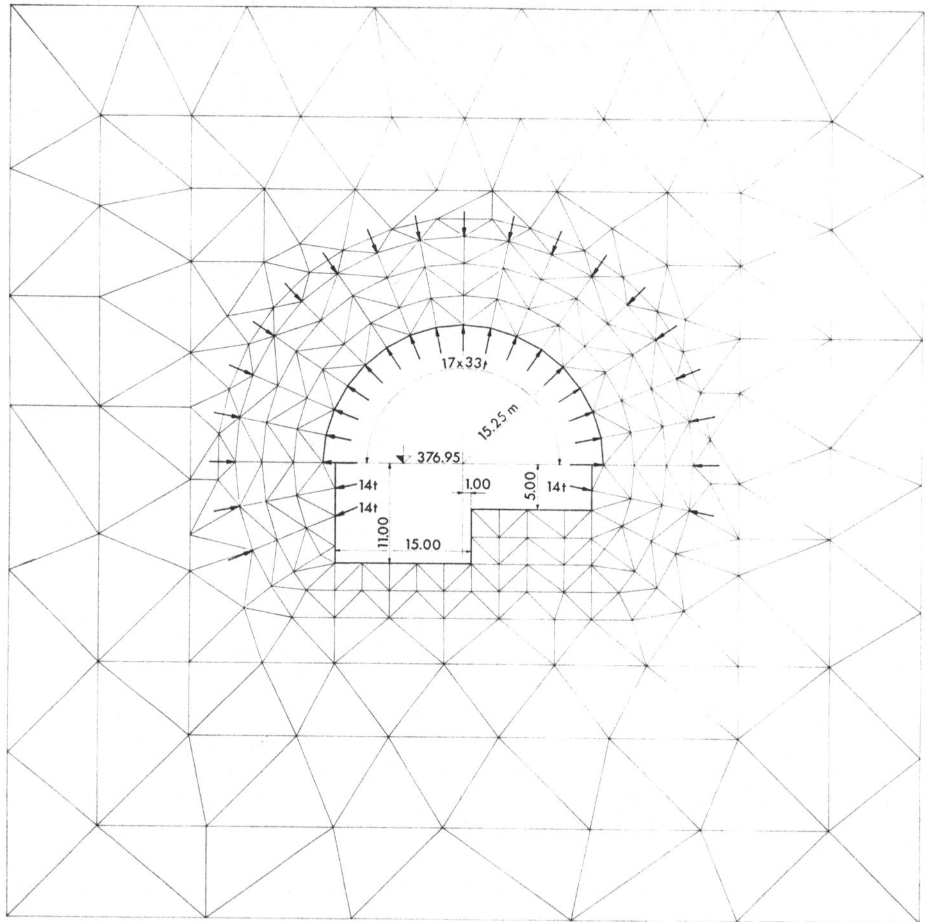

Abb. 10. Berechnung nach der Methode der finiten Elemente: Netzplan
Network for resolution by the finite element method
Calcul par la méthode des éléments finis: réseau du calcul

Anspruch auf Unfehlbarkeit erheben. Trotzdem sind sie für den planenden Ingenieur im Rahmen von Untersuchungen zur Formung eines Gesamtbildes unentbehrlich, um konstruktive Entscheidungen treffen zu können.

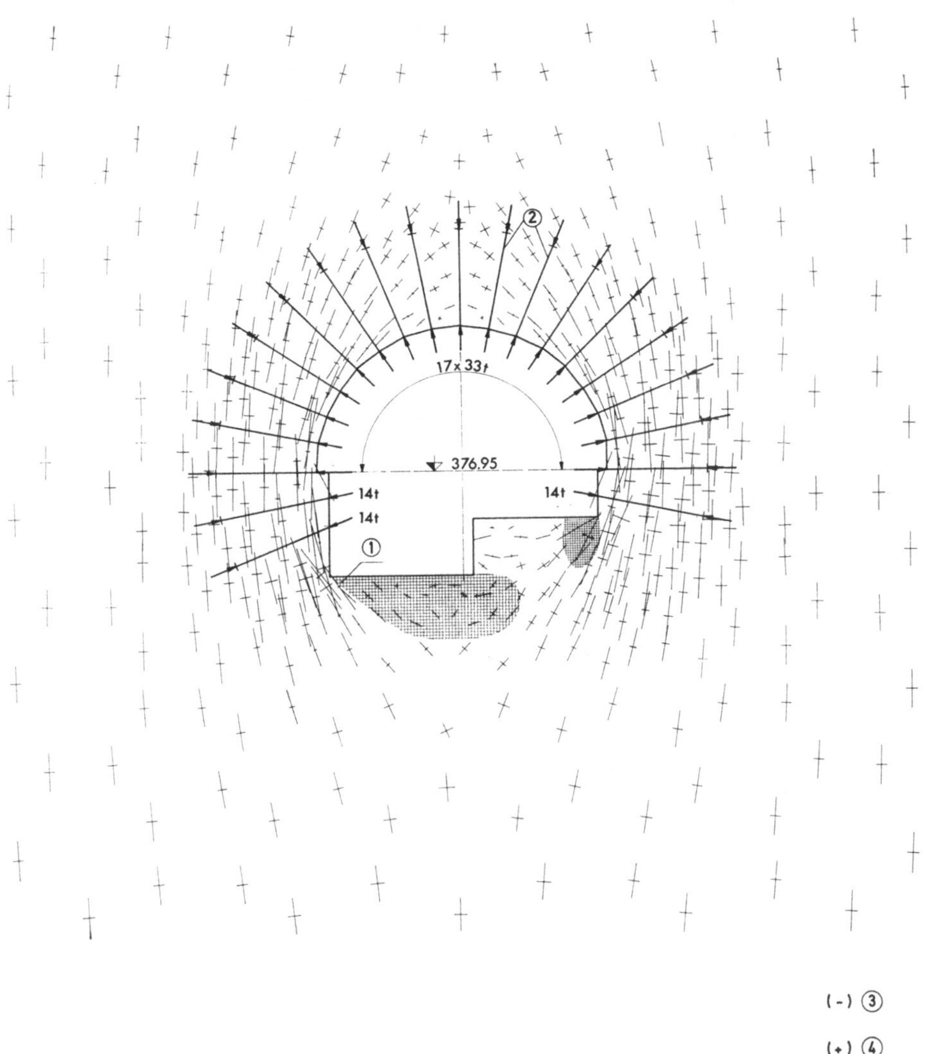

Abb. 11. Berechnung nach der Methode der finiten Elemente: Spannungsverteilung um den Hohlraum mit Felsankern im elastischen Medium. Überlagerungshöhe 160,0 m; Raumgewicht 2,6 t/m³; Elastizitätsmodul 100 000 kg/cm²; Querdehnungszahl 0,15; Seitendruckverhältnis 0,33

1 Zugzone; *2* Felsanker; *3* Druck; *4* Zug

Resolution by the finite element method: Stress distribution around the cavern in an elastic medium, with rock anchors. Depth below surface 160.0 m; density 2.6 t/m³; modulus of elasticity 100 000 kg/cm²; poisson's ratio 0.15; ratio of horizontal to vertical pressure 0.33

1 tension zone; *2* rock bolts; *3* compression; *4* tension

Calcul par la méthode des éléments finis: Répartition des contraintes autour de la caverne avec tirants en rocher dans un milieu élastique. Hauteur de recouvrement 160.0 m; poids spécifique 2.6 t/m³; module d'élasticité 100 000 kg/cm²; coefficient de Poisson 0.15; rapport entre pressions horizontale et verticale 0.33

1 zone tendue; *2* tirant en rocher; *3* compression; *4* traction

4.1 Statische Berechnung

Die Überlagerungshöhe wächst in der Längsachse der Kaverne beinahe linear (siehe Abb. 3). Der Spannungszustand im Gebirge ist daher ein räumlicher und einer Untersuchung mit Hilfe der üblichen Methoden der Baustatik nicht zugänglich.

Infolge der überaus komplexen Verhältnisse galt es zunächst abzuklären, inwieweit Vereinfachungen möglich sind, die es erlauben, das Problem einer mathe-

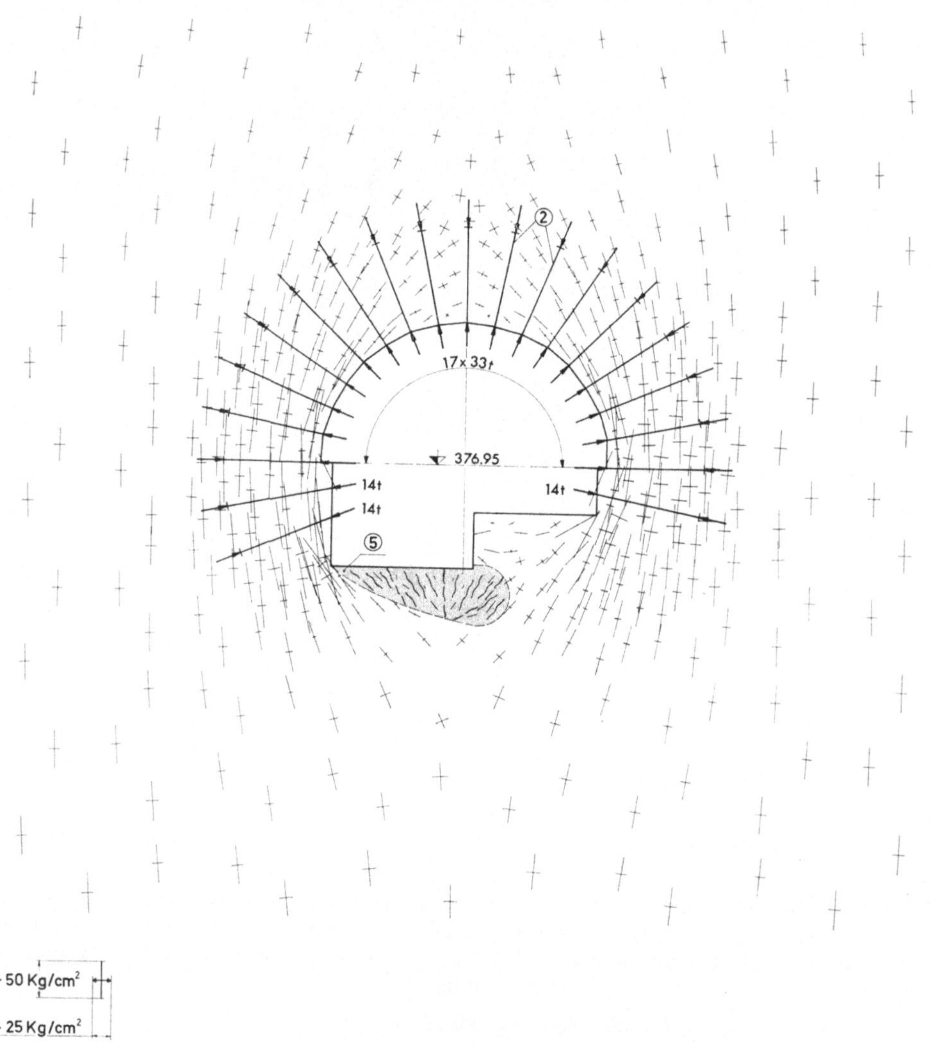

Abb. 12. Berechnung nach der Methode der finiten Elemente: Spannungsverteilung um den Hohlraum mit Felsankern im elastischen Medium mit Ausschluß der Zugspannungen

5 gerissene Zone

Resolution by the finite element method: Stress distribution around the cavern in an elastic medium with rock anchors, fissuration in the zones of tension

5 fissured zone

Calcul par la méthode des éléments finis: Répartition des contraintes autour de la caverne avec tirants en rocher dans un milieu élastique, fissuré dans les zones de traction

5 zone fissurée

matischen Behandlung zugänglich zu machen. Von Spannungsmessungen im Gebirge (zur Festlegung der horizontalen, quer zur Längsachse des Hohlraumes wirkenden Normalspannung [Seitendruck]) wurde abgesehen, da es bei den stark heterogenen Eigenschaften des Gebirges nur schwer möglich schien, repräsentative Stellen vor

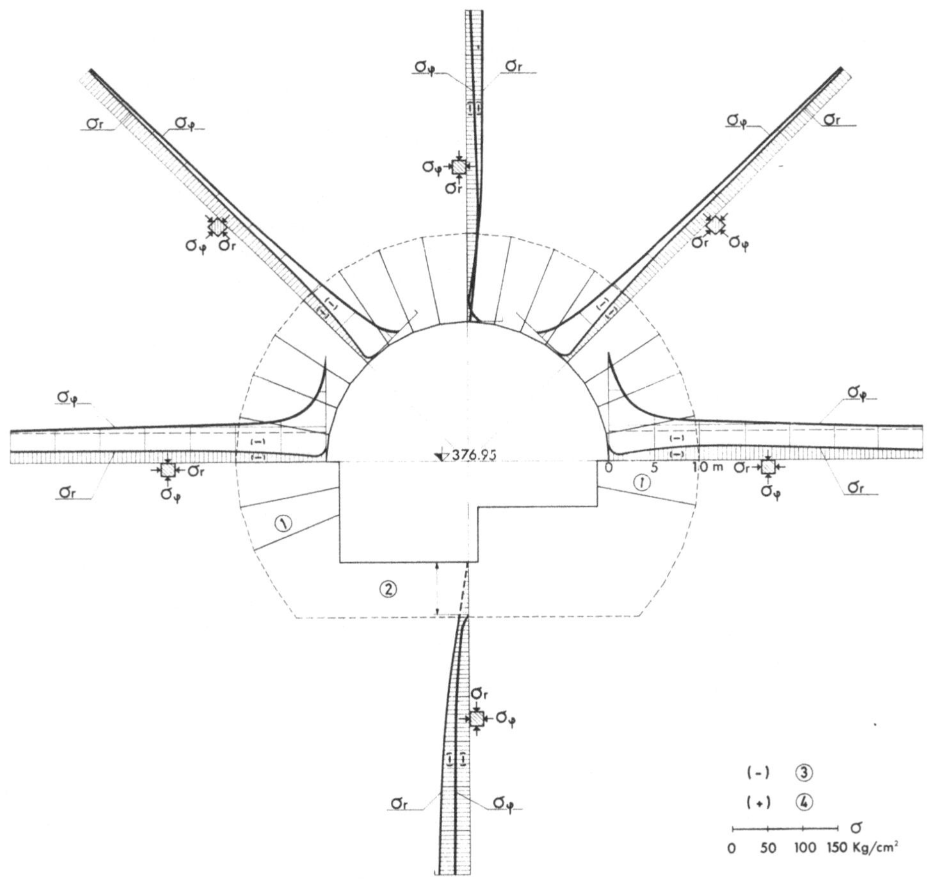

Abb. 13. Berechnung nach der Methode der finiten Elemente: Verteilung der Spannungen in einigen Schnitten um den Hohlraum. Elastisches Medium (mit Ausschluß von Zugspannungen)

Resolution by the finite element method. Stress distribution in several sections around the cavern, in an elastic medium, with fissuration in the tensile zones

Calcul par la méthode des éléments finis: Répartition des contraintes dans plusieurs sections autour de la caverne. Milieu élastique, fissuré dans les zones de traction.

dem Vollausbruch auszuwählen. Auf Grund der mehr oder weniger horizontalen Schichtung des Gebirges konnte der Einfluß der Spannungen in der Längsachse der Kaverne vernachlässigt werden, so daß das Spannungsproblem, abgesehen von dem durch die Stirnwände beeinflußten Bereich, als zweidimensional betrachtet werden konnte. In diesem Sinne wurden für die statische Berechnung zwei charakteristische Querschnitte, ungefähr in den Viertelpunkten der Längsachse auf der See- und Bergseite, gewählt.

Das Seitendruckverhältnis (horizontal wirkende Normalspannung zur senkrecht wirkenden Normalspannung) wurde infolge Mangels an verläßlichen Meßwerten mit 0,33 angenommen.

Ferner konnten an Hand von einigen mit Rissen durchsetzten Probekörpern für die in den potentiellen Gleitflächen wirkenden Spannungen folgende Mittelwerte für die Kohäsion und Reibungswinkel festgelegt werden: $c = 30$ t/m^2 und $\varphi = 30^0$. Das mittlere Raumgewicht des Felsen konnte mit 2,6 t/m^3 angenommen werden.

Auf Grund zahlreicher Druckplattenverschiebungsmessungen und geoseismischer Messungen in den Bohrlöchern wurde für eine Dauerbelastung des ungestörten Gebirges im elastischen Bereich ein mittlerer Elastizitätsmodul von 100 000 kg/cm^2 bestimmt. Es zeigte sich, daß die Meßwerte trotz Klüftung und Schichtung nur wenig von diesem Mittelwert abweichen, so daß mit einem isotropen Milieu gerechnet werden konnte.

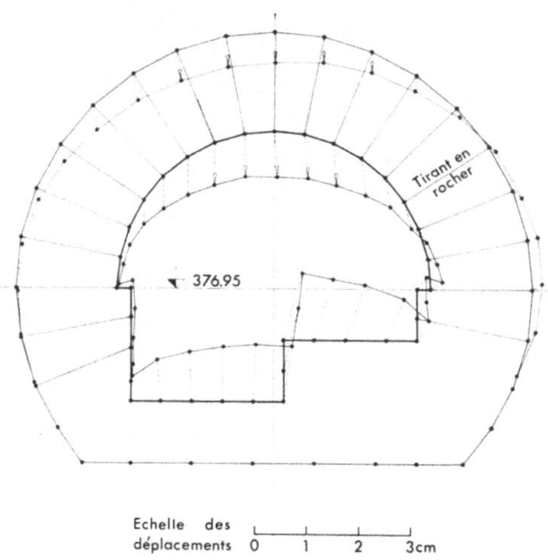

Abb. 14. Berechnung nach der Methode der finiten Elemente: Verschiebungen an der Leibung des Hohlraumes im elastischen Medium

1 Felsanker; *2* Verschiebungsmaßstab

Resolution by the finite element method: Displacement of the rock at boundry of the cavern in an elastic medium

1 rock bolts; *2* scale of displacements

Calcul par la méthode des éléments finis: Déplacements du rocher autour de la caverne dans un milieu élastique

1 tirant en rocher; *2* échelle des déplacements

Die Berechnung wurde mit Hilfe der Methode der finiten Elemente[29] durchgeführt (Abb. 10), im ersten Rechengang mit Zulassung, im zweiten mit Ausschluß der Zugspannungen. Für die gewählten Querschnitte wurden zwei Lastfälle, für den Vollausbruch (Bauzustand) und das fertige Bauwerk (Endzustand), untersucht. Auf eine nähere Beschreibung der Grundlagen der Berechnung kann hier nicht eingegangen werden, da die Auswertung der Ergebnisse und eine vergleichende Untersuchung mit gemessenen Werten für das fertige Bauwerk (Endzustand nach Sohlschluß) unter Berücksichtigung des Zeiteffektes und für einige Bauzustände noch nicht abgeschlossen ist.

Einige Ergebnisse der Berechnung sind in den Abb. 11, 12, 13 und 14 wiedergegeben. Auf Abb. 11 erkennt man deutlich die Zugzonen im nicht vorgespannten Sohlbereich. Aus den Spannungsbildern, Abb. 11 und 12, geht hervor, daß die berechneten Spannungen nach Größe und Richtung in einem Bereich liegen, wo man elastisches Verhalten des Felsens annehmen kann. Von einem weiteren Rechengang zur Auffindung plastischer Zonen wurde daher abgesehen. Auf Abb. 13 kann man deutlich erkennen, daß die Normalkräfte im tragenden Gewölbe keineswegs konstant sind. Die Tangentialspannungen in den Schichten unter 45^0 sind nicht dargestellt. Die Übereinstimmung der berechneten Verschiebungswerte nach Abb. 14 mit den Meßwerten der installierten Telerocmeter war gut. Die Verschiebungen der durch Injektionen verfestigten Sohle nach oben konnten nicht festgestellt werden. Die Wirkung der Injektionen wurde allerdings bei der Berechnung nicht berücksichtigt. Aus diesen Abbildungen geht deutlich die Notwendigkeit des Sohlschlusses, der unmittelbar nach dem Vollausbruch vorgenommen wurde, hervor.

4.2 Statische Modellversuche

Um einen Einblick in das Kräftespiel im vorgespannten Fels zu gewinnen, wurden statische Modellversuche mit homogenem und geklüftetem Medium im spannungsoptischen Laboratorium der CETP durchgeführt. Im Sinne strenger Ähnlichkeitsgesetze können solche Versuche selbstverständlich nicht vollwertig genommen werden, sind jedoch sehr instruktiv. Gegenstand der Versuche war, eine zweckmäßige Anordnung der Felsanker zu finden, mit dem Ziel, im Traggewölbe durch die Vorspannung eine möglichst gleichförmige Beanspruchung zu erreichen. Im Hinblick

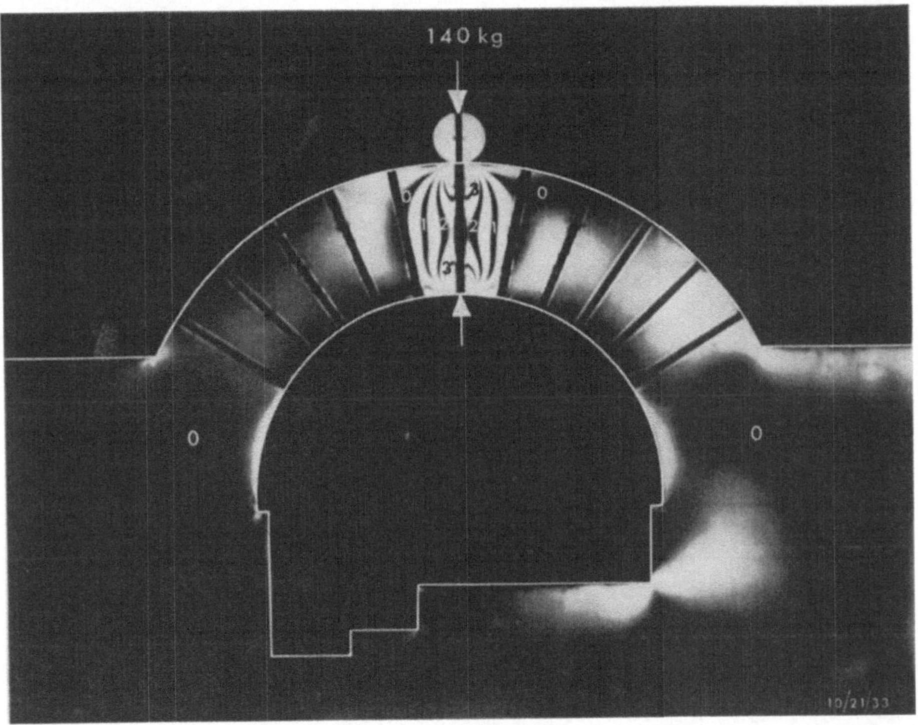

Abb. 15—19. Spannungsoptische Versuche
Photoelastic tests
Essais photoélasticimétriques

Abb. 15. Homogenes Medium; Felsanker im First; Isochromatenbild bei zirkular polarisiertem Natriumlicht
Homogeneous material; effect of one anchor in the roof; isochrome lines from a monochromatic light with circular polarization
Milieu homogène; effet d'un seul tirant en rocher situé en calotte; lignes isochromes pour lumière monochromatique, polarisation circulaire

auf die horizontale Schichtung und den guten Zusammenhang in den Trennflächen beschränkte sich die Untersuchung nur auf den Bereich der Kalotte. Die Dicke des Traggewölbes wurde mit 10,0 m angenommen. Der Modellmaßstab war 1 : 200, als Modellmaterial wurde VP 1527 verwendet.

Aus dieser Versuchsreihe mit homogenem Medium zeigt Abb. 15 das Isochromatenbild für die Kraftausbreitung eines Felsankers, Abb. 16 jenes für eine Reihe radial gerichteter Anker im Abstand von 3,0 m an der Leibung des Hohlraumes. Aus Abb. 15 ersieht man, daß die Kraftausbreitung praktisch mit der in einer kreisförmigen Scheibe identisch ist. Es kann somit angenommen werden, daß im Raum die Kraftausbreitung annähernd kugelfömig ist. Je nach dem Abstand der Anker kann auf Grund dieser Erkenntnis die wirksame Dicke des Traggewölbes

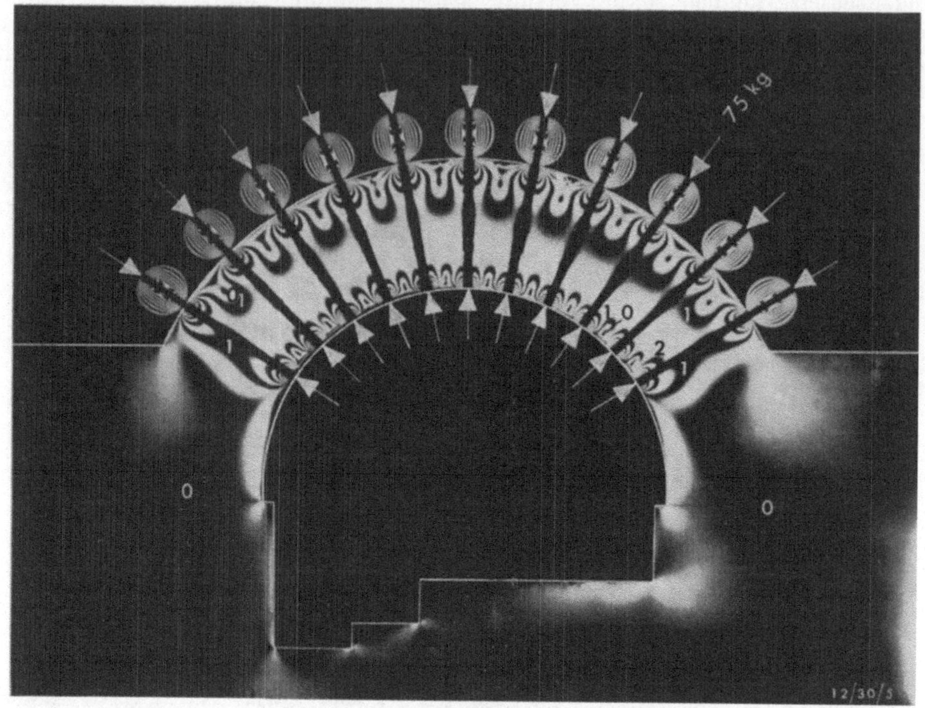

Abb. 16

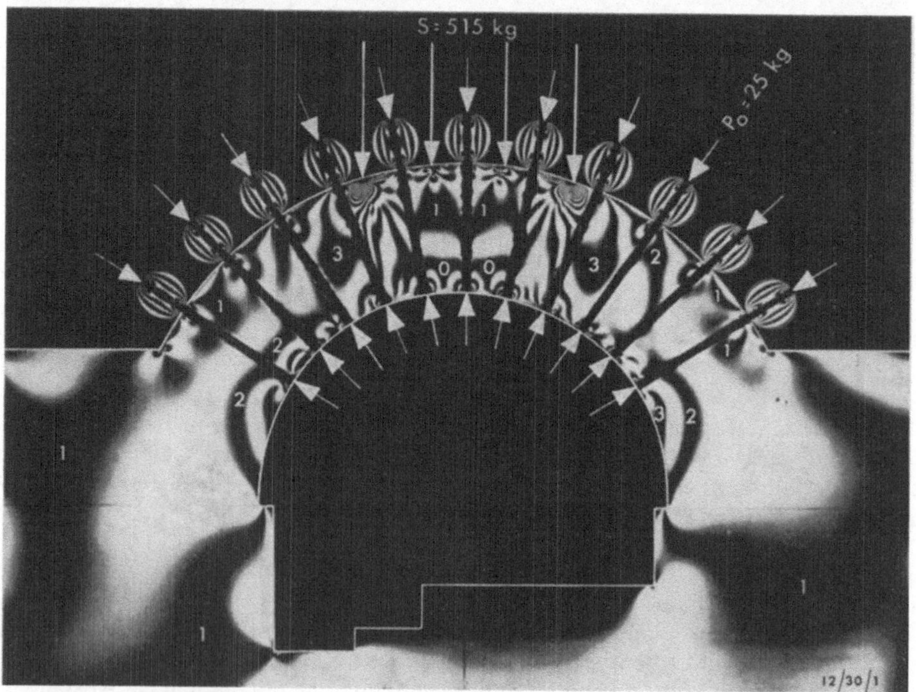

Abb. 17

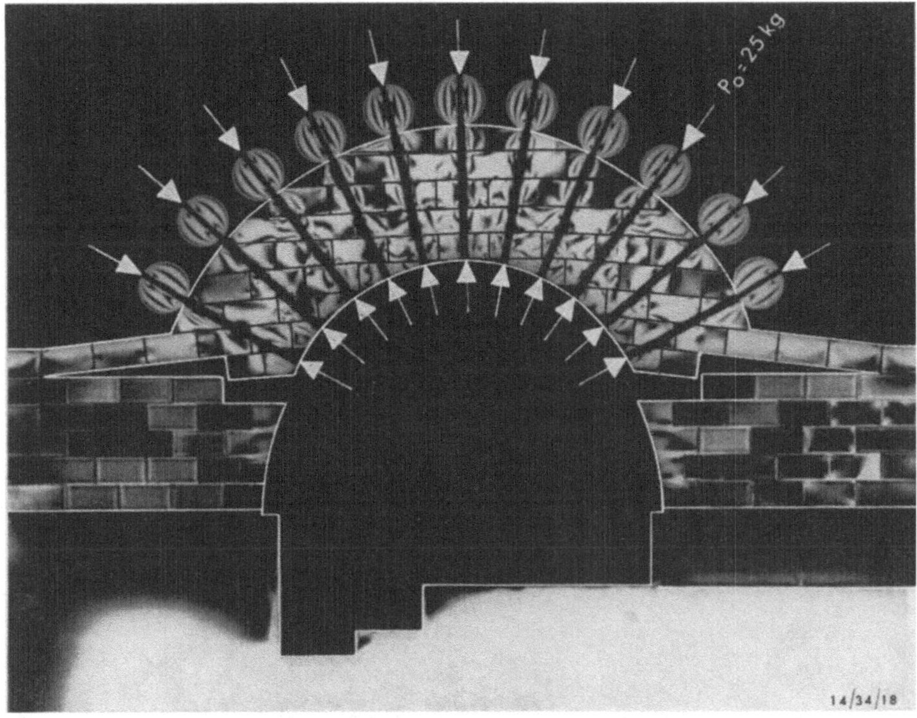

Abb. 18. Geklüftetes Medium; gleichförmige Vorspannung radial gerichteter Felsanker; Isochromatenbild bei zirkular polarisiertem Natriumlicht

Jointed medium; picture of the model with uniform prestressing, effect of anchors in the roof; isochrome lines from monochromatic light with circular polarization

Milieu fracturé; image du champ de contrainte pour précontrainte uniforme; lignes isochromes pour lumière monochromatique, polarisation circulaire

ermittelt werden. Auf Abb. 16 ist deutlich die erzielte gleichförmige Beanspruchung zu erkennen.

Aus dem Isochromatenbild Abb. 17 geht die Wirkung eines angenommenen vertikalen Druckes, entsprechend vorwiegend vertikal wirkender Rückstell- und Umlagerungskräfte auf das Gewölbe, hervor. Die Spannungsuntersuchung gibt Auskunft über die Veränderungen der Spannkräfte und des Spannungsfeldes.

Abb. 16. Homogenes Medium; gleichförmige Vorspannung radial gerichteter Felsanker; Isochromatenbild bei zirkular polarisiertem Natriumlicht

Homogeneous material; uniform prestressing, effect of anchors in the roof; isochrome lines from monochromatic light with circular polarization

Milieu homogène; précontrainte uniforme, effet des tirants en rocher en calotte; lignes isochromes pour lumière monochromatique, polarisation circulaire

Abb. 17. Homogenes Medium; gleichförmige Vorspannung radial gerichteter Felsanker und vertikale Auflast; Isochromatenbild bei zirkular polarisiertem Natriumlicht

Homogeneous medium; uniform prestressing, effect of anchors in the roof with vertical loading; isochrome lines from monochromatic light with circular polarization

Milieu homogène; précontrainte uniforme, effets des tirants en rocher en calotte et surcharge verticale; lignes isochromes pour lumière monochromatique, polarisation circulaire

Eine weitere Versuchsreihe wurde im geklüfteten Medium durchgeführt. Abb. 18 zeigt die Wirkung der Vorspannung ohne Auflast. Die sichtbare Hebung des Gewölbes kann infolge der verhinderten Formänderung durch das darüberliegende Gebirge nicht auftreten. Dieses Bild macht die Entstehung von zusätzlichen Druckkräften im Traggewölbe durch Rückstellkräfte anschaulich. Abb. 19 zeigt das Isochromatenbild im geklüfteten Medium für einen der Abb. 17 ähnlichen Lastfall.

Man erkennt aus den Abbildungen, daß die Spannungsverteilung im geklüfteten von der im kontinuierlichen Medium stark abweicht. Entlang der Berührungs-

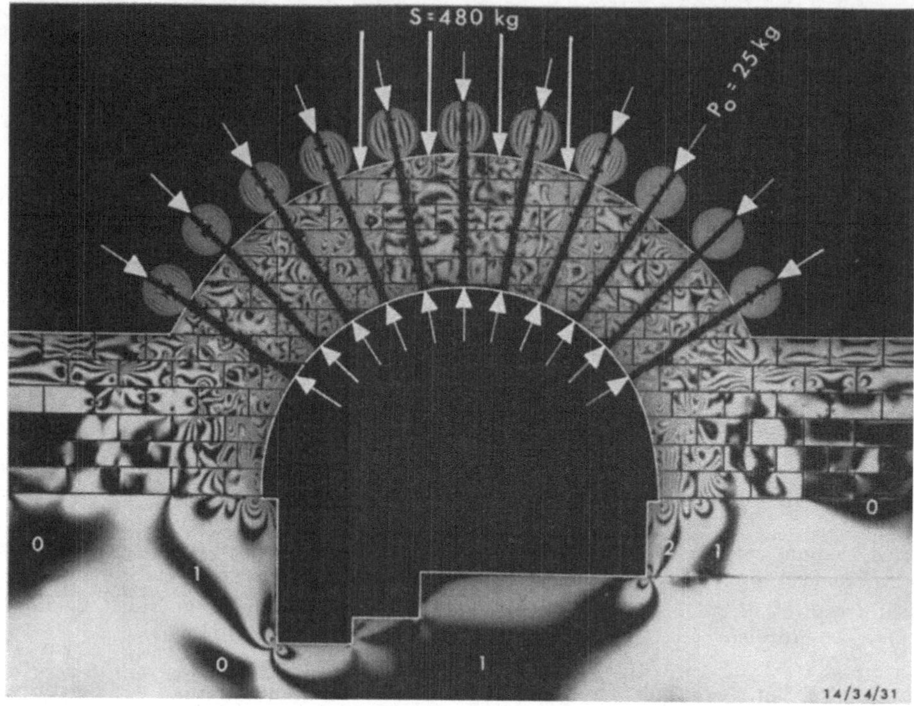

Abb. 19. Geklüftetes Medium; gleichförmige Vorspannung radial gerichteter Felsanker und vertikale Auflast; Isochromatenbild bei zirkular polarisiertem Natriumlicht

Jointed medium; uniform prestressing, effect of anchors in the roof, with vertical loading; isochrome lines from monochromatic light with circular polarization

Milieu fracturé; précontrainte uniforme, effets des tirants en rocher en calotte et surcharge verticale; lignes isochromes pour lumière monochromatique, polarisation circulaire

flächen der einzelnen Blöcke können vielfach Spannungskonzentrationen und die Ausbildung plastischer Zonen, namentlich in den Ecken, festgestellt werden, die auf eine gleitende und rotierende Bewegung der Blöcke hindeuten.

5. Verhalten von Versuchsankern

Um sich über die Dauerhaftigkeit der Verankerung Rechenschaft zu geben, wurden im Sondierstollen (siehe Abb. 1) zwei Versuchsanker im stark klüftigen, wasserführenden Gebirge eingebaut. Einer wurde senkrecht zur Schichtung in vertikaler Richtung angeordnet, der andere in ungefähr 45° dazu. Diese Felsanker dienten auch dazu, die Methode der Verankerung (primäre Injektion) zu überprüfen und die Abmessungen des Ankerkopfes für die Ausführung festzulegen. Gemessen wurden die Verschiebungen des Lastangriffspunktes an der Druckplatte des Ankerkopfes und ferner die Verschiebung in Richtung des Felsankers am Beginn der Verankerungsstrecke (Abb. 20, 21 und 22).

Die Messungen erstreckten sich für den vertikalen Versuchsanker auf sieben Monate; die für den schiefen Felsanker mußten nach fünf Wochen wegen des Aus-

Abb. 20. Schräg zur Schichtung gerichteter Versuchsanker im Sondierstollen. Ankerlänge 12,4 m; Verankerungsstrecke 3,0 m. Versuchseinrichtung am Ankerkopf (Photo Charpie)

Oblique anchorage in the prospecting gallery. Length of anchors 12.4 m; region of anchoring 3.0 m. Measuring device at the head of the anchor

Ancrage oblique dans la galerie de reconnaissance. Longueur des tirants 12.4 m; région d'ancrage 3.0 m. Dispositif de mesure de la tête d'ancrage

bruches im Kavernenhohlraum abgebrochen werden. Da der Sondierstollen schon einige Jahre vor dem Versetzen der Versuchsanker erstellt wurde, konnte angenommen werden, daß eine Veränderung der Spannkraft infolge Umlagerung im Felsen nicht zu erwarten war. Die Messung der Spannkraft wurde mit Hilfe eines Apparates TEPIC mit elektrischen Meßstreifen in einem Zwischenstück an der äußeren Verankerung vorgenommen.

Zusammenfassend können aus den Diagrammen folgende Schlußfolgerungen gezogen werden:

— Unmittelbar nach der Vorspannung stellt sich ein Spannkraftverlust von etwa 10 % in drei Tagen ein. Nach dieser Zeit bleibt die Vorspannung praktisch konstant.

— Felsverschiebungen an der äußeren und inneren Abstützung sind von der gleichen Größenordnung. Die Verschiebungen, vermutlich Kriechsetzungen nach der Vorspannung, kommen nach kurzer Zeit zur Ruhe.

— Im gesamten gesehen hat die plastische Einsenkung des Ankerkopfes und der Verankerung auf die Spannkraft nur geringen Einfluß (die Formänderungen des Spannstahls, die dem Spannkraftverlust entsprechen, sind wesentlich größer als die gemessenen Felsverschiebungen).

Die Beobachtung der Einwirkung des Bergwassers auf den Spanndraht wird noch fortgesetzt. Die festgestellten Korrosionsschäden sind für die im Bohrloch freiliegenden gespannten Kabel nach zwei Jahren in keiner Weise beunruhigend.

6. Durchführung der Bauarbeiten

Die Durchführung des Ausbruches und der Sicherungsarbeiten unter Anwendung der Kombination von Spritzbeton und Felsankern erfolgte in Längsrichtung des Hohlraumes; die wichtigsten Etappen bis zum Vollausbruch sind in Abb. 23 schematisch dargestellt.

Die Erfahrungen beim Vortrieb des Sondierstollens, des Zufahrtstollens und eines Richtstollens in der Kaverne zeigten, daß man wegen der geringen Standzeit des Gebirges mit der Breite der Ausbruchstollen über 3,50 m ohne Verwendung von

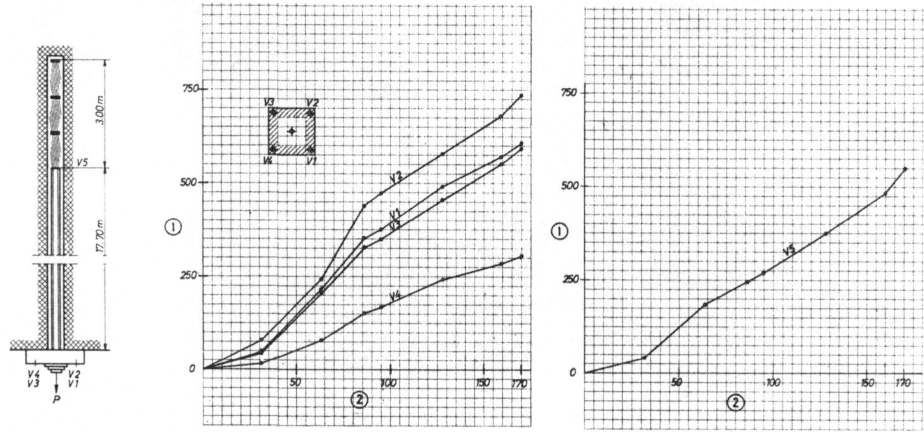

Abb. 21. Vertikaler Versuchsanker. Kraftverschiebungsdiagramm für äußere und innere Abstützung während der Vorspannung

1 Verschiebungen in 10^{-2} mm; *2* aufgebrachte Lasten in Tonnen

Vertical test anchor. Load-displacement graphs at either end of the anchor during prestressing

1 displacements 10^{-2} mm; *2* applied forces in tons

Tirant d'essai vertical. Diagramme forces-déplacements de l'appui intérieur et extérieur de l'ancrage lors de la mise en précontrainte

1 déplacements en 10^{-2} mm; *2* forces appliquées en tonnes

Abstützungen nicht hinausgehen konnte. Dem Rechnung tragend, wurde die Austeilung der an der Kavernenleibung angeordneten Vortriebsstollen vorgenommen.

Der erste Bauabschnitt war durch die Abdichtungs- und Konsolidierungsarbeiten unterhalb des Maschinenbodens, Kote 375,95 m, gekennzeichnet. Voruntersuchungen ergaben, daß der Grundwasserspiegel, der mit dem Seespiegel in unmittelbarem Zusammenhang steht, auf Höhe des mittleren Seespiegels, Kote 372,00 m, angenommen werden konnte. Infolge des stark zerklüfteten, durchlässigen Gebirges ist kein Bergwasserdruck vorhanden.

Die notwendigen Injektionsarbeiten wurden von den über dem Grundwasserspiegel liegenden Vortriebsstollen (Abb. 23 a) vorgenommen. Zweck dieser Injektionen war es, den Aushub für den unteren Teil des Hohlraumes später ohne besondere Wasserhaltung vornehmen zu können und im Hinblick auf den vorgesehenen Baufortschritt eine genügende Verfestigung des Gebirges in diesem Bereich zu erzielen.

Die Hauptphasen des gewählten Bauvorganges können wie folgt beschrieben werden:

— Vortrieb von Längsstollen (Abb. 23 b) von der Seeseite von einer Stirnwand zur anderen. Sicherung der Oberfläche des Gebirges unmittelbar nach dem Ausbruch durch Spritzbeton in der Dicke von 15 cm, verstärkt durch Baustahlgitter.

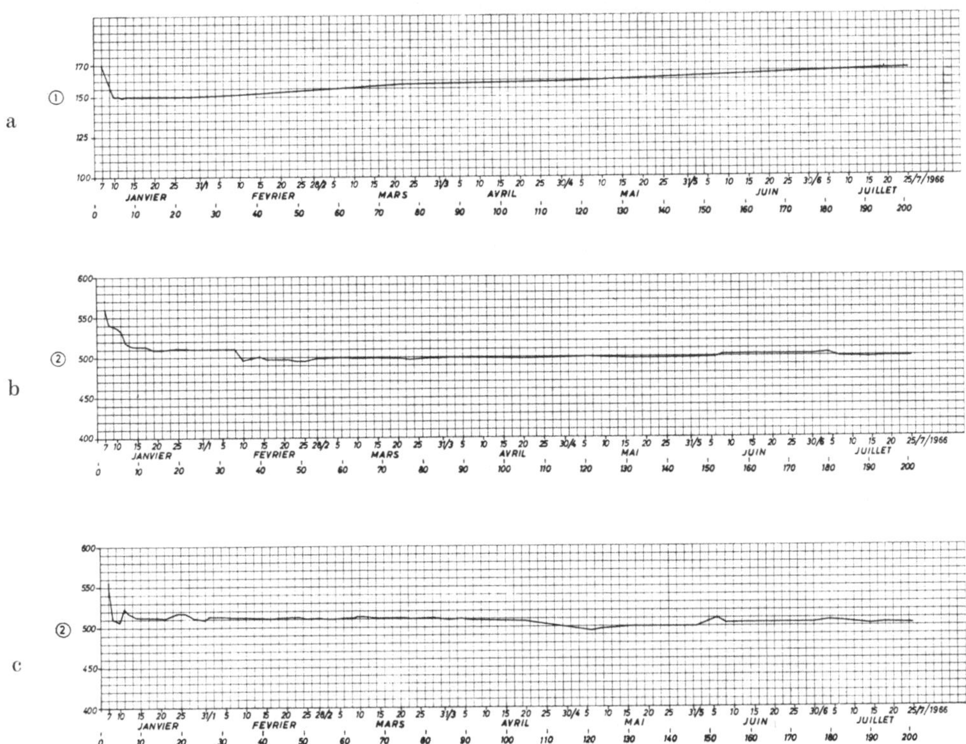

Abb. 22. Vertikaler Versuchsanker. Langzeitdiagramm für Vorspannkraft (*a*) und äußere (*b*) sowie innere (*c*) Verschiebungen

1 Kraft in Tonnen; *2* Verschiebungen in 10^{-2} mm

Vertical test anchor. Long term diagram: *a* prestressing forces; *b* outer, *c* inner displacements

1 forces in tons; *2* displacements 10^{-2} mm

Tirant d'essai vertical. *a* diagramme temps-forces; *b* diagramme temps-déplacements, appui extérieur; *c* diagramme temps-déplacements, appui intérieur

1 forces en tonnes; *2* déplacements en 10^{-2} mm

Im Anschluß daran Versetzen und Vorspannen der Felsanker, Type VSL. Rasch abbindende Zemente für die Injektion der Verankerungsstrecke; Vorspannung zwischen fünf und sechzehn Tagen nach dem Versetzen der Anker.

Die Felsanker wurden zunächst auf die zulässige Vorspannkraft von 170 t bzw. 135 t vorgespannt und dann auf 140 t bzw. 115 t entlastet. Der Spielraum von 30 t, etwa 20 % der Vorspannkraft, ist notwendig, da die Beanspruchung der

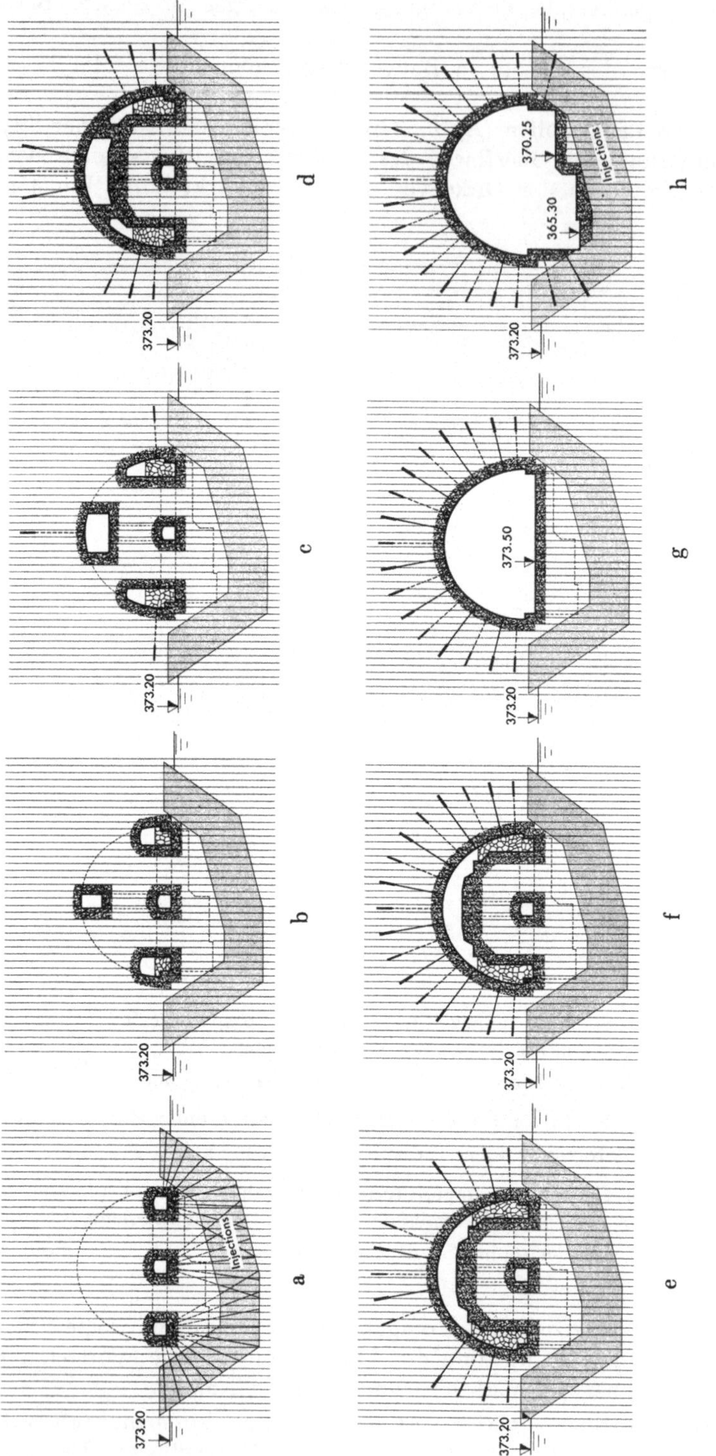

Abb. 23. Bauphasen, Querschnitte
Phases of excavation, cross-sections
Etapes d'excavation, profils en travers

Anker bei der abschnittsweisen Herstellung des Gewölbes ungünstiger sein kann als für den Zustand nach dem Vollausbruch.

Zur Verhinderung des Ausfließens des Felsen zwischen den Ankerköpfen wurden kurze Stahlanker, im Durchschnitt 4,00 m lang mit einer zulässigen Spannkraft von 16 t, Type VSL 16 ER, versetzt (Verankerung mit Kunstharz; Vorspannung bereits nach zwei Tagen). Nach dem Vorspannen wurden sie durch eine zweite Injektion auf die ganze Länge gegen Korrosion geschützt. Diese Anker kamen in großer Anzahl in Veytaux unter schwierigen Verhältnissen erstmalig zur Anwendung und haben sich nach Überwindung gewisser Anfangsschwierigkeiten sehr gut bewährt.

— Nach Absicherung des ausgebrochenen Längsstollens Ausbruch der anliegenden Stollen (Abb. 23 c). Sicherung und Ankerung (Abb. 24) in der gleichen Art. Der Vorgang wiederholt sich ebenso für die folgenden Etappen (Abb. 23 d, e, f).

Abb. 24. Vortriebsstollen nach Absicherung durch Felsanker. Bohrungen für kleine Felsanker in Ausführung (Photo Charpie)

Gallery of excavation stabilized by anchors. Drilling holes for rock bolts

Galerie d'avancement assurée par tirants en rocher. Forages pour pose de monotorons en cours

Zweck all dieser Maßnahmen war, während des halbringförmigen Ausbruches den Auflockerungsvorgang des Felsen weitgehend zu verhindern. Durch die Vorspannung der Felsanker wurde etappenweise das Traggewölbe im Fels ausgebildet. Dieses Vorgehen gestattete einen raschen Arbeitsfortschritt, da keinerlei zeitraubende Abstützungen von unten eingebracht werden mußten.

Um das Verhalten des Traggewölbes während jeder Etappe bis zum Vollausbruch zu überwachen, ergab sich die Notwendigkeit, die Vorspannkraft der versetzten Anker laufend zu kontrollieren. In einigen Fällen erwies sich der vorgesehene Bereich für das Einspielen der Ankerkräfte während des Ausbruches als zu klein; die Spannkräfte mußten dementsprechend nachgestellt werden.

— Nach Fertigstellung und Absicherung des Gewölbes über dem Maschinenboden erfolgte der Ausbruch des oberen Kerns (Abb. 23 g, 25, 26); Abbau durch

Waggon-Drillbohrungen und große Lade- und Transportgeräte bei gleislosem Betrieb (Abb. 27 a, b).

Abb. 25

Abb. 26

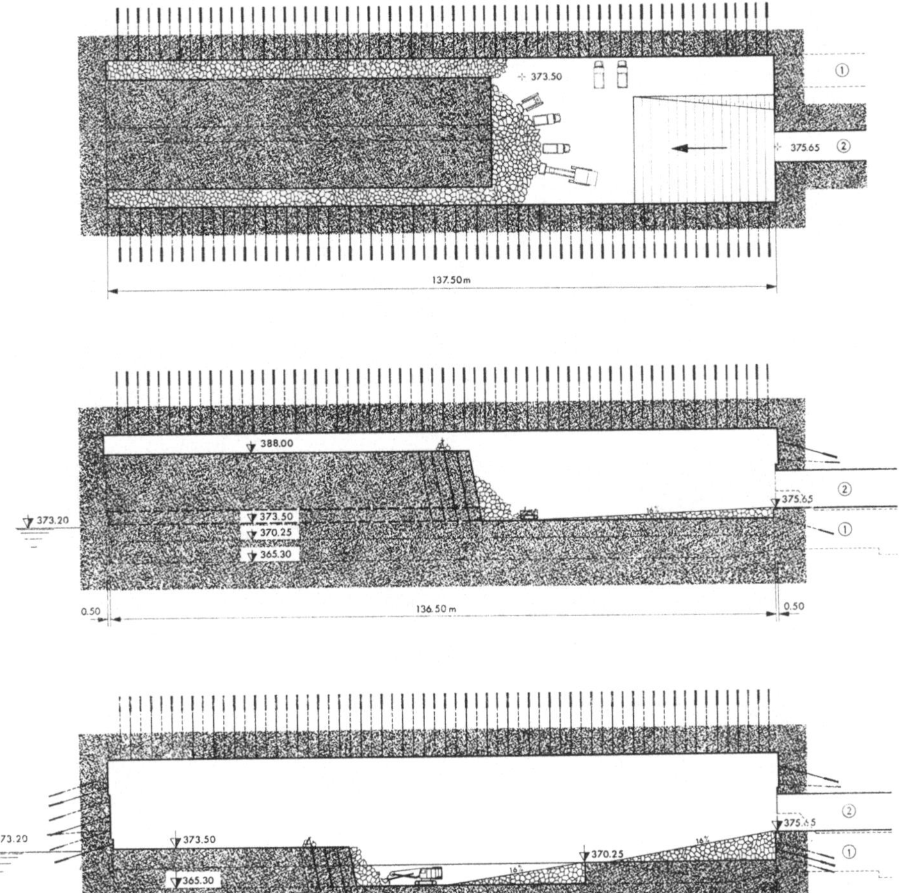

Abb. 27. Ausbruchvorgang des oberen und unteren Kerns: *a* oberer Kern: Horizontalschnitt über dem Horizont 373,50 m; *b* oberer Kern: Längsschnitt; *c* unterer Kern: Längsschnitt
1 Unterwasserkanal; *2* Zugang

Excavation of the upper and lower cores: *a* upper core: horizontal section at elevation 373.50 m; *b* upper core: longitudinal section; *c* lower core: longitudinal section
1 tail water tunnel; *2* access

Abattage des noyaux supérieur et inférieur: *a* noyau supérieur: coupe horizontale au-dessus du niveau 373.50 m; *b* noyau supérieur: profil en long; *c* noyau inférieur: profil en long
1 canal de fuite; *2* accès

Abb. 25. Abbruch des oberen Kerns. Vortrieb ungefähr 115 m (Photo Germond, Lausanne)
Excavation of upper core at about the 115 m point
Excavation du noyau supérieur. Avancement environ 115 m

Abb. 26. Vollausbruch des oberen Kerns. Arbeitsboden auf Höhe 373,50 m. Im Hintergrund bergseitige Stirnwand (Photo Germond)
Excavation completed for the upper core. Working floor level at 373.50 m. The end wall of the cavern can be seen in the background
Excavation complète du noyau supérieur. Plancher de travail 373.50 m. Au fond, tympan côté montagne

— Ausbruch des unteren Kerns (Abb. 23 h und 27 c). Das Traggewölbe oberhalb des Maschinenbodens findet nach unten zu seine natürliche Fortsetzung zu einem geschlossenen Ring. Obwohl der Fels nach unten durch Injektionen verfestigt wurde, ergab sich die Notwendigkeit, entlang der Längswände der Kaverne

Abb. 28. Vollausbruch des Hohlraumes. Im Hintergrund bergseitige Stirnwand (Photo Germond)

Excavation completed for the cavern. End wall showing in background

Excavation complète de la caverne. Au fond tympan côté montagne

Felsanker zu versetzen, um größere Verformungen des Traggewölbes während der für die Betonierungsarbeiten unterhalb des Maschinenbodens notwendigen Bauzeit zu verhindern (Abb. 28).

— Betonierung der Längswände der Kaverne bis auf Höhe des Maschinenbodens. Verlegen der Geleise für eine fahrbare Gerüstbrücke für die notwendigen Abschlußarbeiten an der Leibung des Hohlraumes (Abb. 29).

— Sohlschluß durch zügige Betonierung der Einbauten (Längs-, Querwände und Platten) bis auf Höhe des Maschinenbodens (wegen Platzmangels und im Interesse eines raschen Arbeitsfortschrittes mit Betonpumpen).

Gleichzeitig mit den Betonierungsarbeiten wurde von der Gerüstbrücke aus eine systematische Kontrolle der Vorspannung sämtlicher Felsanker durchgeführt. Auf Grund dieser Kontrolle und der vorliegenden Ergebnisse der laufend durchgeführten Messungen mit Hilfe der Telerocmeter konnte festgestellt werden, daß die Einregelungsperiode zur Umbildung des Spannungszustandes um den Hohlraum im wesentlichen zum Abschluß gekommen war. Es konnte daher unmittelbar nach der Kontrolle der Spannkräfte die Injektion für den Korrosionsschutz der Felsanker vorgenommen werden.

Ferner wurde das Netz der Bohrlöcher für die Entlastung gegen den Aufbau von Bergwasserdruck hinter dem Spritzbeton ergänzt (Abb. 30).

Abb. 29. Ansicht des Hohlraumes mit fahrbarer Gerüstbrücke nach Betonierung der Seitenwände (Photo Germond)

View of the cavern and the rolling scaffold, after the concreting of the side walls

Vue de la caverne et de l'échafaudage roulant après bétonnage des parois latérales

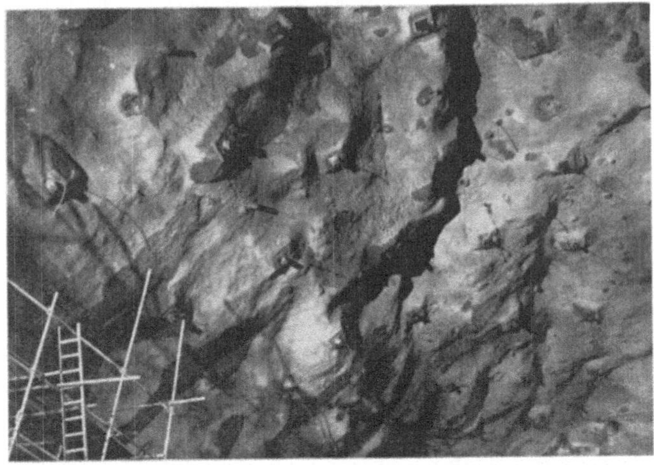

Abb. 30. Ausbruch in der Kalotte nach Absicherung durch Felsanker und Spritzbeton. Zwischen den Felsankern die Bohrlöcher zur Entlastung gegen Bergwasserdruck

Cavern roof after installation of the rock anchors and sprayed-on concrete. The pattern of the drainage holes is visible between the heads of the anchors

Calotte après fin des travaux de soutènement au moyen de tirants en rocher et de béton projeté. On reconnaît entre les têtes d'ancrage le réseau des trous de drainage

Im einzelnen kann zu der beschriebenen Bauweise noch folgendes gesagt werden:

Der Abstand der Felsanker VSL, Type R, in Längsrichtung wurde mit 4,30 m und in Querrichtung des Hohlraumes mit 2,90 m gewählt. Die Länge der Felsanker liegt zwischen 11,0 und 13,0 m. In Zonen besonders schlechter Felsbeschaffenheit wurden zusätzliche Anker in der Länge von 20,0 m versetzt.

Jedes zum Versetzen der Felsanker notwendige Bohrloch von 115 oder 102 mm wurde durch einen Abpreßversuch auf seine Dichtheit untersucht. Als zulässiger Wasserverlust wurde 1 l/min/m bei einem Druck von 10 atü angenommen. Bei Überschreitung dieses Grenzwertes wurde mit Hilfe von Injektionen mit Zementmilch abgedichtet. Mit Ausnahme weniger Bohrlöcher mußten alle (manche sogar zwei- oder dreimal) injiziert werden.

Umgerechnet auf die mittlere Stärke des Traggewölbes, die mit 9,0 m angenommen werden kann, wurden 6 kg Zement pro Kubikmeter Fels zur Abdichtung und Verfestigung benötigt.

Die Einführung der Felsanker in das Bohrloch erfolgte mit Hilfe einer Druckluftwinde und einer Rolle am Bohrlochmund. Da die Anker mit Ausnahme der Verankerungsstrecke durch einen Plastikschlauch geschützt sind, bildete die Einführung langer Anker keine Schwierigkeiten, sofern die Vortriebsstollen genügend Raum boten, damit die Anker nicht zu stark abgebogen werden mußten.

Die Übertragung der Vorspannkräfte durch Haftung wird durch fünf spindelartige Aufweitungen auf 3 m Ankerlänge verbessert. Zur Injektion der Verankerung wurde Zementmilch mit einem Mischungsverhältnis Wasser : Zement = 0,4 und einem Zusatzmittel Intraplast (2 % des Zementgewichtes) unter 10 atü eingepreßt.

Während die ersten Felsanker mit normalem Zement verankert wurden und somit erst nach 21 Tagen vorgespannt werden konnten, wurde — da dies im Hinblick auf das Verhalten des Gebirges wünschenswert erschien — Spezialzement verwendet, um bereits nach sechzehn Tagen vorspannen zu können. Diese Frist konnte im weiteren noch um fünf Tage verringert werden.

Die endgültige Injektion der Spanndrähte in der Plastikhülle nach dem Vollausbruch und dem Abflauen des Gebirgsdruckes stellt einen Korrosionsschutz dar. Aus baulichen Gründen betrug die Frist zwischen der ersten Injektion (Verankerung) und der zweiten (Korrosionsschutz) im ungünstigsten Fall achtzehn Monate. Wasseranalysen ergaben trotz der stark inkrustierenden Eigenschaften des Bergwassers ein günstiges Resultat. Ein starkes Verrosten der freiliegenden gespannten Kabel brauchte daher nicht befürchtet zu werden.

Mit der zweiten Injektion (Korrosionsschutz) der Felsanker geht die Möglichkeit verloren, die Spannkräfte zu überprüfen und nach Wunsch zu verändern. Da der Bestand der Vorspannung jedoch auf Jahrzehnte hinaus gesichert werden muß, ergibt sich die Notwendigkeit, das Verhalten derselben ständig überprüfen zu können. Aus diesem Grund wurde eine Reihe von Felsankern als Meßkabel ausgebildet. Bei diesen wurde für die zweite Injektion ein flüssiges Korrosionsschutzmittel (Kunstharz) an Stelle der Zementmilch verwendet. Kontrollmessungen an diesen Felsankern können in gewissen Zeitabständen ohne Schwierigkeit durchgeführt werden. Die Meßkabel wurden in Querschnitten angeordnet, wo auch Extensometer zur Bestimmung der Felsverschiebungen vorgesehen wurden.

7. Messung der Felsverschiebungen

Zur Überwachung der Felsbewegungen im Kavernenraum wurden vier Meßquerschnitte und je ein repräsentativer Meßpunkt in den Stirnwänden festgelegt (siehe Abb. 9).

Bei den eingebauten Meßgeräten handelt es sich um achtzehn einfache und zehn mehrfache Extensometer von 28,0 m Länge.

Die Meßstationen 27,40, 61,80, 83,30 und 117,70 wurden mit Einfachextensometern, Bohrlochdurchmesser 45 mm (Type Monta-Mess, Gesellschaft für angewandte Physik, München), ausgerüstet, welche es erlaubten, die Felsverschiebungen, bezogen auf den Ankerkopf in 27,0 m Tiefe, an der Oberfläche des Hohlraumes zu bestimmen. Es kann angenommen werden, daß in dieser Tiefe die Verschiebungen klein genug sind, um als vernachlässigbar betrachtet zu werden. Die Geräte selbst bestehen im wesentlichen aus einem verkeilten Ankerkopf, von dem aus mit Hilfe eines Gestänges die Verschiebungen am Meßkopf (äußeres Bohrlochende) an der Leibung abgelesen werden können. Letzterer besteht aus einer Ankerplatte und einem Potentiometer. Die Ablesungen können für alle Geräte am Meßkopf selbst oder in der Meßzentrale vorgenommen werden (Meßgenauigkeit ± 0,1 mm).

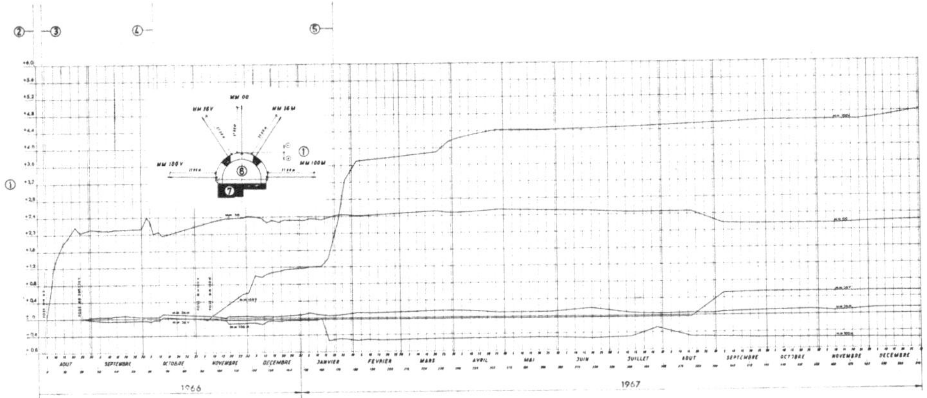

Abb. 31. Meßstation 27,40 mit Einfachextensometern. Felsverschiebungen

1 Verschiebungen in Millimetern; *2* und *3* Stollenausbruch 6 *V* und 6 *M*; *4* Ausbruch des oberen, *5* des unteren Kerns; *6* oberer, *7* unterer Kern

Measuring station at 27.40 point, equiped with simple extensometers, rock displacements

1 displacements in millimetres; *2* and *3* tunnel excavations 6 *V* and 6 *M*; *4* excavation of the upper (*6*) core, *5* of the lower (*7*) core

Station de mesure 27.40 équipée de télérocmètres simples. Déplacements de la roche

1 Déplacement de la roche en millimètre; *2* abattage galerie 6 *V*; *3* abattage galerie 6 *M*; *4* abattage noyau supérieur (*6*); *5* abattage noyau inférieur (*7*)

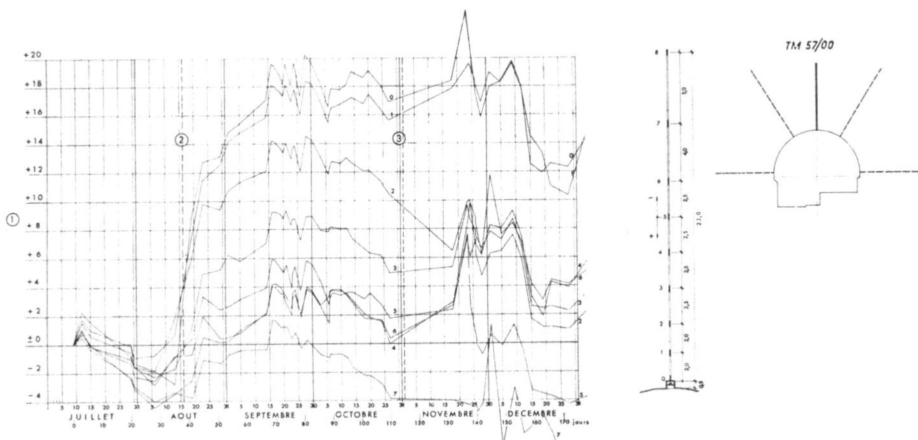

Abb. 32. Meßstation 57,50 mit Mehrfachextensometern. Felsverschiebungen

1 Verschiebungen in Millimetern; *2* Stollenausbruch 6 *M* und 6 *V*; *3* Ausbruch des oberen Kerns

Measuring station at 57.50 point, equiped with multiple extensometers. Rock displacements

1 displacement in millimetres; *2* tunnel excavation 6 *M* and 6 *V*; *3* excavation of the upper core

Station de mesure 57.50 équipée de télérocmètres multiples. Déplacements de la roche

1 Déplacement de la roche en millimètre; *2* abattage galerie 6 *M* et 6 *V*; *3* abattage noyau supérieur

Das Einsetzen der Geräte erfolgte in Abhängigkeit vom Fortschritt der Bauarbeiten unmittelbar nach dem Ausbruch der Längsstollen, in denen die Telerocmeter angeordnet wurden. Die durch den Abbau der Längsstollen verursachten Verschiebungen konnten dadurch nicht erfaßt werden. Abb. 31 zeigt für die Meßstation 27,40 die Größenordnung der Verschiebungen und den Einfluß der wesentlichen Bauphasen (Abbruch der Längsstollen 6 *M* und 6 *V*; Abbau der Strosse, oberer und unterer Kern) auf die Formänderung der Kavernenleibung.

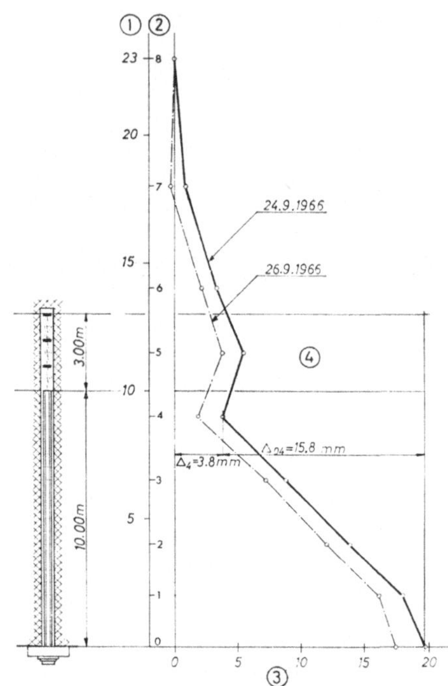

Abb. 33. Meßstation 57,50: Mehrfachextensometer im First. Felsverschiebungen vom 24. und 26. September 1966 nach Ausbruch der Vortriebsstollen 6 *M* und 6 *V*

1 Tiefe in Metern; *2* Meßpunkt; *3* Verschiebung in Millimetern; *4* Ankerzone

Measuring station at 57.50 point: multiple extensometers in the roof. Rock displacements during 24th and 26th September 1966 after cutting out galleries 6 *M* and 6 *V*
1 depth in metres; *2* measuring point; *3* displacement in millimetres; *4* anchor zone

Station de mesure 57.50: télérocmètres multiples en calotte. Déplacements de la roche du 24 et 26 septembre 1966 après abattage des galeries d'avancement 6 *M* et 6 *V*

1 profondeur en mètre; *2* points de mesure; *3* déplacements en millimètre; *4* zone d'ancrage

Während der Abbau des Kerns auf die Verschiebungen im Bereich der Kalotte praktisch keinen Einfluß hatte, traten an den Längswänden bis nach dem Ausbruch des unteren Kerns größere Verschiebungen von einigen Millimetern auf. In anderen Meßstationen konnten teilweise Verschiebungen von 1 bis 2 cm abgelesen werden. In der Zwischenzeit sind diese ziemlich lang dauernden Verschiebungen zum Stillstand gekommen.

In den Meßstationen 57,50 und 113,40 wurden Mehrfachextensometer (Type Terrametrics) eingebaut. Die über eine Länge von 27 m verteilten acht Meßpunkte (siehe Abb. 32) wurden beim Zusammenbau der Meßkette durch ein Plastikrohr im gewünschten Abstand gehalten.

In Abb. 32 ist der zeitliche Verlauf der Verschiebungen des Telerocmeters im Scheitel der Meßstation dargestellt. Das Diagramm vom 24. und 26. September 1966 (Abb. 33) zeigt in der Zeit nach dem Abbruch der Stollen 6 *M* und 6 *V* zwischen den Meßpunkten 4 und 0 eine beinahe linear verlaufende Verschiebung von ungefähr 16 mm. Die zahlreichen Meßwerte, die mit Hilfe von Mehrfachextensometern erhalten werden, sind besonders interessant während der Periode des Ausbruches, da sie die Umbildung zu einem neuen Gleichgewichstzustand im Fels zu beobachten erlauben.

Eine gewisse Anzahl der Rocmeter wurde mit Temperaturfühlern ausgestattet. Für die dauernde Überwachung des Verhaltens des Gebirges nach der Inbetriebnahme wurden sämtliche Einfachextensometer mit Warngeräten ausgerüstet, die die Überschreitung eines als zulässig betrachteten Verschiebungswertes unmittelbar anzeigen.

Die Meßgeräte waren ohne Zweifel während des Ausbruches von großem Nutzen, da man an Hand der Ablesungen das Verhalten des Gebirges beurteilen und zeitgerecht durch bauliche Maßnahmen eingreifen konnte. Insbesondere mußten an einigen Stellen in Zonen mechanisch entfestigten Gebirges zusätzliche längere Felsanker angeordnet werden, da die Profilform beim weiter fortgeschrittenen Ausbruch in statischer Hinsicht ungünstig verändert wurde.

8. Erschütterungsmessungen während des Ausbruches

Die während der Ausbrucharbeiten durchgeführten Erschütterungsmessungen in der Kaverne hatten den Zweck, die mechanische Wirkung von Sprengerschütterungen auf das Gebirge, auf die Spannkräfte in den Felsankern und auf die umliegenden oberirdischen Gebäude an der Geländeoberfläche zu untersuchen; sie wurden beim Beginn der Sprengarbeiten für den Abbruch des oberen Kerns durchgeführt. Die dabei zur Sprengung gebrachten Ladungen waren in der Größenordnung von einigen hundert Kilogramm.

Zur Beantwortung der Frage nach der Wahrscheinlichkeit von Beschädigungen von Gebäuden verschiedener Bauart sind heute gewisse Richtwerte vorhanden, welche durch zahlreiche Messungen bestätigt worden sind. Die charakteristische (und gemessene) Größe ist die Schwingungsgeschwindigkeit, d. h. die Bewegungsgeschwindigkeit eines Punktes beim Durchgang der Erschütterung.

Die durchgeführten Messungen sollten bestätigen, daß die gewählte, für den Arbeitsfortschritt vorteilhafte Sprenganordnung keine ungünstigen Folgen mit sich bringt.

Die Beurteilung der Erschütterungswirkung auf den Fels und auf Felsanker ist bisher nur wenig untersucht worden, so daß genormte Richtwerte nicht zur Verfügung stehen[1]. Eine Abschätzung der möglichen Schadenswirkung kann daher derzeit nur auf rechnerischem und empirischem Wege erfolgen. Richtwerte werden erst nach Durchführung einer großen Anzahl von Messungen in unterirdischen Bauwerken angegeben werden können.

Bei allen Meßpunkten wurden die Schwingungs-Geschwindigkeiten in drei zueinander senkrechten Richtungen gemessen. Daraus lassen sich Richtung und Größe des Gesamtvektors bestimmen. Außerhalb der Kaverne wurde nur die vertikale Komponente beobachtet.

Die Auswertung der Meßergebnisse erfolgte für zwei Sprengungen — eine mit etwa 200 kg Sprengstoff, eine zweite mit etwa 400 kg. Die Zünder waren in fünf Intervalle mit Verzögerungen von etwa 30 Millisekunden abgestuft. Für die Meßpunkte wurden repräsentative Stellen innerhalb und außerhalb des Hohlraumes gewählt. Beide Abschläge wurden mit einer Meßstelle im First des Hohlraumes erfaßt. Für die Erschütterungsintensitäten in den Meßpunkten der Kavernenleibung ergaben sich Werte in der Größenordnung von etwa 10 mm/sec. Diese verhältnismäßig geringen Werte erklären sich wahrscheinlich daraus, daß das Gewölbe der Kaverne und die Felsanker im Schatten des abschirmenden Hohlraumes lagen. Die Erschütterungen, denen der Kern selbst ausgesetzt ist, für welchen Werte bis zu 41 mm/sec gemessen wurden, konnten sich somit auf das Gewölbe nicht voll auswirken. An der Meßstelle im Zugangsstollen, die als repräsentativ für das Felsinnere betrachtet werden konnte, ergaben sich Werte unter 5 mm/sec.

Interessanterweise waren die an einem Felsanker festgestellten Schwingungen in der vornehmlich wirksamen, vertikalen Richtung für beide Sprengungen von der gleichen Größenordnung, obwohl für den zweiten Abschlag doppelt soviel Sprengstoff verwendet wurde. Dies kann auf die zeitliche Staffelung der Zündung zurückgeführt werden. Jede Explosion regte zwar eine beträchtliche Schwingung an, die jedoch innerhalb von 30 Millisekunden bereits wesentlich abgeschwächt wurde. Eine statische Abschätzung der Wirkung der Schwingungen auf die Spannkräfte in den Felsankern ergab — unter der Annahme elastischen Verhaltens des Gebirges —, daß diese vernachlässigbar klein sind. Die dynamische Wirkung konnte auf Grund der aus den Meßwerten bestimmbaren Beschleunigung von 160 cm/sec^{-2} mit etwa 13 t Zusatzlast angegeben werden, ein Spitzenwert, der nur einige tausendstel Sekunden lang wirksam ist.

Nimmt man an, daß Fels und Felsanker zusammen ein Milieu bilden, das mit einer massiven Eisenbetonkonstruktion vergleichbar ist, dann können, da gemäß den Richtlinien für leichtere armierte Bauten 20 bis 25 mm/sec für Frequenzen zwischen 7 und 100 Hertz als tragbar betrachtet werden, die bei den Sprengungen gemessenen Werte von 9 bis 10 mm/sec dem Fels ohne weiteres zugemutet werden, selbst wenn bei einzelnen Sprengungen höhere Werte erreicht werden sollten.

Abschließend kann gesagt werden, daß die beobachtete Beeinflussung der Ankerkräfte im Vergleich zu denen, welche auf eine langsame Spannungsumlagerung zurückzuführen sind, als nicht entscheidend betrachtet werden können. Auch für die umliegenden oberirdischen Gebäude bestand keine Gefahr; die Geschwindigkeiten im Raum erreichten im ungünstigsten Falle einen Wert von etwa 3,5 mm/sec. Die Messungen wurden von der Gesellschaft Geotest AG, Bern, durchgeführt.

9. Bestimmung von Kennwerten des Grundgebirges

Zur Berechnung der Felsauskleidung von Hohlräumen sind gewisse Kennwerte erforderlich, welche das statische Verhalten des Felsen charakterisieren. Da das Gebirge ein geklüftetes Medium mit stark unterschiedlichen Eigenschaften darstellt, ist es nicht leicht, für alle notwendigen Größen repräsentative Kennwerte zu finden. Es handelt sich dabei im wesentlichen um die Bestimmung von Raumgewicht, Elastizitäts- und Verformungsmodul, Poissonsche Zahl, Winkel der inneren Reibung und Kohäsion. Die Güte jeder Berechnung hängt von der Genauigkeit dieser Werte ab. Dabei darf nicht übersehen werden, daß auch bei wissenschaftlich einwandfreier Bestimmung dieser Werte die Möglichkeit nicht auszuschließen ist, daß gewisse Mängel im Gefüge unentdeckt bleiben. Verhältnismäßig leicht kann nur das Raumgewicht des Felsens ermittelt werden.

Um zuverlässige Werte für die erwähnten Größen zu erhalten, ist denjenigen Verfahren der Vorzug zu geben, welche auf einer Prüfung des gesamten Felsen beruhen. Statische Felsuntersuchungen zur Erfassung des in-situ-Charakters des Gebirges sind — soweit möglich — so durchzuführen, daß sie einer Felsbeanspruchung entsprechen, die auch der vom Bauwerk verursachten weitgehend entspricht.

Im vorliegenden Fall wurden außer den üblichen Untersuchungen zur Bestimmung von Raumgewicht, Gebirgsfestigkeit, Kohäsion und Reibungswinkel folgende Messungen durchgeführt:

9.1 Geoseismische Untersuchungen

Sie waren dazu bestimmt, Schwächezonen im Gebirge aufzufinden sowie eine grobe Klassifizierung der Felsqualitäten zu geben, um die vorteilhafteste Lage der Kaverne festlegen zu können. Außerdem lieferten sie Werte für die elastischen Konstanten des Felsen, den dynamischen Elastizitätsmodul und die Poissonsche Zahl. Die später durchgeführten statischen Untersuchungen bestätigten einmal mehr, daß es sehr problematisch ist, dynamisch ermittelte Kennwerte zur Einschätzung des statischen Formänderungsverhaltens heranzuziehen.

Die Messungen wurden im Sondierstollen auf die Länge von ungefähr 200 m im ursprünglich für die Kaverne vorgesehenen Bereich durchgeführt. Später wurde die Kavernenachse etwa 50 m nördlich, annähernd parallel zu diesem Stollen, festgelegt.

Mit Ausnahme von drei kurzen Strecken von jeweils annähernd 10 m Länge ergab sich ein ziemlich einheitliches und günstiges Bild von der Felsbeschaffenheit. Der mittlere dynamische Elastizitätsmodul betrug 330 t/cm², die Querdehnungszahl $\mu = 1/m = 0{,}26$.

In den schlechteren Zonen, die wahrscheinlich beim Ausbruch durch stärkere Sprengstoffladungen mehr aufgelockert wurden, ergab sich ein Modul von 230 t/cm^2 und $\mu = 0{,}34$. Die Auflockerungszone erstreckte sich auf eine Tiefe von 1,50 bis 3,00 m. Die ermittelten Werte waren überraschend hoch für einen Fels dieser Qualität.

9.2 Druckplattenversuche in situ

Sie dienten dazu, Werte für die Beurteilung des Formänderungsverhaltens des Gebirges im Bereich der Kaverne und des Druckschachtes (max. Innendruck 100 atü) zu erhalten. Die hierfür ausgewählten Meßstellen lagen bei der Einmündung des Druckschachtes in die Zentrale. Die Versuche selbst wurden mit hydraulischen Pressen vertikal und horizontal durchgeführt (Druckplatten 40 × 40 cm, maximale Belastung 250 t).

Auf Grund der geringen Anzahl der Meßstellen und der starken Verschiedenheit der Meßergebnisse war es nicht möglich, für den Elastizitäts- und Verformungsmodul verläßliche Werte zu erhalten. Die Versuche brachten vielmehr deutlich die starken örtlichen Unterschiede in der Beschaffenheit des Grundgebirges zum Ausdruck. Die ermittelten Werte lagen mit einer Ausnahme weit unter jenen der seismischen Messungen und bewegten sich in der Größenordnung zwischen 50 und 100 t/cm^2. Bei einem Langzeitversuch konnte festgestellt werden, daß die Verformungen nach sechs Stunden praktisch aufhörten. Während dieser Zeit betrug die Verschiebung 0,5 mm, d. h. 17 % der Verschiebung unmittelbar nach der Lastaufbringung.

Die verhältnismäßig kleinen Elastizitäts- und Verformungsmoduln sind auf die Heterogenität des Gebirges, besonders aber auf das Füllmaterial der Klüfte (Lehm und Mylonit), zurückzuführen. Diese Werte allein für die Beurteilung des Verhaltens des Gebirges heranzuziehen, reicht keinesfalls aus. Untersuchungen auf der Baustelle zeigten ferner, daß nicht damit zu rechnen ist, durch Auswaschungen das Füllmaterial aus den Klüften entfernen zu können, so daß durch Injektionen keine wesentliche Verbesserung der Verformungseigenschaften des Gebirges zu erwarten war. Auf Grund dieser Ergebnisse wurde auch entschieden, bei der Bemessung der Druckschachtauskleidung auf die Mitwirkung des Gebirges zu verzichten.

9.3 Druckplattenversuche mit Hilfe der Felsanker der Kaverne

Die Untersuchungen im Sondierstollen zeigten deutlich den stark unterschiedlichen Charakter des Gebirges. Eine Gesamtbeurteilung des Formänderungsverhaltens des Felsen erschien nur auf Grund zahlreicher Messungen, die eine statistische Auswertung der Ergebnisse zulassen, möglich. Deshalb wurden die zahlreichen an der Kavernenleibung versetzten Felsanker zur Verformungsmessung herangezogen und die Einsenkung der Druckplatten des Ankerkopfes während der Vorspannung an 205 Felsankern gemessen. Die Größe der mittleren Pressung auf den Fels unter der starren Druckplatte des Ankerkopfes betrug allerdings nur 34 kg/cm^2. Es war mit dem Arbeitsfortschritt nicht vereinbar, ein mehrere Zyklen umfassendes Be- und Entlastungsprogramm durchzuführen. Die Messungen der Verschiebungen erfolgten von einem Meßgestänge aus, welches an der Sohle der Vortriebsstollen unverschiebbar gelagert war. Infolge der radialen Anordnung der Felsanker wurden die Verschiebungen nach allen Richtungen gemessen. Auf diese Art konnte ein ziemlich vollkommenes Bild von der Beschaffenheit des Felsen erhalten und örtliche Gefügemängel entdeckt werden. Der von der Vorspannung der Felsanker betroffene Bereich entspricht der Dicke des Traggewölbes (im Durchschnitt etwa 10,00 m) um den Hohlraum. Es konnte somit für den Hohlraum eine geostatische Kartierung durchgeführt werden, wobei die Lastverschiebungsdiagramme als Kriterium für die Felsbeschaffenheit dienten. Die Auswertung der Ergebnisse stimmte mit der geologischen Kartierung, die laufend mit dem Ausbruch erfolgte, gut überein. Infolge der stark heterogenen Eigenschaften des Gebirges wurde davon abgesehen, den Güteklassen des Felsens nach geologischen Gesichtspunkten verschiedene Elastizitätsmoduln zuzuordnen.

Die angegebenen Werte entsprechen dem Formänderungszustand unter dem Einfluß der Vorspannung. Es darf nicht übersehen werden, daß im Traggewölbe nach einer gewissen Zeit höhere und anders gerichtete Spannungen auftreten als die, welche der Beanspruchung durch die Felsanker in radialer Richtung entsprechen.

Interessanterweise war festzustellen, daß in dem horizontal geschichteten, engklüftigen Gestein die Verformbarkeit sich verhältnismäßig wenig mit der Richtung veränderte. Die Werte der berechneten Elastizitätsmoduln sind gering. Die Größtwerte für den E-Modul ergaben sich für eine Neigung von etwa 45^0 zu den gewell-

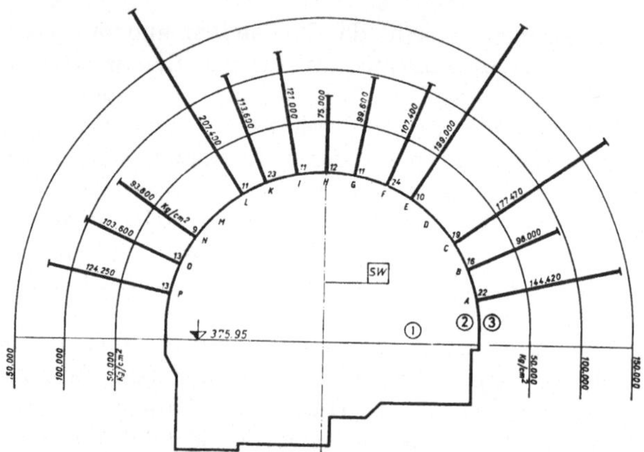

Abb. 34. Elastizitätsmodul in Abhängigkeit von der Richtung. Mittelwerte von 205 Meßpunkten

1 Maschinenboden; *2* Meßstelle; *3* Zahl der Messungen

Diagram of the modulus of elasticity as a function of the direction. The mean valve was established from 205 measurements

1 machine level; *2* measuring point; *3* number of measurements

Diagramme du module d'élasticité en fonction de la direction. Valeur moyenne établie sur la base de 205 mesures

1 plancher des machines; *2* rang; *3* nombres de mesures

ten, jedoch annähernd horizontalen Schichtflächen. Diese Feststellung ist offenbar auf die vorhandene Schichtung und Klüftung zurückzuführen. Abb. 34 gibt einen Überblick über die erhaltenen Mittelwerte des E-Moduls bei kurzzeitiger Belastung (bezogen auf die Gesamtlänge der Kaverne) in Abhängigkeit von der Richtung. Da die Anisotropie in bezug auf die elastische und plastische Verformbarkeit des Gebirges nur wenig zum Ausdruck kam, wurden bei der Standberechnung und bei den Modellversuchen isotrope Eigenschaften angenommen.

Abschließend sei noch erwähnt, daß weitere ergänzende Aufschlüsse durch Schallmessungen in den Bohrlöchern der Felsanker erhalten wurden.

Literatur

[1] Blind, H.: Kaverne und Stollen des Pumpspeicherwerkes Vianden. Die Wasserwirtschaft *58*, Nr. 6, 1966.

[2] Caquot, A. et J. Kerisel: Traité de Mécanique des sols. Paris: Gauthier-Villars 1949.

[3] CETP: L'aménagement hydro-électrique Hongrin-Léman. Cours d'eau et d'énergie *58*, No. 8/9, 1966.

[4] Folberth, P. J.: Beitrag zur rechnerischen Ermittlung der Spannungszustände in Felsbauwerken. Felsmechanik und Ingenieurgeologie, Supplementum II, S. 25, Wien · New York: Springer 1965.

[5] Hacar, M. A., and F. Muzas: Calculation of the action of anchoring bolts in galleries of circular cross-section. 8th Int. Congr. large Dams, Vol. 1, pp. 973—983, Edinburgh 1964.

[6] Kastner, H.: Statik des Tunnel- und Stollenbaues. Berlin: Springer 1962.

[7] Knill, J, L., J. A. Franklin, and D. R. Raybold: A study of the stress distribution around rock bolt anchors. 1st Int. Congr. Rock Mech., Vol. 2, pp. 341—345, Lisbon 1966.

[8] Lambert, R. H. et L. W. Cousin: Evolution du projet d'aménagement de la chute Hongrin-Léman. Bulletin technique de la Suisse Romande *91*, No. 24, 1965.

[9] Lang, T.: Theory and practice of rock bolting. Trans. Amer. Inst. Mining Met. Engrs., Mining Div., Vol. 223, pp. 333—348, 1962.

[10] Lang, Th. A.: Rock behavior and rock bolt support in large excavations. Symposium on underground power stations, New York, October 1957.

[11] Langer, M.: Das Problem des Zusammenhanges zwischen dynamisch und statisch ermittelten Materialkennwerten in Anwendung auf den Felshohlbau. Felsmechanik und Ingenieurgelogie, Supplementum II, S. 109, Wien · New York: Springer 1965.

[12] Luthi, H. und H. Fankauser: Beitrag zur Entwicklung von Kavernenbauten. Wasser- und Energiewirtschaft *59*, Nr. 8/9, 1967.

[13] Müller, L.: Der Felsbau. Band 1, Stuttgart: Enke-Verlag 1963.

[14] Müller, L.: Die technischen Eigenschaften des Gebirges und ihr Einfluß auf die Gestaltung von Felsbauwerken. Schweiz. Bauzeitung *81*, H. 9, 1963.

[15] Müller, L. und F. Pacher: Modellversuche zur Klärung der Bruchgefahr geklüfteter Medien. Felsmechanik und Ingenieurgeologie, Supplementum II, S. 7, Wien · New York: Springer 1965.

[16] Ott, J.-C.: Les ancrages en rochers ou dans le sol et les effets de la précontrainte. Bulletin technique de la Suisse Romande *93*, No. 4/5, 1967.

[17] Pfisterer, E.: Die Bauarbeiten für die Unterstufe des Holzenwaldwerkes. Die Wasserwirtschaft *55*, H. 9, 1965.

[18] Rabcewicz, L. von: Die Ankerung im Tunnelbau ersetzt bisher gebräuchliche Einbaumethoden. Schweiz. Bauzeitung *75*, Nr. 9, 1957.

[19] Rabcewicz, L. von: Österreichische Tunnelbauweise — Entstehung, Ausführung und Erfahrungen. Der Bauingenieur *40*, H. 8, 1965.

[20] Rabcewicz, L. von: Spritzbeton und Ankerung als Hilfsmittel zum Vortrieb und als endgültiger Tunnelausbau. Berg- und Hüttenmännische Monatshefte *106*, Nr. 5/6, 1961.

[21] Rabcewicz, L. von: Modellversuche mit Ankerung in kohäsionslosem Material. Die Bautechnik *34*, H. 5, 1957.

[22] Rabcewicz, L. von: Bemessung von Hohlraumbauten. Felsmechanik und Ingenieurgeologie, Supplementum II, S. 120, Wien · New York: Springer 1965.

[23] Schnitter, G.: Theoretische Grundlagen der Felsmechanik und geschichtlicher Rückblick. Schweiz. Bauzeitung *81*, H. 3, 1963, und Veröffentlichungen der Schweiz. Gesellschaft für Bodenmechanik und Fundationstechnik, Nr. 50, 1964.

[24] Sonntag, G.: Spannungsoptische und theoretische Untersuchungen der Beanspruchung geschichteter Gebirgskörper in der Umgebung einer Strecke. Forschungsberichte des Landes Nordrhein-Westfalen, Nr. 461, Köln: Westdeutscher Verlag 1960.

[25] Sattler, K.: Österreichische Tunnelbauweise — Statische Wirkungsweise und Bemessung. Der Bauingenieur *40*, H. 8, 1965.

[26] Segmüller, E.: Korrosion. Der Bauingenieur *42*, H. 1, 1967.

[27] Talobre, J.: La mécanique des Roches. Paris: Dunod 1957.

[28] Terzaghi, K.: Stresses in Rock about Cavities. Publication from the Gratuated School of Engineering Harvard University, Boston/USA, and Géotechnique, Vol. 3, pp. 57 to 90, 1952.

[29] Zienkiewicz, O. C.: The finite element method in structural and continuum Mechanics. London: McGraw-Hill-Company Ltd. 1967.

Anschrift des Verfassers: Dozent Dr. Othmar J. Rescher, Compagnie d'Etudes de Travaux Publics S. A., Rue Saint-Martin 7, 1003 Lausanne, Schweiz.

Felsmechanik u. Ingenieurgeol., Suppl. IV, 254—260 (1968)

Spannungsoptische Untersuchung für die Einbettung der Talsperre Hongrin-Süd (Schweiz)

Von

Othmar J. Rescher, Lausanne

Mit 4 Textabbildungen

(Eingegangen am 25. März 1968)

Zusammenfassung — Summary — Résumé

Spannungsoptische Untersuchung für die Einbettung der Talsperre Hongrin-Süd (Schweiz). Beim Aushub der Talsperre Hongrin-Süd wurden Felsschichten angetroffen, welche wesentlich nachgiebiger waren als ihre Umgebung. Zur Erzielung einer theoretisch gleichförmigen Einspannung der Mauer im Fels wurden spannungsoptische Versuche über die Spannungsverteilung im inhomogenen Felsuntergrund durchgeführt, über welche kurz berichtet wird.

Photoelastic Studies for the Foundation of the Hongrin South Dam (Switzerland). During the excavation for the foundations of the Hongrin South Dam a zone of Upper Cretaceous Marny Limestone (called "Couches rouges") with a much higher deformability than the Neocomian rock mass was encountered on the right bank. In order that the deformations of the dam in this zone should remain practically the same as for theoretical support in the Neocomian rock, the base of the foundation was enlarged. Photoelastic studies were carried out to verify the effect of this measure.

Etude photoélastique du barrage Hongrin Sud (Suisse). Lors de l'excavation de la fouille du barrage Hongrin Sud, on a rencontré sur l'appui rive droite une zone de calcaire marneux du Crétacé supérieur appelé "Couches rouges", plus déformable que l'ensemble du massif rocheux formé de Néocomien. Afin que les déformations du barrage dans cette zone restent sensiblement les mêmes que celles qui correspondraient à une assise théorique dans le Néocomien, le socle de fondation a été agrandi. L'étude photoélastique avait pour but de vérifier l'effet de cette mesure constructive.

Die beiden dünnwandigen nebeneinanderliegenden Kuppelmauern des Pumpspeicherwerkes Hongrin-Léman, welche das Hongrin- und Petit-Hongrintal abschließen, stützen sich auf eine Felsnase zwischen diesen Tälern ab. Beim Aushub für die Gründung der Staumauer Süd am rechten Ufer, im Bereich der Felsnase, ergab sich die unliebsame Überraschung, daß das Auflager der Mauer teilweise in einem wesentlich weicheren Fels (Kalkmergel aus der Oberen Kreide, genannt „couches rouges") zu liegen kam als das umliegende anstehende Gebirge aus dem Neokom.

Da bei der Berechnung beider Mauern aufgrund geologischer Aufschlüsse gleiche Einspannungsverhältnisse entlang der Einbettung angenommen wurden, ergab sich die Notwendigkeit, die Form der Einbindung der Staumauer Süd in dieser Zone so abzuändern, daß die Verformung der Staumauer praktisch einer theoretischen Einspannung im gleichfömigen Fels entspricht (Abb. 1).

Die spannungsoptischen Versuche für eine Konsole der Talsperre Süd hatten den Zweck, die Richtigkeit dieser Maßnahme zu untersuchen. Aus der Versuchsreihe

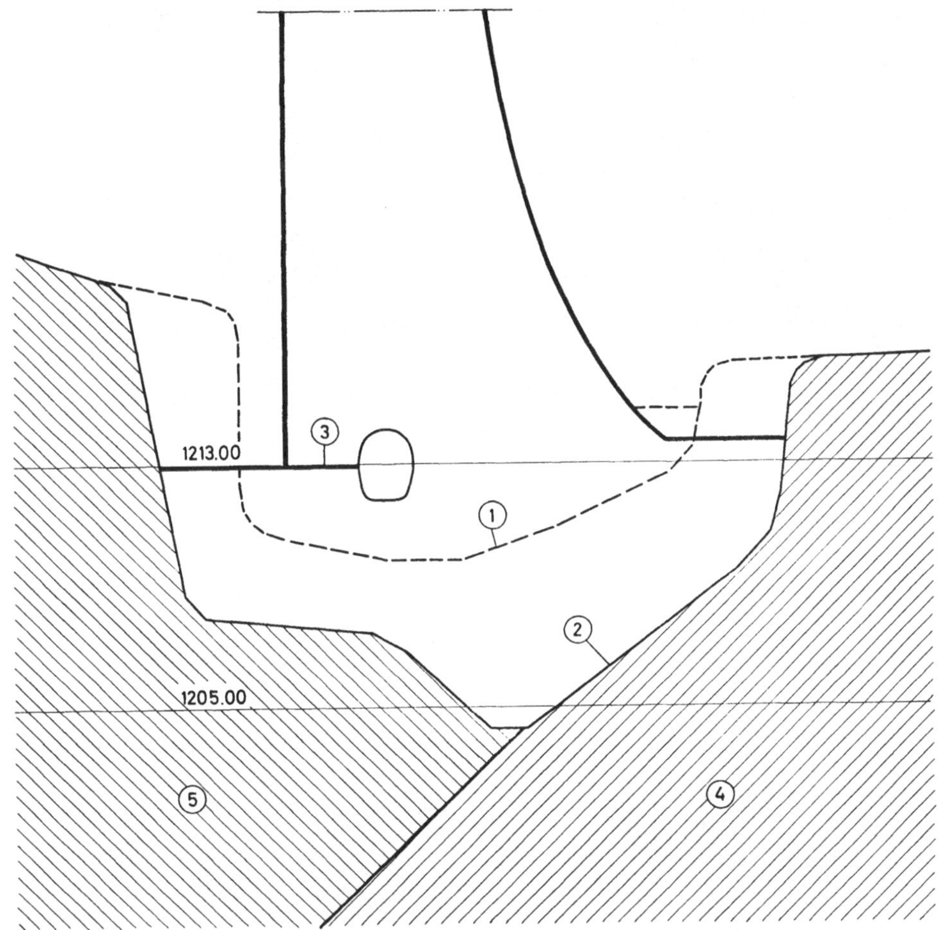

Abb. 1. Staumauer Hongrin-Süd. Querschnitt der Gründung im Bereich des Grundfelsen, zusammengesetzt aus Neokom und Oberer Kreide (couches rouges). Fuge 9—10, rechtes Ufer

1 ursprünglich vorgesehene Gründungssohle im homogenen Neokomfels; *2* abgeänderte Gründungssohle; *3* Basisfuge; *4* Neokom; *5* Oberkreide

Hongrin South Dam. Typical section of foundations on Neocomian and Cretaceous (couches rouges) rock. Joint 9—10, right bank

1 originally planned foundation line in homogeneous Neokomian rock; *2* changed foundation line; *3* base joint; *4* Neokomian; *5* Upper Cretaceous

Barrage Hongrin Sud. Profil-type des fondations sur roche composée de Néocome et de Crétacé (couches rouges). Joint 9—10, rive droite

1 fondation prévue dans du néocomien; *2* fondation modifiée; *3* joint de base; *4* néocomien; *5* couches rouges

greifen wir den ungünstigsten Lastfall, leeres Becken, heraus, bei welchem die Gefahr des Kippens der Mauer nach der Wasserseite besteht. Um den Einfluß der unterschiedlichen Eigenschaften des Grundgebirges deutlich erfassen zu können, wurde

P = 350 kg
1220
1215
1213
1210
1205
1200
1195
A
O
B
C
D
E
F
Eb
0,5
En = Eb
0,6
5,0 m.
5,0 m.

Abb. 2 a

P = 350 kg
1220
1215
1213
1210
1205
1200
1195
A
O
B
C
D
E
F
Eb
0,5
Ecr = 0,39 En
En = Eb
5,0 m.
5,0 m.

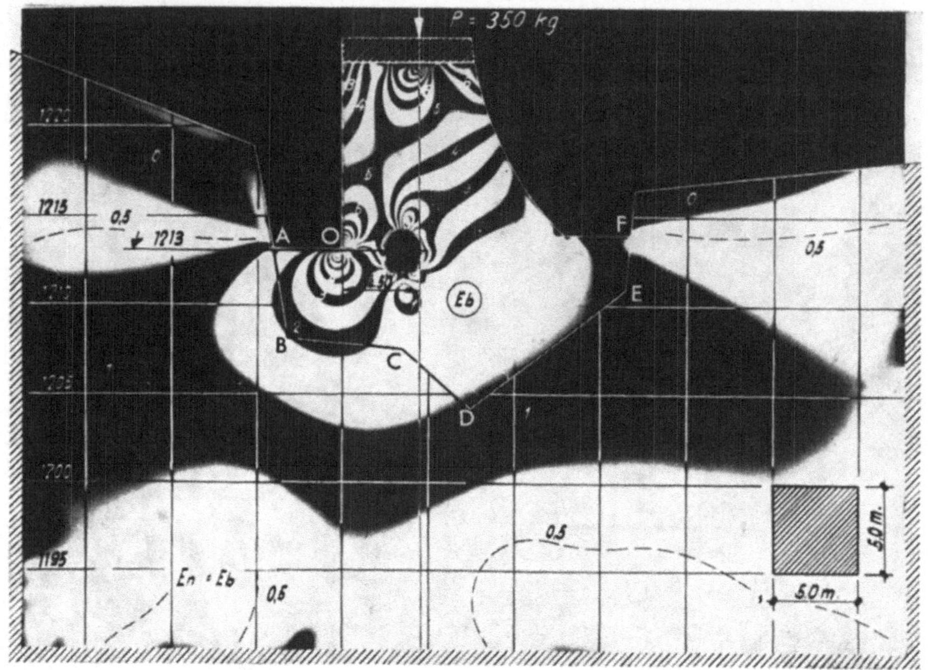

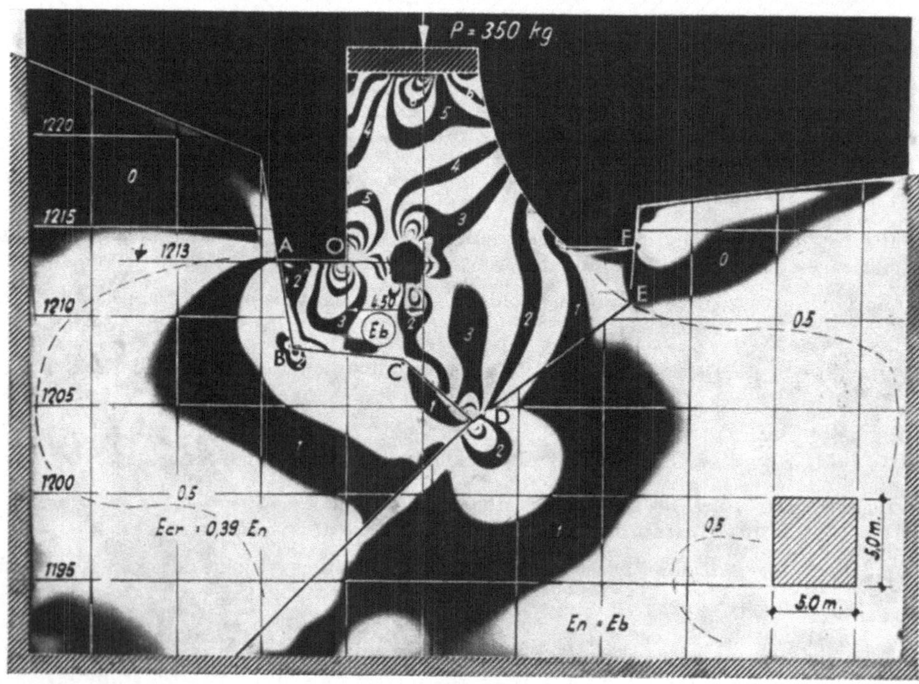

Abb. 2 b

eine vergleichende Untersuchung für eine Gründung mit homogenem Medium (Abb. 2 a) und mit zwei zusammengesetzten verschiedenen homogenen Medien (Abb. 2 b) durchgeführt.

Abb. 3 zeigt die Spannungsverteilung entlang der Gründungsfuge für homogenen Gründungsfels. Der Verlauf der Normal- und Tangentialspannungen ist günstig und weist keinerlei Überraschungen auf.

Im Falle des zusammengesetzten Gründungsfelsens sind die Spannungsdiagramme wesentlich verändert (Abb. 4). Es zeigte sich jedoch, daß die Spannungen hinsichtlich ihrer Größenordnung und Richtung unbedenklich sind. Die Spannungsspitzen in den Knickpunkten der Gründungsfläche werden in Wirklichkeit stark abgebaut, da diese in situ keine scharfen Ecken aufweist.

Die gleichzeitig mit jeder Spannungsuntersuchung durchgeführte Messung der Verschiebungen des wasser- und luftseitigen Mauerfußes in vertikaler Richtung ergab, daß die Verbreiterung der Gründung den gewünschten Erfolg brachte und von einer neuerlichen Berechnung des Bauwerkes abgesehen werden konnte. In diesem Sinne wurde die Gründung auch ausgeführt.

Abb. 2 a und b. Staumauer Hongrin-Süd. Lastfall: leeres Becken. Isochromatenbild bei zirkular polarisiertem Natriumlicht. Modellmaterial CR 39

a) Modell I: Grundfels homogen (Neokom):

$$\frac{E_n}{E_b} = \frac{E_{\text{neokom}}}{E_{\text{beton}}} = 1{,}0$$

b) Modell II: Zusammengesetzter homogener Grundfels:

$$\frac{E_n}{E_b} = \frac{E_{\text{neokom}}}{E_{\text{beton}}} = 1{,}0; \qquad \frac{E_{cr}}{E_b} = \frac{E_{\text{couches rouges}}}{E_{\text{beton}}} = 0{,}39$$

Hongrin South Dam. Loading condition: lake empty. Isochromatic pattern using a sodium light, with circular polarization. Material CR 39

a) Model I: rock assumed to be homogeneous (Neocomian):

$$\frac{E_n}{E_b} = \frac{E_{\text{neocomian}}}{E_{\text{concrete}}} = 1{,}0$$

b) Model II: composite rock (Cretaceous — Neocomian):

$$\frac{E_n}{E_b} = \frac{E_{\text{neocomian}}}{E_{\text{concrete}}} = 1{,}0; \qquad \frac{E_{cr}}{E_b} = \frac{E_{\text{couches rouges}}}{E_{\text{concrete}}} = 0{,}39$$

Barrage Hongrin Sud. Cas de charge: lac vide. Lignes isochromes à lumière de sodium polarisée circulairement. Matière CR 39

a) Modèle I: rocher supposé homogéne (Néocomien):

$$\frac{E_n}{E_b} = \frac{E_{\text{néocomien}}}{E_{\text{béton}}} = 1{,}0$$

b) Modèle II: rocher composé (Crétacé — Néocomien):

$$\frac{E_n}{E_b} = \frac{E_{\text{néocomien}}}{E_{\text{béton}}} = 1{,}0; \qquad \frac{E_{cr}}{E_b} = \frac{E_{\text{couches rouges}}}{E_{\text{béton}}} = 0{,}39$$

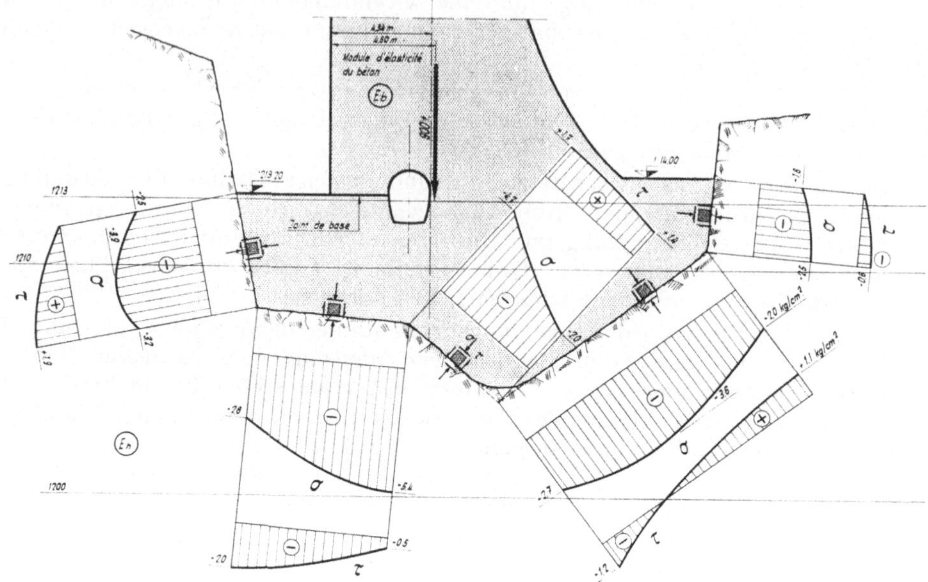

Abb. 3 a

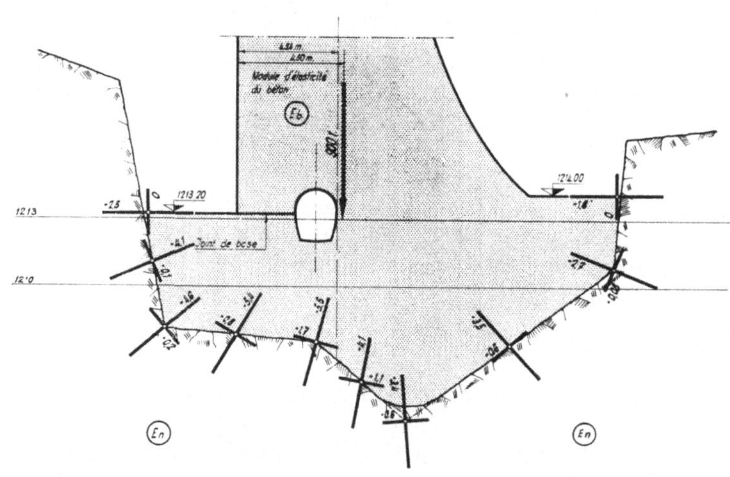

Abb. 3 b

Abb. 3 a und b. Staumauer Hongrin-Süd. Homogener Grundfels (Modell I). Lastfall: leeres Becken. a) Normal- und Tangentialspannungen in kg/cm² längs der Gründungsfläche. b) Hauptspannungen in kg/cm² längs der Gründungsfläche

Hongrin South Dam. Rock assumed to be homogeneous (Model I). Loading condition: lake empty. a) Normal and tangential stresses in kg/cm² along the length of the foundation. b) Principal stresses in kg/cm² along the length of the foundation

Barrage Hongrin Sud. Massif rocheux supposé homogène (Modèle I). Cas de charge: lac vide. a) Contraintes normales et tangentielles en kg/cm² le long de la fondation. b) Contraintes principales en kg/cm² le long de la fondation

Module d'élasticité
du béton
900 t
1213.20
1214.00
Joint de base
1210
1200
-3.7 kg/cm²
-7.1 kg/cm²
-24.0 kg/cm²

Abb. 4 a

Module d'élasticité
du béton
900 t
1213.20
1214.00
Joint de base
1213
1210
1200
+0.8 kg/cm²
-4.1 kg/cm²

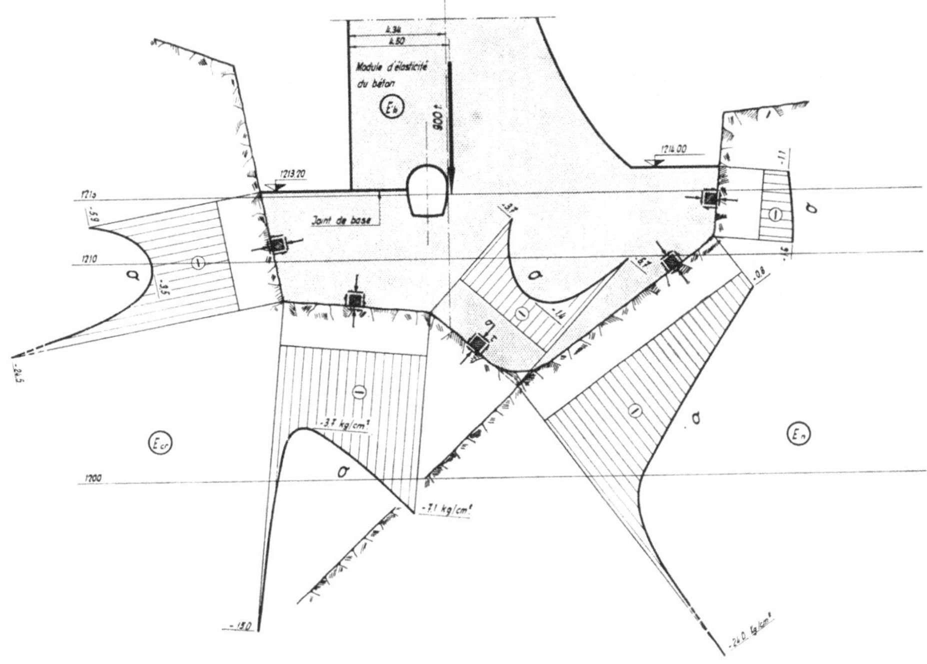

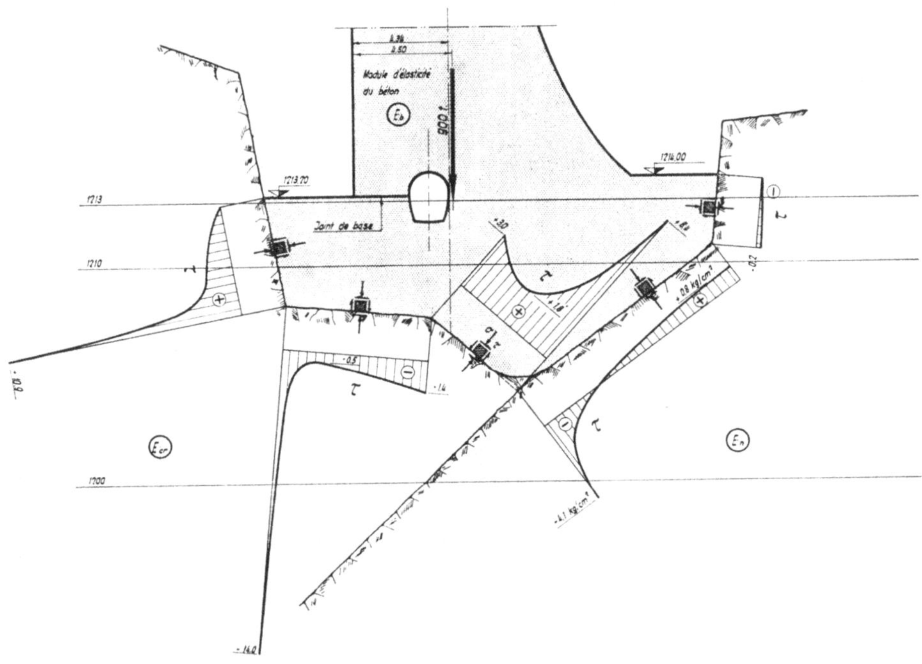

Abb. 4 b

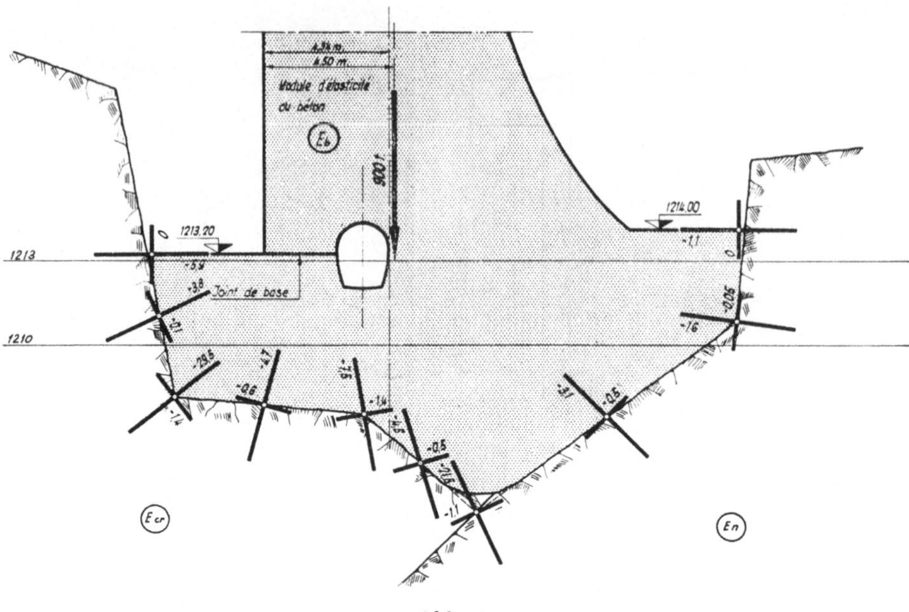

Abb. 4 c

Abb. 4. Staumauer Hongrin-Süd. Zusammengesetzter homogener Grundfels (Modell II). Lastfall: leeres Becken. a) und b) Normal- und Tangentialspannungen in kg/cm² längs der Gründungsfläche. c) Hauptspannungen in kg/cm² längs der Gründungsfläche

Hongrin South Dam. Composite rock (Cretaceous — Neocomian) (Modell II). Loading condition: lake empty. a) and b) Normal and tangential stresses in kg/cm² along the length of the foundation. c) Principal stresses in kg/cm² along the length of the foundation

Barrage Hongrin Sud. Massif rocheux composé de Crétacé et Néocomien (Modèle II). Cas de charge: lac vide. a) et b) Contraintes normales et tangentielles en kg/cm² le long de la fondation. c) Contraintes principales en kg/cm² le long de la fondation

Anschrift des Verfassers: Dozent Dr. Othmar J. Rescher, Compagnie d'Etudes de Travaux Publics S. A., Rue Saint-Martin 7, 1003 Lausanne (Schweiz).

Felsmechanik u. Ingenieurgeol., Suppl. IV, 261—268 (1968)

Felsbettung von Talsperren

Von

Eduard Gruner, Basel

(Eingegangen am 10. November 1967)

Zusammenfassung — Summary — Résumé

Felsbettung von Talsperren. Die Felsbettung einer Talsperre ist als Bestandteil der Erdkruste physikalischen und chemischen Einflüssen ausgesetzt. Im Raume des konzentrierten Potentialgefälles zwischen Ober- und Unterwasserspiegel werden diese verstärkt und beschleunigt. Symptome solcher verborgenen Vorgänge sind Sickerströme, Felsbrüche und Materialzersetzung sowie Bewegung von Sperre und Bettung. Aus vereinzelten Beobachtungen und Messungen über das Verhalten einiger Gewichts- und Gewölbemauern werden Erkenntnisse gesucht, die bei der Beurteilung neuer Sperrstellen wegleitend sein sollen. Für das Versagen einer Felsbettung, das den Bruch einer Talsperre bedingte, gibt es zwar nur wenige, aber einige tragische Beispiele.

Rock Foundations of Dams. The rock foundation of a dam is, as a component of the earth's crust, subject to physical and chemical influence as well as to tectonic changes. Such phenomena are accentuated and accelerated by the steep potential gradient between head water and tailwater. Visible indications of these processes are seepage, rock failure and decomposition of materials as well as movements of dam and foundation. A synthesis of observations and measurements of gravity and arch dams may aid constructive criticism of a proposed dam site. Failures of dam foundations are rare but some have had tragic consequences.

L'assise rocheuse d'un barrage. L'assise rocheuse d'un barrage est soumise aux influences physiques et chimiques qui agissent dans l'écore du globe, ainsi qu'aux effets tectoniques. Ces phénomènes s'accentuent et s'accélèrent dans l'espace entre le niveau d'eau de la retenue et celui de la rivière à cause d'une chute concentrée du potentiel aquifère. Ces événements cachés se manifestent seulement par des suintements, par la décomposition des matériaux ainsi que du rocher et par le mouvement du barrage et de son assise. Quelques observations et contrôles obtenus de barrages-poids et de barrages voûtes ont servi à l'établissement d'indices destiné à une critique ultérieure d'assise de barrage. Les exemples de rupture d'une assise rocheuse d'un barrage sont rares, mais parfois très tragiques.

1.

Der Talsperrenbau erlebt seit dem Anfang des 20. Jahrhunderts eine fortschreitende Entwicklung. Dabei wurde die Beanspruchung der Bettung immer größer und komplexer. Ursprünglich wurde diesen Kolossen von Talsperren eine zeitlose Betriebsdauer zugemutet. Talsperrenbrüche wurden menschlichem Versagen oder höherer Gewalt zugeschrieben. Heute erinnern verschiedene Ruinen von Stauanlagen an die Tatsache, daß Werke, die von Meistern des Ingenieurberufes geschaffen worden waren, plötzlich untergehen können. Menschliche Kühnheit und unerkanntes Verhalten von Bauteilen bedingen latente Gefahren in unserer technisierten Welt.

2.

Über das Altern der Talsperren geben ihr Verhalten im Betrieb und ihre sichtbaren Schäden Auskunft. Lehren können aus solchen Schäden gewonnen werden. Während Bauberichte rasch und häufig veröffentlicht werden, bleiben Betriebsberichte meist verborgen. Auch für den Außenstehenden bietet das vom Schweizerischen Nationalkomitee für Große Talsperren 1964 veröffentlichte Buch „Comportement des Barrages en Suisse" einen aufschlußreichen Einblick in das Verhalten großer Talsperren während ihres Betriebes. Es enthält Beobachtungen und Messungen an fünf Gewichtsmauern, nämlich:

Schräh, Wägital, 112 m, 1922—1924; *Rätherichsboden,* 94 m, 1948—1950; *Oberaar,* 100 m, 1951—1953; *Albigna,* 115 m, 1956—1959; *Grande Dixence,* 285 m, 1951—1962;
und an elf Bogenmauern, nämlich:

Spitallamm, Grimsel, 114 m, 1926—1932; *Rossens,* 83 m, 1944—1947; *Sambuco,* 130 m, 1952—1956; *Zervreila,* 150 m, 1953—1957; *Mauvoisin,* 237 m, 1951—1957; *Zeuzier,* 156 m, 1955—1956; *Moiry,* 148 m, 1956—1958; *Châtelot,* 74 m, 1951—1952; *Malvaglia,* 92 m, 1957—1958; *Isole,* 45 m, 1959—1960; *Sufers,* 58 m, 1959—1962.

Obwohl die Zahl dieser beobachteten Sperren klein ist im Verhältnis zur Zahl aller Sperren der Erde und alle im Alpenraum stehen, wird der Versuch gewagt, aus Bettung und Bautyp einige Erkenntnisse abzuleiten.

Dazu vorerst drei Beispiele:

3.

Die *Rätherichsboden*-Gewichtsmauer steht auf massigem Aaregranit. Ihr rechtes Widerlager wird von einer Störung im Fels durchquert, weshalb dort im Beton eine Blockfuge angeordnet wurde. Der Betonkörper bergseits dieser Fuge hat während der Betriebszeit eine unter 45 Grad zur Mauerachse gerichtete Bewegung talabwärts von 2,7 mm gemacht. Davon erfolgte ein Drittel bei der ersten Belastung, während der Rest seither gleichmäßig angewachsen ist.

4.

Die *Rossens*-Bogenmauer steht auf Miocaener-marine-Molasse. Ihre Schichten fallen unter 10 Grad nach talabwärts. Nahe der Oberfläche ist der Fels zerklüftet, während in der Tiefe Klüfte selten sind. Beim rechten Widerlager wurde eine tektonisch gestörte Zone erkannt. Versuche zeigten, daß die Verformbarkeit des Felsen senkrecht zu den Lagerflächen über 50 % größer ist als diejenige parallel zu den Lagerflächen. Unter Vollast zeigten sich in den ersten fünf Betriebsjahren stets unelastische Verformungen. Während weiterer fünf Betriebsjahre waren diese unwesentlich, hingegen waren sie in letzter Zeit wieder fühlbar. Die Verformung ist ungefähr proportional zur Belastung.

5.

Die *Zervreila*-Bogenmauer steht auf kristallinem Gneis. Die Bankung des Felsen streicht parallel zum Tal und fällt unter 20 Grad vom rechten zum linken Berghang ein. Der Fels war deshalb in Oberflächennähe rechts lose und links fest. Klüfte verlaufen längs und quer durch die Bettung. Sie stehen meist normal zur Oberfläche. Die größte Verformung zeigte sich im rechten Widerlager, wo die Felsbänke hangauswärts fallen. Nach zwei Betriebsjahren nahm die Sperre ein elastisches Verhalten an. Eine Fuge im Beton, die über einem Geländebruch im linken Ufer steht, öffnet sich jeweils beim Entleeren des Beckens.

6.

Aus einer systematischen Ordnung solcher Aussagen ergibt sich eine rudimentäre Erkenntnis über die gegenseitige Beeinflussung von Talperre und Bettung.

7.

Der *Auftrieb* zeigt sich in verschiedener Weise, je nachdem, ob der Fels massig oder geschichtet, feinklüftig oder grobklüftig ist. In der Bettung der Grande-Dixence-Gewichtsmauer von bis zu 210 m Breite folgte der Auftrieb dem Stand des Stauspiegels mit zeitlicher Verspätung. Die Spitallamm-Gewichtsmauer der Grimsel steht auf Aaregranit von guter Qualität und — weil dieser sehr undurchlässig ist — stellte sich der volle Auftrieb erst nach einigen Betriebsjahren ein. Die Albigna-Gewichtsmauer im Bergell steht ebenfalls auf Granit. Dieser hat Klüfte, die teils so fein sind, daß sie von Injektionen nicht gedichtet werden konnten und darum unter hohem hydrostatischem Druck stehen. Die Châtelot-Bogenmauer am Doubs steht auf klüftigem Jurakalk. In ihrer Bettung nahm der Auftrieb sukzessive ab, weil die Klüfte verkalkten. Wenn Sickerwasser chemisch gelöste Substanzen mitführt, so kann daraus auch die Gefahr erwachsen, daß beim Austritt in die freie Atmosphäre durch Druckentspannung, Abkühlung oder Verdunstung eine Ablagerung entsteht, wodurch ein sukzessiver Rückstau und Anstieg des Auftriebes erfolgt. Eine Felsbettung, die wasserlösliche Bestandteile enthält, wird anfangs infolge von Kolmatierung einen Rückgang der Durchsickerung zeitigen, aber später wegen Ausschwemmungen zunehmende Wasserwegigkeit gewinnen. Bei der Malvaglia-Bogensperre im Bleniotal zeigt sich ein periodisches Anwachsen des Auftriebes während des Sommers. Bei der Isola-Bogensperre, die auf Adulagneis steht, konnte der Auftrieb durch Injektionen nicht voll abgebaut werden. Die Klüfte sind mit Lehm gefüllt, der den hydrostatischen Druck übertragen kann. Erst eine Entwässerung hinter dem Injektionsschirm brachte Entlastung, aber auch vermehrte Durchsickerung.

8.

In massigem Gestein erscheint die *unelastische Verformung* zum großen Teil bei der ersten Füllung oder im ersten Betriebsjahr. Die Gewichtsmauer im Räterichsboden an der Grimsel, die auf massigem Aaregranit steht, erlitt den größten Teil der unelastischen Verformung beim ersten Füllen des Beckens. Wenn geschichtete oder gebankte Gesteine die Bettung bilden, so zeigen sich an den Widerlagern größere unelastische Verformungen in hängenden Schichtköpfen als in den liegenden. Dies zeigte sich bei der Sambuco-Bogenmauer, der Zervreila-Bogenmauer und der Isola-Bogenmauer, die alle auf Gneis stehen, der quer zur Talachse fällt. Bei der weitgespannten Bogenmauer Rossens, die auf geschichteter Miocaener-marine-Molasse erbaut ist, bestätigte sich die Versuchserkenntnis. Die Bettung, welche normal zur Lagerfläche steht, zeigte eine um 50 % größere elastische Verformung als diejenige, welche auf den Schichtköpfen steht. In dieser arkosen Bettung erstreckte sich die unelastische Verformung etwa über fünf Betriebsjahre. In Gneis erstreckt sie sich etwa über zwei Betriebsjahre. Oft scheint sie sprunghaft vorzurücken, wobei sogar Mikroseismen fühlbar werden. Solche Beobachtungen stammen von den auf Gneis erbauten Bogenmauern Contra und Zervreila. Ein ähnliches Verhalten zeigte auch die Bogenmauer Mauvoisin, die auf geschichtetem Kalkstein steht. Felsrippen, die als Bettung dienen, führen jahrelang zunehmende unelastische Verformungen aus. Ein derartiges Verhalten wurde an der Albigna-Gewichtsmauer, die auf Granit steht, und im linken Widerlager der Bogenmauer Sufers, die auf Gneis steht, beobachtet. Im Gegensatz dazu zeigten die rechten Widerlager dieser Sperren, welche im gleichen Gestein, aber an einem parallel zum Tal geschlossenen Hang liegen, ein rasches Abklingen der unelastischen Verformung.

9.

Die *elastische Verformung* zeigt normalerweise als Folge der Lastwechsel ein Hin- und Herkippen in der Bettung, wie es bei der Albigna-Bogenmauer beobachtet wird, die auf Granit steht. Ähnliche Bewegungen können jahreszeitlich bedingt sein, wobei auch ein Hin- und Herwandern zwischen den Widerlagern eintreten kann. Die Mauvoisin-Bogenmauer erleidet beim Füllen einen Schub von links nach rechts und beim Entleeren einen ähnlichen Schub in entgegengesetzter Richtung Die elastische Verformung ist meistens ungleich, was Torsion im Mauerkörper verursacht. In der Sperrstelle Punt dal Gall am Spöl zeigt der Dolomitfels in der Sohle einen Elastizitätsmodul, der zwei- bis dreimal größer ist als derjenige bei der Mauerkrone, weshalb für die Krone eine größere Bettungsdehnung erwartet wird.

10.

Die Bettung einer Talsperre weist *Risse, Großklüfte (Störungen) und geologische Brüche* auf. Risse sind meist atmosphärischer, Klüfte und Brüche tektonischer Herkunft. Risse können unschädlich für das Bauwerk gemacht werden, sofern sie nicht haarfein oder unerreichbar sind. Große Klüfte (Störungen) unterliegen gelegentlich einem Kräftespiel, das menschlicher Kontrolle entgeht. Sie sind Grenzflächen differenzieller Bewegung von benachbarten Schollen oder Klippen. Die Blockeinteilung einer Sperre sollte auf solche Großklüfte ausgerichtet sein. Geologische Brüche sind in einer Bettung zu vermeiden. In ihnen können Kräfte der Erdkruste aktiv sein. Unterschiedliche Bewegungen einer Bettung können in einer Sperre Spannungen verursachen, die diese gefährden. Eine Bewegung im Bereich einer Großkluft ist in der Rätherichsboden-Gewichtsmauer der Grimsel erkannt worden, die auf Granit steht, und in der Bogenmauer Zervreila, die auf kristallinem Gneis steht.

11.

Wesentlich größer als die Last einer Talsperre ist die *Last des Wassers* eines Staubeckens. Eine Bogenmauer von 220 m Höhe, die 670 000 m^3 Beton enthält, entspricht lediglich einer Last von 1,6 Mio Tonnen. Die Stauhaltung von 100 Mio Kubikmeter bildet eine Last von 100 Mio Tonnen. Das Wasser nimmt ungefähr die Form einer liegenden Pyramide an, deren Inhalt nach quadratischer Funktion mit der Entfernung von der Sperrstelle abnimmt. Dies ergibt in einem Tal differenzielle Zusatzlasten. Als der Hoover-Damm 1936 in Betrieb kam, wurde als Folge einer Wasserlast von 38 300 Mio Tonnen am Zusammenfluß von Colorado River und Virgin River eine Setzung von 50 mm errechnet, von der nach einigen Betriebsjahren 20 mm beobachtet wurden. Solche Bewegungen der Schale eines Staubeckens geschehen in einer Aufeinanderfolge von Brüchen. Beim Füllen des Koyna-Beckens in Indien ereignete sich zwischen 1962 und 1964 eine Kette von lokalen Erdbeben, deren Epizentren unter dem Ufer des Stausees erkannt wurden. Das Becken liegt in den Deccan Traps, die aus mehreren Basaltdecken bestehen, welche Zwischenlagen von Felsbreccien einschließen. Die Beben schienen von Stellen auszugehen, an welchen die Basaltdecke geschwächt war und wegen der Wasserlast einbrach. Die Erschütterungen entsprachen den Graden II und III der reduzierten Mercalli-Skala. Sie bedingen für die Talsperre eine horizontale Beschleunigung von 1 % der Erdbeschleunigung. Beim Füllen des Verzasca-Staubeckens im Herbst 1965 spürten die

Talbewohner kurze Stöße und vernahmen Geräusche, die aus dem Erdinnern kamen. Durch Seismographen wurde der Ursprung der Erschütterung im Bereich von zwei Verwerfungen festgestellt, die das Staubecken queren.

12.

Die Felsbettung einer Talsperre kann als Band betrachtet werden, das diese einfaßt. Darauf zeichnen sich Zonen von ungleichem *Dehnungsvermögen* ab. Oft hat die Natur dehnungsfestere Partien schon als Felsschultern in einer Landschaft herausmodelliert. Solche Zonen können zu eigentlichen Angelpunkten eines Bauwerkes werden. Professor Charles Jaeger in Rugby vermutet sogar, daß sich in Gewölbesperren zwischen solchen Punkten Tragrippen bilden. Im extremen Fall würde dann der hyperstatische Sperrkörper einer Gewölbemauer eine Drei-Punkte-Lagerung besitzen, die für räumliche Tragwerke statisch bestimmte Wirkungen hat. Daß sich im Sperrkörper über Bettungen Entlastungsbrücken bilden, zeigen einzelne Talsperrenbrüche an. Lehrreich ist in dieser Hinsicht ein Augenzeugenbericht über den Bruch der Khadakvasla-Gewichtsmauer bei Poona in Indien vom 12. Juli 1961. Diese Mauer aus Bruchstein war seit 1879 in Betrieb. Durch eine Katastrophenflut, die vom Bruch eines höher liegenden Erddammes kam, wurde sie um 2,4 m überflutet. Als der Abfluß schon zurückging, brach unerwartet beim linken Ufer ein Mauersegment aus. Dieses öffnete sich wie eine Tür und wurde dann nach vorne geschoben, worauf es kippte. Die Bruchfuge lag neben einem abrupten Abfall der Felsbettung von sechs Metern. Der höhere Mauerteil hat dabei den weniger hohen durch Kippen über dem Felskopf von seiner Bettung gerissen, so daß letzterer auf seiner ganzen Sohle unter hohem Auftrieb stand.

13.

Die dem Betrieb einer Talsperre folgende Phase ist ihr Untergang. Daran zu denken ist nach der Vorstellung vieler Fachleute ein Sakrileg. Tatsächlich mag es absurd erscheinen, wenn der Bauingenieur den Untergang von Werken vor sich sieht, die er erstellen darf. In anderen Zweigen des Bauwesens, etwa im Geräte- und Maschinenbau, ist solches Denken aber nicht anstößig, sondern sogar selbstverständlich. Der Untergang eines Bauwerkes sollte auf keinen Fall eine Katastrophe zur Folge haben. Durch zerstörungsfreie Prüfung kann einiges über Zersetzungen in Sperre und Bettung erkannt werden. Einer Abwertung des Sicherheitsgrades entsprechend ist die Belastung des Bauwerkes herabzusetzen und schließlich aufzugeben. Falls die Symptome des Alterns übersehen werden, so wird die Natur das durch ein Speicherbecken gestörte potentielle Gleichgewicht in einem Tal abbauen, was in Form eines Seeausbruches geschehen kann.

14.

Unter 400 Talsperrenkatastrophen, deren Ursachen einigermaßen erfaßt werden können, finden sich aber nur etwa 10 Fälle, bei denen ein Bruch der Felsbettung nachgewiesen ist. In der Mehrzahl handelt es sich um Brüche, die eine Folge von fortschreitender Zerstörung waren.

15.

Als Beispiele werden beschrieben:

- für Auftrieb in Schichtflächen: Austin
- für Sickerung durch Klüfte: Fontenelle

- für Spaltwasserdruck: El Frayle
- für Strukturzusammenbruch: San Francis
- für industrielle Störung der Bettung: Baldwin Hills
- für Schub durch chemische Zersetzung der Baustoffe: Matilija

Dazu einige Einzelheiten:

16.

Die *Austin-Gewichtsmauer* am Colorado-Fluß in Texas barst 1910 während eines Hochwassers. Sie war 14 m hoch und 160 m lang, stand seit 1892 in Betrieb und erlaubte, im McDonald-Becken 60 Mio Kubikmeter Wasser zu speichern. Vermutlich hatte die Mauer schon vor 1900 Schaden erlitten. Ein zunehmendes Gleiten von einigen ihrer Mauerelemente wurde aus Achsverschiebungen erkennbar. Diese maßen am Mauerfuß bis 0,5 m und in der Mauerkrone bis 0,9 m. Während eines Hochwassers, das den Wehrkörper um 3,7 m überflutete, bildete sich an ihrem Fuß ein Kolk, worauf die Sperre im Bereich dieser Zone auf 150 m Länge brach. Der Sperrkörper stand auf horizontal gelagerten Kalksteinbänken mit Mergelzwischenlagen. Beim Bruch glitten die Mauersegmente auf ihrer Bettung aus dem Verband. Die Bruchursache kann in einer Häufung mehrerer Faktoren erkannt werden, nämlich: horizontale Bankung, Mergelzwischenlagen und Überlastung durch Hochwasser. Ob durch die Überlastung der Mergel zur Schmierschicht wurde oder ob der am Mauerfuß entstandene Kolk den Bruch verursachte, kann nachträglich nicht mehr erkannt werden.

17.

Der *Fontenelle-Erddamm* am Green River in Wyoming drohte am 3. September 1965 zu bersten. Über der Talsohle ist er 39 m und über der Felsbettung 47 m hoch, wobei die Krone eine Länge von 1524 m hat. Seine Bettung besteht aus Wechsellagen von horizontal geschichtetem Sandstein und Schiefer. Er steht in einer Flußschleife; sein rechtes Widerlager ist eine Felsklippe. Beim Füllen zeigten sich im Entnahmefeld, 600 m vor der Sperre, Quellen von 170 l je Sekunde. Beim Vollstau ergaben sich auch von den Widerlagern Austritte von 2000 l je Sekunde. Beunruhigend wurde die Lage durch einen weiteren Wasseraustritt neben der Hochwasserentlastungsanlage am rechten Ufer in mittlerer Dammhöhe. Zwei Monate nach dessen Erscheinung rutschte die luftseitige Böschung dort ab. Dabei wurde die Felsunterlage freigelegt, wo Schiefer als Wasserhorizont erkannt wurde, über welchem klüftiger Sandstein von 3 bis 4 m Mächtigkeit lag. Die Kluft begrenzte den Ausfluß auf 600 l je Sekunde und vermied rückläufige Erosion. Der Unfall zeigt, daß Felsklippen wegen meist vorhandener hangparalleler Schubklüfte nur bedingt als Bettung dienen können. Der Kluftmergel vermindert in diesem Fels die Wirkung von Injektionen, die übrigens nur unter niedrigem Druck möglich waren.

18.

Vor der *El-Frayle-Bogenmauer* am Río Blanco in Perú ereignete sich am 13. April 1961 ein Felsabbruch im linken Widerlager. Dieser zertrümmerte das Schütz, worauf ein unkontrollierter Ausfluß von 100 Kubikmeter je Sekunde das Becken leerte. Die Bogenmauer ist 78 m hoch und steht in einer Schlucht, die in massigem Andesit liegt. Der Abbruch von 15000 Kubikmeter Fels wurde durch Wasserdruck in oberflächenparallelen Klüften bei Teilstau verursacht. Nachträglich kann dazu erkannt werden, daß die Entnahmeleitung im Bereich der Bettung nicht als Stollen, sondern als freiliegendes Rohr in diesem Stollen hätte angelegt werden sollen. Des weiteren, daß massiger Fels entwässert werden muß. Unter freiliegenden Felsflächen müssen stets oberflächenparallele Trennflächen als Folge der Witterungseinflüsse erwartet werden.

19.

Die *San-Francis-Bogengewichtsmauer* im Einzugsgebiet des Santa-Clara-River in Kalifornien barst am 12. März 1928 um Mitternacht bei Vollstau. Die 63 m hohe Mauer war leicht gekrümmt. Weil deswegen ein Gewölbeschub vorausgesetzt wurde, war die Sohle geschmälert worden. Die Bettung bestand am rechten Ufer aus Glimmerschiefer, dessen Bankung zum Talweg parallel strich und gegen diesen unter 45 Grad einfiel. Am linken Ufer lag oben eine durch Ton verkittete Nagelfluh, deren Ton bei Durchfeuchtung weich wurde. Fugen der Nagelfluh waren mit Gips gefüllt, der in Wasser löslich ist. Eigentümlicherweise brachen beide Flanken der Sperre auf je 90 m Kronenlänge fast gleichzeitig, während der Mittelteil von 30 m Kronenlänge stehen blieb. Diese Katastrophe steht an der Schwelle vom handwerksmäßigen zum technischen Talsperrenbau. In der Folge wurde in Kalifornien die Kontrolle von Projekten für Talsperren durch den Staat vorgeschrieben und die Beurteilung ihrer Bettung Geologen übertragen. Die Bruchmechanik der San-Francis-Sperre ist einmalig und kann nur durch eine Hypothese erklärt werden. Wahrscheinlich ist ihre linke Flanke auf dem durchnäßten Konglomerat ausgeglitten, worauf durch Bogenwirkung die verbleibenden Sperrensegmente verschoben wurden, so daß unter der rechten Flanke im Glimmerschiefer voller Auftrieb wirksam wurde.

20.

Am *Baldwin-Hills-Becken,* der Wasserversorgung von Los Angeles, Kalifornien, barst der Hauptdamm am 14. Dezember 1963. Die Anlage war von Ralph L. Proctor, einer Autorität der Erdbaumechanik, entworfen worden. Sie war seit zwölf Jahren in Betrieb. Weil sie im Bereich von Verwerfungen stand, die längs der Pazifischen Küste noch aktiv sind, war sie mit einem besonderen Entwässerungssystem ausgerüstet worden, wobei dem Sperrkörper, einem Erddamm, eine gewisse Verformbarkeit zugeschrieben wurde. Der Bruch wurde durch Sickerwasser eingeleitet. Innerhalb von 4¹/₂ Stunden bildete sich im Damm eine V-förmige Bresche von 27 m Tiefe und 23 m Breite. Im Boden des leeren Beckens wurde hierauf ein klaffender Riss erkannt, dessen Ränder um 7 bis 20 cm senkrecht versetzt waren. Die Setzung scheint langsam und ständig fortgeschritten zu sein, denn beim Bruch wurde kein lokales Erdbeben wahrgenommen. Weil das Wasserbecken im Bereich eines Ölfeldes lag, in welchem seit 1924 insgesamt 60 000 Kubikmeter Öl und 4500 Mio Kubikmeter Gas gewonnen wurden, wird die Ursache des Schadens dieser Schürfung zugeschrieben. Bohrungen im Ölfeld ließen eine Staffelung von Leithorizonten erkennen, was eine ganze Schar von Verwerfungen voraussetzt. Der Bruch ist der ungleichen Setzung benachbarter Felsschollen zuzuschreiben, wobei es nur fraglich ist, ob diese tektonisch oder schürftechnisch bedingt war.

21.

Der Bruch der *Malpasset-Bogenmauer* am 2. Dezember 1959 um 21 Uhr wurde durch das Versagen der Felsbettung am linken Ufer verursacht. Die Bettung bestand aus Gneis, einem als inhomogen bekannten Gestein, wobei das Ausgleiten der Fundierung längs einer Kluft erfolgt ist. Über diese besonders tragische Katastrophe wurde von berufener Seite berichtet. Hier soll lediglich darauf aufmerksam gemacht werden, daß der Bruch gleich wie bei der San-Francis-Mauer am Abend erfolgte, was vermuten läßt, daß die Abkühlung eine Entspannung nach sich zog, die weiterem Auftrieb Raum bot.

22.

Eigentümlich ist der Schaden, der bei einer routinemäßigen Prüfung an der *Matilija-Bogenmauer* in Kalifornien, 1965, aufgedeckt wurde. In den Widerlagern ihrer Krone zeigten sich Zerstörungen. Diese wurden durch Schwellungen des Betons erzeugt, der eine Reaktion zwischen Zuschlagstoffen und alkalihaltigem Zement hervorgerufen hatte.

23.

In den uns zugänglichen Sperren erscheint das Wasser als zerstörender Faktor. Als Kuriosität soll eine Sperre genannt werden, in welcher seine feste Phase — Eis — als Dichtungsmittel dient. Dies geschieht in einem Staukörper der Wasserversorgung von *Mirnovo am Ireliach in Sibirien.* Daselbst beträgt die mittlere Jahrestemperatur $-8{,}2^0$ C mit Schwankungen zwischen -60^0 C und $+35^0$ C. Die Bodenoberfläche aus Mergel und Lehm untersteht dem Dauerfrost, der Merleza, die bis in eine Tiefe von 300 m reicht. Die Sperre ist 20 m hoch, 300 m lang, und das Becken faßt 1,2 Mio Kubikmeter Wasser. Auf dem Sperrkörper besorgen Torf und Moos, die mit Steinwurf bedeckt sind, die Kälteisolierung gegenüber der Atmosphäre. Darunter liegt der Damm aus Lehm und Sand. Als Flachgründung auf Alluvionen wird die Dichtung durch Frost erzeugt, welcher durch ein Netz von Kühlröhren in der Dammachse aus der Atmosphäre zugeführt wird. Die Änderung des Konsistenzzustandes bewirkt außerdem eine Vorspannung durch Volumenvergrößerung. Unter solchen Verhältnissen würde ein ungefrorener Damm in der Bettung eine Gleitschicht erzeugen, was erdbautechnisch ein unlösbares Problem bilden würde. Merleza kann materialtechnisch als Fels behandelt werden.

24.

Der Bau von Talsperren macht in unserer Zeit eine gigantische Entwicklung durch. Sichtbarer Beweis dafür ist die nicht endende Kette von Höchstleistungen und die Anzahl von 9315 Talsperren, welche die Internationale Kommission für Große Talsperren in ihrem Register von 1962 vermerkt hat. Die technischen Hilfsmittel sind dieser Entwicklung gefolgt. Unverändert blieben dabei die natürlichen Eigenschaften der Bettung. Fels untersteht zwei störenden Faktoren. Der eine wirkt aus der Atmosphäre und hinterläßt eine Verwitterungskruste. Der andere wirkt aus der Lithosphäre und hinterläßt Klüfte. Beide bilden Wasserwege, in denen nach uns erst wenig bekannten physikalischen und chemischen Gesetzen eine Materialumlagerung und -umsetzung stattfindet. Aus den Beobachtungen über das Verhalten großer Talsperren können Lehren für den Bau dauerhafterer Konstruktionen gezogen werden. Durch Injektion und Entwässerung kann eine Bettung für die Zwecke einer Talsperre hergerichtet werden. Über das Kräftespiel, das während des Betriebes einer Talsperre in der Kontaktzone der genetisch und technisch einander fremden Materialien Fels und Beton vorgeht, ist unser Wissen erst erratisch.

Anschrift des Verfassers: Dipl.-Bauingenieur ETH Eduard Gruner, 58 Rütimeyerstraße, Basel/Schweiz.

Diskussionsbeiträge

Zum Vortrag Mencl

Prof. Müller: Herr Prof. Mencl sagt, daß man viele Erscheinungen an Rutschungen, welche als Kriechen gedeutet werden, nicht als solches verstehen darf. Gilt diese Aussage allgemein oder nur für gewisse Bergarten? Neuere Untersuchungen über die Gleitung im Vajonttal scheinen mir das Gegenteil zu zeigen: Dort nahm die Deformationsgeschwindigkeit *ohne* nennenswerten Belastungszuwachs wesentlich zu; das aber entspricht ja gerade der Definition eines Kriechvorganges. Vermutlich ereignet sich ein Abbruch einer kriechenden Gleitung dann, wenn die Kriechkurve an ihrem Ende angelangt ist, also am Ende eines Prozesses der Materialermüdung.

Prof. Mencl: Meine Bemerkung über diesen Fall bezog sich auf Abb. 7 meines Referates. Ich habe es so gemeint, daß die große kontraktante Deformation der dicken Schubzone auch eine große Bewegung an den Ausbissen (wo eine dünne dilatante Scherfläche vorkommt) verursacht. Diese große Deformation an den Ausbissen führt uns zur Ansicht, daß die Stabilitätsgrenze des Hanges erreicht wurde, obwohl der Stabilitätsfaktor noch gleich 1,15 sein konnte, da die große kontraktante Deformation der dicken Schubzone auch bei kleinerer Beanspruchung als der Festigkeitsgrenze entsteht. Da auch dabei die klassische Analyse den Stabilitätsfaktor größer als Eins angibt, beurteilt man, daß die große Deformation durch Kriechen verursacht wurde. In Wirklichkeit handelt es sich nicht um Kriechen, sondern um das erste Stadium des Progressiven Bruches. Falls keine anderen Faktoren (Regenwasser usw.) mitwirken, müßte es nicht unbedingt zu einer Zerstörung des Hanges kommen.

Prof. Haefeli: An Herrn Prof. Müller sei die Frage erlaubt, ob nicht im Falle von Vajont der Bruch im Geländeprofil eine maßgebende Rolle gespielt hat. Die Gleitfläche war örtlich sehr stark gekrümmt. Wäre es nun nicht denkbar, daß sich in dieser Zone bei fortschreitendem Kriechen Spalten geöffnet haben, die sich mit Wasser füllten? Wenn nun in der anschließenden Druckzone die Dilatanz durch eine Verkleinerung des Kluftvolumens abgelöst wird, dann könnte das Kluftwasser unter sehr hohen Druck geraten, wobei die Innere Reibung so stark reduziert würde, daß eben dieser eigenartige plötzliche Übergang von einem langsamen Kriechen zu einer geradezu schießenden Bewegung stattfinden konnte.

Prof. Müller: Bei Gleitbahnen mit einem Knick treten nachweisbar jene Bewegungsverteilungen ein, welche Prof. Haefeli als charakteristisch für den unteren Teil von Gletschern bezeichnet hat, nämlich ein Überholen der tieferen Gesteinslagen durch die höheren, wobei Externrotationen zustande kommen, weshalb Stini solche Bewegungen, wenn sie sich in dieser Weise weiterrotierend entwickeln, „Gewälze“ genannt hat.

Ich habe in Karlsruhe Zeitlupenaufnahmen von geklüfteten Felskörpern während ihres Abgleitens über einen Bahnknick herstellen lassen, welche die dabei auftretenden Teilbewegungen im Flächengefüge zeigen (Abb. 1). Heute kann davon nur ein ganz kurzer Filmstreifen gezeigt werden, aber beim nächsten Kolloquium wird einer meiner Mitarbeiter, Herr Rengers, wahrscheinlich mehr davon berichten können. Der Energieverzehr beim Überwinden des Bahnknickes hängt sehr vom jeweiligen Gefüge ab. Man darf also vermuten, daß der Unterschied zwischen dilatantem und kontraktantem Verhalten im Sinne von Prof. Mencl sehr von den Winkelbeziehungen zwischen Hauptnormalspannungen und Gefügeflächen sowie von der Geschwindigkeit abhängt.

Sehr schön zeigen diese gefügetreuen Modelle die von Prof. Mencl erstmals beobachtete Abhebung der Rutschmassen von ihrer Unterlage an der Knickstelle; ferner die Bildung von sekundären Bruchflächen, gleichfalls im Sinne der von Mencl dargestellten Prandtlschen Keile, von denen allerdings nur eine der beiden Bruchflächen, diese aber dafür in großer Zahl, in Erscheinung tritt. In einem anderen Modellversuch ist auch die besondere Kinematik

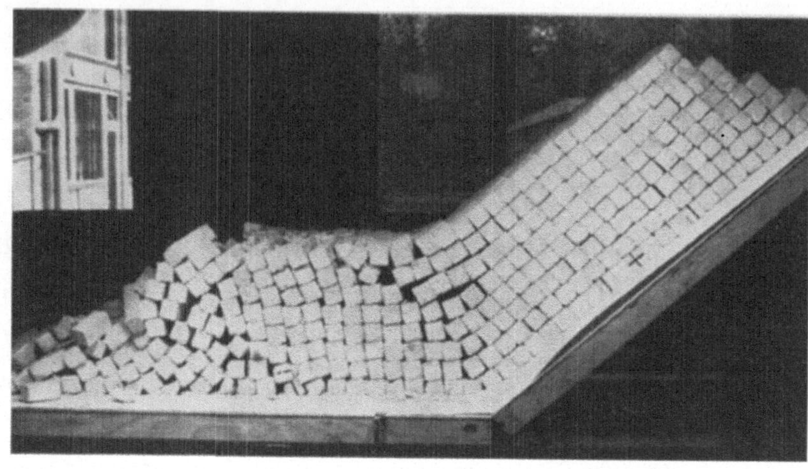

a)

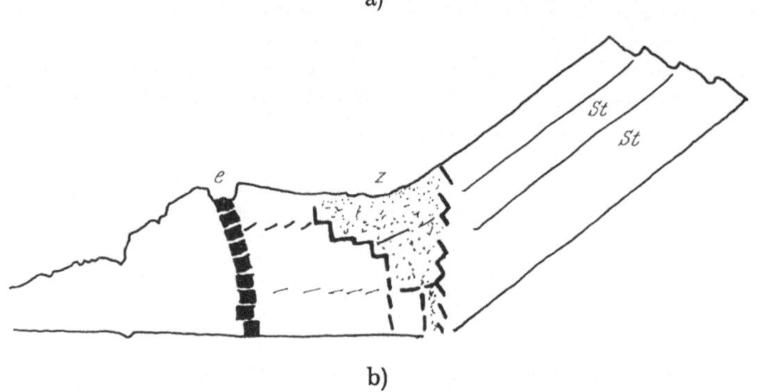

b)

Abb. 1. Schematisierter Modellversuch einer Felsgleitung auf einer Unterlage von geringer Reibung. Sekundäre Brüche und Auflockerungszonen am vereinfachten Modell. a) Photo. b) Skizze, veranschaulichend die durch Externrotation entstehende Verbiegung vertikaler Klufttafeln (*e*) und das Auftreten sekundärer Zerbrechungen (*z*) in der Pozzagegend (*st* = Schichtflächen). Momentbild aus einer Zeitlupenaufnahme

zu erkennen, welcher eine zerklüftete Masse bei Gleit- oder Kriechbewegung über ein kleines Bahnhindernis in raupenähnlichen Kriechbewegungen folgt.

Dr. Trauzettel: Kann man so kritisch Rutschen und Kriechen unterscheiden, oder findet der hier vorgetragene Kriechvorgang in einer Verformungszone statt, bis sich eine Rutschfläche ausbildet?

Es ist doch vom Material abhängig, ob sich eine präzise Scherfläche oder eine breite Verformungs- oder Deformierungszone bildet. Bei den Geländebewegungen geht doch eine Deformierung in einem größeren Bereich voraus, bis der Bruch eintritt, d. h. bis das Material zerstört ist und sich eine Rutschfläche ausbildet.

Bei plastischen Tonen treten reine Kriech- oder Fließvorgänge auf. Ich habe sie als Rutschungsfließungen bezeichnet.

Mit plastischen Böden wird auch im Scherapparat keine exakte Scherfläche erhalten. Das Material fließt im Bereich der ganzen Höhe der Bodenprobe.

Prof. Mencl: Die Frage, ob die Dicke der Scherfläche nicht von den Eigenschaften des Gebirges abhängt, muß man bejahen. Dilatanz und Kontraktanz sind keine Eigenschaften des Materials, sondern sie beschreiben sein Verhalten unter gegebenen Grenzbedingungen. Selbstverständlich steht dieses Verhalten in Beziehung zu den Eigenschaften des Materials, bei uns der Gebirgsmasse. Es ist aber so wichtig im mechanischen Sinne, daß man auch kurzerhand, obwohl nicht ganz richtig, von „dilatantem Gebirge" sprechen kann.

Bei dilatantem Verhalten deformiert sich die ganze Masse bis zu derjenigen Beanspruchung, bei welcher die Dilatanz beginnt. Nachher verläuft die große Schubdeformation nur entlang der dünnen Scherzone. Bei kontraktantem Verhalten deformiert sich der Körper in seiner ganzen Dicke. Die Deformation ist daher sehr groß.

Dipl.-Ing. Gruner: Die von Herrn Kollegen Mencl besprochene Felsgleitung ist ein Phänomen, das für jeden Baugrund auf „gewachsenem Boden" in einem Hang in Erscheinung treten kann. Das Bauwerk verhält sich darin wie ein Schwimmkörper in einem zähen Fluß. Dieser Vorgang wurde von Angel Garcia Yague in der „Revista de Obras Publicas", Madrid, Nr. 3020, vom 20. Dezember 1966 dargestellt. Den Begriffen Sturz, Rutsch, Wan-

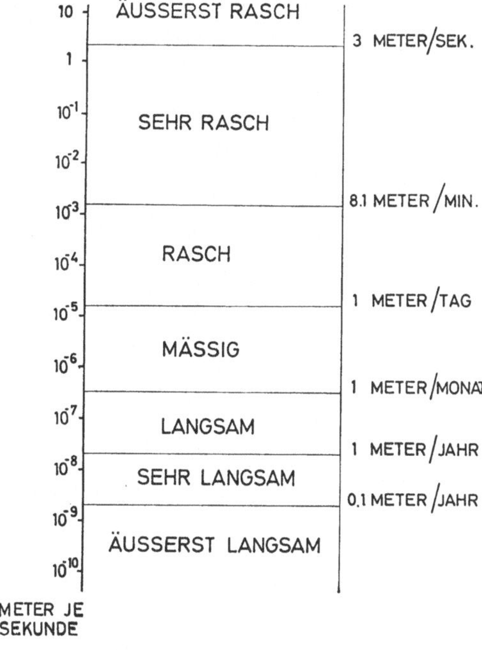

Tafel 1

derung, Kriechen für Festgestein sowie Ausfluß, Erguß und Ausstoß für Lockergestein wurden als physikalische Definition Schnelligkeitswerte von 3 m/s bis 0,1 m/Jahr oder 10^{+1} bis 10^{-10} m/s zugeordnet (siehe Schema Tafel 1). Kleinbauten können auf Hangbewegungen unversehrt schwimmen. Großbauten, wie Verkehrswege oder Leitungen, müssen sie queren, wozu im Bereich differenzieller Bewegungen dehn- oder stauchbare Elemente erforderlich sind. Dem praktisch tätigen Ingenieur offenbart sich die Gebirgsdynamik oft erst durch Schäden am Bauwerk. Das geschah beim Zuleitungsstollen einer Wasserkraftanlage bei Monthey im Wallis, der in Glimmerschiefer liegt. Der Geologe hatte für die letzte Strecke des Stollens von 200 m Länge eine dislozierte Felsmasse erkannt, deren Verlagerung er aber der Nacheiszeit zuschrieb, weil makroskopische Symptome für eine aktive Bewegung fehlten. Im Gelände wird diese Rutschung durch eine konkave Felskulisse abgegrenzt; auf ihrer Oberfläche fehlen Gerinne, und beim Durchörtern erschien sie als amorphe Masse.

Die Grenzschicht vor dem festen Gebirge war mylonitisiert und führte Wasser. In der Betonverkleidung des Stollens traten innerhalb von sechs Monaten an zwei Stellen halbkreisförmige Risse durch die Sohle bzw. das Gewölbe auf, die sich hernach erweiterten. Trigonometrische Vermessungen, die seither in regelmäßigen Zeitabständen erfolgen, zeigen eine fortgesetzte Bewegung an, die nach dem Berginnern zu abnimmt. Ihre Vektoren erreichen im Maximum 10 cm/Jahr, mit größerer Horizontal- als Vertikalkomponente. Aus Analogie zu der von Herrn Prof. Haefeli beschriebenen Gletscherbewegung kann demnach auf Kontraktanz durch seitliches Ausweichen der Rutschmasse geschlossen werden. Dieser Vorfall ist nicht außergewöhnlich, aber interessant, weil er ein Bewegungsprofil durch eine Rutschung liefert.

Zum Vortrag Haefeli

Prof. Müller: Vielleicht haben sich manche Praktiker unter Ihnen gedacht, die eismechanischen Darstellungen von Herrn Prof. Haefeli sind sicher sehr interessant, aber etwas weit ab von der Felsmechanik. Ich glaube das nicht. Die Parallelen zwischen Eismechanik und Felsmechanik sind deutlich und sind wesentlich. Nicht nur, daß im Eis wie im Fels das Gefüge als mechanischer Faktor zu beachten ist; nicht nur, daß beide Materialien zeitabhängige Eigenschaften haben, wobei wir den Faktor Zeit an Modellfällen des Eises viel besser beobachten können als im Fels; wir sehen darüber hinaus noch den bedeutenden Einfluß des Kluftwassers im Gletscher ebenso wie im Fels, und ich möchte Herrn Prof. Haefeli bitten, uns, nachdem er davon gesprochen hat, daß Wasserstöße im Kluftgefüge eine Rutschung sehr in Gang bringen können, vielleicht etwas über die von ihm beobachteten Wasserfontänen mitzuteilen.

Prof. Haefeli: In diesem Zusammenhang möchte ich nur erwähnen, daß bei den schweren Katastrophen, die in den letzten Jahren durch Gletscher verursacht wurden, es sehr wahrscheinlich ist, daß die Kluftwasserspannung und vor allem die Spannung des Wassers in der Kontaktschicht Fels/Eis ausschlaggebend war. Es hat sich nämlich gezeigt, daß diese Katastrophen immer in der warmen Jahreszeit aufgetreten sind, wo viel Schmelzwasser in die Kontaktzone zwischen Fels und Eis gelangt. Es haben sich, wie Sie im Bild von den Geschwindigkeitsmessungen von Agassiz gesehen haben, Unstetigkeiten in der Gleitgeschwindigkeit gezeigt, die offenbar auf die Erhöhung der Druckspannungen im Kluftwasser zurückzuführen sind. Eigentliche Messungen sind eben heute noch sehr selten: doch wurden im Ablationsgebiet des Aletschgletschers periodisch aufschießende Wasserfontänen beobachtet. Was wir brauchen, wären Druckmessungen im Kluftwasser. Vielleicht darf ich in diesem Zusammenhang auch daran erinnern, daß man in der Bodenmechanik von einer *kritischen Porosität* spricht, wenn beim Scherversuch keine Volumenänderung auftritt. Lockere Sande z. B. verlieren beim Scherversuch an Volumen, während sehr dicht gelagerte Sande ihr Volumen erhöhen (Dilatanz). Vielleicht kann auch da ein gewisser Zusammenhang mit der Erdbaumechanik gefunden werden, indem anstelle der Poren grobkörniger Lockergesteine in der Felsmechanik die Klüfte treten würden.

Zum Vortrag Wittke und Louis

Dr. Lauffer: Die beschriebenen theoretischen Untersuchungen in Verbindung mit Modellversuchen sind offensichtlich ein aussichtsreicher Weg zur Erforschung der Kluftwasserverhältnisse im Fels und sollten daher ohne Rücksicht auf ihre momentane technische Verwertbarkeit fortgesetzt werden. Der Bericht gibt Anlaß zur Feststellung, daß unsere sehr unzureichenden Kenntnisse von den Gebirgswasserverhältnissen unbedingt durch Messungen in der Natur erweitert werden sollten, wofür z. B. die bei Druckstollen und Wasserschlössern sehr oft für Abnahmeversuche eingebauten Meßeinrichtungen, die im laufenden Betrieb nicht dauernd gebraucht werden, verwendet werden können.

Dipl.-Ing. Hautum: Auch ich halte die Untersuchungen und Berechnungen der Bergwasserströmung im Kluftnetz für sehr interessant und wertvoll, muß aber als Praktiker Herrn Wittke widersprechen, wenn er zum Ausdruck bringt, daß mit diesen Untersuchungen „das Problem der Injektionen gelöst" sei und daß es sich jetzt „nur noch um den Schritt in die Praxis" handle. Wer praktische Injektionsarbeit verrichtet oder betreut hat, wird hier noch einen sehr weiten Weg vor sich sehen.

Dr. Wittke: Ich danke Herrn Dr. Lauffer für seine Stellungnahme zu den Untersuchungen von Herrn Dr. Louis und mir. Auch wir bemühen uns schon seit längerer Zeit um in-situ-Messungen des Kluftwasserdruckes. Ich bin sehr zuversichtlich, daß eine Reihe von Wasserdruckmessungen, die wir zur Zeit im Zusammenhang mit einem größeren Projekt auswerten, zu einer guten Übereinstimmung mit unseren theoretischen und experimentellen Untersuchungen führen. Durch einfache Überlegungen läßt sich nämlich zeigen, daß sich die Bergwasserdrücke mit den von uns entwickelten Methoden auch dann sehr genau ermitteln lassen, wenn nur die Stellung der Kluftscharen und grobe Angaben über die Verhältnisse der Spaltweiten der Klüfte bekannt sind. Die ungefähre Kenntnis dieser Größen darf man aber wohl in vielen praktischen Fällen annehmen. Wir werden an anderer Stelle über unsere Untersuchungen zu dieser Frage berichten.

Zum Hinweis von Herrn Hautum möchte ich bemerken, daß ich mich nicht in der Lage sehe, zu beurteilen, wie lange es dauert, bis meine Überlegungen zur Injektion von klüftigem Fels Eingang in die Praxis finden können.

Zum Vortrag Link

Prof. Militzer: Ich darf an die kritischen Bemerkungen von Herrn Kollegen Link bezüglich der Vergleichbarkeit statischer und dynamischer Elastizitätsmoduln anknüpfen und darauf hinweisen, daß bei der Ermittlung dieser gesteinsphysikalischen Parameter der Kluftfüllung selbst eine entscheidende Bedeutung zukommt.

Normalerweise sind wir gewohnt, aus dem Geschwindigkeitsverhältnis $v_L : v_T$ die Poisson-Zahl zu berechnen und aus der Kenntnis der Poisson-Zahl den Elastizitätsmodul zu bestimmen (v_L bzw. v_T stellt die Ausbreitungsgeschwindigkeit der Longitudinal- bzw. der Transversalwellen dar). Sind Klüfte im Gesteinskörper vorhanden, tun wir zunächst so, als wäre die damit verbundene Veränderung der Ausbreitungsgeschwindigkeit bereits eine systemkennzeichnende Größe. Ist diese Fragestellung tatsächlich so problemlos? Die auch an einer Kluft auftretenden Reflexionen elastischer Wellen hängen bekanntlich vom Geschwindigkeitssprung $v_1 \ldots v_2$ an und in der Kluft ab, wobei das Reflexionsvermögen einer solchen Grenzfläche durch den Reflexionskoeffizienten R beschrieben wird $[R = (v_1 \varrho_1 - v_2 \varrho_2) : (v_1 \varrho_1 + v_2 \varrho_2]$. Ist beispielsweise der Reflexionskoeffizient sehr groß (luftgefüllte Klüfte mit $v_2 \varrho_2 \ll v_1 \varrho_1$), so wird entweder kein oder ein sehr geringer Energieanteil den Kluftraum durchsetzen; die elastische Energie nimmt im wesentlichen einen Umweg über das unzerstörte Gebirge (dabei stellt ϱ die Dichte des Mediums dar). Die in diesem Fall bei seismischen Messungen beobachtete Veränderung der Ausbreitungsgeschwindigkeit ist also nicht real, sondern im wesentlichen durch die Vergrößerung des Wellenweges verursacht. Bei kleiner werdendem Reflexionskoeffizienten (wassergefüllte Klüfte) ändert sich dieser Tatbestand grundsätzlich, wie am Institut für Angewandte Geophysik der Bergakademie Freiberg durchgeführte Untersuchungen bezüglich des Klüftigkeitskoeffizienten als auch der seismischen Elastizitätsmoduln ergeben haben. Verläßliche Kenngrößen ergeben sich nur dann, wenn die Kluftfüllung so beschaffen ist, daß $R \ll 1$ ist.

Meine Gedanken, die ich vorgetragen habe, sollten nur dem Hinweis dienen, daß aus seismischen Messungen ermittelte Veränderungen gesteinsphysikalischer Kenngrößen immer unter dem besonderen Aspekt der Kluftfüllung zu betrachten sind.

Dr. Dreyer: Ist das, was man in-situ am anstehenden Fels an Verformung und Druckaufgabe mißt und einander zuordnet, der Elastizitätsmodul? Meines Erachtens: nein; weil hier wesentlich auch plastische Merkmale hineinspielen, die mit dem Begriff der reinen

Elastizität zunächst nichts zu tun haben. Ist das, was man als Atmen der Klüfte bemerkt, mit dem Begriff der Elastizität oder der scheinbaren Elastizität zu bezeichnen? Ist es richtig, zu sagen, der Elastizitätsmodul sei auch abhängig von visko-elastischen Eigenschaften? Nein, denn die Viskosität hat man da herauszuhalten. Der Begriff der Elastizität ist physikalisch ja schon vergeben und bezieht sich auf den rein einachsigen Beanspruchungszustand: Man kann nicht sagen, daß, wenn man seitlich verdämmt, der E-Modul auch noch abhängig sei vom Beanspruchungszustand, denn es wird hier nur die Steifigkeit durch die Verdämmung erhöht. Es muß sich nicht auch eine Materialeigenschaft ändern. Meine Frage geht nun dahin: Darf man eben diesen Begriff der Elastizität so weitherzig fassen? Ich meine nicht, denn es gibt keinen Elastizitätsmodul physikalischer Prägung, der sich unterscheidet von einem Elastizitätsmodul felsmechanischer Prägung.

Dr. Link: Der praktische Gebrauch des Begriffes E-Modul ist vom wissenschaftlichen oft nicht exakt geschieden. Man verwendet ihn verbreitet als Maßstab für reversible Verformungen, um bei der Untersuchung von Gründungen auf Fels die Verformungen in einfacher Weise vergleichbar zu machen. Wie ich selbst früher hervorgehoben habe, handelt es sich um einen druckabhängigen elastischen Kennwert, nicht um eine Materialkonstante, die es im Fels kaum geben dürfte. Der Einzelwert kann mehr oder minder charakteristisch für einen bestimmten Bereich sein. Wesentlich ist wohl, daß es sehr vom Druck abhängt, wieweit es möglich ist, die plastischen Verformungen auszuscheiden. Beim sogenannten „scheinbaren“ Elastizitätsmodul handelt es sich meist noch um einen Verformungsmodul, obwohl der Entlastungsmodul wie gesagt meist als E-Modul bezeichnet wird. Er sollte deshalb durch einen Index als E_f gekennzeichnet sein. Wenn bei mehrachsiger Beanspruchung der E-Modul, aus Formeln für das ideal elastische Medium ermittelt, mit wachsender Verdämmung steigt, trotz Ansatz eines möglichst wahrscheinlichen m-Wertes, so muß dies hauptsächlich wieder an der Druckwirkung liegen, und insofern zeigt sich der Fels-E-Modul auch vom Spannungszustand beeinflußt. Die Viskoelastizität dürfte doch eine Rolle spielen, wie der verschieden große Unterschied zwischen statischem und dynamischem E-Modul und der Frequenzeinfluß schon bei Gesteinsproben zeigen. Ich habe den Eindruck, daß mit steigender Frequenz auch die sehr verzögerten, in den rückläufigen Bewegungen und im Kriechen steckenden Anteile noch ausgeschieden werden. Der althergebrachte statische Elastizitätsmodul müßte, streng genommen, heute wohl für eine bestimmte Belastungsgeschwindigkeit definiert werden. (Siehe hierzu auch Aufsatz Link, S. 93, mit Fußnote.)

Zu den Vorträgen Sattler und Rabcewicz-Pacher

Dr. Lauffer: Im Druckstollenbau ist seit dem Stollenbruch beim Kraftwerk Ritom (1920), bedingt durch die zunehmende Innendruck-Beanspruchung, eine vom Verkehrstunnelbau abweichende Entwicklung eingetreten, die wie folgt charakterisiert werden kann:

1. Ausschließliche Anwendung des Kreisprofils.
2. Dünnwandige Auskleidungen, jedoch nicht unter einem Verhältnis von Wandstärke : Halbmesser = 1 : 10.
3. Sattes Anliegen der Auskleidung an das Gebirge.
4. Als Hauptunterschied die grundsätzliche Ausführung von Hochdruckinjektionen.
5. Berücksichtigung des Gebirgsdruckes auf Grund von Erfahrungswerten ohne Rechnung.
6. Bei den nach diesen Grundsätzen ausgeführten Druckstollen sind keine Schäden durch Gebirgsdruck bekannt geworden.

Durch die jahrzehntelangen Erfahrungen mit Druckstollen werden die Versuche und Überlegungen, über welche die Herren Prof. Sattler sowie Prof. Rabcewicz und Dipl.-Ing. Pacher berichtet haben, bestätigt, während andererseits die mehr empirische Entwicklung im Druckstollenbau hiedurch eine modellmäßige wie auch theoretische Begründung gefunden hat.

Dr. Benda: Auf Grund unserer Betriebserfahrungen in der Tschechoslowakei mit ringförmigem Ausbau, den wir seit 1957 betreiben, können wir die von Herrn Prof. Sattler und Herrn Prof. Rabcewicz vorgetragenen Auffassungen nur voll bestätigen. Mit diesem Verfahren haben wir Stollen in Durchmessern von 1,6 m bis 5,5 m ausgebaut, wobei vorgefertigte dünnschalige Ausbausegmente maschinell vor Ort montiert wurden. Bis zum Durchmesser von 4,2 m beträgt die Dicke der Betonschale nur 14 cm, darüber 20 cm. Ein rascher gleichmäßiger Versatz dieses Ausbaues zum Kraftschluß mit dem Gebirge wird durch plastifizierten Mörtel unter Verwendung von Zement und Flugasche erreicht, welcher mittels besonders entwickelter Membranpumpen eingebracht wird.

Die Anwendbarkeit und Wirtschaftlichkeit dieses modernen dünnwandigen Ausbaues ist nicht nur durch eine stets zunehmende Verwendung in der Tschechoslowakei, sondern auch im Ausand — zuletzt mit Erfolg in belgischen Kohlengruben — bewiesen worden.

Prof. Clar: Obwohl ich die grundsätzliche Bedeutung der Versuche in jeder Hinsicht unterstreichen möchte, glaube ich doch, auf einen Umstand hinweisen zu sollen, der bei der Übertragung der Ergebnisse auf *verschiedenartige Gebirgstypen* zu beachten ist und der diese Übertragung zunächst begrenzt: Im Grunde genommen bestehen unsere natürlichen Gebirgsarten aus mehr oder minder starren Aufbauelementen, die sich bei einer Verformung des Ganzen gegeneinander verschieben. Im verwendeten Versuchsgebirge sind diese *Elementarkörper* des Gebirgsgefüges verschwindend bzw. vernachlässigbar *klein* gegenüber dem Hohlraum, so daß das Gebirge in diesem Maßstab als *homogen* betrachtet werden kann. Das Verhalten etwa von Sand, Schotter, aber auch von Tonen, Mergeln, Schiefern und allen kleinklüftigen Gebirgsarten, wird so nach Berücksichtigung ihrer Anisotropie befriedigend nachgebildet werden können. Wenn der Fels aber *grobblockig* zerklüftet ist, wenn also die Größe dieser relativ starren Grundkörper sich der des Hohlraumes nähert, wird das Gebirge *inhomogen* und ebenso wahrscheinlich auch die Spannungsverteilung im Zuge einer Verformung. Die Praxis versucht heute, durch Ankerung, Einlage von Baustahlgitter und größere Mauerstärke eine Art Homogenisierung des Gebirges bzw. des Gebirgsverhaltens zu erzwingen. Um eine Übertragbarkeit auf die natürlichen Gebirgsarten zu gewährleisten, wird es daher notwendig sein, die Versuchsreihe im weiteren Verlauf auch auf ein Modellgebirge auszudehnen, das die Wirkung grobblockiger Zerklüftung nachahmt.

Dr. Lauffer: Vielleicht könnte sich Herr Pacher dazu äußern, ob bei den von Herrn Sattler beschriebenen Versuchen als Modellmaterial ein künstlich hergestellter Fels, ähnlich wie bei den bekannten Tischversuchen von Müller und Pacher, verwendet werden kann. Es wird angeregt, zu überlegen, ob die Versuchsanordnung bei verhältnismäßig großen Stollenabmessungen den Naturverhältnissen besser angepaßt werden könnte, indem die Belastungsaufbringung gesteuert, entsprechend einer bestimmten Verteilung der Vertikalspannungen, erfolgt und möglichst noch durch eine in gleicher Weise künstlich aufgebrachte Horizontalspannung ergänzt wird.

Dipl.-Ing. Pacher: Herr Prof. Sattler hat eingangs erwähnt, daß die mitgeteilten Versuchsreihen erst einen Anfang darstellen und erweitert werden. Es ist klar, daß dabei Probleme auftauchen, die komplex miteinander verknüpft sind. Ein wesentliches besteht in der Nachbildung des Materials, ein weiteres darin, daß die Stollenöffnung ein Entlastungsvorgang ist, der sich mit einer Belastung von außen nicht unbedingt in gleicher Weise herstellen läßt. In der Fülle des Mitgeteilten ist es vielleicht etwas untergegangen: daß die ersten Versuche gerade diesen Entlastungsvorgang nachbilden sollten. Bei diesem Versuch bestand der Ring aus einzelnen Segmenten und Zwischenräumen, die mit einem Kleber bestimmter Erhärtungszeit gefüllt waren, so daß sich der Ring während der Belastung verformen konnte und erst zu tragen begonnen hat, als die Öffnung unter wirksamer Belastung erfolgte.

Versuche in der von Herrn Dr. Lauffer gewünschten Richtung sind schon im Gange, nur ist es leider nicht ganz einfach, die Drücke (Seitendruck) im gewünschten Verhältnis wiederzugeben und meßtechnisch zu beweisen. Ich glaube aber, daß die Herren Prof. Sattler und Prof. Veder geeignete Wege finden werden, um auch diese Schwierigkeiten zu überwinden und das gesteckte Untersuchungsziel zu erreichen.

Prof. Sattler: Es ist völlig klar, daß diese Versuche nur der Anfang einer größeren Versuchsreihe sein können. Es ging hier zunächst um die Feststellung, daß die Biegetheorie ein Unsinn ist.

Dr. Spang: Das Problem der dünnwandigen Hohlraumauskleidung ist in der Bundesrepublik Deutschland in der Nachkriegszeit vor allem durch die Verwendung der dünnwandigen Armco-Thyssen-Rohre angeschnitten worden. Die Deutsche Bundesbahn hat bereits im Jahre 1962 mit dem Einbau eines Armco-Thyssen-Rohres von 6 m Durchmesser und 7 mm Wanddicke in einem 12 m hohen Bahndamm einen Großversuch durchgeführt, bei dem die Stahlspannungen und Bodendrücke gemessen wurden. Es hat sich dabei gezeigt, daß sich das Rohr infolge der Weckung von gemessenen Rückstellkräften im Boden verhältnismäßig wenig verformt und daß es außerordentlich tragfähig ist. Die hohe Tragfähigkeit dünnwandiger Auskleidungen ist zuerst von den Amerikanern Hewett und Johannesson im Entstehen eines vergrößerten Seitendruckes erklärt worden. Später hat Spangler die Tragfähigkeit dünnwandiger Auskleidungen untersucht und eine Ring-Compression-Theorie entwickelt. Sie besagt, daß bei dünnen, biegsamen Rohren durch Abbau der Biegemomente bei der Verformung infolge der Belastung durch zusätzliche Seitendrücke und Einwandern der Stützlinie in die Mitte des Auskleidungsquerschnittes hauptsächlich Druckspannungen in der Auskleidung entstehen. Im Institut von Herrn Prof. Dr. Sonntag, München, ist dieses Problem ebenfalls untersucht worden. Die dortigen Versuche in kleinem Maßstab mit in Stahlwalzen eingebetteten Araldit- und Blechringen verschafften einen guten Einblick in das Zusammenwirken von Auskleidung und Boden. Es konnte auch bewiesen werden, daß mit Hilfe von Modellgesetzen die Übertragung der Versuchsergebnisse auf die Praxis möglich ist. Die Versuche haben gezeigt, daß bei Verkleinerung der Wanddicke der Aralditringe die Ringbiegespannungen kleiner und die Ringdruckspannungen größer werden und daß durch Einbau von Gelenken im Ring nur Ringdruckspannungen wirken.

Es ist erfreulich, daß es sich bei allen Untersuchungen herausgestellt hat, daß die Sicherheit der Hohlraumauskleidungen durch Verkleinerung der Wanddicken der Auskleidungsquerschnitte unter Beachtung der zulässigen Spannungen der Baustoffe erhöht wird.

Die Übertragung dieser Erkenntnisse auf die Praxis muß jedoch vorsichtig gehandhabt werden. Wenn auch beim Bau der Viktorialinie in London Gelenktübbinge von 15,4 cm Dicke genügten, so ist es doch, wenn kein vorübergehend standfestes Gebirge, wie z. B. der London-Clay, ansteht, schwierig, kleine Wanddicken auszuführen. Während des Schildvortriebes können durch vergrößerten Pressendruck, wie beim Wechsel der Gebirgsart, sowie durch Zwängungsspannungen bei Kurvenfahrt und Richtungskorrekturen erhebliche Beanspruchungen und Schäden im Tübbingausbau auftreten. Die Mehrkosten durch Zeitverluste bei Störungen des Schildvortriebes können die Ersparnisse durch Verminderung der Wanddicke der Tübbinge weit übertreffen. Auch bei Sicherung der Ausbruchleibungen durch Spritzbeton sollte die Wanddicke nicht zu dünn bemessen werden, da bei der Herstellung des Spritzbetons die Gewährleistung einer hohen Betongüte, insbesondere bei der Einwirkung von Bergwasser, Schwierigkeiten bereitet.

Dr. Feder: Ich möchte ergänzen, daß diese Versuchsergebnisse nicht mit Lastfällen verglichen werden können, bei denen die Tunnelauskleidung zusätzlich durch Bergwasserdruck von außen oder Unterdruck von innen wesentlich belastet wird. Bei solchen Lastfällen kann die sonst vom Schubbruch bestimmte Tragkraft nicht erreicht werden, da sich vorzeitig ein Knickvorgang einstellt. Dies deshalb, weil mit steigendem Wasserdruck nicht auch die stabilisierende innere Reibung des Lockergesteins steigt, wie dies sonst bei reinem Erddruck der Fall wäre. In den USA von Prof. Luscher durchgeführte Versuche weisen gleichfalls in diese Richtung. Wäre es möglich, die aufschlußreichen Versuchsreihen von Prof. Sattler mit gemischter Belastung durch Erd- und Wasserdruck zu erweitern?

Prof. Sattler: Vorerst haben wir noch nicht daran gedacht; ich sagte ja schon, daß wir erst am Anfang sind.

Prof. Müller: Zur Anregung von Herrn Dr. Feder möchte ich ergänzen, daß es zum Prinzip dieser neuen Spritzbetonbauweise, dieser dünnschaligen Oberflächenversiegelung, gehört, den Wasserdruck durch das sogenannte Abschlauchen oder durch die Oberhasli-Methode immer sofort abzubauen. Man bekommt das Wasser freilich nicht ganz weg, aber den Wasserdruck. Das bestätigt, was Herr Dr. Feder gesagt hat, enthebt aber der Notwendigkeit, den Wasserdruck statisch in Betracht zu ziehen.

Zum Vortrag Sonntag

Dipl.-Ing. von Soos: In seinen außerordentlich interessanten Ausführungen über die Modellgesetzlichkeiten bei der Untersuchung der Ausbauten in verkleinertem Maßstab hat Herr Prof. Sonntag außer dem Maßstabverhältnis, den Abmessungen (Dicke und Trägheitsmoment) und den anzuwendenden Drücken auch eine Bettungszahl k in die Betrachtung einbezogen, welche die Lagerung des Ausbaues im Gebirge beschreibt.

Diese Bettungszahl k wird in den Versuchen von Prof. Sonntag durch Anbringen von Gummiauflagen auf das Modell des Ausbaues reguliert. Es fragt sich nun, welche Rolle bei dieser Praxis in den Modellversuchen den Stahlrollen noch zukommt, die als Modellmaterial des Bodens (Gebirges) gedacht waren. Die Verformungseigenschaften der Gummiauflage übertönen doch die Verformungseigenschaften des wesentlich steiferen Modellbodens, so daß das Modell nur in sehr eingeschränktem Maße wirklichkeitsnahe bleibt.

Müßten nicht ganz allgemein, vor allem aber auch im Falle einer Stabilitätsuntersuchung des Ausbaues, die Verformungsgesetze des Bodens, der den Ausbau in der Natur umgibt, in den Verformungsgesetzen des im Modell verwendeten Stoffes eine modellmäßige Entsprechung finden und müßten deshalb nicht auch die natürlichen Spannungs-Verformungs-Eigenschaften des Bodens mit ihren aus den geometrischen Randbedingungen folgenden Auswirkungen in das Modellgesetz einbezogen werden?

Prof. Sonntag: Um eine Vielzahl von Einflußgrößen zu untersuchen, wurde ein ebenes Modell gewählt und eine Sandschüttung durch Rollen gemischter Durchmesser ersetzt. Die zu fordernden Eigenschaften dieses Modellbodens werden von den Modellgesetzen bestimmt. Wir setzen voraus, daß der Kraftleitungsmechanismus durch ein Schüttgut in den untersuchten Fällen im wesentlichen von der Inneren Reibung bestimmt wird, wobei die Rauhigkeit der Rollen variiert und angepaßt werden kann. Außerdem muß die Bodensteife dem Modellgesetz genügen. Die verkleinerten Modelle verlangen eine erhöhte Bodensteife — dem kommen die Stahlrollen entgegen —, trotzdem werden sie sich in vielen Fällen als zu hart erweisen. Man könnte Kunststoffwalzen verwenden; um aber die für Eigengewichtsversuche willkommene erhöhte Wichte von Stahlwalzen zu erhalten, können diese mit Kunststoff ummantelt und einer geforderten Kompressionscharakteristik angepaßt werden. Einfacher ist es, eine geforderte Bettungscharakteristik durch Gummibeilagen zwischen Tunnel und Rollenschüttung zu erzeugen und eine praktisch verwertbare Lösung durch Schranken (wie sie auch zu den Bodenkennwerten geliefert werden) zu gewinnen.

Zum Vortrag Kahler und Wanderer

Prof. Veder: 1. Wie groß war die Verformung nach der Verankerung und wie rasch ist sie abgeklungen? 2. Wie groß war die Verformung des Gebiges, welche überdies den Einbau von Stahlbögen benötigte? 3. Prof. Rabcewicz hat ausgeführt, daß der Spritzbeton in den meisten Fällen Verformungen verhindert; aber wenn infolge starker Verformungen Scherrisse auftreten, so führt dies zu keinem Zusammenbruch der Auskleidung. Könnte bezüglich dieses Verhaltens eine Parallele gezogen werden zwischen der Auskleidung mit Spritzbeton einerseits und Ankern mit Einbau von Stahlbögen andererseits?

Prof. Kahler: Die erste Ankerung zeigte Verformungen der Löcher in den Ankerplatten und starke Aufbiegungen der Platten. Aber die Wirkung des Gebirgsdruckes ging nach einiger Zeit zu Ende.

Wenn sich hinter den Netzen trotz der Ankerung ein allerdings verklemmtes Blockwerk bildet, muß dieses mit Stahlbögen abgestützt werden. Die Strecke mit Stahlbögen war im Felbertauerntunnel für Schlußfolgerungen zu kurz: sie war im Richtstollen 30 m lang. Im Vollausbruch wurden keine Stahlbögen notwendig.

So wie beim Spritzbeton, der in der ersten Ausführung reißen kann, kommt auch bei der Ankerung der Fels später doch zur Ruhe; ich halte die Ausbildung der Trompeterschen Zone für das entscheidende Motiv.

Dipl.-Ing. Wanderer: Wir sind eindeutig der Ansicht, daß für diese Art des Gesteins das Ankern und das Netzen, wie es von uns gehandhabt wurde, das richtige ist. Überall dort, wo wir durch Anker und Netz die Tunnelflächen gestützt hatten, beherrschten wir den Berg. Es soll darauf hingewiesen werden, daß auch bei den letzten großen Tunnelbauvorhaben der Schweiz (Montblanc, Großer St. Bernhard), wo ähnliche Verhältnisse vorlagen, auch fast kein Torkret verwendet wurde.

Ich möchte nun eine andere Frage zur Diskussion stellen, und zwar: Richtstollen oder kein Richtstollen bei einem großen Tunnelprofil? Wir stehen ja unmittelbar vor einigen großen Tunnelaufgaben bis zu einer Querschnittsgröße von 100 m². Ein Richtstollen von etwa 6,5 m² Größe bringt bei geringen Mehrkosten bessere geologische Aufschlüsse. Die Mehrkosten werden teilweise durch sprengtechnische Wirkung und vorzeitige größere Wasserabführung abgefangen (siehe St.-Bernhard-Nord-Kleinstollen, etwa 15 m vorauseilend).

Dipl.-Ing. Innerhofer: Durch einen Stollenvortrieb wird das Gebirge in unmittelbarer Nähe des Stollens entspannt. Die Entspannung ist eine Folge der Schwächung der Randzone des Gebirges, wie sie durch das Sprengen und durch den Wegfall der seitlichen

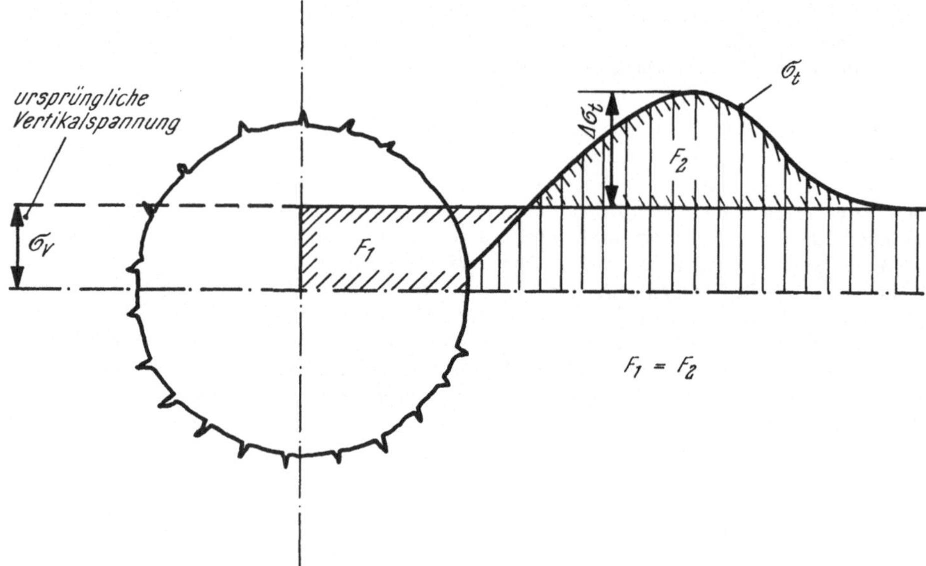

Abb. 1. Spannungsumlagerung nach dem Ausbruch

Einspannung hervorgerufen wird. Aus Gleichgewichtsgründen muß diese Entspannung eine Belastung im Berginneren verursachen, so daß es zur Ausbildung des bekannten „Spannungsgewölbes“ gemäß Skizze 1 kommt.

Besteht das Gebirge im Bereich des Spannungsgewölbes aus Elementen verschiedenen Verformungswiderstandes, so wird eine zeitabhängige Umlagerung der Tangentialspannungen eintreten. Skizze 2 zeigt, daß der Lastanteil der harten, elastischen Felsteile größer, jener der plastischen, kriechfähigen hingegen kleiner wird. Bei den verschiedenartigen Elementen muß es sich nicht unbedingt um harte und weiche Schichten handeln; es wäre auch denkbar, daß eine derartige Umlagerung im Gefüge vor sich geht.

Durch das *radiale* Kriechen weicher Schichten in Richtung Ausbruch verlieren die härteren, tangential stehenden Schichten ihre seitliche Einspannung und werden auf Biegung beansprucht. Beides bewirkt eine verminderte Tragfähigkeit.

Der tangentiale, elastische Verformungsweg wächst mit der Erhöhung der Tangentialspannung und mit der Verminderung der Einspannung. Die aufgespeicherte Verformungs*energie,* proportional dem Produkt aus *Spannung* und Verformungs*weg,* wird somit mit dem Anwachsen beider Faktoren größer. Sie erreicht vermutlich ein Maximum und klingt nach sehr langer Zeit wieder ab.

Die vorstehenden Ausführungen führen somit zu dem Schluß, daß es bezüglich der Bergschlaggefahr ein ungünstiges Größenverhältnis von Richtstollen- und Tunnelquerschnitt und einen ungünstigen Zeitabstand zwischen Vortrieb und Vollausbruch gibt. Die Gefahr

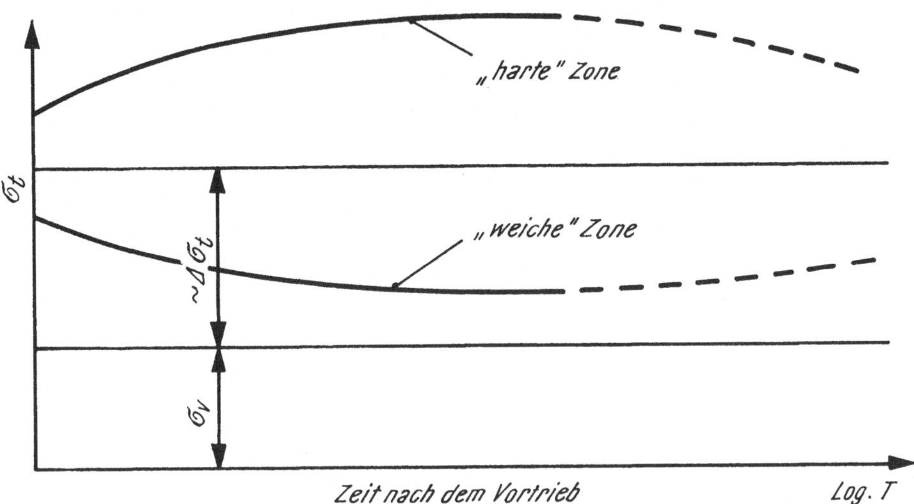

Abb. 2. Spannungsaustausch zwischen „harten" und „weichen" Zonen

eines Bergschlages *kann* durch einen Richtstollen erhöht werden. Damit soll aber nichts prinzipiell gegen einen Richtstollen gesagt werden, dessen anderen Vorteile unbestritten sind.

Prof. Martini: Sind nach Auffahren des Richtstollens noch irgendwelche Spannungsmessungen im Gebirge durchgeführt worden; wenn ja, mit welchen Ergebnissen?

Prof. Kahler: Es sind leider keine Spannungsmessungen durchgeführt worden. Wir kennen gegenwärtig kein Gerät, das in einer Zone hohen Gebirgsdruckes diesen einwandfrei messen könnte. Ein solches würde wahrscheinlich durch die immer wieder auftretenden Abplatzungen von Entspannungsschalen zerstört werden. Messungen wären aussichtsreich, wenn ein stark ummanteltes Gerät am Ende des Bohrloches in dessen Querschnitt die Gesteinsspannung registrieren könnte. Einwandfreie Messungen wären zweifellos sehr wertvoll.

Ungenannt: Wie wurde die erforderliche Ankerlänge festgestellt? Ich vermute, daß Sie irgendwelche Messungen machten, damit sicher feststand, daß das Ankerende auch im standfesten Fels verankert wird.

Prof. Kahler: Nach der konventionellen Ankerung ist die Beurteilung unschwer, da die Auflockerung des Gesteins beim Bohren gut kenntlich ist. Daraus ergibt sich die Tiefe der Nachankerung, die in der Regel längere Anker hat.

Zu den Vorträgen Hautum, Detzlhofer und Förster und Döring

Dr. Seeber: Zur Frage der Überlagerung von Druckstollen möchte ich feststellen, daß hierbei zwei grundsätzlich verschiedene Fälle zu unterscheiden sind:

Fall A: Druckstollenauskleidungen, die vollkommen dicht sind.

Fall B: Druckstollenauskleidungen, die undicht bzw. nur technisch dicht sind.

Nach der Walchschen Regel soll im Bereich des Stollens Gleichgewicht herrschen zwischen den von innen und außen wirkenden Kräften. Nehmen wir eine dichte Auskleidung und klüftiges Gebirge an, dann nehmen die Radialspannungen aus dem Innendruck im Verhältnis des Radius ab:

$$\sigma_r = p_i \frac{R_i}{r};$$

das ist eine Hyperbel. Dieser Spannung wirkt der Überlagerungsdruck entgegen: $p\ddot{u} = \gamma_f \cdot H$ (Gerade). Die minimale Überlagerungshöhe erhalten wir aus der Bedingung, daß die Gerade $p\ddot{u}$ die Hyperbel σ_r tangiert:

$$H = 2 \sqrt{\frac{p_i \cdot R_i}{\gamma_f}}.$$

Bei einer undichten Auskleidung kann sich der Wasserdruck in den Klüften des Gebirges ausbreiten und nimmt nun nur mehr linear nach oben ab. Ist der Innendruck im Stollen gleich groß wie der Überlagerungsdruck, so bleibt in Geländehöhe doch ein Überdruck von 60 % bis 70 % des Innendruckes. Gleichgewicht bis zur Geländehöhe (bzw. Überdruck von außen) herrscht nur, wenn, nach der ursprünglichen Walchschen Regel, die Überlagerungshöhe gleich groß ist wie der Innendruck:

$$H = \frac{p_i}{\gamma_w}.$$

Dipl.-Ing. Hautum: Ich habe aus Gesprächen entnommen, daß die Zuhörer von heute morgen die gedankliche Brücke von dem, was andere Herren über das Thema Stollenüberlagerung vortrugen, zu dem, was ich (übrigens immer unter Bezug auf ein bestimmtes praktisches Beispiel) berichtete, nicht finden. Das mag davon herrühren, daß die anderen Herren über das überdeckende Gebirge in seiner Gesamtheit gesprochen haben, gewissermaßen über das Milieu des Druckstollens, während ich den unmittelbaren Nachbarschaftsbereich des Patienten zu betrachten suche. Aber dazu würde ich gern noch Herrn Prof. Müller selbst hören, der ja meine Betrachtungsweise angeregt hat.

Prof. Müller: Der Grundgedanke, der uns bei diesem Fall eines an sich standfesten, aber in seinen Klüften verlehmten und dadurch verformbaren Gebirges von nicht sehr hohem Elastizitätsmodul vorschwebte und der zu der von Herrn Hautum vorgetragenen Überlegung führte, ist der: Entscheidend ist, wie auch Herr Detzlhofer gesagt hat, ob man dessen sicher sein darf, daß bei einem ungepanzerten Stollen der Beton nicht reißen wird. Wir halten es nicht für richtig, anzunehmen, daß das ganze Gewicht eines über der Stollenröhre liegenden, durch zwei potentielle Bruchflächen begrenzten Gebirgskeiles oder auch nur das Gewicht des lotrecht über dem Stollen ruhenden Gebirges den Bruch der Stollenröhre verhindere. Denn bevor dieser Teil abgehoben würde, wäre ja der Stollen längst gerissen, und dann hätten wir den anderen Fall zu betrachten, daß nämlich das Kluftwasser unter hohen Druck kommt und die Keile wie von einer hydraulischen Presse mit enormen Druckflächen abgehoben würden. Betrachten wir aber den ungerissenen Zustand des Betons, den wir erhalten wollen, so müssen wir nicht mit dem Bruch und der Last, sondern nur mit der Nachgiebigkeit des umgebenden Gebirges rechnen.

Die Schubspannungen, welche zum Abdrängen eines Keiles über der Stollenröhre führen könnten, sind weit davon entfernt, homogen über dessen Fläche verteilt zu sein. Sie sind am Stollenumfang am größten, und sobald dort der erste Scherriß auftreten würde, würden auch die Deformationen im Bereich der Keilspitze so groß werden, daß der Beton reißen und Druckwasser einschießen würde.

Wo wir vom Einschießen von Druckwasser in die Klüfte reden, da müssen wir streng unterscheiden zwischen (statischem) Wasserdruck und (dynamischen) Wasserstoßwirkungen. Dem statischen Wasserdruck kann, wenn wirklich die Betonschale reißt, der Gebirgskeil unter Umständen standhalten. Wenn das Gebirge außerhalb des Injektionshofes einigermaßen durchlässig und die austretende Wassermenge nicht zu groß ist, kann das Wasser auch abströmen; der Wasserdruck wird entsprechend dem Strömungsgefälle abgebaut. Anders bei einem Druckstoß. Dieser wird, wie wir aus den Ausführungen von Prof. Haefeli und Prof. Mencl (an anderen Stollen) wissen, als Stoßwelle mit enormer Geschwindigkeit weitergegeben, ohne daß das Wasser abströmt. Diese Wirkung kann auf den Klüften Nullreibung erzeugen und die Verbandfestigkeit für Sekunden völlig aufheben. Ein dynamischer Wasserstoß in der Größe von 20 % des statischen Druckes kann so einer statischen Wirkung vom Vielfachen des statischen Druckes gleichkommen. Wird die Kluftreibung spontan aufgehoben, so verhält sich festes Gebirge wie die bewegliche Masse einer Mure.

Zum Vortrag Lauffer

Prof. Veder: Ich habe mich vor Jahren mit der Vorspannung der Betonauskleidungen durch Injektionen im Druckstollen beschäftigt und seinerzeit diesbezügliche Versuche am Druckstollen des Cecita-Werkes bei Cosenza (Süditalien) mitgemacht. Das Gebirge bestand aus verwittertem Granit mit zahlreichen mit Mylonit gefüllten Klüften. Zunächst wurden Injektionen im Gebirge in einer Entfernung von etwa 2 m von der Betonauskleidung ausgeführt, um Felsklüfte zu schließen. Nach genügender Erhärtung wurde eine weitere Injektion in der unmittelbaren Nähe der Auskleidung ausgeführt. Die Verformungen während der Injektionen wurden genau gemessen. Ich frage, ob bei den Versuchen der TIWAG die Verformungen während der Vorspannung gemessen wurden.

Dr. Lauffer: Wie schon erwähnt, sind die Deformationen während der Vorspanninjektionen und auch nachher gemessen worden. Hiebei wurde festgestellt, daß sich die Betonauskleidung nicht wie ein theoretischer Ring verhält, was auf die ungleichmäßige Wandstärke zurückzuführen ist. Während in der Sohle infolge des ausgeführten Unterbetons meist nur die theoretische Wandstärke vorhanden ist, liegen an Ulmen und Firsten infolge des Überprofils meist beträchtlich größere Wandstärken vor, weshalb in verschiedenen Durchmessern mitunter sehr ungleiche und manchmal auch entgegengesetzte Deformationen auftreten. Dies ist jedoch nicht von großer Bedeutung, da es in erster Linie darauf ankommt, eine entsprechende Vorbelastung von Gebirge und Auskleidung herbeizuführen und die plastischen Felsdeformationen vorwegzunehmen, was bei den bisherigen Anwendungen sicher der Fall war.

Zum Vortrag Veder

Prof. Haefeli: Ich möchte zunächst Herrn Prof. Veder herzlich gratulieren zu seinen Erfolgen. Es ist dies eine Methode der Stabilisierung, bei der man zuerst feststellen muß, ob eine natürliche Potentialdifferenz im Boden vorhanden ist. Bei dieser Gelegenheit darf ich vielleicht daran erinnern, daß es sich bei dieser Methode um einen Spezialfall des allgemeinen Fließgesetzes handelt, welcher lautet: $v_F = k \cdot I + k_E \cdot E$, worin (nach Schaad, W. und R. Haefeli: Die Anwendung der Elektrizität zur Entwässerung und Verbesserung feinkörniger Bodenarten. Straße und Verkehr *32*, 1946) bedeuten: v_F = Filtergeschwindigkeit; k = Durchlässigkeitsziffer (Darcy); I = hydraulisches Gefälle; k_E = elektro-osmotische Durchflußziffer; E = elektrische Feldstärke.

Der vorliegende Spezialfall besteht darin, daß das zweite, elektroosmotisch bedingte Glied unserer Gleichung gegenüber dem ersten (hydraulischen Gefälle) stark überwiegt und nicht künstlich erzeugt wird, sondern von Natur aus besteht.

Bezüglich der Quellerscheinungen in Stollen mag es Fälle geben, bei denen die natürlichen Potentialdifferenzen eine maßgebende Rolle spielen. Man darf aber dabei die anderen, naheliegenden Einflüsse nicht vergessen, nämlich die Kräfteverlagerung infolge Hohlraumbildung (Spannungsspitzen unter den Ulmen), die ein starkes hydraulisches Gefälle gegen die Sohle erzeugen, sowie die eigentlichen Quellerscheinungen infolge vollständiger Entlastung der Sohle. Ein typisches Beispiel solcher Quellerscheinungen bildet die Luftschutzanlage Leonhardsplatz in Zürich, wo die größte Hebung der Sohle in 1500 Tagen etwa 75 mm erreichte (vgl. Moos, A. v.: Quellerscheinungen an schweizerischen Molassemergeln. Eclogae geologicae Helvetiae *42*, H. 2, S. 442, 1949 [VAWE-Mitt. Nr. 19]).

Prof. Veder: Der Hinweis auf den elektroosmotischen Fließvorgang ist selbstverständlich richtig; mein Vortrag ist ja sozusagen eine Fortsetzung verschiedener vorher von mir gehaltener Vorträge. In diesen habe ich auf die Theorie von Reuss (1807), auf die Forschungen von Casagrande, die Berichte von Haefeli und Schaad hingewiesen. Es ist bekannt, daß Gehirnströme gemessen werden; die Größenordnung dieser Ströme ist ebenfalls zwischen 20 und 100 mV. Ihren Hinweis auf den Ausbruch des Stollens im Molassefeld betreffend bin ich überzeugt, daß bei allen diesen Erscheinungen mehrere Faktoren zusammenspielen, und ich bin — gestützt auch auf die Forschungen von Jumikis — der Ansicht, daß durch mechanische Entspannung oder das hydraulische Gefälle eine Änderung im Gefüge des Bodens hervorgerufen wird, damit eine elektrische Spannung zwischen verändertem und nichtverändertem Boden.

Prof. Müller: Innerhalb welcher Grenzen muß man mit elektrischem Potentialgefälle rechnen? Herr Prof. Veder sprach von 5 mV und 20 mV, einmal auch von 150 bis 220 mV, und bezeichnet das schon als hoch. Bei Felsankerungen tritt nun das umgekehrte Problem auf, daß nämlich die Spannungsdifferenz ihrerseits wieder die Felsanker beeinflußt und Korrosionserscheinungen zeitigt. Dort liegt eine gefährliche Grenze etwa zwischen 500 und 1000 mV. Andererseits haben wir bei den Felsankern in den beiden Widerlagern der Vajont-Talsperre zum Zweck des Korrosionsschutzes viel höhere Potentialdifferenzen, bis zu 2000 mV, an den beiden Enden einiger 55 m langer Felsanker festgestellt; das war in einem dolomitischen Kalk. Sind das außergewöhnliche Werte gewesen oder solche, die öfters zu erwarten wären?

Prof. Veder: Ich habe Spannungen zwischen 5 und 60 mV im Lockergestein und von 200 mV im Festgestein gemessen. Die Stäbe können in bestimmten Böden durch Korrosion zerstört werden, und zwar meist durch Ionenwanderung, falls der Stab als Anode gegenüber dem Boden wirkt. Die Eisenionen wandern dann in den umliegenden Boden, bleiben aber in der Nähe des ursprünglichen Stabes, so daß die Leitfähigkeit wahrscheinlich nur unwesentlich vermindert wird. Ich habe einen Korrosionsfall bisher noch nicht beobachtet, kann mir aber vorstellen, daß nötigenfalls ein kathodischer Schutz wie bei einer Stahlrohrleitung oder bei einem Stahlbehälter angebracht werden muß.

Zum Vortrag Gruner

Prof. Clar: Zwei kurze Fragen: Herr Gruner hat Beispiele angeführt, in denen die messende Talsperrenüberwachung auf bleibende Verformungen des Untergrundes schließen ließ. Es wäre zu fragen, ob in diesen Fällen schon *im Fels selbst* angeordnete Meßpunkte kontrolliert worden sind oder ob — wie in allen älteren Talsperren — nur Meßpunkte am Bauwerk kontrolliert worden sind, deren Verschiebung auf eine Verformung des Felsuntergrundes zurückgeführt wird.

Als Zweites: Die von Herrn Gruner berührte Forderung, daß bei der Fundierung von Talsperren eine *Querung von Störungszonen* des Untergrundes möglichst vermieden werden soll, ist in der Praxis eine sehr schwere Einschränkung, da unsere Täler sehr oft Störungen folgen. Unzählige ausgeführte Talsperren überqueren tatsächlich Störungen. Die Geologen sollen vor dem Bau jeweils Auskunft geben, ob sie eine neuerliche Bewegung an solchen Störungen für möglich oder wahrscheinlich halten. Gibt es nun außer dem einen Beispiel der Querung des großen St.-Andreas-Fault durch einen kleinen Damm noch weitere Beispiele, in denen an Talsperren eine gegenseitige Bewegung von Untergrundschollen entlang solcher Störungen sicher durch Messungen oder Schäden nachgewiesen ist? Es scheint mir wichtig, einschlägige Erfahrungen systematisch zu sammeln und geeignete Messungen im Untergrund selbst anzuordnen, zumal auch die Erdbebenfrage des letzten Talsperrenkongresses anscheinend keine weiteren einschlägigen Beispiele erbracht hat.

Dipl.-Ing. Gruner: Herr Prof. Clar erkundigt sich nach Beobachtungen über Felskriechen und nach der Bewegung von Felsschollen im Bereich von Talsperren. Zu beiden Problemen können keine Beispiele genannt werden, denn ihre Existenz leitet sich aus der tektonischen Geologie ab. Allgemein sind im Fundament einer Talsperre drei störende Faktoren zu erwarten, nämlich: die Auflast von Bauwerk und Wasser, der Drang nach potentiellem Gleichgewicht des Felsens sowie der Stress des Gebirges. Absolute Messungen von Fundamentbewegungen sind schwierig, weil Festpunkte nur relativen Wert haben. Prof. Fritz Kobold von der Eidgenössischen Technischen Hochschule in Zürich hat in seinem Vortrag in Lausanne am 12. Mai 1967 über geodätische Methoden zur Bestimmung von Fels- oder Bodenbewegungen in Rutschgebieten den Aufwand für solche Messungen gezeigt sowie die Vermutung ausgesprochen, daß trigonometrische Fixpunkte, z. B. im Wallis, eine Bewegung der Alpen erkennen lassen. Dafür nennt Karl Metz im Lehrbuch der Tektonischen Geologie (Enke-Verlag, Stuttgart 1967) 3 cm je 100 Jahre, wovon in dem von Herrn Prof. Clar genannten Formationsmosaik einer Sperrstelle ein Differenzialbetrag wirksam sein kann. Die für Technik und Natur geltenden Maßstäbe sind demnach von verschiedener Größenordnung, und für den Ingenieur dürfte die Erfahrung genügen, daß jede Verwerfung ein Bezirk tektonischer Bewegung bleibt.